水生态修复技术与施工关键技术

廖先容　付　震　王学欢　编著

吉林科学技术出版社

图书在版编目（CIP）数据

水生态修复技术与施工关键技术 / 廖先容，付震，王学欢编著. -- 长春 : 吉林科学技术出版社，2019.8

ISBN 978-7-5578-5882-7

Ⅰ. ①水… Ⅱ. ①廖… ②付… ③王… Ⅲ. ①水环境－生态恢复－研究 Ⅳ. ① X143

中国版本图书馆 CIP 数据核字 (2019) 第 167262 号

水生态修复技术与施工关键技术

编　　著　廖先容　付　震　王学欢
出 版 人　李　梁
责任编辑　杨超然
封面设计　刘　华
制　　版　王　朋
开　　本　185mm×260mm
字　　数　440 千字
印　　张　19.5
版　　次　2019 年 8 月第 1 版
印　　次　2019 年 8 月第 1 次印刷

出　　版　吉林科学技术出版社
发　　行　吉林科学技术出版社
地　　址　长春市福祉大路 5788 号出版集团 A 座
邮　　编　130118
发行部电话 / 传真　0431—81629529　81629530　81629531
81629532　81629533　81629534
储运部电话　0431—86059116
编辑部电话　0431—81629517
网　　址　www.jlstp.net
印　　刷　北京宝莲鸿图科技有限公司

书　　号　ISBN 978-7-5578-5882-7
定　　价　80.00 元

编委会

主　编

廖先容　中水北方勘测设计研究有限责任公司

付　震　中水北方勘测设计研究有限责任公司

王学欢　天津市水利勘测设计院

副主编

袁建新　中水北方勘测设计研究有限责任公司

王海阳　中水北方勘测设计研究有限责任公司

前　言

随着全球科技的进步，人类活动的频繁和社会经济增长模式的转变，水资源的开发利用达到了前所未有的强度，水生态环境遭到了严重的破坏。而与此同时，随着生活水平的提高，人们对绿色健康生活品质的追求，使得水生态环境这一问题日益引起人们的关注，水生态环境修复技术的研究刻不容缓。

本书在此基础上重点记述了各种水生态修复的理论、技术与工程应用，为水生态修复这一崭新领域提供了不可或缺的理论与工程实践支持，也为我国的环保事业与生态经济发展添砖加瓦。

目　录

第一章　绪　论……1

第一节　水与水资源……1

第二节　水生态问题与现状……8

第三节　水生态修复发展现状与趋势……15

第二章　水生态系统保护与修复理论……21

第一节　水生态系统保护与修复研究进展和技术……21

第二节　生态需水……28

第三节　滨水景观……33

第四节　河流健康评价……36

第五节　水生态系统保护与修复的技术与方法……45

第三章　河流生态治理和修复技术体系……52

第一节　河流生态系统服务功能……52

第二节　河流生态修复的方向和任务……58

第三节　河道内生境修复……64

第四节　河岸生态治理……69

第五节　绿色廊道建设……74

第六节　滨水区建设……78

第四章　湖泊生态保护与修复技术体系……85

第一节　湖　泊……85

第二节　湖泊景观可持续营造……96

第三节　湖滨湿地保护与恢复……99
第四节　我国跨行政区湖泊治理……123
第五章　水生态修复施工关键技术……136
第一节　水源涵养……136
第二节　水质净化……140
第三节　水生态补偿机制……145
第六章　水生态修复施工新技术应用……154
第一节　生态修复技术在水环境保护中的应用……154
第二节　水生态修复技术在河道治理中的应用……157
第七章　水生态系统评估……162
第一节　水生态系统健康评价……162
第二节　水生态系统服务价值评估……166
第三节　湖泊生态安全调查与评估技术……171
第八章　水生态文明建设与综合治理方案……192
第一节　水环境与水生态……192
第二节　水环境水生态保护规划……207
第九章　水生态修复工程案例……237
第一节　某河水环境治理及水生态修复……237
第二节　城市水景生态防护技术应用——南京市外秦淮河综合整治工程……277
第三节　中小河流修复工程案例……286
第四节　巢湖湖滨缓冲带生态景观构建与功能修复模式……296
结束语……302

第一章　绪　论

第一节　水与水资源

一、水

水是由氢、氧两种元素组成的无机物，无毒。在常温常压下为无色无味的透明液体，被称为人类生命的源泉。水，包括天然水（河流、湖泊、大气水、海水、地下水等）[含杂质]，蒸馏水 [理论上的纯净水]，人工制水（通过化学反应使氢氧原子结合得到的水）。水是地球上最常见的物质之一，是包括无机化合、人类在内所有生命生存的重要资源，也是生物体最重要的组成部分。水在生命演化中起到了重要作用。它是一种狭义不可再生，广义可再生资源。

1. 来源

地球是太阳系八大行星之中唯一被液态水覆盖的星球。

地球上水的起源在学术界上存在很大的分歧，目前有几十种不同的水形成学说。有些观点认为在地球形成初期，原始大气中的氢、氧化合成水，水蒸气逐步凝结下来并形成海洋；也有观点认为，形成地球的星云物质中原先就存在水的成分。

另外的观点认为，原始地壳中硅酸盐等物质受火山影响而发生反应、析出水分。也有观点认为，被地球吸引的彗星和陨石是地球上水的主要来源，甚至地球上的水还在不停增加。

当我们打开世界地图时，或者当我们面对地球仪时，呈现在我们面前的大部分面积都是鲜艳的蓝色。从太空中看地球，我们居住的地球是很圆的，因为地球的赤道半径仅比两极半径长 0.33%。地球是极为秀丽的蔚蓝色球体。水是地球表面数量最多的天然物质，它覆盖了地球 71%以上的表面。地球是一个名副其实的大水球。

（1）自生说

①地球从原始星云凝聚成行星后，由于内部温度变化和重力作用，物质发生分异和对流，于是地球逐渐分化出圈层，在分化过程中，氢、氧气体上浮到地表，再通过各种物理及化学作用生成水。

②水是在玄武岩先熔化后冷却形成原始地壳的时候产生的。最初地球是一个冰冷的球体。此后，由于存在地球内部的铀、钍等放射性元素开始衰变，释放出热能。因此地球内部的物质也开始熔化，高熔点的物质下沉，易熔化的物质上升，从中分离出易挥发的物质：氮、氧、碳水化合物、硫和大量水蒸气，试验证明当 1m³ 花岗岩熔化时，可以释放出 26L 的水和许多完全可挥发的化合物。

③地下深处的岩浆中含有丰富的水，实验证明，压力为 15kPa，温度为 10 000℃的岩浆，可以溶解 30%的水。火山口处的岩浆平均含水 6%，有的可达 12%，而且越往地球深处含水量越高。据此，有人根据地球深处岩浆的数量推测在地球存在的 45 亿年内，深部岩浆释放的水量可达现代全球大洋水的一半。

④火山喷发释放出大量的水。从现代火山活动情况看，几乎每次火山喷发都有约 75%以上的水汽会喷出。1906 年维苏威火山喷发的纯水蒸气柱高达 13 000m，一直喷发了 20 个小时。阿拉斯加卡特迈火山区的万烟谷，有成千上万个天然水蒸气喷出孔，平均每秒钟可喷出 97 ~ 645℃的水蒸气和热水约 23 000m³。据此有人认为，在地球的全部历史中，火山抛出来的固体物质总量为全部岩石圈的一半，火山喷出的水也可占现代全球大洋水的一半。

⑤地球内部矿物脱水分解出部分水，或者释放出的一氧化碳、二氧化碳等气体，在高温下与氢作用生成水。此外，碳氢化合物燃烧也可以生成水，在坚硬的火山岩中，也有一定数量的结晶水和原始水的包裹体。

（2）外生说

①人们在研究球粒陨石成分时，发现其中含有一定量的水，一般为 0.5 ~ 5%，有的高达 10%以上，而碳质球粒陨石含水更多。球粒陨石是太阳系中最常见的一种陨石，大约占所有陨石总数的 86%。一般认为，球粒陨石是原始太阳最早期的凝结物，地球和太阳系的其他行星都是由这些球粒陨石凝聚而成的。

②太阳风到达地球大气圈上层，带来大量的氢核、碳核、氧核等原子核，这些原子核与大气圈中的电子结合成氢原子、碳原子、氧原子等。再通过不同的化学反应变成水分子，据估计，在地球大气的高层，每年几乎产生 1.5t 这种“宇宙水”。然后，这种水以雨、雪的形式落到地球上。

③科学家在“深度撞击号”在 2005 年 1 月 13 日撞击了坦普尔“1 号彗星”的彗核后在溅起的物质中发现了冰。两、三亿年前，由于木星与土星两颗气态巨行星在它们的两星连珠时产生了巨大引力，奥尔特云中的彗星被拉进了内太阳系中，地球也受到了彗星的撞击。研究表明，大部分彗星是由宇宙尘埃、气体、冰组成的，谷神星这一颗彗星中含有的水分比地球上所有的水还要多，彗星穿过大气层时会融化为水，以雨、雪等形式落到地面上。

2. 性质

众所周知，水有三态，分别为：固态、液态、气态。

但是水却不止只有三态，还有：超临界流体、超固体、超流体、费米子凝聚态、等离子态、玻色 - 爱因斯坦凝聚态等等。

3. **分类概念**

（1）地下水与地表水

地下水——有机物和微生物污染较少，而离子则溶解较多，通常硬度较高，蒸馏烧水时易结水垢；有时锰氟离子超标，不能满足生产生活用水需求。

地表水——较地下水有机物和微生物污染较多，如果该地属石灰岩地区，其地表水往往也有较大的硬度，如四川的德阳、绵阳、广元、阿坝等地区。

（2）原水与净水

原水——通常是指水处理设备的进水，如常用的城市自来水、城郊地下水、野外地表水等，常以 TDS 值（水中溶解性总固体含量）检测其水质，中国城市自来水 TDS 值通常为 100 ~ 400ppm。

净水——原水经过水处理设施处理后即称之为净水。

（3）纯净水与蒸馏水

纯净水——原水经过反渗透和杀菌装置等成套水处理设施后，除去了原水中绝大部分无机盐离子、微生物和有机物杂质，可以直接生饮的纯水。

蒸馏水——以蒸馏方式制备的纯水，通常不用于饮用。

（4）纯化水和注射用水

纯化水——医药行业用纯水，电导率要求 $<2\mu s/cm$。

注射用水——纯化水经多效蒸馏、超滤法再次提纯去除热源后可以配制注射剂的水。

（5）自由水和结合水

自由水——又称体相水，滞留水。指在生物体内或细胞内可以自由流动的水，是良好的溶剂和运输工具。水在细胞中以自由水与束缚水（结合水）两种状态存在，由于存在状态不同，其特性也不同。自由水占总含水量的比例越大，使原生质的黏度越小，且呈溶胶状态，代谢也愈旺盛。

结合水——是水在生物体和细胞内的存在状态之一，是吸附和结合在有机固体物质上的水，主要是依靠氢键与蛋白质的极性基（羧基和氨基）相结合形成的水胶体。

4. **水对人类的重要性**

一切生命活动都是起源于水的。在地球上，哪里有水，哪里就有生命。人体内的水分，大约占到体重的 65%。

没有水，食物中的养料不能被吸收，废物不能排出体外，药物不能到达起作用的部位。人体一旦缺水，后果是很严重的。缺水 1% ~ 2%，感到渴；缺水 5%，口干舌燥，皮肤起皱，意识不清，甚至幻视；缺水 15%，往往甚于饥饿。

没有食物，人可以活较长时间（有人估计为两个月），如果连水也没有，最多能活一周左右。

二、水资源

1. **定义**

根据世界气象组织（WMO）和联合国教科文组织（UNESCO）的国际水文学名词术语中有关水资源的定义，水资源是指可资利用或有可能被利用的水源，这个水源应具有足够的数量和合适的质量，并满足某一地方在一段时间内具体利用的需求。

根据全国科学技术名词审定委员会公布的水利科技名词中有关水资源的定义，水资源是指地球上具有一定数量和可用质量能从自然界获得补充并可资利用的水。

2. **重要性**

水不仅是构成身体的主要成分，而且还有许多生理功能。

水的溶解力很强，许多物质都能溶于水，并解离为离子状态，发挥重要的作用。不溶于水的蛋白质和脂肪可悬浮在水中形成胶体或乳液，便于消化、吸收和利用；水在人体内直接参加氧化还原反应，促进各种生理活动和生化反应的进行；没有水就无法维持血液循环、呼吸、消化、吸收、分泌、排泄等生理活动，体内新陈代谢也无法进行；水的比热大，可以调节体温，保持恒定。当外界温度高或体内产热多时，水的蒸发及出汗可帮助散热。天气冷时、由于水储备热量的潜力很大，人体不致因外界寒冷而使体温降低，水的流动性大。一方面可以运送氧气、营养物质、激素等，一方面又可通过大便、小便、出汗把代谢产物及有毒物质排泄掉。水还是体内自备的润滑剂，如皮肤的滋润及眼泪、唾液，关节囊和浆膜腔液都是相应器官的润滑剂。

成人体液是由水、电解质、低分子有机化合物和蛋白质等组成，广泛分布在组织细胞内外，构成人体的内环境。其中细胞内液约占体重的 40%，细胞外液占 20%（其中血浆占 5%，组织间液占 15%）。水是机体物质代谢必不可少的物质，细胞必须从组织间液摄取营养，而营养物质溶于水才能被充分吸收，物质代谢的中间产物和般终产物也必须通过组织间液运送和排除

在地球上，人类可直接或间接利用的水，是自然资源的一个重要组成部分。天然水资源包括河川径流、地下水、积雪和冰川、湖泊水、沼泽水、海水。按水质划分为淡水和咸水。随着科学技术的发展，被人类所利用的水增多，例如海水淡化，人工催化降水，南极大陆冰的利用等。由于气候条件变化，各种水资源的时空分布不均，天然水资源量不等于可利用水量，往往采用修筑水库和地下水库来调蓄水源，或采用回收和处理的办法利用工业和生活污水，扩大水资源的利用。与其他自然资源不同，水资源是可再生的资源，可以重复多次使用；并出现年内和年际量的变化，具有一定的周期和规律；储存形式和运动过程受自然地理因素和人类活动所影响。

3. 水资源特征

（1）周期性

必然性和偶然性，水资源的基本规律是指水资源（包括大气水、地表水和地下水）在某一时段内的状况，它的形成都具有其客观原因，都是一定条件下的必然现象。但是，从人们的认识能力来讲，和许多自然现象一样，由于影响因素复杂，人们对水文与水资源发生多种变化的前因后果的认识并非十分清楚。故常把这些变化中能够做出解释或预测的部分称之为必然性。例如，河流每年的洪水期和枯水期，年际间的丰水年和枯水年；地下水位的变化也具有类似的现象。由于这种必然性在时间上具有年的、月的甚至日的变化，故又称之为周期性，相应地分别称之为多年期间，月的或季节性周期等。而将那些还不能做出解释或难以预测的部分，称之为水文现象或水资源的偶然性的反映。任一河流不同年份的流量过程不会完全一致；地下水位在不同年份的变化也不尽相同，泉水流量的变化有一定差异。这种反映也可称之为随机性，其规律要由大量的统计资料或长系列观测数据分析。

①相似性，主要指气候及地理条件相似的流域，其水文与水资源现象则具有一定的相似性，湿润地区河流径流的年内分布较均匀，干旱地区则差异较大；表现在水资源形成、分布特征也具有这种规律。

②特殊性，是指不同下垫面条件产生不同的水文和水资源的变化规律。如同一气候区，山区河流与平原河流的洪水变化特点不同；同为半干旱条件下河谷阶地和黄土原区地下水赋存规律不同。

③循环性、有限性及分布的不均一性

水是自然界的重要组成物质，是环境中最活跃的要素。它不停地运动且积极参与自然环境中一系列物理的、化学的和生物的过程。水资源与其他固体资源的本质区别在于其具有流动性，它是在水循环中形成的一种动态资源，具有循环性。水循环系统是一个庞大的自然水资源系统，水资源在开采利用后，能够得到大气降水的补给，处在不断地开采、补给和消耗、恢复的循环之中，可以不断地供给人类利用和满足生态平衡的需要。在不断地消耗和补充过程中，在某种意义上水资源具有“取之不尽”的特点，恢复性强。可实际上全球淡水资源的蓄存量是十分有限的。全球的淡水资源仅占全球总水量的2.5%，且淡水资源的大部分储存在极地冰帽和冰川中，真正能够被人类直接利用的淡水资源仅占全球总水量的0.796%。从水量动态平衡的观点来看，某一期间的水量消耗量接近于该期间的水量补给量，否则将会破坏水平衡，造成一系列不良的环境问题。可见，水循环过程是无限的，水资源的蓄存量是有限的，并非用之不尽，取之不竭。

水资源在自然界中具有一定的时间和空间分布。时空分布的不均匀是水资源的又一特性。全球水资源的分布表现为大洋洲的径流模数为51.0L/（$s \cdot km^2$），亚洲为10.5L/（$s \cdot km^2$），最高的和最低的相差数倍。我国水资源在区域上分布不均匀。总的说来，东南多，西北少；沿海多，内陆少；山区多，平原少。在同一地区中，不同时间分布差异性很大，一般夏多冬少。

（2）利用的多样性

水资源是被人类在生产和生活活动中广泛利用的资源，不仅广泛应用于农业、工业和生活，还用于发电、水运、水产、旅游和环境改造等。在各种不同的用途中，有的是消耗用水，有的则是非消耗性或消耗很小的用水，而且对水质的要求各不相同。这是使水资源一水多用、充分发展其综合效益的有利条件。此外，水资源与其他矿产资源相比，另一个最大区别是：水资源具有既可造福于人类，又可危害人类生存的两重性。

水资源质、量适宜，且时空分布均匀，将为区域经济发展、自然环境的良性循环和人类社会进步做出巨大贡献。水资源开发利用不当，又可制约国民经济发展，破坏人类的生存环境。如水利工程设计不当、管理不善，可造成垮坝事故，也可引起土壤次生盐碱化。水量过多或过少的季节和地区，往往又产生各种各样的自然灾害。水量过多容易造成洪水泛滥，内涝渍水；水量过少容易形成干旱、盐渍化等自然灾害。适量开采地下水，可为国民经济各部门和居民生活提供水源，满足生产、生活的需求。无节制、不合理地抽取地下水，往往引起水位持续下降、水质恶化、水量减少、地面沉降，不仅影响生产发展，而且严重威胁人类生存。正是由于水资源利害的双重性质，在水资源的开发利用过程中尤其强调合理利用、有序开发，以达到兴利除害的目的。

（3）有限资源

海水是咸水，不能直接饮用，所以通常所说的水资源主要是指陆地上的淡水资源，如河流水、淡水、湖泊水、地下水和冰川等。陆地上的淡水资源只占地球上水体总量2.53%左右，其中近70%是固体冰川，即分布在两极地区和中、低纬度地区的高山冰川，还很难加以利用。人类比较容易利用的淡水资源，主要是河流水、淡水湖泊水，以及浅层地下水，储量约占全球淡水总储量的0.3%，只占全球总储水量的十万分之七。据研究，从水循环的观点来看，全世界真正有效利用的淡水资源每年约有9 000km^2。

地球上水的体积大约有13.6千万km^3。海洋占了13.2千万km^3（约97.2%）；冰川和冰盖占了25 000 000 km^3（约1.8%）；地下水占了13 000 000 km^3（约0.9%）；湖泊、内陆海，和河里的淡水占了250 000 km^2（约0.02%）；大气中的水蒸气在任何已知的时候都占了13 000 km^2（约0.001%），也就是说，真正可以被利用的水源不到0.1%。

4. 水资源开发和利用

水资源开发利用，是改造自然、利用自然的一个方面，其目的是发展社会经济。最初开发利用目标比较单一，以需定供。随着工农业不断发展，逐渐变为多目的、综合、以供定用、有计划有控制地开发利用。当前各国都强调在开发利用水资源时，必须考虑经济效益、社会效益和环境效益三方面。

水资源开发利用的内容很广，诸如农业灌溉、工业用水、生活用水、水能、航运、港口运输、淡水养殖、城市建设、旅游等。防洪、防涝等属于水资源开发利用的另一方面的内容。在水资源开发利用中，在以下一些问题上，还持有不同的意见。例如，大流域调水是否会导致严重的生态失调，带来较大的不良后果？森林对水资源的作用到底有多大？大量利用南极冰，会不会导致世界未来气候发生重大变化？此外，全球气候变化和冰川进退对未来水资源的影响，人工降雨和海水淡化利用等，都是今后有待探索的一系列问题。它们对未来人类合理开发利用水资源具有深远的意义。

5. **水资源现状**

（1）世界水资源

地球表面的72%被水覆盖，但淡水资源仅占所有水资源的0.5%，近70%的淡水固定在南极和格陵兰的冰层中，其余多为土壤水分或深层地下水，不能被人类利用。地球上只有不到1%的淡水或约0.007%的水可为人类直接利用，而中国人均淡水资源只占世界人均淡水资源的四分之一。

地球的储水量是很丰富的，共有14.5亿km^3之多。地球上的水，尽管数量巨大，而能直接被人们生产和生活利用的，却少得可怜。首先，海水又咸又苦，不能饮用，不能浇地，也难以用于工业。其次，地球的淡水资源仅占其总水量的2.5%，而在这极少的淡水资源中，又有70%以上被冻结在南极和北极的冰盖中，加上难以利用的高山冰川和永冻积雪，有87%的淡水资源难以利用。人类真正能够利用的淡水资源是江河湖泊和地下水中的一部分，约占地球总水量的0.26%。全球淡水资源不仅短缺而且地区分布极不平衡。按地区分布，巴西、俄罗斯、加拿大、中国、美国、印度尼西亚、印度、哥伦比亚和刚果等9个国家的淡水资源占了世界淡水资源的60%。

随着世界经济的发展，人口不断增长，城市日渐增多和扩张，各地用水量不断增多。据联合国估计，1900年，全球用水量只有4 000亿m^3/年，1980年为30 000亿m^3/年，1985年为39 000亿m^3/年。到2000年，水量需增加到60 000亿m^3/年。其中以亚洲用水量最多，达32 000亿m^3/年，其次为北美洲、欧洲、南美洲等。约占世界人口总数40%的80个国家和地区约15亿人口淡水不足，其中26个国家约3亿人极度缺水。更可怕的是，预计到2025年，世界上将会有30亿人面临缺水，40个国家和地区淡水严重不足。

（2）中国水资源

中国水资源总量2.8万亿m^3，居世界第五位。我国2014年用水总量6 094.9亿m^3，仅次于印度，位居世界第二位。由于人口众多，人均水资源占有量仅2 100m^3左右，仅为世界人均水平的28%。另外，中国属于季风气候，水资源时空分布不均匀，南北自然环境差异大，其中北方9省区，人均水资源不到500m^3，实属水少地区；特别是城市人口剧增，生态环境恶化，工农业用水技术落后，浪费严重，水源污染，更使原本贫乏的水“雪上加霜”，而成为国家经济建设发展的瓶颈。全国600多座城市中，已有400多个城市存在供水不足问题，其中比较严重的缺水城市达110个，全国城市缺水总量为60亿m^3。

据监测，当前全国多数城市地下水受到一定程度的点状和面状污染，且有逐年加重的趋势。日趋严重的水污染不仅降低了水体的使用功能，进一步加剧了水资源短缺的矛盾，对我国正在实施的可持续发展战略带来了严重影响，而且还严重威胁到城市居民的饮水安全和人民群众的健康。

水利部预测，2030 年中国人口将达到 16 亿，届时人均水资源量仅有 1 750m^3。在充分考虑节水情况下，预计用水总量为 7 000 亿 ~ 8 000 亿 m^3，要求供水能力比当前增长 1 300 亿 ~ 2 300 亿 m^3，全国实际可利用水资源量接近合理利用水量上限，水资源开发难度极大。

中国水资源总量少于巴西、俄罗斯、加拿大、美国和印度尼西亚，居世界第六位。若按人均水资源占有量这一指标来衡量，则仅占世界平均水平的 1/4，排名在第一百一十名之后。缺水状况在中国普遍存在，而且有不断加剧的趋势。全国约有 670 个城市中，一半以上存在着不同程度的缺水现象。其中严重缺水的有一百一十多个。

中国水资源总量虽然较多，但人均量并不丰富。水资源的特点是地区分布不均，水土资源组合不平衡；年内分配集中，年际变化大；连丰连枯年份比较突出；河流的泥沙淤积严重。这些特点造成了中国容易发生水旱灾害，水的供需产生矛盾，这也决定了中国对水资源的开发利用、江河整治的任务十分艰巨。

第二节　水生态问题与现状

一、水生态

水生态是指环境水因子对生物的影响和生物对各种水分条件的适应。生命起源于水中，水又是一切生物的重要组分。生物体不断地与环境进行水分交换，环境中水的质（盐度）和量是决定生物分布、种的组成和数量，以及生活方式的重要因素。

1. 地位

生命起源于水中，水又是一切生物的重要组分。生物体内必须保持足够的水分：在细胞水平要保证生化过程的顺利进行，在整体水平要保证体内物质循环的正常运转。生物体不断地与环境进行水分交换，环境中水的质（盐度）和量是决定生物分布、种的组成和数量以及生活方式的重要因素。

生物的出现使地球水循环发生重大变化。土壤及其中的腐殖质大量持水，而蒸腾作用将根系所及范围内的水分直接送回空中，这就大大减少了返回湖海的径流。这使大部水分局限在小范围地区内循环，从而改变了气候和减少水土流失。因此，不仅农业、林业、渔业等领域重视水生态的研究，由人类环境的角度出发，水生态也日益受到更普遍的重视。

2. 意义

太阳辐射能和液态水的存在是地球上出现生命的两个重要条件。水之所以重要，首先因为水是生命组织的必要组分；呼吸和光合作用两大生命过程都有水分子直接参与；蛋白质、核糖核酸、多糖和脂肪都是由小分子脱水聚合而成的大分子，并与水分子结合形成胶体状态的大分子，分解时也必须加入相应的水（水解作用）。其次，水具备一些对生命活动有重要意义的理化特性：

（1）水分子具有极性，所以能吸引其他极性分子，有时甚至能使后者离子化。因此，水是电解质的良好溶剂，是携带营养物质进出机体的主要介质，各种生化变化也大都在体液中进行。

（2）因水分子具有极性，彼此互相吸引，所以要将水的温度（水分子不规则动能的外部表现）提高一定数值，所要加入的热量多于其他物质在温度升高同样数值时所需的热量。这点对生物的生存是有意义的。正因水的比热大，生物体内化学变化放出的热便不致使体温骤升超过上限，而外界温度下降时也不会使体温骤降以至低于下限。水分蒸发所需的热量更大，因此植物的蒸腾作用和恒温动物的发汗或喘气，就成为高温环境中机体散热的主要措施。

（3）水分子的内聚力大，因此水也表现出很高的表面张力：地下水能借毛细管作用沿土壤颗粒间隙上升；经根吸入的水分在蒸腾作用的带动下能沿树干导管升至顶端，可高达几十米；一些小昆虫甚至能在水面上行走。

（4）水还能传导机械力：植物借膨压变化开合气孔或舒缩花器和叶片；水母和乌贼靠喷水前进；蠕虫的体液实际是一种液压骨骼，躯干肌肉施力其上而向前蠕行。

（5）水的透明度是水中绿色植物生存的必要条件。

（6）冰的比重小于液态水，因此在水面结成冰层时水生物仍可在下面生活。否则气温低于 0℃时，结成的冰沉积底部，便影响水生物的生存。

3. 分布

地球表面约有 15 亿 km^3 的水，其中 97%为海水。海洋面积接近陆地面积的两倍半。

水在陆地上的分布很不均匀，许多地区降雨量相差悬殊，而且局部气温也影响水分的利用。气温过高则水分的蒸发和蒸腾量可能大于降雨量，造成干旱；气温过低则土壤水分冻结，植物不能吸收，也形成生理性干旱。如果水中所含矿质浓度过高（高渗溶液），植物也不能吸收，甚至会将植物体液反吸出来，同样形成生理性干旱。海水中氧气、光照和一般营养物质都较陆地贫乏，这些是决定海洋生物分布的主要因子，但生物进化到陆地上，水却又变成影响生物分布的主要生态因子。降雨量由森林经草原到荒漠逐渐减少，生物也越来越稀少。

4. 植物水生态

降水量的多少，对固着生长的植物影响更大，地区的降水量及灌溉条件常是决定作物产量的关键因素。长期处于比较稳定的水分条件下的植物，如湖泊中的沉水植物或荒漠中的旱生植物，表现出高度特化的适应性结构。

植物的抗旱性包含两个层次：

（1）避旱性：植物在整体水平上靠增加吸水、加强输水或贮水以及减少失水等措施来避免原生质受到威胁。

（2）耐旱性：植物细胞原生质本身能耐受失水。一般说来，高等植物主要依靠避旱性，而很多低等植物却表现出高度耐旱性。依据细胞水平的抗旱性，可将原核生物及植物分为两类：一类包括细菌、蓝菌、地衣、低等绿藻和真菌，它们均具有缺乏中央液泡的小型细胞。外界干燥时，细胞脱水皱缩、生命过程也迟缓下来，但细胞微结构不被破坏，一旦吸水，细胞又可恢复其代谢活性。它们比较能耐受干旱。另一类包括其他植物，它们的细胞均有一个中央大液泡，借以保证较稳定的原生质含水量，不过细胞本身却不耐干旱，因此初进化到陆地的恒水植物只能生存在潮湿的土壤上。及至植物发展出庞大的根系、隔水的角质层以及可开合的气孔后，植物体内的细胞才能借助这些整体水平的机制来保持稳定的含水量而不受外界湿度突然变化的影响。干旱地区植物的叶面积小，角质发达，有的植物气孔少而深陷，因此失水大为减少，仙人掌的叶甚至变为刺，光合作用转而由绿色的肉质茎来完成。另一些旱生植物根系异常发达，气孔多，蒸腾快，高速蒸腾在烈日下有助于降低叶温，加强深根吸水的力量。根据植物对水分的适应变化，一般将植物分为水生植物、湿生植物、中生植物和旱生植物 4 个类型。

5. **动物水生态**

水生动物的呼吸器官经常暴露在高渗或低渗水体中，会丢失或吸收水分；陆地动物排泄含氮废物时也总要伴随一定的水分丢失；而恒温动物在高温环境中主要靠蒸发散热来保持恒温，这些都要通过水代谢来调节。

水生动物大多数无脊椎动物的体液渗透势随环境水体而变，只是具体离子的浓度有所差异。其他水生动物特别是鱼类，其体液渗透势不随环境变化。海生软骨鱼血液中的盐分并无特殊，但却保留较高浓度的尿素，因而维持着略高于海水的渗透势。它们既要通过肾保留尿素，又要通过肾和直肠腺排出多余的盐分。但因为渗透势较海水略高，所以不存在失水的问题。海生硬骨鱼体内盐分及渗透势均低于海水。其体表特别是鳃，透水也透离子，一方面是渗透失水，一方面离子也会进入。海生硬骨鱼大量饮海水，然后借鳃膜上的氯细胞将氯及钠离子排出。淡水软骨鱼的体液渗透势高于环境，其体表透水性极小，但不断有水经鳃流入。它靠肾脏排出大量低浓度尿液，并经鳃主动摄入盐分，来维持体液的相对高渗。某些溯河鱼和逆河鱼出入于海水和淡水之间，其鳃部能随环境的变动由主动地摄入变为主动地排出离子，或反之。

陆生动物具有湿润皮肤的动物（如蚯蚓、蛞蝓和蛙类）经常生活于潮湿环境，当暴露于干燥空气时会经皮肤迅速失水。在陆地上最兴旺的动物应属节肢动物中的昆虫、蜘蛛、多足纲和脊椎动物中的爬行类、鸟类、哺乳类。昆虫、蜘蛛的几丁质外皮上附有蜡质，可防蒸发失水，含有尿酸的尿液排至直肠后水分又被吸回体内，尿酸以结晶状态排出体外。它们在干燥环境中可能无水可饮，食物内含水及食物氧化水便是主要水源。某些陆生昆虫甚至能直接自空气中吸取水分。很多爬行动物栖居干旱地区，它们的外皮虽然干燥并覆有鳞片，但经皮蒸发失水的数量仍远多于呼吸道的失水。它们主要靠行为来摄水和节水，例如栖居于潮湿地区，包括荒漠地区的地下洞穴。爬行类和鸟类均以尿酸形式排出含氮废物，尿酸难溶，排出时需尿液极少，从而减少失水。鸟和哺乳类因恒温调节需要更多的水分供应。除某些哺乳动物为降温而排汗外，鸟和哺乳类的失水主要通过呼吸道。某些动物的鼻腔长，呼气时水分再度凝结在温度较低的外部的鼻腔壁上。它们也主要靠行为来节水，这包括躲避炎热环境。

6. **影响**

（1）生物体水分平衡

生物体内必须保持足够的水分：在细胞水平要保证生化过程的顺利进行，在整体水平要保证体内物质循环的正常运转。而且，水分与溶质质点数目间必须维持恰当比值（渗透势），因为渗透势决定细胞内外的水分分布。在多细胞动物中，细胞内缺水将影响细胞代谢，细胞外缺水则影响整体循环功能。

生物体内的水分平衡取决于摄入量和排出量之比。生物受水分收支波动的影响还与体内水存储量有关；同样的收支差额对存储量不同的生物影响不同：存储量较大的受影响较小，反之则较大。对水生生物来说，水介质的盐度与体液浓度之比，决定水分浸出体表的自然趋向。如果生物主动地逆浓度梯度摄入或排出水分，就要消耗能量，而且需要特殊的吸收或排泌机制。对陆地生物来说，空气的相对湿度决定蒸发的趋势，但液体排泌大都是主动过程。大多数生物的体表不全透水，特别是高等生物，大部分体表透水程度很差，只保留几个特殊部分作通道。在植物，地下根吸水，叶面气孔则是蒸腾失水的主要部位，它的开合可调节植物体内的水量。在较高等动物，饮水是受神经系统控制的意识行为，水与食物同经消化道进入体内，水和废物主要经泌尿系统排出。生物体的某些水通道也是其他营养物质出入的途径，例如光合作用所需 CO_2 也经叶面气孔摄入。因此光合作用常伴有失水。相比之下，陆地动物呼吸道较长，进出气往复运动，这使一部分水汽重复凝集于管道内。不过水生动物的鳃却经常暴露在水中，在高渗海水中倾向失水，在淡水中则摄入大量水分。

（2）生物进化与水

生物发源于水。志留纪以后，植物和动物先后进化到陆地上来。它们上陆后面临的首要问题是水分相对短缺。低等植物的受精过程一部分要在水中进行，因此它们只能生长在潮湿多水的地区。高等植物有复杂的根系可从土壤中吸水，有连续的输导组织向枝干供水，传粉机制出现后受精过程可以不用水为媒介。但与动物相比，植物仍有不利处，因为大气中仅含 0.03%的 CO_2（0.23 ㎜汞柱）它经气孔向内扩散的势差极小，而水分向外扩散的势差却比它大百多倍（24㎜汞柱），所以植物行光合作用吸收 CO_2 时经常伴有大量的水分丢失。动物呼吸时，外界空气含 21%的氧（159 ㎜汞柱），氧气经气孔向内扩散的势差比水分向外的势差大 6 倍多，因此动物呼吸时的失水问题较小。很多昆虫的幼虫仍栖息水中，两栖类的幼体也仅生活于水体内。不过，陆生动物的体内受精解决了精卵结合需要液体环境的问题。动物还可借行为来适应环境，这包括寻找水源、躲避日晒以减少失水等等。总之，植物水分生态和动物水分生态除有共性外，还各有特点。

二、我国的水生态环境现状及其修复途径

新中国成立以来，已历经近 60 个春秋，我国的水利建设取得了巨大成就。遍布全国的水利工程，确保了大江大河干堤及大、中城市的安全，避免了许多重大毁灭性灾害；农田水利建设保证了我国农业的持续增产，使 13 亿人口的粮食供应得到基本保障。进入 21 世纪以来，我国经济得到得以快速增长，迎来了经济发展的持续增长期。不过在近 10 年经济的高速发展增强了全社会对水利事业的压力，使其在资金及财政困难的情况下把相当的精力投入了“经营”和“创收”，相对忽视了对水环境特别是河流生态环境的保护和治理。在此，笔者将就我国河流生态环境现状及其形成原因作如下分析，并提出个人建议以供大家讨论。

1. 水生态环境恶化状况

（1）洪涝灾害损失日益增加。

据不完全统计，过去十年间我国因洪灾造成的直接经济损失约达一万亿元，其中工业及城市的损失约占 60%。黄河、海河等北方河流主槽不断淤积萎缩，小水也常导致大灾。洪涝灾害已成为制约国家发展和稳定的心腹之患。

（2）北方河流断流河段增多，断流时间加长。

20 世纪末我们的“母亲河”黄河的断流问题已引起国内外广泛关注，至今令我们记忆犹新。由此产生的环境、生态破坏以及对黄河下游生产、生活的影响难以估量。仅在 1993 年至 1997 年的五年间，全国由于缺水及干旱而减产粮食达 1131 亿斤之多。

（3）大江大河污染严重，恶性事故不断发生。

近 10 年经济高速发展的同时，排向各水系的污染物急剧增加，仅辽河水系每年就排入 16 亿吨污染物。淮河污染至沿河无水可饮，牲畜饮水中毒死亡的恶性事故震惊全国。七大江河已没有一条干净河流。作为人类文明之镜的许多淡水湖泊有机污染及富营养化问题也十分突出。

（4）水生态环境日益恶化。

大部分靠近人类活动区的水域，其水生生物及鸟类的栖息和生息环境被破坏，生物种群的多样性逐日减少甚至消失。

（5）过度垦荒加速地下水位下降

脆弱的生态环境给农业发展提供了强有力的支撑。但因干流自身不产流，天然植被对上游来水的多寡非常敏感。干流区为了发展经济，开垦了大片土地，增加了灌溉面积，不仅直接破坏了一些天然的荒漠植被，而且造成灌溉用水急剧上升，大量挤占天然植被用水，并减少了对下游水量的供给，使得地下水位加速下降，引起耐旱灌丛和草本的衰败。

除此之外，像是天然植被衰亡、土地沙化加剧、土壤盐碱化加剧等生态环境问题日益突出，已逐步上升为制约我国经济在发展的主要矛盾。

2. 现状成因反思，构筑和谐关系

问题已经非常明显地摆在我们面前。对于已经出现并将持续恶化的水问题应当去寻求其产生的原因及以后摆脱困境的途径。在此，我们应当先从以下三个方面的关系进行深刻的反思，改善关系，和谐发展。

（1）重新构筑人与自然的关系

在我们过去的水利工作中，比较强调人对自然的改造，而忽视了对自然的适应。人是这自然系统的一部分，从人类的起源到发育和发展都是直接受到自然系统的影响和控制，迄今为止，人类为自身的利益，开展了大规模的改造自然活动。但是在创造较大经济利益的同时，对自然的过分干扰也造成了自然系统的混乱。如过量排放 CO_2、SO_2，使酸雨及温室效应增强，造成土壤沙化，森林减少，致使水循环机制改变等。又如干旱地区过分的扩大水田面积，造成下游断流，而且由于蒸发量大造成灌溉土壤盐碱化，需要更多水量洗碱，又导致盐碱化进一步加剧，形成恶性循环。

随着人类经济开发活动规模的扩大，人类对自然系统的干扰和破坏也越加大，最终将危及人类自身的生活环境。因此，进入 21 世纪人类对自然的改造活动应当有所节制。要学会与自然长期共存。即在自然条件所能容许的条件下，以可持续发展为前提，制定自己的发展规划。

（2）重新构筑人与生态系统的关系

地表层分为大气圈、水圈、生物圈、岩石圈。而我们人类便是生物圈中的一部分，是生物系统中最高级的生物，人类自身的存在仍然需要生物多样性的支持。生物系统的进化仍未终结，失去生物多样性，种群杂交受阻，各种遗传基因的进化将会出现障碍，新种群难以生成，致使遗传出现，也会影响人类自身的生存和进化。而在过去的人类活动中，人们缺少这一认识，自尊为万物之主宰，一切从满足人类利益出发，肆意破坏其他生物的生活环境，导致大量物种灭绝。在今后的人类生存中，应当学会与其他生物共存，在满足自身利益的同时也要尽量保护其他生物的生存环境。应把保护生物多样性作为制约人类活动的原则。

为保护生物多样性，保护河流、湿地是十分重要的。因为河流、湿地是生物多样性最丰富的地域，是水陆交接的地区。但是在过去的水利建设中，因筑坝而阻断了河流的连续性，因筑堤而阻断了水陆的连续性。因此在今后的治水规划中要十分注意对河流、湿地的保护，维护水陆的自然交接。

（3）重新构筑人与河流的关系

人是从水中生物进化来的。因此人与水应当具有十分亲密的关系。但随着社会的发展，人与河流的关系逐渐疏远，或是为了防洪用高大的堤防将人与河流分隔，或由于河流的污染而将其填埋或变为暗渠。许多河流生物灭绝，常年黑臭，使人避而远之。人类与河流直接接触的机会越来越少。

在今后的日常生活中，人们要把河流这一连接山脉与大海的通路作为一条生物及绿化的走廊，使其成为适合人类休息，娱乐的宝贵自然空间。特别是河流是形成地区风土人情及文化的重要因素。通过治河要使河流两岸的空间形成充分体现地区独特风情文化的场所。水利工作除了我们常说的“兴利除害”之外，还应包括重新把人们吸引到河道空间，增加对水的亲近感这一项新的内容。

3. 生态环境修复的途径

面对日益恶化的水生态环境，人类已经逐步认识到了水生态环境的重要性，并不断地做出了一些相应的举措。这些举措为流域生态环境的修复提供了一定的保障，但总体上是从工程角度考虑的。实践表明，除依靠工程措施外，应结合水权管理研究与实践，从经济、管理、法律等角度从根本上寻求解决生态环境恶化问题的途径。

（1）转变发展观念，树立生态环境意识

人为因素是引起现有水生态环境问题的主因。因此，要根本性解决出现的问题，需从改变人们陈旧的思想观念入手。以往的非可持续的发展模式引起的生态环境问题已经向人们提出了警示：生态环境是人们赖以生存的摇篮，要实现自我的永续发展，必须珍惜和爱护周边的生态环境。所以，在未来的发展中，必须树立生态环境保护的意识，从以人为中心单纯追求经济增长转变为人与生态环境和谐发展。

（2）明晰水权管理，引进约束机制

水权理论的发展和实践，给了我们水资源管理一些新的启示。通过水权的界定，明晰生态水权，借助各控制节点，对每个用水户实行节约供水。在农业灌溉用水和工业用水方面，可借鉴美国和澳大利亚的水权实践经验，通过引进高新技术节水或实行定额定量供水等措施。这样不仅有利于水生态环境的稳定，而且可以激励各用水户节约用水、提高用水效率。

（3）完善法律法规，加强生态环境保护

生态环境的修复，有赖于法规的完善，包括人口增长的适度控制、开垦荒地的规定、生态水权的落实、天然植被的保护等。流域的生态环境作为公共领域，难以杜绝某些个人与团体为了局部利益进行侵占的行为。因此，通过法律法规的完善，切实做到有法可依、违法必究，打击非法垦荒破坏植被行为，控制浪费水资源行为，遏止不符合可持续发展原则的经济增长方式，以有利于生态环境的可持续发展。

（4）广泛宣传，引导走可持续发展道路

限制经济发展的因素很多，其中水资源和生态环境分别占了极其重要的地位，经济发展规模与两者的所提供的条件息息相关。如果我们不及时的保护水资源和改善生态环境，那么在不久的将来水资源的短缺和生态环境的恶化将成为我国经济发展的主要制约因素。严峻的水资源问题和生态环境现状不断向人们发出警示，仅仅为了眼前的局部的经济利益而放长远的全局的综合利益而不顾，即使现在发展了，但生态环境恶化了、整体效益也必将下降。因此，应广泛宣传节水理念，首先从观念上引导群众走可持续发展道路，以推进节水型社会的建设。

第三节　水生态修复发展现状与趋势

一、水生态修复的必要性

水生态系统必要性其实大家都明白很重要，也很急迫，一是我国水污染形势已经很严重，二是水生态系统功能退化趋势同样很严重。

（1）可以用几个数字来说明我国水污染状态以《2013年全国水资源公报》数据为依据，2013年全国废污水排放量775亿吨，该数字仅统计了点源污染，还有比这数字更大的面源污染由于无法计量而没有统计进来，也许光看废污水排放总量还不能说明什么问题，再来看不同水域水质现状：

①河流。以参加评价的河流总长统计，水质在Ⅲ类以下河段占河长的31.4%，也就是我国近1/3河段水质不能作为自来水厂的水源。

②天然湖泊，在参加评价的天然湖泊中，Ⅲ类以下湖泊数占了68.1%，也就是2/3以上的天然湖泊不能作为自来水厂的水源，人都不能用，生物用了能健康吗？

③从管理和比较学术的角度，是看水域的水功能区达标情况，2013年全国评价水功能区5 134个，满足水域功能目标的2 538个，仅占评价水功能区总数的49.4%，不足一半，也就是说，一半以上的水域已经没有环境容量了，需要今后不断地减排和治理才能达到水功能区的管理目标。其实水功能区划也是没有办法的办法，西方发达国家没有中国特色的水功能区化之分，他们要求所有的水域都能达到人类饮用和亲水（游泳、滑水）要求，同时还要满足水生生物的生存要求。

④地下水。地下水是人类最可靠、最方便使用的水源，也是全球大部分地区人类饮用水的主要来源，但我国的地下水污染状况十分严重，根据2013年的监测结果，不适合作为饮用外的Ⅳ~Ⅴ类监测井占到总监测井数的77.1%，可以说，我国大多数地区的地下水已经不能作为饮用水源了。

所以，我国城乡水源安全的保证率不高，有些地区还很低，而健康的饮用水源已经十分珍贵，西方国家绝大多数饮用水源是Ⅰ-Ⅱ的地下矿泉水，而我国绝大多数水源都是Ⅲ类，不仅处理成本高，而且也不太健康。我国北方地区主要依靠的地下水已经严重污染或者严重超采，不得不花大价钱南水北调，而南方地区主要依赖地表水，实际上南方地区的“好水”（优质水）都是从江湖的上游流过的“客水”，本地水源不是被污染，就是保证率不高，大部分城市附近得到当地水源都遭受污染而不能使用。从以上权威数据来看，我国水污染形势有多严重。

再从我国的珍稀生物资源来看，全国共有濒危或接近濒危的高等植物4 000 ~ 5 000种，占我国高等植物总数的 15 ~ 20%，已确认有 258 种野生动物濒临灭绝。

（2）在《国际濒危物种贸易公约》列出的 640 种世界性濒危物种中，我国有 156 种，约占总数的 1/4。再来看长江几个珍稀物种：

①白鳍豚，是中国特有的淡水鲸类，属于国家一级保护动物，仅产于长江中下游，曾经在长江生活和游弋超过 2 500 万年，近 10 来年再未被发现，已经功能性灭绝。

②江豚，俗称“江猪”，本来并不算珍稀，只要有吃的和必要的栖息地就可以生存，所以当年仅被列为国家二级保护动物，但近 10 年来，由于缺少安全的栖息地水环境、足够的食物（小鱼）和水污染，江豚数量已经少于 1 000 头，已经比大熊猫的数量还少，成为水中“大熊猫”，如果不加大保护力度，10 年左右时间也将面临灭绝。

③中华鲟，已经在地球上生活 1.5 亿年，比长江贯通时间久远，是名副其实的活化石，属于国家一级保护动物，现在由于其自然繁殖栖息地江段太短，近年来自然繁殖量越来越少，甚至开始不繁殖（如 2013 年和 2014 年），如果不加紧保护，也可能在 10 年内灭绝。是想一下，如果我们的孩子今后再也看不到野生动物，这个世界还有什么有趣的东西呢？

总之，水资源已经难以承载，水生态系统难以承受，人与水难以和谐，子孙后代可持续发展已经受到严重影响，你说水生态修复有多么的重要。

二、不同水域生态修复的目的和方法

就跟人的生理和身体状态一样，自然生态系统更为复杂，如何进行修复并没有现成的理论和方法，主要应该根据生态系统退化的原因、主要保护目标或者对象、主要污染物质种类和水域的功能等，因地制宜确定修复的目标，并采取科学方法开展。水域生态修复总的原则是：对于自然保护区或者人烟稀少地区，最好按自然规律办事，少干扰，不进一步破坏也许是佳的修复，人类自己是否幸福都很难确定，所以，我们也很难知道野生动物和鱼类怎样才算“快乐”？而对于人类活动密集区，应该将恢复生态功能与为人类服务功能（如供水、景观等）并举。

1. 生态修复原则

（1）旗舰物种的保护不如生态系统保护重要。

（2）生态系统结构完整性的保护比物种数量或者生物量的保护更重要。

（3）恢复生态功能比恢复景观更重要，对于城市水域，生态 + 景观 + 水文化三者结合为最佳方案。

2. 良好的水生态系统所具有的基本特征

（1）生物具有多样性，多样性包括三个方面的多样性：多样性、栖息地多样性和物种的多样性等三方面的内容。

（2）生态系统的结构完整，即生产者、消费者和分解者齐全，食物链结构完整，下层物种通过一定数量的冗余支撑上一层物种的生存，这样的生态系统最稳当和安全。

（3）外来物种少，当地特有和珍稀物种生存良好，特有物质不仅是地理环境的生态标志，也是最值得保护的物质。

（4）水域具备优雅的景观及水文化内涵，进入其中使人宁静、陶醉、舒心，产生灵感，是文学、艺术和思想创新的源泉之地。

（5）水质良好，清澈见底，微生物、水草和鱼类齐全，这是人和生物都需要的。

3. 对于不同的水域，由于水域环境和功能的不同，在修复时还有些特殊的要求

（1）河流修复的基本目标：为了人类持续地利用。修复的理想目标是恢复为人类提供多种服务功能和激流水生态系统的功能，前者主要包含行洪、航运、水力发电、供水、灌溉、旅游和文化，后者就是水生态系统良好。需要恢复的内容包括：水系连通（纵向、横向和垂向）及自然的水文水动力过程（时间的连通），平衡的物质输移功能，安全（防洪等）而环境友好的岸坡生态屏障带，水质优良，维系珍稀和特有物种生存环境，城市岸边修复美丽的景观等。江水中不惧怕泥沙，也不惧怕营养物质，而是要平衡、适度，能够达到冲淤平衡最好，自然的水文、水动力和水物理化学过程是河流修复的基本目标。

（2）天然湖泊修复的基本目标：与河流类似，为人类持续地利用，需要恢复主要功能包括：蓄洪、航运、供水、灌溉、旅游和文化 + 湿地生态系统良好（水生生物及候鸟、水禽、水牛等），少了水力发电，多了湿地环境及生物。天然湖泊修复的功能包括水系连通，水质优良，生态系统的结构，环境功能齐全，具有野趣及旅游文化价值等，只有良好的水环境才有产生水文化的土壤。湖泊与湿地并没有什么区别，水域是保护的核心，其实水域边的滩地、草地等消落带同样是保护的核心区，凡是水环境好的湖泊，其周边湿地一定也是良好的生态屏障带。洪水具有重要的生态功能，同样，枯水过程也有十分重要的生态功能，后者常常被人们遗忘。

（3）城市水网及湖泊生态修改的基本目标是：蓄洪、排涝及水景观修复，最高目标是：基本目标 + 水生态系统修复 + 水文化挖掘。城市湖泊管理的基础原则可以适时“三线一道管理”思路，但管理的方式应该是：严控灰线（建筑物离湖边距离线），扩宽绿线（具有生态屏障功能湖岸或者消落带），淡化蓝线（随季节自然的变幅的湖面线），一道是不仅为社会公众提供交通、旅游的环湖道路或者绿道，而且通过环湖道的建设彻底截断湖边的排污口，实际雨污分流。

而湖泊水污染治理方式，截污是前提，岸边植被恢复最重要，而湖水治理，虽然物理和化学方法治理效果快，但生物治理效果持久而费用低，一般需要三者结合，或者先采用前者，后采取后者。

三、我国典型水景观

如果需要寻找水生态修复的灵感，可以参观和思考下我国典型的水景观。

1. 天然水景观

黄河的天桥峡、壶口瀑布、龙门峡和三门峡；长江的虎跳峡、三峡；漓江因有奇丽清秀的山水有“百里漓江，百里画廊”之誉，名甲天下；九寨沟的明净、黄龙的瑰灿；钱塘江的海宁观潮；黑龙江的五大连池、云南大理的洱海、四川西昌的邓海、牡丹江市境内的镜泊湖、云南与四川交界处的泸沽湖、福建鸳鸯溪、台湾的日月潭；长白山的天池、新疆乌鲁木齐市郊的天池等

2. 比较著名的城市水景观

杭州西湖美如天堂，宋朝大诗人苏东坡在其感人的美丽诗篇中就写到“欲把西湖比西子，淡妆浓抹总相宜”；北京的颐和园有 3/4 的水面——昆明湖，宛若天成的湖光山色，使颐和园呈现一副绚丽多彩的画面。南京的莫愁湖和玄武湖、武汉的东湖、扬州的疲西湖、济南的大明湖、肇庆的星湖、宁波的东线湖、昆明的滇池等。

3. 人工形成水库

贵州的红枫湖、福建的湖金湖、吉林的松花湖、浙江的千岛湖、北京怀柔的雁栖湖；塞外江南宁夏银川沙湖等。

搞生态修复的人应该先看看自然水景观，再看看城市水景观，当然有条件的可以去欧美等发达国家去参观学习，有不少值得借鉴的好经验。

4. 水生态修复市场前景

（1）市场持续的时间：我国干了多少年的“坏事”（破坏水环境和水生态），至少有多少年的修复期，而要达到理想的目标，则该行业永远干不完，就更医生和医院一样，只有有人存在，就需要医生和医院，生态系统修复也一样，是一个永恒的职业，只要有人破坏生态环境，就需要进行生态修复，而生态系统要 HAPPY，就有做不完的事。

（2）市场的空间有多大：取决于国家、地方经济社会发展水平及社会公众认知度，随着人们对于美好生活的向往和对于生态环境认识水平和伦理不断提高，花再多金钱也不会吝惜，可以说市场的规模会与我们创造的 GDP 规模一样巨大。

（3）市场类型或者结构：要恢复水生态系统，不仅需要科学监测观测，科学研究，而且需要规划、设计、施工、监理，而且有永恒的维护与管理任务，可与房地产行业有得一比，涉及全产业链。

（4）市场的机会在哪：找准出钱的“主”，国家、地方、企业、社区都有意愿出钱出力，当然还有大量富人的慈善捐赠和社会广大的义工、志愿者的参与。

（5）参与市场的竞争力在哪里？每个想持久参与水生态修复的单位或者企业，都需要先进的理念和技术，学会互联网思维（羊毛出在狗身上，猪出钱），不要老盯着直接收益，需要有远大目标，当然精细而诚信的工作和服务很重要，当然这些来自有良好的团队和“企业文化”的单位。

四、“九大体系”助推水生态文明建设

白城市坚持生态立市，综合施策，努力破解“水”瓶颈。被列为第二批全国水生态文明城市建设试点以来，白城围绕水安全、水资源、水环境、水生态、水管理和水文化六个方面，积极构建“九大体系”，初步形成了较为完善的水生态保护格局。

1. 构建河湖连通体系

2012 年，白城市在全省率先提出并规划河湖连通工程，至 2017 年累计完成投资 7.95 亿元，规划的 124 个水库泡塘全部连通，占全省总量的 60%以上，蓄水能力达 34 亿 m^3，全市水面恢复到 256 万亩。

2. 构建防洪减灾体系

累计完成投资 14.65 亿元，加强域内河流治理、水库除险加固、城市排涝工程等项目建设。完成 21.75km 洮儿河治理工程（市本级）、竣工 19 座小型水库除险加固工程；防汛抗旱异地会商系统、山洪灾害防治预警预报系统和防汛抗旱决策支持系统投入使用；嫩江干流治理工程、月亮泡蓄滞洪区建设工程进展过半。城市防洪工程基本达到抵御 50 年一遇，排涝工程基本达抵御 20 年一遇能力。

3. 构建水资源管理体系

编制了《白城市水资源调查评价》《白城市实行最严格水资源管理制度考核指标分解报告》《白城市水资源综合规划》《白城市节水型社会建设规划》，完成了向海湿地生态补水方案。加强水质监测检测，完成了国家级地下水监测体系监测井建设，实施水资源实时监控与管理系统试点工程，中心城区计量设施安装率达到 96%，累计完成投资 0.09 亿元。

4. 构建水环境治理体系

投资近 6 亿元，全面强化水环境治理。在污水处理上，提升改造了污水处理厂，污水日处理能力由 5 万吨提高到 8 万吨，出水标准由一级 B 提高到一级 A。在工业污染上，洮安皮革有限公司污水处理项目通过环保验收，敖东洮南药业股份有限公司废水处理项目进入调试阶段。在农业污染上，完成 5 家规模化养殖场（小区）污染物治理工程，良田生猪养殖、荣祥育肥牛养殖等 13 个农业源污染减排项目全部通过环保部污染物总量减排认定。在生活源污染防治上，通榆县三达水务二期工程完成调试、大安市污水处理改扩建及中水回用工程完成土建工程、白城市三达水务二期扩建及提标改造工程完成前期工作、白城市再生水及污泥处理工程项目完成主体工程。

5. 构建供用水保障体系

完成供水管网及二次供水管网改造工程，日供水能力达到 8 万吨；完成农村饮水安全工程，受益人口近 25 万人；投资 4 347.21 万元，建设白沙滩灌区续建配套与节水改造项目；2015 年以来累计投资 8.22 亿元，建设高效节水灌溉工程 123 万亩，新打农田灌溉井 184 眼，改造 683 眼，购置节水设备 952 台套；2016 年改造南雨水明渠 4.5km，修建护坡工程 18km；2017 年结合海绵城市建设，小区污水管网改造 18km，新建 17km，清淤 15km。

6. 构建湿地恢复体系

2014 年 9 月启动了莫莫格湿地常态补水应急工程，完成 17.62km 补水渠及 5 桥、8 闸主体工程。制定《白城市 5 万亩芦苇湿地恢复与保护建设工程项目实施方案》，2015 年、2016 年在镇赉县落实。2017 年，在芦苇湿地恢复与保护上，大安市实施芦苇湿地河蟹养殖、镇赉县实施 8 万亩芦苇湿地芡实种植工程。在珍贵鱼类保护上，在嫩江流域、洮儿河流域、霍林河流域开展增殖放流活动，2015 年以来累计投放鱼苗 580 万尾。

7. 构建绿色生态屏障体系

累计投资 11.35 亿元。在造林增绿上，2016 年造林 35 万亩；2017 年启动“三年造林还湿双百万”活动，目前已造林 31.4 万亩，其中城市新增绿地 9 万 m^2、县城新增绿地 40.3 万 m^2、绿化村屯 243 个、绿化公路 115.2km。在清收还林上，采取边清边收、打收结合等办法，全面开展林地清收“回头看”，查缺补漏，不留死角，目前已还林 29.8 万亩，修复保护湿地 31.3 万亩。在治理水土流失上，2015 年市本级完成治理面积 16.37 公顷；2017 年 4 月完成洮北区红星小流域水土保持工程，治理面积 223 公顷；2017 年 5 月完成大安市水土保持工程，种植紫花苜蓿 10 公顷，种植碱茅草 450 公顷，封育治理 879 公顷，作业路 9km，整治沟 7.91km；2017 年全市共完成人工种草 12.4 万亩，围栏封育 31.96 万亩，草场改良 13.5 万亩。另外，还完成草原打井 630 眼，喷灌设施 263 台（套），综合治理草原面积达 20 万亩。

8. 构建城市生态廊道体系

顺利实施鹤鸣湖滨水生态廊道工程，完成白城市东湖湿地补水、市政河道、生态新区雨水管网建设利用等工程；建设生态新区污水管网 5 千米，铺设雨水管线 5 千米，新建蓄水池 2 个；全面完成了镇赉县环城水系生态廊道工程。

9. 构建涉水文化体系

以湿地景观、水利工程景观、蒙古族风情、草原风光为重点，深入挖掘白城悠久的渔猎文化精髓，力推水生态文化发展。坚持市场化运作，设立了月亮湖渔猎文化冬捕节、中国 • 镇赉白鹤节，成立了嫩水韵白水利风景区旅游公司，白城独有的湿地景观得到全景展示。

第二章　水生态系统保护与修复理论

第一节　水生态系统保护与修复研究进展和技术

水生态系统没有特定的定义，其主要包括河流、湖泊、湿地等内陆生态系统。国内外在水生态系统保护与修复过程中涉及的工程技术标准，其中有专门针对水生态系统保护与修复的标准，也有其他标准中涉及的生态要求，了解国外在标准体系上的研究，可更好起到借鉴作用。

一、国外水生态系统修复标准体系发展情况

1. **综合技术**

从理念发展趋势上看，国外的水环境管理经历了“污染——防治保护——生态管理”的阶段，目前已从污染防治转移到生态系统的恢复与保护，各国在水生态系统保护和修复方面相继颁布过的综合性手册、导则等（见表 2-1-1）。

表 2-1-1 各国在水生态保护与修复方面综合性导则

国家	名称	颁布时间
英国	河流恢复技术手册（Manual of River Restoration Techniques）	2002年
德国	水库岸坡侵蚀防护生态工程技术	1992年
澳大利亚	河流生态修复手册（A ehabilitation Manual for Australian streams）	2000年
美国	人工湿地设计手册（Design Manual-Constructed Wetlands and Aquatic Plant Systems for Municipal Wastewater Treatment）	1988年
美国	河岸侵蚀防护生态工程技术导则（Bioengineering for Streambank Erosion Control Guidelines）	1997年

2. **规划**

各国在进行水生态修复时，主要遵循“针对目标——评价调查——制定措施”的原则，进行因地制宜的生态恢复工程。其中不乏由国家给出基础性指导文件，再采取根据不同的

修复目标进行自主选择的方式进行水生态修复工程，这样带有灵活性的规定，使规划更具适用性，可供我国借鉴。

（1）德国在对 Emscher 河与 Boye 河进行生态修复时，步骤为：确定目标——自然背景分析——确定河流主要问题——制定详细措施等；对 Nidda 河进行整治时，着重于让居民参与河流的治理。

（2）美国在对伊利诺伊州芝加哥河北支流进行生态修复时，步骤为：确定目的——确定任务——背景介绍和分析——北布鲁克支流滩槽设计方案；在对基西米河进行复原工程的过程中，着重恢复河流与沼泽的生态系统，为此分为三期工程；在对佛蒙特州鳟河进行整治时，重点在于民间与政府的共同治河。

（3）瑞士在布格多夫埃默河改造工程中，重点在于还河流以空间——让河流回归自然。

（4）韩国在清溪川的复原工程中，重点在于恢复被掩埋的河流，恢复历史风貌。

（5）日本在对其境内多条河流改造时，着重于恢复河流的栖息地；对渡良濑蓄水池进行的人工湿地工程，则重点在于通过生态方法，对水质进行净化。在日本颁布的《中小型河流河道规划技术标准》中，未对具体数值做出明确规定，提出依照日本已有的标准条例等进行设计，使颁布的标准连成体系。

3. **评价导则**

虽然生态修复的重要性已被各国肯定，但对生态修复成功的标准还没有统一共识，各国在评价方面分别制定了各自的标准。如：2000 年 12 月起执行的《欧盟水框架指令》（EU Water Framework Directive），其定位是“在成员国开展河流生态状况评估的方法框架”，这个标准采用较多的是“生物参数法”（Biotic Parameters）和“生物指数法”（Bioindicators）；美国环保局提出的《快速生物评估草案》RBP（Rapid Bio assessment Protocol）是一种综合方法，涵盖了水生附着生物、两栖动物、鱼类及栖息地的评估方法；美国陆军工程师团《河流地貌指数方法》HGM（Hydrogeomorphic）则侧重于河流生态系统功能的评估。

国外许多大学和科研机构都成立了河流生态修复相关的专业组织，各组织也相继出版了与河流修复相关的研究报告，美国、英国等几个国家的相关导则见表 2-1-2。

表 2-1-2 几个主要国家的相关导则

国家	名称	颁布时间	备注
美国：农业部、环保署等部门联合出版	河道廊道修复的原理、方法和实践（Stream Corridor Restoration: Principles，Processes，and Prantices）	1998年	书中所定义的河道修复包括恢复河道走廊动态平衡和功能的大量方法
美国陆军工程师团水道试验站	河流调查与河岸加固手册（he WesStream Investigation and Streambank Stabilization Handbook）	1997年	内容涉及河流地貌学与河道演变、河流系统的地貌评价，河岸加固方法综述等

续　表

国家	名称	颁布时间	备注
美国陆军工程师团	河流修复工程的水力设计（Hydraulic Design of Stream Restoration Projects）	2001年	目的在于为从事河流修复工程的技术人员提供系统的水力设计方法
英国河流修复中心（RRC）	河道修复技术手册（Manual of River Restoration Techniques）	2002年	手册中包含了许多在工程实例中进行了应用的技术
欧洲	欧盟水框架指令（The EU Water Framework Directive）	2000年	水框架指令将相关国家、政府、机构和人民集合到一起来讨论他们的分歧，找到他们的共同点，确定正确的机制
澳大利亚水资源和河流委员会	西澳大利亚河流的属性、防护、修复以及长期管理指导	2001年	主要阐述了澳大利亚西南部河道修复的基本理念和有关技术
加拿大	安大略南部地区的河流生态修复手册		应用的河流修复技术主要有三种：渠道修复、栖息地改善和土壤生态工程学技术
日本河道整治中心	让城镇和河道的自然环境更加丰富多彩——多自然型建设方法的理念和现实	1990年	为普及多自然河流的建设，此书内容介绍多自然型河流建设
日本河道整治中心	让城镇和河道的自然环境更加丰富多彩——对多自然型河流建设的思路	1992年	作为续篇，介绍了建设多自然型河流的基本技术
日本河道整治中心	多自然型河流建设的施工方法及要点	1996年	对目前开展的多自然型河流建设的思路、规划、设计及注意事项等问题做了详尽的介绍
日本国土交通厅	中小河流修复技术标准	2008年	包括适用范围、设计洪水位、河道岸边线和河宽、横断面形状、纵断面形状、粗糙系数、管理用道路、维护管理部分
日本多自然河流建设研究会	建设多自然河流要点—河流改造任务和注意事项	2007年	通过本要点集，可以掌握多自然河流建设现场中的计划、设计方向
日本多自然河流建设研究会	中小河流修复技术标准说明		作为要点集的续集，阐述中小河流横、纵、横断面形状设计方法，含有设计案例集

4. 管理

目前流域管理机制相对成熟的发达国家采用的流域管理体制大致可分为三大类。一类是以美国、加拿大、澳大利亚为代表的行政区域分层治理和流域一体化治理相结合的流域管理体制，这类国家国土面积大，行政区域与流域关系复杂。第二类以日本为代表的多部门共同治理体制，这类国家国土面积较小，人口稠密，中央政府中与流域管理工作有关的机构较多。第三类则是以英国、法国等欧洲国家为代表的流域一体化治理体制。在选择合适的流域机制时，必须以严格的立法作为保证。以美国为例，其水资源保护标准颁布部门见表 2-1-3。

表 2-1-3 美国水资源保护标准颁布部门

时间	颁布机构	颁布标准
1933	美国国会	《田纳西流域管理法》
1970	美国国会	《萨斯奎汉纳流域管理协议》
1998	美国环保局USEPA	人工湿地设计手册（Design Manual-Constructed Wetlands and Aquatic Plant Systems for Municipal Wastewater Treatment）
1972	美国环保局USEPA	《清洁水法》（CWA：the Clean Water Act）
1998	美国农业部、环保局等部门联合出版	《河道廊道修复的原理、方法和实践》（Stream Corridor Restoration：Principles，Processes，and Prantices）
2001	美国陆军工程师团	《河流修复工程的水力设计》（Hydraulic Design of Stream Restoration Projects）
2000	美国陆军工程师团	《堤防的设计与施工》（Design and Construction of Levees）
1997	美国陆军工兵兵团水道实验站	《河道调查和河岸加固手册》（The Wes Stream Investigation and Streambank Stabilization Handbook）
1997	美国陆军工兵兵团水道实验站	《河岸侵蚀防护生态工程技术导则》（Bioengineering for Streambank Erosion Control-Guidelines）

二、国内外水生态系统修复相关标准比较分析

1. 综合技术与规划

由于我国对水生态系统保护的研究工作起步较晚，对水生态保护的有效性不足以及对此领域的标准设立不及时等问题时有发生，表 2-1-4 列举了有关水生态系统综合技术及规划上国内外标准体系的差异。

表 2-1-4　国内外标准体系中水生态系统综合技术及规划方面的差异

内容	国外	我国
水生态系统修复中的协调	《欧盟水框架指令》，共包括 26 条和 11 个附件。水框架指令的颁布经过了很长时间的讨论，在成员国之间及其内部都进行了大量的协调，它给欧盟成员国提供了一部严格的法规，从而确保欧盟的水资源在未来的岁月里得到可持续的利用，并保持良好的环境状况。同样重要的是，水框架指令将相关国家、政府、机构和人民集合到一起来讨论他们的分歧，找到他们的共同点，确定正确的机制，从而可以让欧洲的水环境能够同时满足人类自身的需求和动植物群落的需要	无
河流重建技术	美国《河流廊道复建：原则、工序与实务》：推荐的河流复建技术以恢复河流生态栖地为目标，报告中给出技术措施	无
	美国《河湖护岸保护》（WAT-SG-23）：护岸是保护生态环境的重要屏障，提出了河流、湖泊护岸保护技术的方法	
	澳大利亚《河流修复手册》：内容包括河道控制、河岸侵蚀、河岸防护、截弯河流的修复、鱼道设计等方面	
	日本《中小河流河道规划技术标准》	
流域管理	美国《河流廊道复建：原则、工序与实务》：包括林业、农业、都市 BMP 措施（Best Management Practices：Urban Areas）及提高河道水量措施	无
	美国《防洪墙、堤防和土石坝景观植被和管理导则》（EM 1110-2-301）	
	美国《流域管理》（ERDC/EL SR-W-00-1）：包括流域恢复程度和对应的管理，分为自我恢复、辅助恢复及全部恢复三种程度	

2. **评价导则**

我国目前水利部门现行相关标准体系的特征是评价内容范围大、指标多、针对性不强，加上标准体系不完善，没有对一些新出现的问题进行规范化，这就给实际保护工作带来了很大难度。我国与国外在有关水生态领域调查与评价的标准差异见表 2-1-5。

表 2-1-5　国内外标准体系中水生态系统评价导则方面的差异

内容	国外	我国
河流类型归类	（1）德国联邦问题工作组（LAWA）2005 年出版物，详细定义了德国河流的参考条件	无
	（2）《欧盟水框架指令》里包括物种多样性；生物指数；河流生物群落代谢；大型植物群落结构；鱼类群落结构等评估	

续 表

内容	国外	我国
生物评估	（1）美国 USEPA：《快速生物评估草案》（RBP）是一种综合方法，涵盖了水生附着生物、两栖动物、鱼类及栖息地的评估方法	无
	（2）联合国粮农组织（FAO）2008 年出版的 FAO 渔业技术手册第 6 册第 1 增补部分	
河流生态功能的评估	美国《河流地貌指数方法》（HGM）侧重于河流生态系统功能的评估。在这种方法中列出了河流湿地的 15 种功能，共分为 4 大类：水文（5 种功能）；生物地理化学（4 种功能）；植物栖息地（2 种功能）；动物栖息地（4 种功能）	《河湖生态需水评估导则（试行）》
河流生态修复的评估	澳大利亚《河流修复手册》：包括评估类型、评估等级等	无

3. **设计和施工**

河流生态修复技术发展涉及生态学、水文学、地貌学、工程学、社会学、经济学等众多学科，必须坚持多学科交叉融合的原则，将多个学科的理论原理、发展思路、技术手段进行融合，以促进河流生态修复技术水平的不断提高。我国与国外在有关水生态领域设计与施工的标准差异见表 2-1-6。

表 2-1-6 国内外标准体系中水生态系统设计和施工方面的差异

内容	国外	我国
对生态保护的要求	（1）美国《堤防设计与施工》（EM 1110-2-1913）	无
	（2）美国《防洪墙、堤防和土石坝景观植被和管理导则》（EM 1110-2-301）：在总则中阐述了植被的目的在于保障自然环境和人居环境的和谐统一，对结构进行加固，控制沙尘和侵蚀，提供隐蔽场所或消除不满足需求的特征，为野生动物提供临时的栖息地，创建一个舒适的娱乐环境等。植被应保持自然特征，避免园林化	
河流生态修复导则	（1）荷兰《河道堤防设计导则》：尽可能服从环境要求，密切注意风景、历史文化和生态环境（生态植物）	《水利水电工程鱼道设计导则》已颁布 《生态风险评价导则 SL/Z467-2009》已颁布 《环境影响评价技术导则生态影响 HJ19—2011》已颁布
	（2）日本《日本国河流沙防技术标准》：对丁坝的设计，由于岸边是多种生物生息的地方，其结构设计上应充分考虑自然环境，同时考虑施工性、经济性等进行设计	
	（3）德国《防洪堤》（DIN19712）：在确定防洪堤安全标准时，对公共利益，如自然景观、城建、社会方面的要求以及河滩生态系统保护（植被、弯曲的河谷）等也要予以考虑	

续 表

内容	国外	我国
河流生态修复导则	（4）美国《河道廊道修复的原理、方法和实践》提出：河流生态修复应首先认识到破坏生态系统结构和功能或阻止其恢复到合适状态的自然或人为因素。实现河道修复的第一个关键步骤是停止引起退化或阻碍生态系统恢复的干扰行为。修复行动既包括被动地消除干扰行为，也包括主动地采取措施来进行河道走廊修复	《水利水电工程鱼道设计导则》已颁布 《生态风险评价导则SL/Z467-2009》已颁布 《环境影响评价技术导则生态影响HJ19－2011》已颁布
	（5）美国《河流调查与河岸加固手册》：适于不同区域特点的加固技术选择，侵蚀防护的一般原理，侵蚀防护的护面工程，抛石防护设计方法，河岸侵蚀控制生态工程技术，侵蚀的非直接防护技术，用于侵蚀防护的植被措施，加固工程的施工，加固工程的监测和维护。对生物栖息地有关的问题也给予了介绍	
	（6）英国RRC《河道修复技术手册》：手册中包含了许多在河道生态修复工程实例中应用的技术，包括恢复河流的蜿蜒性；利用以前的多余河道形成回水区域；对直型河道进行改善，如安装折流器、建造岸边岛、创建石质浅滩、将单调的直型河道改造为多路线河道等	
	（7）亚洲河流修复网络（Asian River Restoration Network，ARRN组织来自中、日、韩的专家编写了基于流域生态适宜方法的河流修复导则（2008）	
河流恢复工程的设计	（1）美国《河流修复工程的水力设计》：目的在于为从事河流修复工程的技术人员提供系统的水力设计方法，在因其他工程目的或限制条件而导致的客观约束条件下，使河流修复工程适应自然系统	《渠道防渗工程技术规范SL18-91》已颁布，未就生态修复工程进行规定 《膨润土防水毯的施工规范QB/GCLSG-2004》已颁布，未就生态修复工程材料进行规定
	（2）美国《缓冲带、廊道和绿色通道设计指南》：指出保护缓冲带是嵌于景观中的条状植被带，用于影响各种生态过程并为我们提供各种产品和服务	
	（3）美国《生物工程对河岸侵蚀的控制导则》，作为《河流调查与河岸加固手册》的附录B提出	
湿地	美国《市政污水处理下的人工湿地和水生植物系统设计手册》	城市湿地公园规划导则（试行）

第二节　生态需水

一、生态需水概念

所谓生态需水是指为了维持流域生态系统的良性循环，人们在开发流域水资源时必须为生态系统的发展与平衡保证其所需的水量。生态需水是与流域工业、农业、城市生活需水相并列的一个用水单元。生态需水概念的提出体现了一种新的流域环境管理的思维模式，它重视生态环境和水资源之间的内在关系，强调水资源、生态系统和人类社会的相互协调，放弃了传统的以人类需求为中心的流域管理观念。

传统的流域环境管理在水资源分配方案中常常将水资源使用权优先赋予了农业、居民生活和工业，而生态用水通常被忽略或被排挤。

二、生态需水量

生态需水量是指一个特定区域内的生态系统的需水量，并不是指单单的生物体的需水量或者耗水量。广义的生态需水量是指维持全球生物地理生态系统水分平衡所需用的水，包括水热平衡、水沙平衡、水盐平衡等；狭义的生态环境用水是指为维护生态环境不再恶化并逐渐改善所需要消耗的水资源总量。

1. 研究现状

生态环境需水正逐渐成为水资源及相关领域的研究热点，研究涉及河流、湖泊、湿地等多种生态系统类型，由于人类活动对河流需水的影响最为直接，因此在河流方面的研究开始相对较早，也最为活跃。河道生态需水量的研究大致可以分为 3 个阶段。

（1）20 世纪 60 年代之前属于河道生态需水理论的萌芽阶段，主要针对满足河流的航运功能进行研究，缺乏成熟的理论和方法。

（2）20 世纪 70 年代至 80 年代末期，此阶段河道生态需水及其相关概念得到人们的普遍认同，开始从不同角度对其进行系统研究。最初根据水文历史资料进行河流流量分析。提出了一些基于水文学分析的方法，如 Tennant 法，后来水利学家根据河道断面参数判断河流所需流量，形成了基于水力学分析的方法，如科罗拉多州水利局专家提出的 R2-CROSS 法。

（3）20 世纪 90 年代之后，随着河流连续统筹思想的提出，河道生态需水理论开始完善，原有的研究方法不断得到改进，同时出现了一些新的研究方法，其中最为突出的是南非 BBM 法和澳大利亚的整体研究法，特点是注重对河流生态系统整体的考虑。此外，还出现了一些其他方法，如从流量与生物的直接关系入手进行研究的方法，从满足河流稀释、自净环境功能出发的研究方法。

2. **简介**

生态需水量是指一个特定区域内的生态系统的需水量，并不是指单单的生物体的需水量或者耗水量。它是一个工程学的概念，它的含义及解决的途径，重在生物体所在环境的整体需水量（当然包含生物体自身的消耗水量）。它不仅与生态区的生物群体结构有关，还与生态区的气候、土壤、地质、水文条件及水质等关系更为密切。因而，“生态需（用）水量”与“生态环境需（用）水量”的含义及其计算方法应当是一致的。计算生态需（用）水量，实质上就是要计算维持生态保护区生物群落稳定和可再生维持的栖息地的环境需水量，也即“生态环境需水量”，而不是指生物群落机体的“耗水量”。对于水生生态系统生态需水量的确定，不能只考虑所需水量的多少，还应考虑在此水量下水质的好与坏。生态需水量的确定，首先，要满足水生生态系统对水量的需要；其次，在此水量的基础上，要使水质能保证水生生态系统处于健康状态。生态需水量是一个临界值，当现实水生生态系统的水量、水质处于这一临界值时，生态系统维持现状，生态系统基本稳定健康；当水量大于这一临界值，且水质好于这一临界值时，生态系统则向更稳定的方向演替，处于良性循环的状态；反之，低于这一临界值时，水生生态系统将走向衰败干涸，甚至导致沙漠化。

3. **内容**

生态需（用）水量包括以下几个方面：

（1）保护水生生物栖息地的生态需水量。河流中的各类生物，特别是稀有物种和濒危物种是河流中的珍贵资源，保护这些水生生物健康栖息条件的生态需水量是至关重要的。需要根据代表性鱼类或水生植物的水量要求，确定一个上包线，设定不同时期不同河段的生态环境需水量。

（2）维持水体自净能力的需水量。河流水质被污染，将使河流的生态环境功能受到直接的破坏，因此，河道内必须留有一定的水量维持水体的自净功能。

（3）水面蒸发的生态需水量。当水面蒸发量高于降水量时，为维持河流系统的正常生态功能，必须从河道水面系统以外的水体进行弥补。根据水面面积、降水量、水面蒸发量，可求得相应各月的蒸发生态需水量。

（4）维持河流水沙平衡的需水量。对于多泥沙河流，为了输沙排沙，维持冲刷与侵蚀的动态平衡，需要一定的水量与之匹配。在一定输沙总量的要求下，输沙水量取决于水流含沙量的大小，对于北方河流系统而言，汛期的输沙量约占全年输沙总量的80%以上。因此，可忽略非汛期较小的输沙水量。

（5）维持河流水盐平衡的生态需水量。对于沿海地区河流，一方面由于枯水期海水透过海堤渗入地下水层，或者海水从河口沿河道上溯深入陆地；另一方面地表径流汇集了农田来水，使得河流中盐分浓度较高，可能满足不了灌溉用水的水质要求，甚至影响到水生生物的生存。因此，必须通过水资源的合理配置补充一定的淡水资源，以保证河流中具有一定的基流量或水体来维持水盐平衡。

综上所述，无论是正常年份径流量还是枯水年份径流量，都要确保生态需水量。为了满足这种要求，需要统筹灌溉用水、城市用水和生态用水，确保河流的最低流量，用以满足生态的需求。在满足生态需水量的前提下，可就当地剩余的水资源（地表水、地下水的总和中除去生态需水量的部分）再对农业、工业和城镇生活用水进行合理的分配。同时，按已规定的生态需水水质标准，限制排污总量和排污的水质标准。

4. 研究步骤

（1）生态系统现状及修复目标分析。这是生态需水研究的基础和关键。生态系统是一个复杂的系统，它包括生物及其周围的环境，由于基础数据、相关理论支持等方面的限制因素，需要通过分析生态系统的现状，找出主要的生态问题，确定生态系统修复的目标和重点，为生态需水研究工作指明方向。

（2）生态系统关键生态因子的选择。表征生态系统状况的因子很多，如存在珍贵动物的河流，就以该珍贵动物的数量作为生态系统状况的关键生态因子。为了便于后期计算，需要该因子除了要能够反映生态系统的主要生态问题，还可以定量描述，与水建立数量关系。

（3）生态需水关键因子的选择。生态需水的关键因子主要分为水质和水量两类，表征水量的因子有流速、流量、水文周期等；表征水质的因子有 pH 值、COD、BOD5、NH_3、重金属浓度等。在研究中不可能涉及所有的生态的因子，只能根据对生态系统主要生态问题影响程度的大小，选择生态需水的关键因子。

（4）生态需水量计算。建立生态因子和蓄水因子之间的定量关系。关键生态因子和生态需水关键因子都是从众多的因素中选择的最具代表性的因素，其他非关键的因子对于生态因子和需水因子之间的关系有重要的影响，本文称之为背景参数，如河流的纵向形状、河床材料、横断面形状、地下水的水位等，选择背景参数作为计算的条件，分析生态因子和需水因子之间的定量关系。

三、生态需水计算方法

1. 国外研究现状

河道生态需水的研究在国外开展得较早，目前国外广泛应用的河道生态需水的计算方法主要分为三类：

（1）是根据水文资料的部分径流量来确定的水文法，该类方法是传统的流量计算方法，比如，7Q10 法、Tennant 法。

（2）是基于水力学基础的水力学法，比如：河道湿周法、R2-CROSS 法。

（3）是基于生物学基础的栖息地计算方法，比如：IFIM 法（Instream Flow Incremental Methodology，河道内流量增加法）、CASIMIR 法（Computer Aided Simulation

Model for Instream Flow Requirements In Diverted Stream）等。以上各种方法对解决河道生态需水问题都比较实用。但水文学和水力学法都存在欠缺的地方，它们都不能明确地将河道物理特性和河道流量与生物对栖息地的选择特性联系起来，而栖息地法能预测栖息地质量如何随水流态变化而变化，是一种非常灵活的估算河流流量的方法，也是一种国外应用比较广泛的生态需水评价方法，栖息地法中的代表方法是美国渔业及野生动物署（USFWS）在 20 世纪 70 年代末开发的河道内流量增量法（IFIM）。该法主要针对某些特定的河流生物物种的保护，将大量的水文水力学现场数据，如水深、流速、河流底质类型等，与选定的水生生物物种在不同生长阶段的生物行为选择信息相结合，采用模拟手段进行流量增加变化对栖息地质量变化的影响进行评价，其核心是将水力学模型与生物栖息地偏好特性相结合，模拟流量与栖息地之间定量关系，模拟的水生生物主要是鱼类，也可以模拟其他生物。通过对 IFIM 法的不断深入研究，又相继出现了许多与之有关的模型，如 PHABSIM 模型（Physical Habitat Simulation System）和 River2D 模型。

生态需水的下泄，逐渐成为流域开发、生态环境保护的重要措施。例如在美国，对生态需水的重视程度使得其对水资源进行评价时采用了多维指标体系，这些指标体系包括：河流的水环境生态用水、水陆过渡带的生态用水、旅游景观用水、水力发电及航运用水等多个方面。随着生态环境恶化日益严重，生态系统对水量的需求问题成为世界研究的热点，并开展了大量的研究工作：Covich 提出了水资源管理和分配必须重视生态最小流量的下泄问题；Gleick 认为人类的活动应尽可能地减小对河流生态系统的扰动，并提出了生态系统保护中的基本生态需水的概念；一种称为 green water 的概念认为在水资源只有在满足人类生存和发展，满足生态环境稳定的基础上，才是健康的水资源。

世界上越来越多的国家开始重视生态环境的保护，其中关于生态流量的保护积累了较为丰富的经验，并已经开始进行司法实践。一些国家和地区已经将河流的生态基本流量的计算、下泄方案、实施保障等列入国家法律保证范围内：在澳大利亚和南非，已经有专门的法律对生态用水进行规定；美国的地方法律体系中，已经有多个州将生态用水列入法律强制执行，科罗拉多州甚至将生态水量视为该州的公共财产，政府将生态水量作为公共财产进行管理；在加拿大，已经对所有的河流制定了生态下泄流量，并通过法律强制执行。

2. **国内研究现状**

2000 年以前，国内主要以生态基本流量、环境用水的研究为主。方子云等人首先明确提出生态用水的概念和理论；这一时期，我国的水资源运行与管理主要是以处理人类社会系统与水资源系统之间的矛盾为主，将水资源在人类生产活动为基础上进行优化配置，实现流域内、流域之间的需求平衡，但并没有将水资源与生态系统联系起来，忽略了人类社会以外的生态环境对水资源的需求。

2000 年之后，国内研究者开始关注生态系统的水资源需求问题。并且随着国内学界对生态需水的理解深入，将过去主要注重于水资源缺乏区的生态用水以及水质状况的研究，逐渐向普遍型河流转变。主要计算生态需水的方法基本上是借鉴外国相对成熟的理论方法，但是由于我国地域广，各流域的经济、自然、生态状况迥异，因此很难形成一套公认的、标准的、具有普遍适用性的生态需水计算公式。

在中国，生态需水的研究可以划分为以下几个重要阶段：

（1）20世纪的70年代末期，国内学者开始研究最小生态需水的问题，在这一时期，研究内容主要集中在参考、引用和借鉴国外对河流和湖泊等的生态需水最小值的计算方法，这些方法理论包括：7Q10法、增量法、Tennant法、湿周法等水文学或水力学方法。在当时，7Q10生态需水计算法是较早从国外引入国内的方法之一，从7Q10生态需水计算法的研究内容来说，该方法也可称为“维持水生生物最小流量标准法”，但是，在使用过程中发现，这种方法有相当大的缺憾，那就是在其确定生态需水时，采用“最小标准”，所产生的后果会引起水生物、滨水动植物群落严重退化，这一后果说明，采用这种方法需要谨慎使用；由于增量法在国外是一种常用的生态需水确定方法，因此国内有学者将其借鉴引用到我国的河流研究中，该方法的主要原理是：随着河流流量的递增，水生物的生境会因此面发生改变，如果以观察指示生物的生境变化为研究手段，就可以得出生境发生变化的河道水量拐点值，这个拐点值就可视为生态需水，增量法的研究“需要考虑水量、流速、水质、底质、水温等多个影响因子”。

（2）随着我国出现全国性的水质危机，生态需水在国内的研究得到进一步的发展，在此期间，国务院环境保护委员会出台了《关于防治水污染技术政策的规定》《规定》指出：“在水资源规划时，要保证为改善水质所需的环境用水”。在这一阶段，国内生态需水相关的研究工作主要集中在宏观战略方面的研究，对如何实施生态下泄流量、如何保证生态流量、如何管理生态需水等相关问题尚处于探索阶段。

（3）20世纪末，随着水污染进一步加剧，我国各大流域的生态环境问题日益突出，针对流域尺度下的水资源分配，水利部明确规定水资源流域间的分配必须将环境、生态用水量加以考虑。例如，在进行全国水功能区划时，将环境与生态用水作为重要条件加以考虑；刘昌明提出了我国21世纪水资源供需的“生态水利”问题。在这一阶段，国内相关研究领域的专家学者针对生态环境用水、水电开发的生态流量下泄等问题的研究工作也全面展开，一般采用的方法有10年最枯月平均流量法，即采用近10年最枯月平均流量或90%保证率河流最枯月平均流量作为河流环境用水，最初用于水利工程建设的环境影响评价。另外，还有以水质目标为约束的生态需水计算方法，主要计算污染水质得以稀释自净的需水量，将其作为满足环境质量目标约束的城市河段最小流量。

（4）2000年以后，我国对生态环境保护工作更加重视，环保总局曾发文规定：“为维护河段水生生态系统稳定，水利水电工程必须下泄一定的生态流量，将其纳入工程水资源综合配置中统筹考虑”，该文同时指出：“生态流量需要考虑以下因素：工农业生产及生活需水量，维持水生生态系统稳定所需水量，维持河道水质的最小稀释净化水量，维持河口泥沙冲淤平衡和防止咸潮上溯所需水量，水面蒸散量、维持地下水位动态平衡补给需水，航运、景观和水上娱乐环境需水量和河道外生态需水”。在这种背景下，针对国内对河道生态环境需水量的确定大多数时候都仅限于水文学法及水力学法，而这些方法对于确定规模较大、社会地位较重要的河流内维持水生生物生态系统稳定所需要的生态基本水量问题都具有不足之处，李嘉等人首次提出生态水力学法的概念，将生境比拟法应用于生态下泄基流量的研究，这种方法能预测水力生境参数如何随流量变化而变化，通过水力生境指标体系及其标准值估算最小流量。但就目前而言，针对这种方法的探究并没有太深入，还有待进一步完善。

另一方面，针对生态需水，国内有学者从一些不同的角度，进行了相应的综述研究。例如：严登华等人的综述研究从生态系统水平衡和生物水分生理的角度，对我国生态需水研究体系进行了初步探究；张丽等人的综述研究通过分析河流、湿地湖泊等水域生态系统的生态需水，认为不同生态系统目标下生态需水量的分析还需进一步探讨；孙涛等人的综述研究探讨了河口这一特殊生态系统在生态需水研究中面临的一些问题。

第三节　滨水景观

滨水一般指同海、湖、江、河等水域濒临的陆地边缘地带。水域孕育了城市和城市文化，成为城市发展的重要因素。世界上知名城市大多伴随着一条名河而兴衰变化。城市滨水区是构成城市公共开放空间的重要部分，并且是城市公共开放空间中兼具自然地景和人工景观的区域，其对于城市的意义尤为独特和重要。营造滨水城市景观，即充分利用自然资源，把人工建造的环境和当地的自然环境融为一体，增强人与自然的可达性和亲密性，使自然开放空间对于城市、环境的调节作用越来越重要，形成一个科学、合理、健康而完美的城市格局。

一、景观概述

1. 特征

滨水一般指在城市中同海、湖、江、河等水域濒临的陆地建设而成的具有较强观赏性和使用功能的一种城市公共绿地的边缘地带。水域孕育了城市和城市文化，成为城市发展的重要因素。

2. 地理

人类对景观的感受并非是每个景观片断的简单的叠加，而是景观在时空多维交叉状态下的连续展现。滨水空间的线性特征和边界特征，使其成为形成城市景观特色最重要的地段，滨水边界的连续性和可观性十分关键，令人过目不忘。滨水区景观设计的目标，一方面要通过内部的组织，达到空间的通透性，保证与水域联系的良好的视觉走廊；另一方面，滨水区为展示城市群体景观提供了广阔的水域视野，这也是一般城市标志性、门户性景观可能形成的最佳地段。

3. **格局**

深圳大梅沙海滨公园依据山·城·海的总体格局，考虑到山与海的结合和背山面海的自然景观条件，将山景引到海边，将海景伸入山体，运用大尺度、大手笔的线形构图和丰富自由的空间处理，形成与海岸平衡的系列观景场地，充分体现了自然与人文的交融，力求人工构筑物与起伏的山峦、宽阔的沙滩、一望无际的大海在气势上相呼应，形成由山向海渐次过渡的景观层次，从而达到山、城、海的有机统一，并向人们展示了大梅沙片区向海滨旅游城区发展的美好前景。

二、景物设计

现代设计的观念要求把建筑、环境和社会结合在一起，当作一个有机整体去设计。综合设计方法是建立在对当地历史文化、社会和环境形态的分析后，提出模式来进行的。滨水空间环境是一系列有关的多种元素和人的关系的综合，它具有一定的秩序、模式和结构，影响和促进人与外界世界及形态要素之间的联系作用，使处于其中的人们产生认同感，把握并感知自身生存状况，进而在心理上获得一种精神归宿。作为人的行为场所，滨水空间环境并不是设计者的积木游戏。设计者要有意识地组织一个整体秩序，使各部分有序地为人所感知。

南海中轴线景观规划设计中，充分考虑建筑和道路、绿化、水面等环境因素，形成各种空间序列，相互汇合、渗透、转换、交叉，有机地结合在一起，构成以人的景观感知为中心的体验空间序列。

以千灯湖为中心，将市民广场、湖畔咖啡屋、掩体商业建筑、水上茶坊、21世纪岛湾、花迷宫、历史观测台、雾谷、凤凰广场等多种活动空间有机组合起来，创造多样性的活动空间，培育新的市民文化，为市民提供舒适、方便、安全、充满“水”和“绿”自然要素城市外部空间和生活舞台。

滨水空间是城市中重要的景观要素，是人类向往的居住胜景。水的亲和与城市中人工建筑的硬实形成了鲜明的对比。水的动感、平滑又能令人兴奋和平和，水是人与自然之间情结的纽带，是城市中富于生机的体现。在生态层面上，城市滨水区的自然因素使得人与环境间达到和谐、平衡的发展；在经济层面上，城市滨水区具有高品质的游憩、旅游的资源潜质；在社会层面上，城市滨水区提高了城市的可居性，为各种社会活动提供了舞台；在都市形态层面上，城市滨水区对于一个城市整体感知意义重大。滨水空间的规划设计，必须考虑到生态效应、美学效应、社会效应和艺术品位等方面的综合，做到人与大自然、城市与大自然和谐共处。

三、地理介绍

湿地保护与固碳减排湿地是陆地系统的重要碳库之一。全球湿地土壤总面积约占陆地面积的6%，而全球湿地土壤的总碳库为550Pg，占全球陆地土壤碳库的1/3，相当于大气碳库和植被碳库的一半。因此，湿地在保护陆地碳库和缓解气候变化中具有重要地位。中国湿地占有巨大的陆地碳库，据估计，我国天然湿地的土壤总碳库达8-10Pg，约占全国土壤碳库的10%。根据20世纪80年代的调查，仅东北泥炭沼泽湿地的泥炭碳库约达3.3PgC。

许多研究表明，湿地是具有高净碳汇的陆地生态系统。据研究报道，中国各湖泊湿地的年碳汇速率介于0.03 ~ 1.2tChm-2.a-1，沼泽湿地的年碳汇速率介于0.25 ~ 4.4tChm-2.a-1。这些均表明湿地生态系统的碳汇能力通常要大于沙漠、温带森林、草原等其他生态系统碳汇能力（0.02-0.12tChm-2.a-1），故固碳潜力也要远高于其他类型的生态系统。仅湖泊湿地和沼泽湿地的年碳汇量介于6 ~ 70TgC。

当前，中国政府已将湿地保护列为生态安全的重要国策。至2008年，中国共建成各类湿地自然保护区550余处，天然湿地保护面积已达18万平方千米，占中国湿地总面积的47%。全民参与，社会各界采取切实措施做好湿地保护工作，可望实现湿地的自然碳汇潜力，相当于可抵消70Tg（占中国2007年能源碳排放4%）的能源碳排放。湿地固碳潜力的发挥要取决于湿地的保护状况，应采取必要的措施，维持和发展湿地的固碳潜力，这对于增加陆地生态系统碳库和缓解全球变暖具有深远意义。

四、测量

根据IPCC的最新估计，森林和湿地等生态系统的碳释放占全球CO_2排放量的20%多，全球湿地土壤的CO_2温室气体排放已经相当于全球总排放的1/10。据估计，占全球湿地总面积6%的东南亚热带森林泥炭湿地土壤碳库为42Pg，因退化（包括野火）每年排放CO_2达1.4Tg，占全球湿地总CO_2排放的8 ~ 10%，成为十分突出的温室气体源。因此，保护湿地是保护陆地碳库、减少土地利用中碳排放的根本需要。

在全球变化和强烈的人为利用和干扰下，中国湿地资源总体上处于快速的萎缩状态。自20世纪中期以来，受到气候变化的影响，随着升温和干旱的加剧，华北、东北和青藏高原湿地不断萎缩，盐化、旱化和沙化威胁着湿地的生存。中国已有50%的滨海滩涂湿地不复存在；此外，约40%的湿地面临着严重退化的危险。特别是东北三江平原沼泽湿地、若尔盖高寒草甸湿地和三江源区草甸沼泽湿地，因围垦、过牧和气候变化的影响，湿地退化和碳库损失规模巨大。根据采样研究，河湖淡水湿地退化后的表土碳库损失为40% ~ 60%，泥炭沼泽湿地高达70% ~ 90%。估计东北三江平原沼泽泥炭湿地因围垦而损失的土壤碳库达0.22Pg，过去50年间中国湿地资源萎缩而造成的碳库损失总量可能达

1.5Pg，这相当于2006年中国总CO_2排放量，也相当于现有湿地总碳库的1/7 ~ 1/6。因此，今后需要扎实抓好湿地保护工作，保护当前持有的湿地巨大碳库，从而达到减少土地不当的温室气体排放。尤其是高寒和高纬泥炭和沼泽湿地资源保护是中国减少温室气体总排放的重要途径，在国家减缓气候变化上具有极其重要的意义。

五、环境现状

当前我国正处在城市建设高速时期，对滨水区域的单纯利用，逐渐过渡到深层的开发改造。城市工业、经贸的快速发展和繁荣在给城市滨水地带来繁荣和富饶的同时，也给其带来了滨水面貌混乱、生态环境失衡等沉重的破坏和干扰。一味地追求商业利益的开发，使城市仅有的滨水休闲区无法得以保障，原本的生活岸线受到重工业区的排挤，造成了人与水的疏离现象。我国的各大滨水城市更是千河一面，各种种类的滨水城市的特色景观不复存在。对滨水区的长期粗放型利用，更是对其景观环境特色的浪费，由于城市经济发展与产业结构的调整，致使许多滨水区空间结构产生结构性变化工厂搬迁、建筑老化、工业滨水区逐步衰退。这正是滨水区景观改造的大好时机。随着人居环境时代的到来，为充实与更新城市风貌特色，滨水区开始受到人们的关注，并重新成为今日城市设计的重点。

六、社会需求及发展

自古以来，水是生命之源，无数城市发展的源点都位于水滨。在早期的城市中，水体作为城市生活和军事防御功能而存在，也是城市公共交往的主要空间，因此滨水区成为古代城市最为繁华和人为活动最为集中的区域。成功的滨水景观建设不仅有助于强化市民心中的地域感，而且可以塑造出美丽的城市形象，城市滨水区的建设，对于提高城市环境质量、展示城市历史文化内涵与特色风貌、促进城市的可持续发展均有着十分积极的意义。

然而，工业革命之后，城市人口和用地规模集聚扩大，现代工业、交通业和仓储业为求最佳经济效益，大量占据滨水空间，致使水质恶化。近年来，城市转型为滨水地段的开发提供了契机，人们开始认识到滨水区开发所潜在的巨大社会和经济价值。

第四节　河流健康评价

河流健康评价，是在河流健康内涵分析的基础上，针对河流的自然功能、生态环境功能和社会服务功能，根据河流的基本特征和个体特征，建立由共性指标和个性指标构建的河流健康评价指标体系，并提出由河段至河流整体的评价方法。

一、概念

人类在开发利用河流的过程中，由于保护不够或滥加利用，许多河流出现污染、断流等现象，河流生态系统退化，影响了河流的自然和社会功能，破坏了人类的生态环境，甚至出现了严重不可逆转的生态危机，对社会的可持续发展构成严重威胁。直至20世纪30年代，人们环境意识觉醒，河流健康问题逐步引起人们的重视。在20世纪50～90年代，人类开始意识到河流生态系统健康的影响因素众多，包括大型水利工程、污染、城市化等，提出河流生态需水的概念和评价方法，通过调控、维持河道生态流量保护河流生态系统健康；随后提出了水生态修复措施，包括河道物理环境、生物环境、物理化学指标等，并利用栖息地、藻类、大型无脊椎动物、鱼类等评价河流生态系统的健康进而提出了河流生态系统健康的概念。构建河流生态系统健康科学评价指标体系、评价方法和关键指标，对开展河流生态系统健康评价具有重要意义。

二、河流健康

河流健康内涵河流健康概念源于20世纪80年代西方发达国家河流生态保护活动中的生态系统健康概念。但是目前国内外对河流健康的含义还尚未明确。作为人类健康的类比概念，各国各专业学者由于国家的社会经济条件、自然地理状况、人文背景、河流状况等的差异而形成不同的理解。总体上看，对其概念内涵认识上的分歧主要集中在是否包括社会服务功能及包含的程度。随着研究的深入，认为健康的河流不但保持生态学意义上的完整性，还应强调对社会服务功能的发挥。

1. 河流健康内涵

河流健康应包括河流的自然状态健康以及能提供良好的生态环境、社会服务功能。然而在我国目前的社会经济背景条件下，几大流域人口密集，水资源高度开发，难以实现河流自然、生态、社会服务各项功能都达到理想状态。因此，从我国实际状况出发，我国河流的健康应是在河流一定的自然结构合理和生态环境需求的条件下，能提供较为良好的生态环境及社会服务功能，满足人类社会相应时期内可持续发展的需求，即在保持河流的自然、生态功能与社会服务功能的一种均衡状态下达到的河流健康。为此我们定义河流健康内涵为：在人类的开发利用和保护协调下，保持河流自然、生态功能与社会服务功能相对均衡发挥的状态，河流能基本实现正常的水、物质及能量的循环及良好的功能，包括维持一定水平的生态环境功能和社会服务功能，满足人类社会的可持续发展需求，最终形成人类对河流的开发与保护保持平衡的良性循环。

河流的功能水循环是地球上最重要、最活跃的物质循环之一。河流水系是陆地水循环的主要路径，是陆地和海洋进行物质和能量交换的主要通道。源源不断的地表径流和可容纳一定径流的物理通道是河流的基本构件。对于诸如黄河这样的较大外流河，河道内连续而适量的河川径流使“海洋—大气—河川—海洋”之间的水循环得以连续，使“大气水—地表水—土壤水—地下水—大气水”之间的水转换得以保持，使陆地和海洋之间的物质和能量交换得以维持平衡；容纳水流的河床和基本完整的水系使地表径流能够在不改变水循环主要路径情况下完成从溪流到支流、干流和大海的循环过程，使依赖于河川径流的河流生态系统得以维持。

2. **河流的功能**

（1）河流的自然功能

在没有人类干预情况下，伴随着沿河流水系不断进行的水循环，水流利用其自身动力和相对稳定的路径，实现从支流到干流再到大海的物质输送（主要是水沙搬运）和能量传递，即水沙（包括化学盐类）输送是河流最基本的功能。在河流水沙输送和能量传递过程中，河床形态在水沙作用下不断发生调整、入河污染物的浓度和毒性借助水体的自净作用逐渐降低、源源不断的水流和丰富多样的河床则为河流生态系统中的各种生物创造了繁衍的生境，因此，河流的河床塑造功能、自净功能和生态功能可以视为其水沙输送和能量传递转换功能的外延。以上功能与人类存在与否没有关系，故系河流的自然功能。河流水系中的适量河川径流是河流自然功能维持的关键，通过水循环，陆地上的水不断得以补充、水资源得以再生。正是有了水体在河川、海洋和大气间的持续循环或流动，有了地表水、地下水、土壤水和降水之间的持续转换和密切联系，才有了河床和河流水系的发育，以及河流生态系统的发育和繁衍。

（2）河流的社会经济功能

随着人类活动的增加、利用和改造自然能力的提高，人们充分发挥河流的自然功能，给河流赋予了功能的扩展，包括泄洪功能、供水功能、发电功能、航运功能、净化环境功能、景观功能和文化传承功能等，这些功能可称为河流的社会经济功能。河流的社会经济功能是河流对人类社会经济系统支撑能力的体现，是人类维护河流健康的初衷和意义所在。河流的自然功能是河流生命活力的重要标志，并最终影响人类经济社会的可持续发展。人类赋予河流以社会功能，但人类活动加大和人类价值取向不当又使自然功能逐渐弱化，最终制约其社会功能的正常发挥，影响人类经济社会的可持续发展。以黄河为例，1986 ~ 2006 年，在黄河天然径流量只有约 450 亿 m^3 情况下，人类消耗的黄河水量却一直维持在 290 ~ 300m^3 左右、重点河段的洪水量级消减了 40% ~ 70%、入黄污染物总量增加了一倍，结果使黄河的水沙输送功能、生态功能和自净功能等大幅度降低，由此引起的主槽萎缩、二级悬河加剧、断流频繁、水质和生态恶化等问题不仅严重损害了河流自身健康，更为严重的后果是制约了区域国民经济可持续发展。

河流健康的标志分析河流自然功能可知：拥有一个良好的水沙通道（即河道）是保障河流水沙输送功能的基础，也是河流的河床塑造功能是否正常的标志；良好的水质和河流生态显然是河流自净功能和生态功能基本正常的标志，同时也暗喻河流水循环系统基本正常。因此，在一般意义上，河流健康的标志是：在河流自然功能和社会功能均衡发挥情况下，河流具有良好的水沙通道、良好的水质和良好的河流生态系统。水资源的可更新能力常被人们视为河流健康的重要体现，不过，在河流自然功能用水和人类用水基本得到保障的情况下，其水资源更新能力显然也处于正常状态。水循环属于良性循环。鉴于生态功能是河流自然功能之一，故河流生态系统健康必然是河流健康的重要内容，但并非全部。

3. 河流健康标志

河流健康程度是人类对河流功能是否均衡发挥的认可程度，是一定时期内人类河流价值观的体现，因此对那些远离人类社会干预、基本不影响人类生存和发展的河流，研究其健康与否是没有意义的维护河流健康之目的并非要回归河流的原始状态，而是通过河流自然功能的恢复，使其和社会功能得到均衡发挥，以维持河流社会功能的可持续利用，保障人类经济社会的可持续发展。

三、现状

国外河流健康评价现状国外对河流健康的研究相对较早，是河流生态健康研究的产物，因此在早期研究的相当长一段时期内，河流健康主要从生物物理的生态观点来考虑，河流健康概念及其评价指标大多反映的是河流生态系统健康。20 世纪 80 年代，欧洲和美国、南非、澳大利亚等国家日益重视河流生态功能，并开展了大规模的河流生态系统保护工作，从水量、水质、栖息地以及水生生物物种等角度出发，提出河流生态系统完整性等评价方法，日益强调河流的资源功能和生态功能并举。澳大利亚、美国、英国、南非在河流健康指标体系及其评价方法等方面开展了大量的工作，取得了许多成功的经验。现将各国在河流健康评价方法、评价内容及优缺点辨析归纳见下表 2-4-1。

1. 现状

表 2-4-1

国家	评价方法	评价内容	优缺点
澳大利亚	AUSRIVAS	水文地貌（栖息结构、水流状态、连续性）、物理化学参数、无脊椎动物和鱼类集合体、水质、生态毒理学	能预测河流理论上应该存在的生物量，结果易于被管理者理解，但该方法仅考虑了大型无脊椎动物，未能将水质及生境退化与生物条件相联系
	溪流状态指数（ISC）	河流水文学、形态特征、河岸带状况、水质及水生生物	将河流状态的主要表征因子融合在一起，能够对河流进行长期的评价，其缺陷在于只比较适用于长度为 10 ~ 30km，且受扰历时较长的农村河流，缺乏对指标动态性变化的反映，其设定的参照系统是真实的原始自然状态河道，选择较为主观。指标数量比较少，不能完全揭示河流存在的健康问题

续 表

国家	评价方法	评价内容	优缺点
澳大利亚	河流状态调查（SRS）	水文、河道栖息地、横断面、景观休闲和保护价值等方面的内容	从不同的空间尺度上对河流状态进行测量，信息比较全面，不足之处是变量中没有考虑水质和水生生物指标，一些测量参数和生物之间的联系不是很明确
美国	快速生物评价协议（RBPs）	河流生着藻类、大型无脊椎动物、鱼类及栖息地。对于河道纵坡不同河段采用不同的参数设置，每一个监测河段等级数值范围为0 ~ 20，20代表栖息地质量最高	提供了河流藻类、大型无脊椎动物和鱼类的监测评价方法和标准，在调查方法中包括栖息地目测评估方法，可推广用于其他地区，但是其设定可以达到的最佳状态的参照状态比较难以确定，对数据要求相对较高，需要基于大量的实测数据
	生物完整性指数（IBI）	水文情势、水化学情势、栖息地条件、水的连续性以及生物组成与交互作用	当前广泛使用的河流健康状况评价方法之一，可对所研究河流的健康状况做出全面评价。但各指标评分主观性较强，指标地域差异大，缺乏有效的统计评判，对分析人员专业要求较高
	河岸带、河道、环境目录（RCE）	河岸土地利用方式、河岸宽度、河岸带完整性等16个特征值	使用比较简单，不足之处是评分过程人为主观性较大，准确性不高
英国	河流生态环境调查（RHS）	背景信息、河道数据、沉积物特征、植被类型、河岸侵蚀、河岸带特征以及土地利用	是一种快速评估栖息地的调查方法，适用于经过人工大规模改造的河流，能够较好地将生境指标与河流形态、生物组成相联系，但选用的某些指标与生物的内在联系未能明确，部分用于评价的数据以定性为主，使得数理统计较为困难
	河流无脊椎动物预测与分类计划（RIVP-ACS）	利用区域特征预测河流自然状况下应存在的大型无脊椎动物，并将预测值与该河流大型无脊椎动物的实际监测值相比较，从而评价河流健康状况	能较为精确地预测某地理论上应该存在的生物量，但该方法基于河流任何变化都会影响大型无脊椎动物这一假设，具有一定片面性。指标数据要求比较高，需要大量的生物数据及生物与环境变量间关系的研究作基础，在缺少生物数据及相关研究的地区，该方法的使用受到了限制
	英国河流保护评价系统（SERCON）	自然多样性、天然性、代表性、稀有性、物种丰富度以及特殊特征，采用了35个特征指标	用于评价河流的生物和栖息地属性及其自然保护价值，是一种综合性评价方法，但需要大范围的资料收集，对于自然性的标准也存在很大的争议

续 表

国家	评价方法	评价内容	优缺点
南非	河流健康计划（RHP）	河流无脊椎动物、鱼类、河岸植被带、生境完整性、水质、水文、形态等河流生境状况	较好地用生物群落指标来表征河流系统对各种外界干扰的响应，但在实际应用中，部分指标的获取存在一定困难
	栖息地完整性指数（IHI）	饮水、水流调节、河床与河道的改变、岸边植被的去除和外来植被的侵入等干扰因素的影响	

2. 国内

生态需水量满足程度、水功能区水质达标率、水土流失比例、血吸虫病传播阻断率、水系连通性、湿地保留率、优良河势保持率、通航水深保证率、鱼类生物完整性指数、珍稀水生动物存活状况、防洪工程措施完善率、防洪非工程措施完善率、水资源开发利用率、水能资源利用率等 14 个单项指标。该指标体系以河流的整体管理为目标，以流域为评价单元，反映了健康长江管理关注的总体内容和管理目标。健康黄河的研究指出维持黄河健康生命就是要维持黄河的生命功能，黄河的生命力主要体现在水资源总量、洪水造床能力、水流挟沙能力、水流自净能力、河道生态维护能力等方面，同时提出现阶段黄河健康评价指标体系，包括低限流量、河道最大排洪能力、输沙能力、平滩流量、滩地横比降、水质类别、湿地规模、水生生物和供水能力等 8 个单项指标的黄河健康生命指标体系。

珠江水利委员会开展健康珠江的研究，提出珠江健康指标体系由自然属性指标和社会属性指标组成。其中自然属性指标由河流形态稳定性、河流廊道连续性、水土流失与石漠化率、生态用水保障程度、水质达标率、饮用水源地咸度指数、藻类多样性指数、鱼类多样性等 8 个单项指标组成；社会属性指标由水资源开发利用率、水电开发率、通航保证率、调蓄能力指数、堤防工程达标率等 5 个单项指标组成。从国内外健康河流研究情况看，欧美及澳大利亚等国不存在像我国这样尖锐的水资源供需矛盾，北美和大洋洲国家治河历史仅仅几百年，至今尚存有若干未被开发的河流或河段，或是经过几十年的努力，水污染治理已见成效，这些国家大都依据这种自然状态的河流健康判断，对河流的人类社会服务功能价值重视不够。国内健康河流的研究刚刚起步，随着人类对河流生态系统健康概念理解的深入而不断发展完善，需要进一步的探索研究。

四、理论

通过对河流生态系统的结构、功能、物质和能量流的识别，河流生态系统总是随着时间变化而变化，并与周围环境及生态过程密切联系。生物内部之间、生物与周围环境之间相互联系，使整个系统有畅通的输入、输出过程，并维持一定范围的需求平衡，同时系统内部各个亚系统都是开放的，且各生态过程并不等同，有高层次、低层次之别；也有包含型与非包含型之别。系统中的这种差别主要是由系统形成时的时空范围差别所形成的，在进行健康评价时，时空背景应与层级相匹配。河流生态系统结构的复杂性和生物多样性对河流生态系统至关重要，它是生态系统适应环境变化的基础，也是生态系统稳定和功能优化的基础。维护生物多样性是河流生态系统评价中的重要组成部分。河流生态系统的自我调节过程是以水生生物群落为核心，具有创造性；河流生态系统中的一切资源都是有限的，对河流生态系统的开发利用必须维持其资源再生和恢复的功能。河流生态系统健康是河流生态系统特征的综合反映。由于河流生态系统为多变量，其健康标准也应是动态及多尺度的。从系统层次来讲，河流生态系统健康标准应包括活力、恢复力、组织、生态系统服务功能的维持、管理选择、外部输入减少、对邻近系统的影响及人类健康影响 8 个方面。它们分别属于不同的自然、社会及时空范畴。其中，前 3 个方面的标准最为重要，综合这 3 方面就可反映出系统健康的基本状况。

鉴于河流具有强大的生态服务功能，反映河流系统健康时需要增加生态服务功能指标。

河流生态系统健康指数（RiverEcosystemHealth Index，REHI）可表达为：

$$REHI=V\times O\times R\times S$$

式中：REHI 为河流生态系统健康指数；V 为系统活力，是系统活力、新陈代谢和初级生产力的主要标准；O 为系统组织指数，是系统组织的相对程度 0 ~ 1 间的指数，包括多样性和相关性；R 为系统弹性指数，是系统弹性的相对程度 0 ~ 1 间的指数，S 为河流生态系统的服务功能，是服务功能的相对程度 0 ~ 1 间的指数。从理论上讲，根据上述指标进行综合运算就可确定一个河流生态系统的健康状况，但实际操作却是相当复杂的。

主要原因为：

（1）每个河流生态系统都有许多独特的组分、结构和功能，许多功能、指标难以匹配；

（2）系统具有动态性，条件发生变化，系统内敏感物种也将发生变化；

（3）度量本身往往因人而异，研究者常用自己熟悉的专业技术去选择不同方法。

五、方法

从评价远离河流生态系统健康评价方法从评价原理上可分为两类。

1. 从评价原理

（1）预测模型法。该类方法主要通过把研究地生物现状组成情况与在无人为干扰状态下该地能够生长的物种状况进行比较，进而对河流健康进行评价。该类方法主要通过物种相似性比较进行评价，指标单一，如外界干扰发生在系统更高层次上，没有造成物种变化时，这种方法就会失效。

（2）多指标法。该方法通过对观测点的系列生物特征指标与参考点的对应比较结果进行计分，累加得分进行健康评价。该方法为不同生物群落层次上的多指标组合，因此能够较客观地反映生态系统变化。

从评价对象河流生态系统健康评价方法从评价对象角度可分为两类。

2. 从评价对象

（1）物理—化学法。主要利用物理、化学指标反映河流水质和水量变化、河势变化、土地利用情况、河岸稳定性及交换能力、与周围水体（湖泊、湿地等）的连通性、河流廊道的连续性等。同时，应突出物理—化学参数对河流生物群落的直接及间接影响。

（2）生物法。河流生物群落具有综合不同时空尺度上各类化学、物理因素影响的能力。面对外界环境条件的变化（如化学污染、物理生境破坏、水资源过度开采等），生物群落可通过自身结构和功能特性的调整来适应，并对多种外界胁迫所产生的累积效应做出反应。因此，利用生物法评价河流健康状况，应为一种更加科学的评价方法。

3. 生物评价法按照不同的生物学层次又可划分为 5 类

（1）指示生物法。就是对河流水域生物进行系统调查、鉴定，根据物种的有无来评价系统健康状况。

（2）生物指数法。根据物种的特性和出现情况，用简单的数字表达外界因素影响的程度。该方法可克服指示生物法评价所表现出的生物种类名录长、缺乏定量概念等问题。

（3）物种多样性指数法。是利用生物群落内物种多样性指数有关公式来评价系统健康程度。其基本原理为：清洁的水体中，生物种类多，数量较少；污染的水体中生物种类单一，数量较多。这种方法的优点在于对确定物种、判断物种耐性的要求不严格，简便易行。

（4）群落功能法。是以水生物的生产力、生物量、代谢强度等作为依据来评价系统健康程度。该方法操作较复杂，但定量准确。

（5）生理生化指标法。应用物理、化学和分子生物学技术与方法研究外界因素影响引起的生物体内分子、生化及生理学水平上的反应情况，可为评价和预测环境影响引起的生态系统较高生物层次上可能发生的变化。澳大利亚学者近期采用河流状况指数法对河流生态系统健康进行评价，该评价体系采用河流水文、物理构造、河岸区域、水质及水生生物 5 个方面的 20 余项指标进行综合评价，其结果更加全面、客观，但评价过程较为复杂。

河流健康评价方法种类繁多，各具优势，在具体评价工作中，应相互结合，互为补充，进行综合评价，才能取得完整和科学的评价结果。同时，评价的可靠性还取决于对河流生态环境的全面认识和深刻理解，包括获取可靠的资料数据，对生态环境特点及各要素之间内在联系的详细调查和分析等，均是评价成功的关键。

六、关键指标

1. 关键指标体系

根据国内外主要江河水生态与水环境保护研究成果，在分析研究重要河流健康评价实践基础上，综合考虑河流生态系统活力、恢复力、组织结构和功能以及河流生态系统动态性、层级性、多样性和有限性，从河流水文水资源状况、水环境状况、水生生物及生境状况、水资源开发利用状况等 4 个方面筛选 17 项关键指标。

《生活饮用水卫生标准》（GB5749-2006）为基础，结合饮用水安全保障的要求，进行综合调整，提出的综合评价标准和水质分级指数，客观反映饮用水源地水质状况比例。反映对河流湿地资源的保护状况，调蓄洪水的能力，生态、景观和人类生存环境状况等水生生物生存和河口生态所需要的最小流量之比。反映河道内水资源量满足生态保护要求的状况景观价值，并以水为主体的景观体系保护程度价值的鱼类种群生存繁衍的栖息地状况之比；反映流域或区域内水资源开发利用程度以及经济社会发展与水资源开发利用的协调程度可开发量之比。反映流域内水能资源的开发利用程度。

2. **关键指标评价标准**

直接定量分级评价的相关指标评价：直接定量分级评价的指标是指根据实际监测调查和收集到的历史资料，结合河流的实际，直接进行分级评价。这类关键指标主要有：地下水埋深、地下水开采率、生态基流量、纵向连通性、横向连通性、湿地保留率、生态需水满足程度、水资源开发利用程度等。

定量指数分级评价的相关指标评价：采用定量指数分级评价的指标是指采用的定量因子较多，需要对各定量因子进行单项评价后，构建评价指数进行综合评价的指标。这类指标主要有生态用水保障程度、水功能区水质达标率、湖库富营养化指数、饮用水源地水质指数、水能开发利用程度等。

定性评价的相关指标分级评价：定性评价指标是指在人类活动作用下产生长期、潜在、累积影响的敏感指标，需要进行长时间的观测分析才能准确确定的评价指标。随着工作的深入和资料的积累，这类指标也可转化为定量指标。这类指标主要有：珍稀水生生物存活状况、涉水自然保护区和景观保护程度及鱼类生境状况等。

开展河流健康评价，首先要依据河流水生态与环境调查评价成果，对河流水生态与环境状况以及存在的问题进行汇总分析，辨识河流存在的主要水生态与环境问题及其分布，分析其成因、胁迫力及发展趋势。从流域或区域层次对水资源及水能资源开发利用状况是否满足流域，或区域水生态与水环境安全的要求进行客观分析与研判。其次采用关键的评价指标开展定量与定性评价，通过定量计算水资源开发利用率，评价水资源开发利用是否满足保证生态安全的要求；通过定量计算地下水埋深、地下水开采率，评价地下水超采状况及地下水埋深变化对陆生生态系统演替的影响；通过评价纵向连通性、横向连通性、湿地保留率、生态基流及生态需水量满足程度，分析水系连通状况及湿地生境状况；通过采用定量方法计算水功能区水质达标率、湖库富营养化指数、饮用水安全指数、水能开发指数和生态用水保障指数，评价水环境、水资源配置及水能开发利用状况；通过定性评价珍稀水生生物存活状况、涉水自然保护区与景观保护程度及鱼类生境状况，分析河流水生态系统总体状况与发展趋势。

第五节 水生态系统保护与修复的技术与方法

水生态系统是指自然生态系统中由河流、湖泊等水域及其滨河、滨湖湿地组成的河湖生态子系统，其水域空间和水、陆生物群落交错带是水生生物群落的重要生境，与包括地下水的流域水文循环密切相关。良好的水生生态系统在维系自然界物质循环、能量流动、净化环境、缓解温室效应等方面功能显著，对维护生物多样性、保持生态平衡有着重要作用。

我国江河湖泊数量众多，水生态类型丰富多样，随着我国经济社会快速发展，我国不同区域出现了众多不同的水生态问题，如：江河源头区水源涵养能力降低，部分河湖生态用水被严重挤占，绿洲和湿地萎缩、湖泊干涸与咸化、河口生态恶化，闸坝建设导致生境破碎化和生物多样性减少，地下水下降造成植被衰退、地面沉降等，严重威胁水资源可持续利用。

实施水生态保护与修复是贯彻落实科学发展观和新时期治水思路，建设社会主义生态文明的重要举措。水利部于 2004 年印发了《关于水生态系统保护与修复的若干意见》，开展了部分城市及河流的水生态保护与修复试点工作。2008 年部署开展全国主要河湖水生态保护与修复规划编制工作。近期的中央水利工作会议指出“水生态环境恶化压力加大”是面临的新情况、新问题之一，强调水是生命之源，生产之要，生态之基，要求到 2020 年基本建成水资源保护和河湖健康保障体系。结合已有工作基础，研究水生态保护与修复规划的关键技术，对指导和推动我国河湖水生态系统保护与修复规划工作意义重大。

一、规划主要内容与技术路线

水生态保护与修复规划的主要任务是以维护流域生态系统良性循环为基本出发点，合理划分水生态分区，综合分析不同区域的水生态系统类型、敏感生态保护对象、主要生态功能类型及其空间分布特征，识别主要水生态问题，针对性地提出生态保护与修复的总体布局和对策措施。

1. 规划主要内容

（1）水生态状况调查。河湖水生态状况调查在现有资料收集和分析基础上，针对典型河湖和重要生态敏感区开展水生态补充调查监测，内容包括：主体功能区划、生态功能区划有关资料；河湖水资源开发利用及水污染状况；重点水工程的环境影响评价资料；有关部门的统计资料及行业公报；相关部门完成的生态调查评价成果和遥感数据；经济社会现状及发展资料等。

（2）水生态状况评价。结合水生态分区和水生态要素指标，评价规划单元水生态状况，明确河湖水生态面临的主要胁迫因素和驱动力，分析水生态问题的原因、危害及趋势。

（3）水生态保护与修复总体布局。根据水生态状况评价、水生态问题分析和影响因素识别，明确主要生态保护对象和目标，提出不同类型水生态系统保护和修复措施的方向和重点，从流域及河流水生态保护与修复全局出发，进行河湖水生态保护与修复总体布局。

（4）水生态保护与修复措施配置。根据水生态系统保护与修复的总体布局，结合水生态保护与修复措施体系，提出包括生态需水保障、生态敏感区保护、水环境保护、生境维护、水生生物保护、水生态监测、水生态补偿及水生态综合管理等各类水生态保护与修复工程与非工程措施配置方案。

（5）制订规划实施意见。结合已有工作基础，提出规划实施意见及优先实施项目。

2. **规划工作关键环节**

（1）把握好规划的目标定位。规划要充分考虑水生态系统结构和功能的系统性、层次性、尺度性。从流域尺度提出水生态保护与修复的总体原则和目标；结合生态分区，进一步从河流廊道尺度及河段尺度，合理确定规划单元，明确其主要水生态功能和生态保护需求，并据此确定水生态保护与修复的重点和具体目标，进行水生态保护和修复措施总体布局。规划要避免将河段简单地从自然生态系统中割裂开来进行人工化设计。

（2）注重“点、线、面”结合。其中“点”为具体河段的生态保护对象；“线”为河流廊道，主要根据水生态分区划分确定；“面”为生态分区或者流域。要以流域为对象，在全流域或生态功能区域层次上，把握水生态系统结构上的完整性和功能上的连续性。“点、线、面”相互结合、相互支撑、立体配套，处理好流域、河流廊道及具体河段不同空间尺度下水生态保护与修复措施的配置。

（3）处理好保护与修复的关系。要坚持保护优先，合理修复，针对人类活动对河湖生态系统的影响，着力实现从事后治理向事前保护转变，从人工建设向自然恢复转变，加强重要生态保护区、水源涵养区、江河源头区、湿地的保护。注重监测、管理等非工程措施，注重对各类涉水开发建设活动的规范和控制，从源头上遏制水生态系统恶化趋势。重点针对生态脆弱河流和地区以及重要生境开展水生态修复，河流修复的目标应该是建立具有自修复功能的系统。

（4）协调好与相关规划的关系。要以流域综合规划为依据，处理好开发与保护的关系，从流域角度提出水生态保护和修复的重点河段和区域，注重与最严格的水资源管理“三条红线”的衔接和协调，注重河湖连通性的维持和重要生境的保留维护。与水污染防治规划、水功能区划等相衔接，突出生态敏感区及保护对象的水质要求和保护。与国家主体功能区规划、生态功能区划等相衔接，注重河流廊道、生境形态等多自然河流的维护和修复，强化生态需水保障。

二、水生态分区体系

我国幅员辽阔，河流众多，水工程纷繁复杂，各流域气候、水文分异复杂，流域内部的生态和水文特征迥然不同。

结合主体功能区规划、生态功能分区和水资源分区，以水生态系统为对象，综合考虑区域水文水资源特征、河流生态功能以及水工程的影响，利用 GIS 技术划分水生态分区，明确其生态功能定位。在此基础上进行规划单元划分，是水生态保护与修复规划的重要基础工作。

水生态分区通过寻找每个生态要素的不连续性和一致性来描绘其异同，分区的指导思想是使区域内差异最小化，区域间差异最大化，并遵循以下原则：

1. **区域相关性原则**

在区划过程中，应综合考虑区域自然地理和气候条件、流域上下游水资源条件、水生态系统特点等关键要素，既要考虑它们在空间上的差异，又要考虑其具有一定相关性，以保证分区具有可操作性。

2. **协调性原则**

水生态区的划定应与国家现有的水资源分区、生态功能区划、水功能区划等相关区划成果相互衔接，充分体现出分区管理的系统性、层次性和协调性。

3. **主导功能原则**

区域水生态功能的确定以水生态系统主导功能为主。在具有多种水生态功能的地域，以水生态调节功能优先；在具有多种水生态调节功能的地域，以主导调节功能优先。

全国水生态分区采取二级区划体系，一级水生态分区满足我国水资源开发利用和水生态保护的宏观管理和总体布局需要；二级水生态分区满足区域或河流廊道水生态功能定位，保护与修复目标确定及措施布置的需要。针对具体区域，还可根据生态功能类型和保护要求，在二级水生态分区基础上进一步划分三级水生态分区。

根据全国由西向东形成的三大阶梯地貌类型，结合地理位置、气候带以及降雨量分布及区域水生态特点，将全国划分七大水生态一级分区，即东北温带亚湿润区、华北东部温带亚湿润区、华北西部温带亚干旱区、西北温带干旱区、华南东部亚热带湿润区、华南西部亚热带湿润区和西南高原气候区。

在水生态一级区内，依据地形、地貌、气候、降雨、生态功能类型及经济社会发展状况，以全国水资源三级区套地市为单元，将全国划分为 34 个水生态二级分区。水生态分区以习惯地理地貌名称命名。

不同水生态功能类型反映了区域不同的水生态系统结构和特征。水生态分区的水生态功能主要有水源涵养、河湖生境形态修复、物种多样性保护、地表水利用、拦沙保土、水域景观维护、地下水保护 7 种类型。

三、水生态状况评价指标体系

根据水生态分区及其功能类型，分析规划河段水生态保护需求。结合水工程规划设计关键生态指标体系研究与应用等有关成果以及《水工程规划设计生态指标体系与应用指导意见》，分析提出了水生态状况评价指标。水生态保护需求及对应主要评价指标见表2-5-1。

表 2-5-1 水生态保护需求及对应主要评价指标

水生态功能	生态保护需求	主要评价指标
水源涵养	江河源头区及重要水源地保护	水源地保护程度
河湖生境形态修复	河湖生态需水保障	生态基流
		敏感生态需水
		生态需水满足程度
	河湖连通性维护	横向连通性
		纵向连通性
		垂向透水性
	重要湿地维护	重要湿地保留率
物种多样性保护	河湖水域珍稀、濒危水生生物及重要经济鱼类的保护	珍稀水生生物存活状况鱼类物种多样性
		“三场”及洄游通道状况外来物种威胁程度
地表水利用	河湖水功能区保护	水功能区水质达标率
		湖库富营养化指数
	水资源开发利用总量控制	水资源开发利用率
拦沙保土	水土保持综合治理	土壤侵蚀强度
水域景观维护	自然、人工的水域景观的维护及构建	景观维护程度
地下水保护	地下水水位控制	地下水埋深
		地下水开采系数

在进行水生态现状评价以及阶段性保护与修复目标制定时，应根据规划区域的水生态特点、尺度特征和保护要求，合理选取评价指标。为便于规划操作，进一步明确了各指标的定义、内涵和评价方法。

（1）水源地保护程度主要针对重要江河源头区、重要水源地的保护状况，从水质、水量和管理角度进行评价，通过定性和定量相结合的方法评定其安全状态及保护程度。

（2）生态基流是指为维持河流基本形态和基本生态功能的河道内最小流量。由于我国各流域水资源状况差别较大，在基础数据满足的情况下，应采用尽可能多的方法计算生态基流，对比分析各计算结果，选择符合流域实际的方法和结果。

对于我国南方河流，生态基流可选择不小于90%保证率最枯月平均流量和多年平均天然径流量的10%两者之间的大值，也可采用Tennent法取多年平均天然径流量的20%～30%或以上。对北方地区，生态基流应分非汛期和汛期两个水期分别确定，一般情况下，非汛期生态基流应不低于多年平均天然径流量的10%；汛期生态基流可按多年平均天然径流量的20%～30%取定。

（3）敏感生态需水是指维持河湖生态敏感区正常生态功能的需水量及过程；在多沙河流，要同时考虑输沙水量。生态敏感区包括：具有重要保护意义的河流湿地及以河水为主要补给源的河谷林；河流直接连通的湖泊；河口；土著、特有、珍稀濒危等重要水生生物或重要经济鱼类栖息地、“三场”分布区等。敏感生态需水取各类生态敏感区需水量及输沙需水量过程的外包线。

（4）生态需水满足程度是指敏感期内实际流入生态敏感区的水量满足其生态需水目标的程度。可用评价敏感期内实际流入保护区的多年平均水量与保护区生态目标需水量之比表征。

（5）横向连通性是指河流生态要素在横向空间的连通程度，反映水工程建设对河流横向连通的干扰状况，一般可用具有连通性的水面个数（面积）占统计的水面总数（总面积）之比表示。

（6）纵向连通性是指河流生态要素在纵向空间的连通程度，反映水工程建设对河流纵向连通的干扰状况，一般可根据河流中闸、坝等阻隔构筑物的数量来表述。

（7）垂向透水性用以表征地表水与地下水的连通程度，反映河流基底受人为干扰的程度。可用泥沙粒径比例或者河道透水面积比例表述。

（8）重要湿地保留率是指规划区域内重要湿地在不同水平年的总面积与20世纪80年代前代表年份的湿地总面积的比值。

（9）珍稀水生生物存活状况指在规划区域内珍稀水生生物或者重要经济鱼类等的生存繁衍、物种存活质量与数量的状况，一般通过调查规划或工程影响区域的水生生物种数、数量等反映存活状况的特征值，经综合分析后进行表述。

（10）鱼类物种多样性是指在规划范围内鱼类物种的种类及组成，是反映河湖水生生物状况的代表性指标。在监测能力和条件允许的情况下，可对鱼类的种类、数量及组成进行现场监测。

（11）“三场”及洄游通道状况是指水生生物生存繁衍的栖息地状况，尤其关注鱼类产卵场、索饵场、越冬场及鱼类的洄游通道状况。可通过调查了解规划范围内主要鱼类产卵场、索饵场、越冬场状况，调查内容包括鱼类“三场”的分布、面积及保护情况等。

（12）外来物种威胁程度是指规划或工程是否造成外来物种入侵，及外来物种对本地土著生物和生态系统造成威胁的程度。针对规划河段实际，一般选择外来鱼类、水生生物作为外来入侵物种评价指标。

（13）水功能区水质达标率是指规划范围内水功能区水质达到其水质目标的水功能区

个数（河长、面积）占总数（总河长、总面积）的比例。水功能区水质达标率宏观反映了河湖水质满足水资源开发利用、生态保护要求的总体状况。

（14）湖库营养化指数是反映湖泊、水库水体富营养化状况的评价指标，主要包括湖库水体透明度、氮磷含量及比值、溶解氧含量及其时空分布、藻类生物量及种类组成、初级生物生产力等。

（15）水资源开发利用率是某水平年流域水资源开发利用量与流域内水资源总量的比例关系。水资源开发利用率反映流域的水资源开发程度，结合水资源可利用量可反映出社会经济发展与生态环境保护之间的协调性。

（16）土壤侵蚀强度是以单位面积、单位时段内发生的土壤侵蚀量为指标划分的侵蚀等级，通常用侵蚀模数表达。土壤侵蚀强度可用来表征区域水土流失状况及其变化情况。

（17）景观维护程度是指各级涉水风景名胜区、森林公园、地质公园、世界文化遗产名录和规划范围内的城市河湖段等各类涉水景观，依照其保护目标和保护要求，人为主观评定其景观状态及维护程度。

（18）地下水埋深是指地表至浅层地下水水位之间的垂线距离。地下水埋深和毛管水最大上升高度决定了包气带垂直剖面的含水量分布，与植被生长状况密切相关。

（19）地下水开采系数为一定区域地下水的实际开采量与地下水可开采量（允许开采量）的比值。地下水超采不仅会引发环境地质灾害，而且由于破坏了地表水和地下水之间的转换关系，还会威胁到一些水生生物的生存及其生境质量。

四、水生态保护与修复措施体系

在水生态状况评价基础上，根据生态保护对象和目标的生态学特征，对应水生态功能类型和保护需求分析，建立水生态修复与保护措施体系，主要包括生态需水保障、水环境保护、河湖生境维护、水生生物保护、生态监控和管理等五大类措施，针对各大类措施又细分为 14 个分类，直至具体的工程、非工程措施。

（1）生态需水保障是河湖生态保护与修复的核心内容，指在特定生态保护与修复目标之下，保障河湖水体范围内由地表径流或地下径流支撑的生态系统需水，包含对水质、水量及过程的需求。首先应通过工程调度与监控管理等措施保障生态基流，然后针对各类生态敏感区的敏感生态需水过程及生态水位要求，提出具体生态调度与生态补水措施。

（2）水环境保护主要是按照水功能区保护要求，分阶段合理控制污染物排放量，实现污水排放浓度和污染物入河总量控制双达标。对于湖库，还要提出面源、内源及富营养化等控制措施。

（3）河湖生境维护主要是维护河湖连通性与生境形态，以及对生境条件的调控。河湖连通性，主要考虑河湖纵向、横向、垂向连通性以及河道蜿蜒形态。生境形态维护主要包括天然生境保护、生境再造、“三场”保护以及岸边带保护与修复等。生境条件调控主要指控制低温水下泄、控制过饱和气体以及水沙调控等。

（4）水生生物保护包括对水生生物基因、种群以及生态系统的平衡及演进的保护等。水生生物保护与修复要以保护水生生物多样性和水域生态的完整性为目标，对水生生物资源和水域生境进行整体性保护。

（5）生态监控与管理主要包括相关的监测、生态补偿与各类综合管理措施，是实施水生态事前保护、落实规划实施、检验各类措施效果的重要手段。要注重非工程措施在水生态保护与修复工作的作用，在法律法规、管理制度、技术标准、政策措施、资金投入、科技创新、宣传教育及公众参与等方面加强建设和管理，建立长效机制。

第三章　河流生态治理和修复技术体系

第一节　河流生态系统服务功能

河流常被人们称为地球的动脉，是地球陆地表面因流水作用而形成的典型地貌类型。河流可以汇集和接纳地表径流，连通内陆和大海，是自然界能量流动和物质循环的一个重要途径。我国拥有丰富的河流资源，流域面积在 1 000km^2 以上的河流有 1 500 多条，其中长江、黄河、珠江是世界闻名的大河。近几年在河流整治过程中，发现河流生态系统普遍退化严重，因而对河流生态系统的功能深感忧虑。河流具有其特定的结构特征和服务功能，河流生态系统是结构和功能的统一体。

一、河流生态系统的典型特征

河流生态系统是指在河流内生物群落和河流环境相互作用的统一体，属水体生态系统的一个重要类型，具有其鲜明的组成特征和独特的结构特征。了解河流生态系统的典型特征，有助于理解河流生态系统的服务功能，并对其进行健康管理。

1. 河流生态系统的组成特征

河流生态系统组成包括生物和非生物环境两大部分。非生物环境由能源、气候、基质和介质、物质代谢原料等因素组成，其中能源包括太阳能、水能；气候包括光照、温度、降水、风等；基质包括岩石、土壤及河床地质、地貌；介质包括水、空气；物质代谢原料包括参加物质循环的无机物质（C、N、P、CO_2、H_2O 等）和联系生物和非生物的有机化合物（蛋白质、脂肪、碳水化合物、腐殖质等）。这些非生物成分是河流生态系统中各种生物赖以生存的基础。生物部分则由生产者、消费者和分解者所组成，其中生产者是能用简单的无机物制造有机物的自养生物，主要包括绿色植物（含水草）、藻类和某些细菌，它们通过光合作用制造初级产品—碳水化合物，并进一步合成脂肪和蛋白质，建造自身；消费者是不能用无机物制造有机物质的生物，称异养生物，主要包括各类水禽、鱼类、浮游动物等水生或两栖动物，它们直接或间接地利用生产者所制造的有机物质，起着对初级生产物质的加工和再生产的作用；分解者皆为异养生物，又称还原者，主要指细菌、真菌、放线菌等微生物及原生动物等，它们把复杂的有机物质逐步分解为简单的无机物，并最终以无机物的形式还原到环境中。

河流生态系统组成的显著特征之一是水作为生物的主要栖息环境。由于水的理化特性，水环境在许多方面不同于陆地环境。水是一种很好的溶剂，具有很强的溶解能力，因此水体中许多呈溶解状态的无机物和有机物可被生物直接利用，这为水体中浮游生物提供了有利条件。但是太阳辐射通过水层时会进一步衰减，以致水体光照强度明显低于陆地，从而限制了绿色植物的分布。其中在浅水区生长的绿色植物，如挺水植物和沉水植物，其生长状况主要决定于水层的透明度。显著特征之二是其生物成分与陆地生态系统的生物有明显区别。河流生态系统中的生产者主要是个体很小的浮游生物（即藻类），它们按照日光所能到达的深度分布于整个水域，其生产力远比陆地植物要高得多。这一点常常被人们所忽视。显著特征之三是河道河床作为水的载体，使得河流储存有巨大的能量。水能载舟，亦可覆舟，能量利用得当，可为人类造福，处理不当，便为人类带来洪涝灾害。

2. **河流生态系统的结构特征**

河流生态系统的结构是指系统内各组成因素（生物组分与非生物环境）在时空连续及空间上的排列组合方式、相互作用形式以及相互联系规则，是生态系统构成要素的组织形式和秩序。河流生态系统同其他水域生态系统一样，具有一定的营养结构、生物多样性、时空结构等基本结构。作为一个特定的地理空间单元，河流生态系统有着自己的鲜明的特点。一个完整的河流生态系统应该是动态的、开放的、连续的系统，它应该是从源头开始，流经上游和下游，并最后到达河口的连续整体。这种从源头上游诸多小溪至下游大河及河口的连续，不仅是指河流在地理空间上的连续，而更重要的是生物过程及非生物环境的连续，河流下游中的生态系统过程同河流上游直接相关。河流生态系统的结构特征可用纵向、横向、垂向和时间分量等四维框架模型来描述。

（1）河流生态系统结构的纵向特征

从纵向分析，河流包括上游、中游、下游，从河源到河口均发生物理的、化学的和生物的变化。其典型特征是河流形态多样性。

①上、中、下游生境的异质性。河流大多发源于高山，流经丘陵，穿过冲积平原而到达河口。上、中、下游所流经地区的气象、水文、地貌和地质条件等有很大差异，从而形成不同主流、支流、河湾、沼泽，其流态、流速、流量、水质以及水文周期等呈现不同的变化，从而造就了丰富多样的生境。

②河流纵向形态的蜿蜒性。自然界的河流都是蜿蜒曲折的，使得河流形成急流、瀑布、跌水、缓流等丰富多样的生境，从而孕育了生物的多样性。

③河流横断面形状的多样性。表现为交替出现的浅滩和深潭。浅滩增加水流的紊动，促进河水充氧，是很多水生动物的主要栖息地和觅食的场所；深潭还是鱼类的保护区和缓慢释放到河流中的有机物储存区。这些典型特征是维持河流生物群落多样性的重要基础。

（2）河流生态系统结构的横向特征

从横向分析，大多数河流由河道、洪泛区、高地边缘过渡带组成。河道是河流的主体，是汇集和接纳地表和地下径流的场所和连通内陆和大海的通道。洪泛区是河道两侧受洪水影响、周期性淹没的高度变化的区域，包括一些滩地、浅水湖泊和湿地。洪泛区可拦蓄洪水及流域内产生的泥沙，吸收并逐渐释放洪水，这种特性可使洪水滞后。洪泛区光照及土壤条件优越，可作为鸟类、两栖动物和昆虫的栖息地。同时湿地和河滩适于各种湿生植物和水生植物的生长。它们可降解径流中污染物的含量，截留或吸收径流中的有机物，起过滤或屏障作用。河道及附属的浅水湖泊按区域可划分为沿岸带、敞水带和深水带，它们分布有挺水植物、漂浮植物、沉水植物、浮游植物、浮游动物及鱼类等不同类型的生物群落。高地边缘过渡带是洪泛区和周围景观的过渡带，常用来种植农作物或栽植树木，形成岸边植被带。河岸的植物提供了生态环境，并且起着调节水温、光线、渗漏、侵蚀和营养输送的作用。

（3）河流生态系统结构的垂向特征

在垂向上，河流可分为表层、中层、底层和基底。在表层，由于河水流动，与大气接触面大，水气交换良好，特别在急流、跌水和瀑布河段，曝气作用更为明显，因而河水含有较丰富的氧气。这有利于喜氧性水生生物的生存和好气性微生物的分解作用。表层光照充足，利于植物的光合作用，因而表层分布有丰富的浮游植物，表层是河流初级生产最主要的水层。在中层和下层，太阳光辐射作用随水深加大而减弱，水温变化迟缓，氧气含量下降，浮游生物随着水深的增加而逐渐减少。由于水的密度和温度存在特殊关系，在较深的深潭水体，存在热分层现象，甚至形成跃温层。由于光照、水温、浮游生物（其他生物的食物）等因子随着水深而变化，导致生物群落产生分层现象。河流中的鱼类，有营表层生活的，有营底层生活的，还有大量生活在水体中下层。对于许多生物来讲，基底起着支持（如底栖生物）、屏蔽（如穴居生物）、提供固着点和营养来源（如植物）等作用。基底的结构、物质组成、稳定程度、含有的营养物质的性质和数量等，都直接影响着水生生物的分布。另外大部分河流的河床材料由卵石、砾石、沙土、黏土等材料构成，都具有透水性和多孔性，适于水生植物、湿生植物以及微生物生存。不同粒径卵石的自然组合，又为一些鱼类产卵提供了场所。同时，透水的河床又是连接地表水和地下水的通道。这些特征丰富了河流的生境多样性，是维持河流生物多样性及河流生态系统功能完整的重要基础。

（4）河流生态系统结构的时间分量特征

在时间上，河流系统的时间尺度在许多方面都是很重要的，随着时间的推移和季节的变化，河流生态系统的结构特点及其功能也呈现出不同的变化。由于水、光、热在时空中的不平均分布，河流的水量、水温、营养物质呈季节变化，水生生物活动及群落演替也相应呈明显变化，从而影响着河流生态系统的功能的发挥。河流是有生命的，河道形态演变可能要在很长时期内才能形成，即使是人为介入干扰，其形态的改变也需很长时间才能显现出来。然而，表征河流生命力的河流生态系统服务功能在人为的干扰下，却会在不太长的时间内就可能发生退化，例如生态支持、环境调节等功能，对此，人们应该给予足够的重视。

二、河流生态系统的服务功能

生态系统的服务功能是指生态系统与生态过程所形成及所维持的人类赖以生存的自然环境条件与效用。生态系统向来被人们誉为生命之舟。Costanza 等把生态系统提供的商品和服务统称为生态系统服务，并且曾把生态系统服务功能划分为 17 种类型。不同类型生态系统的服务功能是不尽相同的。河流生态系统服务功能是指人类直接或间接从河流生态系统功能中获取的利益。根据河流生态系统组成特点、结构特征和生态过程，河流生态系统的服务功能具体体现在供水、发电、航运、水产养殖、水生生物栖息、纳污、降解污染物、调节气候、补给地下水、泄洪、防洪、排水、输沙、景观、文化等多个方面。按照功能作用性质的不同，河流生态系统服务功能的类型可归纳划分为淡水供应、水能提供、物质生产、生物多样性的维持、生态支持、环境净化、灾害调节、休闲娱乐和文化孕育等。

1. 淡水供应功能

水是生命的源泉，是人类生存和发展的宝贵资源。河流是淡水贮存和保持的重要场所。首先，河流淡水是人类生存所需要的饮用淡水的主要来源；其次，河流淡水是其他动物（家畜、家禽及其他野生动物）饮用的必需之物；同时，所有植物的生长和新陈代谢都离不开淡水。因此，河流生态系统为人类饮水、农业灌溉用水、工业用水以及城市生态环境用水等提供了保障。

2. 水能提供功能

水能是最清洁的能源。河流因地形地貌的落差产生并储蓄了丰富的势能。水力发电是该功能的有效转换形式，众多的水力发电站借此而兴建，为人类提供了大量能源。至 20 世纪末，全国水电装机总量约 4770 万 kW，年发电量约 1560 亿 kW·h。同时，河水的浮力特性为承载航运提供了优越的条件，水运事业借此快速发展，人们甚至修造人工运河发展水运。

3. 物质生产功能

生态系统最显著的特征之一就是生产力。生物生产力是生态系统中物质循环和能量流动这两大基本功能的综合体现。河流生态系统中自养生物（高等植物和藻类等）通过光合作用，将二氧化碳、水和无机盐等合成为有机物质，并把太阳能转化为化学能贮存在有机物质中，而异养生物对初级生产的物质进行取食加工和再生产而形成次级生产。河流生态系统通过这些初级生产和次级生产，生产了丰富的水生植物和水生动物产品，为人类生存需要提供了物质保障，包括：

（1）初级生产为人们提供了许多生活必需品和原材料以及畜牧业和养殖业的饲料。

（2）为人类提供了优质的碳水化合物和蛋白质，一些名特优新河鲜水产品堪称绿色食品，成为人们餐桌上的美味佳肴，保障了人们的粮食安全，满足了人们生活水平日益提高的需要。

4. **生物多样性的维持功能**

生物多样性是指生态系统中生物种类、种内遗传变异和生物生存环境和生态过程的多样化和丰富性，包括物种多样性、遗传多样性、生态系统多样性和景观多样性。其中物种多样性是指物种水平的生物多样性；遗传多样性是指广泛存在于生物体内、物种之间的基因多样性；生态系统多样性是指生境的多样性（主要指无机环境，如地形、地貌、河床、河岸、气候、水文等）、生物群落多样性（群落的组成、结构和功能）、生态过程的多样性（指生态系统组成、结构和功能在时间、空间上的变化）；景观多样性是指不同类型的景观在空间结构、功能机制和时间动态方面的多样化和变异性。生物多样性是河流生态系统生产和生态服务的基础和源泉。河流生态系统中的洪泛区、湿地及河道等多种多样的生境不仅为各类生物物种提供繁衍生息的场所，还为生物进化及生物多样性的产生与形成提供了条件，同时还为天然优良物种的种质保护及其经济性状的改良提供了基因库。

5. **生态支持功能**

河流生态系统的生态支持功能具体体现在调节水文循环、调节气候、土壤形成、涵养水源等方面。河流生态系统是由陆地—水体、水体—气体共同组成的相对开放的生态系统。而洪泛区有囤蓄洪水的能力，囤蓄洪水后，促进了降水资源向地下水的转化，从而调节了河川径流。洪泛区还有拦蓄泥沙的作用，两岸陆地的树木森林等植物，通过拦蓄降水，起到涵养水源的作用，同时可控制土壤侵蚀，减少河流泥沙，保持了土壤肥沃，有利于水土保持。河流与大气有大面积的接触，降雨通过水汽蒸发和蒸腾作用，又回到天空，可对气温、云量和降雨进行调节，在一定尺度上影响着气候。河流具有排沙功能，可将泥沙沉积在河口地区，从而产生大片滩涂陆地。因此，一个完善的河流生态系统，具有较好的蓄洪、涵养水源、调节气候、补给地下水等作用，这对更大尺度上的生态系统的稳定具有很好的支持功能。

6. **环境净化功能**

河流生态系统在一定程度上能够通过自然稀释、扩散、氧化等一系列物理和生物化学反应来净化由径流带入河流的污染物，河流生态系统中的植物、藻类、微生物能够吸附水中的悬浮颗粒和有机的或无机的化合物等营养物质，将水域中氮、磷等营养物质有选择地吸收、分解、同化或排出。水生动物可以对活的或死的有机体进行机械的或生物化学的切割和分解，然后把这些物质加以吸收、加工、利用或排出。这些生物在河流生态系统中进行新陈代谢的摄食、吸收、分解、组合，并伴随着氧化、还原作用使化学元素进行种种分分合合，在不断的循环过程中，保证了各种物质在河流生态系统中的循环利用，有效地防止了物质的过分积累所形成的污染。一些有毒有害物质经过生物的吸收和降解后得以消除或减少，河流的水质因而得到保护和改善，河流水环境因而得到净化和改良。组成河流生态系统的陆地河岸生态系统、湿地及沼泽生态系统、水生生态系统等子系统都对水环境污染具有很强的净化能力。湿地历来就有“地球之肾”的美称，在河流生态系统中起着重要的净化作用。湿地生长着大量水生植物，对多种污染物质有很强的吸收净化能力。湿地植被还可减缓地表水流速，使水中的泥沙得以沉降，并使水中的各种有机的和无机的溶解物和悬浮物被截留，从而使水得到澄清，同时可将许多有毒有害的复合物分解转化为无害的甚至是有用的物质。这种环境净化作用为人们提供了巨大的生态效益和社会效益。

7. **灾害调节功能**

河流生态系统对灾害的调节功能主要体现在防止洪涝、干旱、泥沙淤积、水土流失、环境负荷超载等灾害方面。作为河道本身，即具有纳洪、行洪、排水、输沙功能。在洪涝季节，河流沿岸的洪泛区具有蓄洪能力，可自动调节水文过程，从而减缓水的流速，削减了洪峰，缓解洪水向陆地的袭击。而在干旱季节，河水可供灌溉。洪泛区涵养的地下水在枯水期可对河川径流进行补给。湿地在区域性水循环中起着重要的调节和缓冲作用。湿地草根层和泥炭层具有很高的持水能力，是巨大的贮水库，可为河流提供水源，缓解旱季水资源不足的压力，提高区域水的稳定性。同时，湿地具有蓄洪防旱、调节气候、促淤造陆、控制土壤侵蚀和降解环境污染等作用。河流水体也有净化水质的功能。因此使河流生态系统对多种自然灾害和生态灾害具有较好的调节作用。

8. **休闲娱乐功能**

河流生态系统景观独特，具有很好的休闲娱乐功能。河流纵向上游森林、草地景观和下游湖滩、湿地景观相结合，使其景观多样性明显，横向高地—河岸—河面—水体镶嵌格局使其景观特异性显著，且流水与河岸、鱼鸟与林草的动与静对照呼应，构成河流景观的和谐与统一。高峡出平湖，让人豪情万丈，小桥流水人家，使人宁静温馨。同时，河谷急流、弯道险滩、沿岸柳摆、浅底鱼翔等景致，赏心悦目，给人们以视觉上的享受及精神上的美感体验。因此，人们凭借河流生态系统的景观休闲的服务功能，在闲暇节日进行休闲活动，如远足、露营、摄影、游泳、滑水、划船、漂流、渔猎、野餐等，这些活动，有助于促进人们的身心健康，享受生命的美好，提高生活的质量。

9. **文化孕育功能**

欣赏自然美、创造生态美是人类生活的重要内容，和谐的自然形态与充满生机生态环境可让人们在享受生态美的过程中使人格得到发展的升华。不同的河流生态系统深刻地影响着人们的美学倾向、艺术创造、感性认知和理性智慧，各地独特的生态环境在漫长的文化发展过程中塑造了当地人们特定的多姿多彩的民风民俗和性格特征，由此也直接影响着科学教育的发展，因而也决定了当地的生产方式和生活水平，孕育着不同的道德信仰、地域文化和文明水平。如历史上显赫一时的古巴比伦文明兴起于当时生机勃勃的幼发拉底河和底格里斯河流域；曾经拥有大量热带林的尼罗河流域孕育并发展了古埃及文明；黄河文明曾经是中国农业和文明的摇篮，被誉为中华民族的母亲河，在世界文明史上占有重要的地位，那也是同古时候黄河流域生态平衡环境协调分不开的。可见，河流生态系统的文化孕育功能对人类社会的生存发展具有重要的作用。

第二节　河流生态修复的方向和任务

一、河流生态修复概述

1. 河流生态修复的定义

河流生态修复是指运用流域生态理论，采用综合方法，使河流恢复因人类活动的干扰而丧失或退化的自然功能，使河流重新回到健康状态。河流生态修复的任务包括：水文条件的改善，河流地貌学特征的改善。目的是改善河流生态系统的结构与功能，标志则是生物群落多样化的提高。方法主要就是从河流的自然特性入手，目的就是要维持和保护河流的自然特点。

2. 河流生态修复应遵循的原则

（1）自然原则

大自然的水是时刻都在通过降水、径流、蒸发下渗等进行着水循环，河流属于水文循环当中的一部分，自然原则就是利用自然的循环特点制定修复方法，是河流生态修复的最基本的原则。利用河流生态系统的自我调节能力，结合具体的河流状态采取适当的工程和非工程措施，使河流生态系统自我修复，向着自然和健康的方向发展。

（2）使用功能原则

河流有诸多使用功能，在进行生态修复的时候应该首先保证其使用功能不被破坏，同时也要保证其主要功能优先的原则，即有的时候不能完全恢复其全部使用功能的情况下，要首先恢复其主要功能，当然我们也要做到河流的各项功能相互协调，各项功能和指标能够相互协调，比如我们可以利用优化函数的方法来进行，建立目标函数，包含河流的各项功能指标，建立函数，确定边界条件，最终得出符合目标的最优化的修复参数，这也是从更科学和理性的角度来看待河流的生态修复。

（3）其他原则

河流生态修复的其他原则还包括分时段考虑原则，分河段细化原则，生物多样性原则，景观美化原则，综合效益最大化原则，利益相关者有效参与原则等。在不同的时间尺度或不同时段、不同河段均需要统筹考虑。同时要遵循生物多样性，引进本土生物，适当考虑景观生态学原理，并从流域系统出发进行整体分析，将短期利益与长远利益相结合等，确定相应指标，及各项指标之间相互关系。

二、河流生态修复的目标

1. 防洪和恢复健康的水循环系统

人类的开发建设活动（河流治理、城市建设、土木工程等）往往砍伐森林、硬化地表等等，导致土壤渗透保水能力降低，带来河流的洪峰流量增加、地下水位显著下降等问题。河流和地下水具有互补关系，洪水时河流水位高于地下水位，河流补给地下水；当河流水位低于地下水位时（枯水期），地下水补给河流。一般而言，枯水期河流能够得到地下水的补给，如果地下水位降低，这种补给功能就会削弱甚至丧失。如果水循环受阻，就会产生很多问题，诸如洪水发生的频率增加和规模增大、发生山崩的频率增加、地下水不足、动植物减少、水土流失、沙漠化、气候变化等等。要从根本上解决这些问题，就需要恢复健康的水循环系统。

河流生态修复同传统河流治理一样，首先是防御洪水，保护居民的生命财产，同时还要确保生态系统和让水循环处于健康状态，尽量处理好洪水期的防洪和平时的河流生态系统、景观、亲水性的关系。也就是说，没有必要用同一尺度保护城市、道路、农地和森林等，洪水时无须刻意考虑河流生态系统和亲水性，平时也没有必要考虑防洪问题。洪水灾害往往被认为是工程的问题，而传统的河流治理工程方式妨碍了水的健康循环。今后应该研究改进、制定新的治水对策。

2. 提高河流自净能力保护水质

河流生态修复的最终目的是通过健康的河流生态系统提高河流水质的质量。但提高河流水质必须从流域尺度出发，一般需要通过防止面源污染；建设完善的下水道、污水处理场和植被缓冲带；以及提高河流的自净能力 3 个阶段才能够实现。要提高河流的自净能力，保持河流形态的多样化和丰富的水生生物是很重要的。

3. 使河流具有一定的侵蚀—搬运—堆积作用

在满足一定防洪标准的同时，留给河流一定的侵蚀—搬运—堆积等自然作用的空间，是河流生态修复的重要课题。因为只有通过河流自身的运动，河流才能自然演变为具有蛇行、浅滩和深潭、周期淹没等多样性的河流形态。河流形态的多样性，意味着生息地和生态系统的多样性和形成美丽的天然河流景观。

留给河流多少侵蚀搬运堆积的自然作用空间，主要取决于保护土地不被洪水淹没的程度、冒洪水风险程度以及设计修复目标的自然化程度 3 个因素。

4. 重建河流景观

水体是河流景观最重要的构成要素，但传统的河流治理工程忽视了河道景观的保护、建设和管理。目前，河流景观的重要性已引起水利学家的重视。河流的生态修复除了生态效益之外，还有视觉和心理上的景观效益，单方面强调河流的生态功能是不充分的。在进行河流生态功能修复的同时，也应创造出与周围环境相协调的美丽的河流景观，表现出人与自然相和谐的人文色彩。

景观的“景”是风景之意，而“观”是人的主观感觉。景观空间的质量由人的主观感觉评价所决定，而五官之中视觉上的感觉尤其重要。在河流生态修复设计中，必须考虑景观结构的要素，通过对原有景观要素的优化组合，新的景观成分的引入，调整或构造新的河流景观格局，创造出优于原有景观，新的高效、和谐的近自然河流景观格局。和谐的近自然河流景观格局的评价尺度应满足优美性、舒适性、协调性和空间性等要求。

5. 增加河流的亲水性

所谓亲水性就是通过对河流的亲身体验，实现与河流的“对话交流”，从而达到保健休养的目的。传统的河流治理工程忽视甚至没有考虑河流这一功能。河流是动植物不可缺少的生息场所，同时也是人类生息休养的空间，河流具有解除人类各种烦恼的特殊功效。洁净的水体可以使周围空气清新，调节气温，有利于人们的身心健康。河流的亲水性不仅要考虑人类的需要，同时要考虑为野生动植物提供生息空间的生态修复。因此，在设计河流生态修复时，就应分别设计可利用空间，尽可能使之互相协调。

6. 降低经济成本

有一种观点认为，河流生态修复在成本上一定会比传统水利工程高，然而事实上并非如此。由于河流生态修复采用近自然的修复技术及材料，其成本要比混凝土式河道护岸低廉。以德国河川为例：设计洪水流量为 $1500m^3/s$，若用传统水利工程技术施工，每米长河道的成本约为 2.7 万马克，而采用河岸生态修复技术则为 1.8 万马克左右。

（1）传统水利工程技术造成高成本的原因主要有：

①工程的防洪设计标准过高；

②最终目标是完全依靠人的力量实现；

③实现最终目标的时间过短。

（2）而生态修复成本较低的原因为：

①尽量避免没必要的过高的防洪设计标准；

②最终目标的实现也要依靠自然的力量；

③实现最终目标的时间延长。这与河流生态修复的原则是一致的。

三、河流生态修复的新理念和目标在应用时所面临的问题

对河流生态修复新理念和目标的探讨具有重要的现实意义，它为河流生态修复方案的制定以及修复效果的评价提供了方向。河流生态修复新理念和目标的提出，打破了传统水工学的理念，使治河不仅仅考虑工程的安全性和经济性，从而为人们探索新的治河理念提供了新的视点。在这种理念指引下，水工设计会更注重整个水环境系统健康的、可持续的发展。

河流生态修复新理念和目标面临的主要问题是如何处理好人与自然的关系。在权衡人

类社会需求与生态系统健康需求这二者关系方面，应该同时强调兼顾水域生态系统的健康和可持续性，这就需要吸收生态学等其他学科的知识，促进水利工程学与生态学的结合，改善水利工程的规划、设计方法，发展生态水利工程学，以尽量减少对生态系统的胁迫，并充分考虑生态系统健康的需求问题。

当然，河流生态修复新理念和目标的提出，只是对城市河流生态修复理念、目标的一点探索，由于我国的经济水平、法律体系等方面存在的不足，以及诸多历史原因，河流生态修复完全达到设计意图是困难的。人们只能立足河流生态系统现状，积极创造条件，发挥生态系统自我修复功能，使河流廊道生态系统逐步得到恢复，实现河流的健康性和可持续性。在我国现实可行的治河路线是结合河流防洪、整治和城市水景观建设等工程项目，综合开展河流生态修复建设。为了顺利推进城市河流生态修复的开展，这里认为，今后迫切需要就以下几个方面开展工作：

（1）在理论上，创建水利工程学和生态学有机结合的理论、技术和评价体系。

（2）在技术变革上，为了不重复发达国家的错误，应改变单一追求工程安全（抗洪水强度）的传统水利工程设计思想，将生态学原理应用于水利工程设计中，进行水利工程的生态设计，并加强施工后的维护和管理。

（3）尽快制定适于河流生态修复的水利工程设计规范。现有的水利工程设计规范已经限制了河流生态修复的进展。

（4）政府应给予政策倾斜，给河流生态修复项目以政策和法规上的支持，最终实现我国水资源的永续利用。

河流是大地的血脉，人类是自然的精灵。与自然和谐相处是人类最美好的目标，主动向着这个目标不断地靠近，是人类应该做到也能够做到的。

四、河流生态修复评价方法

河流生态系统是生物圈物质循环的重要通道，具有调节气候、改善生态环境以及维护生物多样性等众多功能。近百年来，人们利用现代工程技术手段，对河流进行了大规模的开发利用，兴建了大量工程设施，改变了河流的地貌学特征和水文特征，从而极大地改变了河流自然演进的方向，对河流生态系统造成胁迫。同时日益增多的工业废水和生活污水未经完善处理便排入河流，致使河流生态环境恶化、生态系统稳定性降低，主要表现为水体中的养分、水体的化学性质、水文特性和河流生态系统动力学特性发生改变，因此对原水生生态系统和原物种造成的巨大压力。从 20 世纪 50 年代开始，西方发达国家逐步把重点从对河流开发利用转向对河流的保护。到了 80 年代，对河流生态系统进行综合修复已经成为发达国家公认的先进治河理念，诸如河流类型评估（RS）、美国快速生物监测协议（RBPs）、澳大利亚溪流状况指数（ISC）、英国河流栖息地调查方法（RHS）等多种研究方法的出现。

就我国现阶段而言，研究河流生态修复评价关键技术对于指导和推动河湖生态系统保护与修复规划工作意义重大。例如在河南省，近年来河流生态系统的恶化严重制约了社会经济的可持续发展，甚至危及人类自身的安全。

1. 河流生态修复评价研究思路

对国内外河流生态修复评价研究成果进行深入分析后发现，目前人们侧重于河流生态修复基础理论的研究和对河流生态系统自然环境因素的分析，而缺乏考虑河流周边社会因素和对生态修复经济可行性的探讨。

河流生态修复需要与经济发展相适应，使经济发展与环境改善能够并行可持续发展。因此，河流生态修复评价的应用不仅应该着眼于当地河流生态系统的退化以及河流水质、水文状况的恶化，还应该综合社会经济发展现状的分析。基于现有研究存在的问题，重点分析社会经济因素对河流生态修复评价的影响，构建兼顾河流经济可行性和生态修复必要性的河流生态修复评价指标体系，采用专家评判法和层次分析法（AHP 法）对所选指标进行权重赋值，并运用模糊综合评判方法将不同尺度的复杂信息进行综合分析，确定河流生态修复指数，讨论河流生态修复评价数值等级的划分，完成多因素多目标的河流生态修复评价。

2. 河流生态修复评价方法

20 世纪 80 年代初，我国著名学者马世骏、王如松提出了“社会—经济—自然复合生态系统”的理论，与自然生态系统理论的区别在于充分重视人类活动对于自然生态系统的能动性。“社会—经济—自然复合生态系统理论”中指出不应孤立地研究自然资源环境退化的问题，而是应该把人类社会的进步和经济的发展与自然环境的退化统一联系起来，在确定社会经济发展的速度和规模的同时必须考虑自然生态系统的承载力。在研究河流生态系统退化和河流生态修复时，应首先对河流自然环境状况进行评价，以判断河流生态系统是否退化，是否退化到不得不修复的程度；然后对河流周边城市社会发展状况进行评价，以判断其是否具有足够的经济能力去支撑河流生态修复的过程。若河流生态系统状况未恶化到一定程度，就没有必要对其进行生态修复；若河流生态系统退化程度严重，但河流周边社会经济发展状况较差，没有能力支撑修复费用，也无法对河流进行生态修复。因此，应在河流生态系统退化严重且社会经济发展程度较高的区域开展生态修复，即进行河流生态修复需要满足修复必要性和经济可行性两个先决条件。

针对受损河流生态系统缺乏基础资料的现状，提出以河流生态系统退化状况为参照系统，构建定量的修复标准作为河流生态修复的期望目标，并选择层次分析法（AHP 法）作为河流生态修复的评估方法。层次分析法具有所需定量数据少，易于计算，可解决多目标、多层次、多准则的决策问题等特性，其本质在于对复杂系统进行分析和综合评价，对评价的元素进行数学化分析。运用 AHP 法对河流生态修复进行评估时，首先分析表征河流生态系统主要特征的因素以及经济可行性评价分析因素，建立递级层次结构；其次通过两两比较因素的相对重要性，构造上层对下层相关因素的判断矩阵；在满足一致性检验的基础上，进行总体因素的排序，确定每个因子的权重系数；最后确定评价标准，采用综合指数法或模糊综合评判方法进行相关计算，从而构成基于修复必要性评价和经济可行性评价分析的河流生态修复评价指标体系。

（1）指标因子的筛选

参考国内外关于河流生态环境的评估指标和现有关于经济可行性评价的研究成果，结合河南省河流现有特征，从生态修复必要性评价和社会经济可行性评价两方面选取共 12 个指标来构建河流生态修复的指标体系，分为目标层、因素层、指标层 3 个层次结构。

河流生态系统受人类活动的干扰而功能受损，修复必要性评价实质上是分析河流生态系统的退化程度。由于河流生态系统囊括的范围较广，在分析河流生态系统退化的时候，需要综合考虑河流的生境因素、水文水质因素，且不能仅仅局限于河流水质的恶化，需要更进一步的分析水质恶化造成的河流生态结构的变化、河流基本功能的丧失等等。选用河流生境状况和环境评价指标作为河流生态系统修复必要性的两类评价指标。经济可行性评价主要表征经济因素对于河流生态的驱动作用，反映生态脆弱地区存在的“越污染越贫困，越贫困越污染”的河流利用困局。研究经济可行性评价的目的在于了解河流生态修复的综合效益和合理程度。分析研究区域内经济发展与河流生态的关系时，既不能一味地追求经济发展而忽略河流生态的恶化，又不能一味地追求河流生态恢复而弱化经济利益的满足。因此，在经济可行性评价中选用社会状况指标和经济状况指标来进行相关的评价。

在所有评价指标中，绝对权重值最大的 5 个指标依次为单位 GDP 用水量、水质平均污染指数、水资源开发利用率、水功能区水质达标率、污水处理率，是河流生态修复评价指标体系中的关键指标。既包括修复必要性评价指标，又包括经济可行性评价指标，表明修复必要性评价与经济可行性评价的同等重要。对比因素层与目标层之间的相对权重值，可以分析出社会经济状况指标的重要性。

（2）指标评价基准

评价基准以河流生态系统功能以及完善程度作为原型来确定，并参考国际标准及水质监测数据，部分指标参照国内相关研究文献。评价基准分为优、良、中、差 4 个级别。

为了避免不同物理意义和不同量纲的输入变量不能平等使用，采用了模糊综合评判模型，将指标数值由有量纲的表达式变换为无量纲的表达式。在模糊综合评判时，需要建立隶属函数，使模糊评价因子明晰化，不同质的数据归一化。根据河流生态修复评价指标的筛选，隶属函数分 2 类：

郑州段和贾鲁河周口段作为评价对象开展实例应用分析。贾鲁河是淮河流域的一条重要支流，发源于新密市，流经郑州市、开封市，最终在周口市汇入沙颍河，全长 2 558km，至今已有 2 000 多年历史。河流周边城镇居民众多，是众多城市赖以生计的河流。贾鲁河流经郑州市和周口市的市区，对当地的经济发展起到重要作用。贾鲁河郑州段从贾鲁河源头处到中牟陈桥断面，有金水河、熊儿河等郑州市内重要河流汇入，接纳郑州、荥阳、新密、中牟等县市的污水，水质均为Ⅴ类或Ⅳ类水水质标准；贾鲁河周口段是从扶沟摆渡口断面到贾鲁河汇入沙颍河处，接纳尉氏、扶沟、西华等县市的污水，横穿众多居民聚集区，水质均为劣Ⅴ类。贾鲁河是沙颍河的主要污染源之一，河流生态系统退化程度较为严重，被列为“十二五”重点治理河流，因此，急需对贾鲁河沿境的生态退化状况的修复必要性以及周边城市进行生态修复的经济可行性进行评价研究。

（3）数据收集

结合实地调查、专家咨询等方法，同时参考水利、规划等部门对于河流的定位，确定各指标的数值。

按照拟定的生态修复评价指标体系和评价模型，计算出贾鲁河郑州段与周口段的生态修复综合评价等级都是“中”，即河流水质一般，能够在一定程度上保障河流生态系统的基本功能；河流周边社会经济发展在一定程度上可以维持部分河流生态系统的修复。但分别分析修复必要性评价和经济可行性评价的评价值，贾鲁河郑州段河流生态修复综合评价数值较低，是因为河流生态系统退化严重、沿河水质恶化，但郑州市社会经济发展程度较高，能够负担一定程度的河流生态修复措施；而贾鲁河周口段生态修复综合评价数值较低，却是由于生态系统退化和经济发展滞后两方面共同造成的，即在河流生态系统退化程度严重的同时，城市社会经济发展也较为滞后。以修复必要性评价而言，贾鲁河郑州段与周口段重要性相当；但以经济可行性而言，贾鲁河周口段明显距郑州段有一定的差距。因此，在进行河流生态修复时，贾鲁河郑州段要比贾鲁河周口段更有优势。

第三节　河道内生境修复

一、保护生态河道的重要性

1. 生态环境保护是我国的基本国策

在国家“三化同步、三生融合”发展战略中，“三生”即生产、生活和生态，其中生态包括自然生态与社会生态，坚持和体现了以人为本的核心价值，并将生态文明提升到突出的位置，实现了生产发展、生活美好和生态优越的三位一体发展，是城镇实现可持续发展的重要保证。

2. 保护生态河道是生态保护的重要环节

生态环境要素由动物、植物、微生物、土地、矿物、海洋、河流、阳光、大气、水等天然物质要素及人工物质要素组成。自然河流及周边地带涵盖了生态环境要素的主要方面，因此，保护生态河道是生态保护的重要环节。

自然河道生物群落的组成、结构和分布格局与远离河流区域相比有较大的差异，是河流生态系统与陆地生态系统进行物质、能量、信息交换的一个重要过渡交错地带。自然河道在控制河岸侵蚀、调节微气候、保护河溪水质、为水陆动植物提供生境、维护河溪生物多样性和生态系统完整性以及提高河岸景观质量、开展旅游活动等方面均有重要的现实和潜在价值。

二、河道的建设性破坏日益加剧

1. 传统驳岸引起生态环境的退化

目前我国城乡河道的治理，主要由所在区域的水利部门负责实施，防止水土流失以及防洪是其主要目的，几十年不变的直立式混凝土防洪堤仍然是河道护岸的基本方式，混凝土防洪堤使河道变成了只进不出的封闭水体，地下水与河水不能及时沟通，水循环过程被隔断，水生态系统与陆地生态系统生物链被阻断，生物种群的生态循环和均衡结构被彻底打破，生物群落得不到必需的养分，失去了生存的基本条件，逐渐衰落，消亡。群落的消亡也使河岸失去了生命，它原有的诸如截污、净水、固岸、造氧等生物功能也就彻底丧失了。

实际上，自然河道的水位、流量、流速随着季节的更替发生变化，充分体现了大自然的运行规律，而高大的防护堤往往就是侵占河道造成的恶果。随着城乡建设的发展，河道渠化已经从主要河道发展到了小型溪流，对生态河岸破坏性建设的悲剧正在不断重演，如不加以阻止，我们美丽的生态河岸带不久将不复存在。

2. 传统堤岸破坏自然和人文景观

在自然形成的河岸边，生态种群处于良好的动态平衡中，造就了繁多的植物品种。沿河植被在不同季节构成了层次丰富、色彩缤纷的动人图案，芳草萋萋，翠柳夹岸，白鹭翻飞，鱼翔浅底，大自然造就的意境是任何人工环境都不能模仿的。防洪堤上的人工绿地，缺乏天然河岸群落之间的物质循环和交换，完全在界定的范围靠人工管理生存，没有任何自然调节与发展演变的空间。景观的表现形式也难免呆板和生硬，且管理过程中使用的杀虫剂、化肥等有害化学成分，还会对河道造成就近污染，不管生态功能还是景观价值无法与天然河岸相提并论。

在一些较为偏僻的乡镇村落，所在地段的沿河两岸仍保留不同年代的堤岸、码头、石桥、步道等历史遗存，具有非常重要的历史研究和保护价值，同时也是不可多得的历史人文景观。由于保护意识的淡漠，不少具有保护价值的滨水历史遗迹，也在河流的治理过程中彻底毁坏了。取而代之的是人工堤岸及后面的广场、硬地、娱乐设施。这些表面光彩的人工堆砌由于缺乏原有的历史人文氛围而显得生硬和俗气，更不可能给人们提供任何思索和回味的空间。

3. 传统防洪堤岸，不是最经济的河川护岸选择

修建传统意义上的防护堤河岸，对任何一个地方政府部门来说都是一个投资巨大的工程项目。从沿河建设用地的征地拆迁、河床清理、修建防洪堤坝，到配套设施的建设，以

及后期的维护和管理，无不需要注入大量的人力、物力和财力，这无疑加重了地方财政负担，影响了城市经济发展及项目投资的均衡性。

三、生态河道的保护是世界性的发展趋势

从国外城市河道整治的发展趋势来看，尽可能保持河道的自然风貌已成为当今国际上先进城市的治理准则。欧美等国都在积极修建生态河堤，日本在20世纪30年代初就开展了“创造多自然型河川计划”，在欧洲河川生态工程被称为“河川生态自然工程”，在美国则被称为“自然河道设计技术”，各国已经相继颁布了相关的技术规范和标准，逐步形成了一套较为完善的河川整治设计理论和治理方法。

在新型河水整治理论的指导下，发达国家陆续在一批河流的生态治理中获得了成功，如欧洲的莱茵河治污达到了预定的治理目标，沿河森林茂密，湿地发育，水质清澈洁净。鱼类、鸟类和两栖动物重返莱茵河。而在日本，已对600多条河流的整治进行了重新地审视和尝试。

四、生态河道基本特征及功能

1. 基本特征

生态河道是以自然为主导的，在保证河岸带稳定和满足行洪要求的基础上，维持物种多样性、维护生态系统的动态平衡，提高系统的自我调节、自我修复能力、改善人类生活环境的地带。

2. 基本功能

生态和社会交流的廊道、植物根系固土护岸、防止洪涝灾害、截流纳污、地表和地下水径流保护、生物生境保护、优美的自然景观、多用途的娱乐场所以及舒适的生活环境。

五、河道的生态保护和治理

1. 基本原则

（1）强调驳岸工程要与生态相结合，充分吸收生态学的原理和知识。

（2）新型的工程设施既要满足人类社会的种种需要，也要满足生态系统健康性的要求。

（3）河流生态工程以保护生态系统生物的多样性为重点，水利工程设施要为动植物的生长、繁殖、栖息提供条件。

（4）遵循生态系统自身的规律，生态恢复工程强调生态系统的自我修复，自我净化和自我设计功能。

（5）强调河流的自然美学价值，保护河流的自然美和保护人类与自然长期协同进化所形成的历史人文景观，以满足人类在此过程中对自然与人文历史的情感和心理依赖。

（6）生态设计要纳入城市总体规划的范畴，以便同其他的城市发展计划及项目统一

协调，强化生态建设项目在城市发展战略中的重要地位。

（7）河川治理应覆盖整个流域范围，要将滨河历史人文环境保护、环境污染治理、森林湿地保护等结合起来，针对性地提出保护或治理措施，使其流域内各水的生态群落处于一个完整健康的生态系统中。而不仅仅局限于某一种稀有生物种的保护或某一河段的治理。

2. 治理的方法和措施

（1）河道平面形态

①河道滨水地带的河湾、凹岸、浅滩、深潭、为各种生物创造了形态多样的生存环境和繁殖避难场所，河流的多样性形成生物生境的多样性，从而改善生物群落的多样性。

②自然曲折的河道线型能缓冲洪水的流速，降低洪水对护岸的冲刷程度。

③顺应河势，因河制宜，减少河道治理工程造价。

④蜿蜒曲折的河道对于直线化的渠道，更体现自然之美，更能唤起乡愁。

（2）河道断面设计

①充分考虑土地利用、河岸生态景观、主导功能等因素，以保证河道生态系统的稳定。

②在市郊区域，应尽量保证河道的天然性，在满足河道功能的同时尽量减少人工痕迹。

③选择河道断面时应首先保持天然断面，不能保证天然尽量使用复式断面。

④增加河道断面的多样性，增加水中的含氧量。既有利于生物的多样性，形成自然生态景观带。

（3）河道护岸设计

生态护岸是通过使用植物或植物与土工材料的结合，具有一定的结构强度、多种生物共生，以及自我修复净化功能、可自由呼吸的水工结构。

现在普遍推广的土工格栅边坡加固技术、干砌护坡技术、利用植物根系加固边坡的技术、渗水混凝土技术、石笼、生态袋、生态砌块、生态格网护岸、混凝土草坪护岸等多种生态护岸，其特点有以下几点。

①具有较大的孔隙率，护岸上能够生长植物，可以为生物提供栖息场所，并且可以借助植物的作用来增加堤岸结构的稳定性。

②地下水与河水能够自由沟通，能够实现物质、养分、能量的交流，促进水汽的循环。

③造价较低，不需要长期的维护管理，具有自我修复的能力。

④护岸材料柔性化，适应曲折的河岸线型。

3. 不同河道类型的保护和治理

（1）对水流比较平缓的地段，减少了人为干预，尽量依靠河流生态系统的自我设计和修复功能，保护河流原生态的景观。

（2）对于沿河植被有不同程度破坏的河段，宜采用土壤保护技术，通过植草种树的方式对河岸坡面进行有效的植被覆盖，避免减少土壤表面受到侵蚀，从而起到水土保持的作用。

（3）对于已有水土流失现象，植被破坏较为严重的河流区域，可采用地表加固的治理技术，通过植物根系来加固土层和提高抗滑力，主要手法包括活枝灌丛席、活枝篱墙、活枝柴捆、垄沟式种植等。

（4）对于河床狭窄、水流湍急、洪水威胁较大的河段，则可以采用生物技术与工程技术相结合，使植物、木材、石块等天然材料与水泥、钢筋、塑料等人工材料综合搭配，稳固和加强河岸，提高使用年限。主要形式有绿地干砌石墙、渗透式植被边坡、绿地网箱、绿化土工植物等。

4. **生物生境打造**

“虾有虾径、蟹有蟹路”，各种生物都有自身独特的生活习性，而不同的生态护岸结构形式能够满足不同的生物生长繁殖需求，所以在驳岸形式上，要根据地形地貌、原始的植被绿化情况，选择多种护岸形式，为各种生物创造适宜的生长环境，体现生命多样性的设计构思，这样既可以保持丰富多样的河岸形式，延续原始的水际边缘效应，又给各种生物提供了生长的环境、迁徙的走廊，容易形成完整的生物群落。

丰富的植物群落可以提高生物的多样性，改善河道两岸环境。植物根系可以提高土壤中有机物的含量，并改善土壤结构提高其抗侵蚀、抗冲刷能力；植物的枝叶可以起到截留雨水、抵消波浪、净化水质、天然氧吧的作用。根据生长地点的不同，尽量选择适宜本地生长的物种，不能选择情况不明的外来物种。

5. **生态河道的管理措施**

（1）加强对城乡各污染源的整洁，强化工业污水的达标排放。提高工业用水的重复利用率，提高城镇居民的节水意识和环保意识。

（2）对源头和支流进行治理，使整个水网系统得到深层次的全面保护。

（3）清理和保护区域内现存的河流、沼泽湿地、堰塘井泉等水源点，根据其生态破坏及受污染的程度分别进行分类统计，针对性地制定保护和恢复治理方案和分期行动计划。

（4）根据不同河道宽度和现状划定沿河两岸的绿地保护范围控制线（蓝线），留出足够的泄洪空间和生物发展空间，有条件的宽阔河段，可保留季节性湿地，使原生态物群落得到良好的恢复和发育。

（5）对沿河两岸历史人文景观，包括标志性的建筑（如祠堂、寺庙等），保存完整的临水民房街区，以及古码头、石碑、石坊、石桥、古树等，由相关管理部门挂牌保护，避免人为损坏。

（6）结合地区的实际情况，逐步制定河川生态治理的相关技术规范和标准，以便施工部门参照执行。以法律的形式对河道生态系统进行保护，包括在整个河流区域范围内的全方位的保护措施，配以管理部门有力的管理手段，使河道的生态治理成为现实。

生态河岸带的保护是一个内容宏大的系统工程，涵盖了生物生态、水力、城市规划、环境景观、人文历史、行业管理等方方面面，保护和恢复工作任重道远，但只要政府大力支持，群众积极参与，有敬业的设计、施工、管理团队，就一定能够治理和保护好青山绿水，达到天人合一的理想境界。

第四节 河岸生态治理

一、生态河岸的功能与运用

河岸带的定义首次出现在20世纪70年代末。生态河岸是一个新兴的概念。关于生态河岸的定义，目前主要从生态河岸的生态系统属性和过渡带属性两个方面进行理解。总的来说，生态河岸是以自然为主导的，在保证河岸带稳定和满足行洪要求的基础上，维持物种多样性、减少对资源的剥夺、维护生态系统的动态平衡，与周围环境相互协调、协同发展，提高系统的自我调节、自我修复能力、改善人类生活环境的地带。生态河岸是一个狭长的水陆生态交错带，既要研究其生态系统的特征，又要从水利工程方面进行考虑。当前，生态河岸主要研究生态河岸的功能以及生态河岸功能实现的途径，生态河岸建设已经成为国内外河道治理的重要措施。

1. 生态河岸的功能

目前国内外很多学者对生态河岸的功能进行了大量的研究，最具代表性的是Naiman及张建春等人在2001年将生态河岸功能概括为廊道功能、植物护岸功能和缓冲带功能。Miller于1998年指出生态河岸的功能可以概括为：生态河岸以及与之相联系的对地表和地下水径流的保护功能；对开放的野生动植物生境以及其他特殊地和旅行通道的保护功能；可提供多用途的娱乐场所和舒适的生活环境。还有一些学者把生态河岸的功能归纳为：自然保护功能、社会保护功能以及休闲娱乐功能。

2. 生态河岸技术的应用与发展

生态河岸功能的实现依赖于生态河岸生态系统中生态平衡的维持。对于一个退化的河流生态系统来说，运用恢复生态学原理来修复生态系统，有利于生态河岸功能的实现。我们在分析公园河岸生态状况的基础上，探讨公园生态河岸建设的原则，采用工程和植物措施相结合的方法，对公园生态河岸进行整体规划和建设，并探讨公园生态河岸的综合评价。通过公园生态河岸规划和建设的研究，为本地区河流河岸带自然条件的生态修复积累实验成果，完善解决河道生态护岸中存在的诸多技术问题，使本地区的生态河岸研究有进一步的长足发展。

生态河岸功能的实现依赖于生态河岸生态系统中生态平衡的维持。对于一个退化的河流生态系统来说，运用恢复生态学原理来修复生态系统，有利于生态河岸功能的实现。河岸的治理在古代已经很广泛了。

20世纪60年代后期，德国及瑞士认识到传统的水利设计及管理思想是导致河流自然生态系统受损的根本原因，开始进行如何把生态学原理应用于土木工程，修复受损河岸生态系统的试验研究。瑞士、德国等于20世纪80年代提出了“自然型护岸”技术，并且在生态型护坡结构方面做了实践。20世纪70年代以来，德国、瑞士、日本等发达国家进行了大量的混凝土河岸的生态修复实验研究，大规模改修了混凝土河岸，恢复河流的自然生态系统，积累了大量的成功范例。日本在20世纪90年代初提出“多自然型河道治理”技术。但是国外河流生态修复多以积累典型成功工程事例为主，缺乏恢复过程中的生态系统是如何自我调节的动态定量化证明研究，没有建立一套评价河流生态系统自我恢复能力的定量化指标体系。

近年来，我国的生态河岸专家已深刻认识到在河岸工程设计和施工中对河流生态环境的影响，开始探讨生态河岸的运用与发展，并在全国各地开展了一系列的护岸研究，寻找生态河岸最理想的技术手段。目前，我国河道护岸工程在很大程度上仍然采用传统的规划设计思想和技术，即便是中小河流，河流护岸仍然只是考虑河道的安全性问题，以混凝土护岸为主，而没有考虑工程建筑对河流环境和生态系统及其动植物及微生物生存环境的影响。我国城市段河流护岸多采用耐久性好的混凝土，破坏了河岸的生态系统，导致河流自我净化能力降低。以恢复城市受损河岸生态系统为目的，研究受损河岸生态修复材料（如芦苇、河柳、竹子、意杨、枫杨、榆树）的适应性，利用植物护岸，并把植物护岸与工程措施相结合的护岸技术研究，是实现生态河岸功能的重要途径。

植物在生态河岸恢复中的作用，可以总结为：一种是单纯利用植物护岸，一种是植物护岸与工程措施相结合的护岸技术。下面为国内比较常用的几种植物护坡技术。

（1）植草护坡技术

植草护坡技术常用于河道岸坡及道路护坡上。目前，国内很多生态河岸的治理都使用的是这一技术，我们在生态河岸的探讨中也经常使用。这一技术主要是利用植物地上部分形成堤防迎水坡面软覆盖，减少坡面的裸露面积，起到护坡的作用；利用植物的深根系，加强植物的护坡固土作用。还可以改善原有的驳岸没有流动性，单一性，使河道流速再高都不受影响。有些原有河道硬化破坏了河岸与河床之间在水文和生态上的联系，破坏了可以降低水温的植被，植草护坡后可以使其发挥截留雨水，稳固堤岸，过滤河岸地表径流，净化水质，减少河道沉积物的作用。同时，还可以增加河岸生物的多样性。

（2）三维植被网护岸

三维植被网技术多见于山坡及高速公路路坡的保护中，这一技术现在也开始被用于生态河岸的防护上。它主要是指利用活性植物并结合土工合成材料等工程材料，在坡面构建一个具有自身生长能力的防护系统，通过植物的生长对边坡进行加固的一门新技术。根据原有的边坡、地形进行处理，把三维植被网技术用于生态河岸的护坡上，通过植物的生长对边坡进行加固，根据边坡地形地貌、土质和区域气候的特点，在边坡表面覆盖一层土工合成材料，并按一定的组合与间距种植多种植物，将河岸的垂直堤岸护坡改造成种植池。

（3）河岸防护林护岸

在生态河岸种植树木或竹子，形成河岸防护林，减小了水流对表土的冲击，减少了土壤流失。还可以在河岸边种植菖蒲，形成防风浪的障碍物，将原有泥石堤岸改造成用土做堤，降低河岸坡度，形成缓坡，在缓坡上种植草坪和乡土植物，形成游人可以接近水界面的低水位网格亲水步道。河岸防护林可以起到保持水土、固土护岸作用，

又可以提高河岸土壤肥力，改善河岸周边的生态环境。

3. **生态河岸的规划与构建**

以生态护岸为设计的亮点，主要以新的施工技术应用于驳岸施工。我们可以根据河流地形的高低，改造和减少混凝土和石砌挡土墙的硬质河岸，扩大适生植物的种植空间，建立亲水平台，构建层次丰富的岸线。先抛石，在常水位线以下用三围网固土，造缓坡草坪入水，在常水位以上种植物护坡，造景观。

河流生态恢复的目的之一就是促使河岸系统恢复到较为自然的状态，在这种状态下，生态河岸系统具有可持续性，并可提高生态系统价值和生物多样性。生态河岸规划所遵循的原则归纳有下列五项：尊重自然的原则，植物合理配置原则，避免生物入侵的原则，可持续发展原则，协调统一的原则。

我们针对某一水域的地理环境为主提出生态河岸，旨在以生态原则提高水体的自洁能力，使该水体对保持城区水生态平衡，使城市与环境协调发展，人类、多种动植物和谐共处，达到一种自然平衡的状态，建设有特色的新型城市景观。加强生态环境保护建设，对该水域进行综合治理，加强该水域及周边的产业规划，进行产业调整。

4. **生态河岸构建的技术推广体系**

本文在研究生态河岸自然特征即河流主要生态问题的基础上，根据生态河岸建设的基本原则，探索了对规划构建的生态河岸进行综合评价的指标和评价方法，总结出开展长江中游城市生态河岸建设的一些技术推广体系。主要研究结果如下：

（1）大多数生态河岸存在的生态问题主要表现在水体污染严重，原有驳岸破坏了生态平衡，植物多样性低，河岸异质性降低四个方面。

（2）生态河岸规划的原则，既要遵循尊重自然、植物合理配置、避免生物入侵、可持续发展以及协调统一的普遍性原则，又要基于公园原有河岸的自然特征和生态问题，对河岸进行技术改造，增加河岸的亲水空间，加强对河流的综合治理，把公园与周边的公园结合起来，形成有特色的滨水景观。

（3）在生态河岸的规划建设中，把工程措施和植物建植措施有机结合起来。植物设计以应用乡土树种为主，考虑四季景观，在不同的景区使用不同的植物来渲染意境。在河漫滩湿地（最低水位到常水位）点缀水生植物菖蒲、芦苇；在河堤疏树草地（常水位到最高水位）种植枫杨，林下种石蒜、鸢尾和玉簪等宿根花卉；在滨河疏林草地处，结合地形、铺装，配置竹林、乌桕、栾树、桂花。

（4）根据公园的河岸线，将其分为几个不同的部分进行功能划分。上游可以设计为

理水区，理水区保留了原有堤防基础，沿岸道路退后，将原来的垂直堤岸内侧护坡改造成种植池，并在堤脚面一侧设高水位亲水游船码头；中游设计为亲水区，亲水区保留原有水泥防洪堤基础，沿岸道路退后，在原来的垂直堤岸内侧护坡上堆土，形成种植区，并在堤脚铺设卵石，形成亲水界面，即中水位临水平台；下游设计为戏水区，戏水区的河岸边种植菖蒲，形成防风浪的障碍物，将原有泥石堤岸改造成用土做堤，降低河岸坡度，形成缓坡，在缓坡上种植草坪和乡土植物，形成游人可以接近水界面的低水位网格亲水步道。

（5）由于生态重建是一个跨越较长时间尺度的过程，因此，需要在长期对河流流域以及公园生态河岸监测的基础上，根据河流生态系统健康评价要求，结合生态河岸规划建设情况，运用模糊综合评价法，从结构稳定性、景观适宜性、生态健康、生态安全方面对河流生态河岸开展综合评价。

（6）生态河岸建设的关键技术体系表现在根据河流地形的高低，改造和减少混凝土和石砌挡土墙的硬质河岸，扩大适生植物的种植空间，建立亲水平台，构建层次丰富的岸线。

（7）应加强对规划构建的公园生态河岸生态系统的基础研究，重点研究河岸生态系统结构、功能及其稳定性，并应加强定量化研究。

二、河岸生态修复中景观生态学的运用

1. 景观生态学

（1）景观生态学概念

景观生态学是研究某一地区不同景观系统间的动态关系、互相作用以及空间格局的一门生态学学科。即主要探讨不同生态系统间异质性组合的结构、功能、动态和管理。

景观生态学一词，最初由德国地理学家 C. 特洛尔提出的，“它是以整个景观为对象，通过物质流、能量流、信息流与价值流在地球表层的传输和交换，通过生物与非生物以及与人类之间的相互作用与转化，运用生态系统原理和系统方法研究景观结构和功能、景观动态变化以及相互作用机理、研究景观的美化格局、优化结构、合理利用和保护的学科。”

发展到如今，景观生态学的研究范围扩展到较大的时间尺度与空间区域，以整体综合的观点研究景观的空间格局、动态变化过程及其与人类社会之间的相互作用，进而探讨景观优化利用的原理和途径。

（2）景观元素

景观是由景观元素组成，即各个不同的生态系统单元。景观元素指系统中相近同种物质的生态要素，主要有以下三种类型：

斑块：指在外观和性质上与周围地区不同的，具有一定均质性的地表空间单元。具体来讲，斑块可以是草原、农田、湖泊、植物群落或居民区等。

走廊：指与基质有所区别的线状或带状的区域单元。常见的走廊有防风林带、河流、道路、峡谷等。走廊景观有其双重作用，一方面作为障碍物，对周围不同景观产生隔离的作用；另一方面，作为连接的纽带，是各景观之间的沟通桥梁。

基底，又叫作本底、基质，是指在景观中范围最广、连接度最高，并在景观整体结构中起主导作用的景观要素单元。例如：草原基底、农田基底、城市用地基底等。

一般来讲，斑块、走廊、基底都代表一种生命群落，但有时斑块和走廊所代表的是无生命或微小生命的景观，如公路，岩石或建筑群落等。斑块—走廊—基底模式，三者共同构成景观组织系统的基础框架和基本组成结构，对景观的质地性起着决定作用，同时，又影响着整个景观系统的动态变化。

（3）景观异质性与景观格局

景观异质性是指，在一个区域范围内，景观的决定要素在一定空间内的变异性和复杂性。景观异质性的意义重大，它决定了景观生态系统整体的生产力、恢复力、承载力、抗干扰能力以及生物的多样性，因此我们应给予足够的重视。

由于景观的这种异质性，使生态系统内各要素按一定规律组合构成，并使物质流、物种流、信息流和能量流在景观要素间循环流动，维持生态系统的整体性和稳定性，提高系统的抗干扰能力，发挥并制约景观的整体功能。

景观异质性的外在表现就是景观格局。在景观空间的整体范围内，要素斑块、走廊和基底的结构成分类型、数量以及空间模式，共同构成景观系统的基本格局。

景观异质性的主要来源有以下四个方面：自然环境突发事件，人类活动干扰影响，植物群落的自然演变以及生态系统能量的动态变化。很多学者研究认为，景观异质性不仅能提高系统的稳定性，并能对生物多样性产生促进作用和积极影响。

2. **景观生态学在河岸生态修复中的运用**

（1）河岸生态修复的概念

河岸生态修复是指使用技术的、环保的或是整合资源的工程措施，使河流沿岸复原因人类破坏而导致的部分功能退化或消失。河岸原有功能包括：抗干扰能力、蕴藏水土、优化小气候、保持生物多样性等。

随着我国城市化、工业化的迅猛发展，由于对生态保护和环境整治的长期忽视，河流生态系统受到严重破坏。主要表现为：

①河道的直线化和渠道化。沟渠化的河道导致河岸生态系统异质性的破坏，生物种群的减少，生物多样性的降低，进而可能引起整个河岸系统的生态环境退化。

②河岸或河床的混凝土化。由于传统的河岸整治多使用砌石、混凝土等硬质材料，以保证工程的稳定性和长久性，导致河道环境的硬化，阻隔了陆地与水下两个生态系统间的循环与联系，破坏了河流沿岸环境的生态过程。随着社会经济的不断进步，亲和自然，协调人与自然的平衡与可持续发展，逐渐成为河岸修复研究中新的主题。

总之，河岸修复的最终目的是改善河流生态系统的结构与功能，达到景观系统内各要素的组织平衡及持续的动态变化。

（2）河岸生态修复中景观生态学的运用

①斑块—走廊—基底的变化模式

随着人类生产活动的增加，使得河岸景观中原有的环境资源斑块逐步减少，而人工形成的干扰斑块大幅度增多。此外，在自然界中，斑块的面积大，范围广，这是由于所受的干扰小，主要由环境资源斑块所组成。而在河岸生态景观中，斑块的平均面积明显减小，这是由于受人类活动的影响，随着破坏与干扰程度的增加，斑块的平均面积逐步降低，功能也逐步丧失。

在自然景观中，线状河岸走廊较少，大多呈现蜿蜒曲折的形态。但是，随着人类干扰活动的加剧，带状和线形走廊大量出现。由此，河岸的基本形态遭到人为的改变，这样会导致景观异质性的降低，生物多样性的降低，最终可能引起整个河岸景观的自然修复能力退化，生态修复功能降低。

由于在河岸两侧人为工程的增加，大量的农田或人类聚居地相互连接，使得基底与周围其他景观的界面逐步减小。这就打破了天然景观的生态系统性，使得基底的连接作用降低，不利于河岸生态景观的可持续发展。

②河岸景观的异质性与多样性

由于河流走廊的空间连续性被人类活动所分割，导致河流生态系统的功能发挥受到影响。从而，能量流、物质流的循环交替，以及生物群落的自然迁徙都受到相当大程度的阻碍。景观系统的空间异质性遭到破坏，生物多样性的降低，使得生态系统动态功能逐步丧失。因此，如何提高河岸景观的异质性与多样性，是河岸生态修复的一个重要内容。

（3）河岸生态修复的内容

近年来，我国河岸的建设与修复中，更多的将重心放在工程的稳固性和持久性上，没有将生态修复的理念融入其中，往往忽略生态系统原有自然功能的重要性。如河岸两侧的水利工程往往采用混凝土等坚硬材料，这就阻碍了植物群落的正常生长，降低了河岸带湿地功能的有效发挥，破坏了生态系统的自我修复能力。由此可见，河岸生态修复是一项艰巨的任务，应依照“可持续发展、人与自然的和谐发展”的理念，在科学方案的指导下，更多地采用生态护坡技术，如：凝固土壤的根系植物、复合型土木材料、湿地型环保混凝土等，不断改善河岸的生态系统功能。

第五节　绿色廊道建设

在当前中国城市化大发展的情况下，城市自然景观与周边的一些生态大自然的环境有密不可分的关系，这关系到生态环境的建设，也关系到城市可持续性的发展。城市景观整体的发展规划必须遵循可持续发展的原则，保障生态环境的建设，这样才能使整个周边的环境得到全面的提升。针对目前国内的一些建设现状，运用基本的景观生态廊道建设的原理，总结出城市绿色生态廊道建设的重要性、绿色廊道的分类等。

一、绿色廊道建设的背景

随着目前国内基础建设的不断发展，城市周边的环境污染、破坏越来越严重，生态环境也受到了很严重的影响，严重地威胁到人们的生存环境。影响人们生态环境的因素有很多，如：空气污染、白色污染等等，这些污染时时刻刻影响着人们的生活环境。在基础建设不断发展的今天，我们必须走可持续发展之路，绿色景观廊道的建设将作为城市生态环境建设工程的重要组成部分。

二、绿色景观廊道的重要作用

1. 绿色景观廊道是创造城市人居环境的主要方式

城市的绿色景观廊道是紧紧与人们生活的空间相互依存的，同时也承担了人们户外活动场地的作用，满足了当代城市居民对生态、大自然环境向往的愿望，而且可以满足城市人们的休闲、锻炼、娱乐等活动的功能。绿色景观廊道已成为目前人们生活水平不断提高因素中不可缺少的条件。

2. 绿色景观廊道可以调节城市暖气候、改善生态环境

目前地球的空气质量在变差，这将会严重威胁到人们的生存环境。植物对整个环境的改善具有较为明显的效果，而且这样改善环境的方式将会造福后世。植物不但能通过光合作用吸收大量二氧化碳并放出氧气，其自身构成的绿色空间还对烟尘和粉尘具有明显的阻挡、过滤和吸附的作用。

3. 绿色廊道可以提升城市的人文景观建设

绿色廊道建设最初的目标是提升人们与环境的协调性，但绿色廊道的建设现状已经不仅仅是完成它的基础使命，时代赋予它更高的要求和作用，它不仅可以优化环境功能而且还能丰富城市文化和艺术内涵，目前我国绿色廊道在规划与建设时需与城市周边的环境相融洽、和谐，营造具有地方特色、时代使命感的绿色廊道文化，丰富整个城市的人文意识与审美价值内涵。

三、绿色景观廊道研究方法

1. 绿色廊道的分类

一般一个城市的城市廊道分为：灰色廊道，即城市各等级硬化交通道路；绿色廊道，即以各类植被为主的廊道；蓝色廊道，即仅指河流的河道部分。绿色廊道和蓝色廊道都为生态型廊道，而绿色廊道包括：道路绿色廊道、河流绿色廊道、绿带廊道等。

2. 数据的获取

绿色廊道的建设首先要对现状有充分的了解，了解现状主要信息源可采用摄像、摄影技术，同时还可以结合百度、GOOGLE 网络信息、地形图勘测等等技术，形成完整现场调研文件。选择在CAD中将研究区直接从图像上描绘出，利用摄像、摄影等资料进行整理、归纳。同时通过电脑软件中 EDITOR 工具确定廊道的类型，编辑绘制廊道信息分布图。最后，利用模块在属性要素表中统计廊道长度、廊道面积、节点数和廊道连接线数，最后导入 EXCEL 表格中进行系统地统计和计算。

3. 绿色廊道的分析

利用现状图和绿色廊道算出相关的数据，分析绿色廊道的景观格局，比较不同类型廊道的结构特点、现状需求、规划目标、建设标准等等，提出符合现状条件的建设目标和手法，应用现状情况比较好的生态环境（及绿心）来构建合理化的城市绿色廊道。

四、城市绿色廊道景观构建

一般城市绿色廊道的现状分析主要以百度、GOOGLE 网络信息为主要现状数据源，利用现状绿化树冠的覆盖面积来分析绿色生态廊道的现状面积，这是一种常规上以绿化覆盖宽度来定义的绿色生态廊道，这种绿色廊道的宽度还不能确定是否能够满足周边生物的活动与生存需求，还要看廊道的密度与高度等等，这些也会直接影响到人类活动以及后期管理养护方式。

一般城市的绿色廊道在构建形式上主要的缺点为：每个节点之间的连接性、整体的结构形式过于简单；节点与节点之间的贯通性较低，说明廊道建设中整体的规划考虑还不够完整。这些现状直接的影响到绿色廊道中节点的实用性、生物的迁移、生态功能最大效率的发挥等。

绿色廊道绿心（附着节点）是一个城市绿色生态廊道建设中的重要的组成部分，这些重要节点大多为一些大型的城市公园，展示城市的风貌，完善城市的生态网络结构，这是绿色廊道规划的重要特点，其意义在于提高整个城市的生态功能。

针对国内目前绿色廊道规划建设上存在的不足，提出以下几点建议：

（1）加大国内一些大中小城市绿色廊道建设的力度，整体规划，提高绿化率、增加一些节点的建设。

（2）在绿色廊道建设的过程中，需要有预见性，满足后期植物生长的需求、生物迁徙的需求、绿色廊道的使用率等等，从而起到增强和促进城市生态环境、改善城市暖气候的作用。

（3）在廊道规划的过程当中就注重结构的合理化，提高廊道的连通性、合理性、生态性、畅通性，更好地为城市建设服务，为城市的人们提供更合理的生存环境。

（4）绿色廊道的规划、建设还应充分考虑廊道的走向及城市交通的流量，与整个城市的建设风格保持统一并更好地彰显城市的风貌，对城市的发展起到积极有效的影响。

五、长江绿色生态廊道建设

2016年1月5日，习近平总书记在推动长江经济带发展座谈会上强调："当前和今后相当长一个时期，要把修复长江生态环境摆在压倒性位置，共抓大保护，不搞大开发。"顺应这一指导思想，国家相关部委与沿江11省市携起手来，共同进行长江绿色生态廊道建设，实施生态优先、绿色发展，让流淌在天地间的长江，重新恢复泽被万里的活力，护佑中华民族的复兴。

作为一项国家战略，长江经济带建设近年来如火如荼，以超过全国40%的人口和产值当之无愧地成为我国经济的重心所在、活力所在。然而，在经济快速发展的背后，则是整个流域生态环境的急剧恶化：局部江段水体污染严重，69%湖泊处于富营养化状态；湿地退化，导致湖区水安全保障能力降低，水生态环境和生物多样性面临威胁；渔业资源严重枯竭；水鸟栖息地的减少和破坏直接威胁着众多稀有鸟类的生存；珍稀物种生存面临严峻挑战。这一触目惊心的现实，早已引起了党和国家以及社会各界的普遍担忧。

当今的中国已经把生态文明放在了前所未有的高度。如何保护长江这一重要的生态宝库、维系长江独特的生态系统，已成为当务之急。从当初强调建设"黄金水道""立体交通走廊"到如今强调"绿色发展"，党和国家再次就长江经济带建设思路做出重大调整，果断提出将实施重大生态修复工程作为推动长江经济带发展项目的优先选项，将生态环境放在推动长江经济带建设的压倒性位置。在此背景下，建设长江绿色生态廊道应时、合势，堪称"神来之笔"。它既着眼于长江经济带建设的现实，又着眼于长江经济带建设的未来，更是贯彻落实创新、协调、绿色、开放、共享五大发展理念的具体体现和生动实践。因此，我们必须解放思想，转变观念，全力打好长江绿色生态廊道建设这场攻坚战。

"神来之笔"还需"万全之策"。在推进长江绿色生态廊道建设过程中，我们必须认真贯彻落实党和国家关于长江经济带建设的战略部署，注重用改革创新的办法，选准突破口，找到症结，抓住重点，统筹规划，有序推进，精准发力。一方面，我们要从着力化解长江经济带建设发展阶段对环境造成的巨大压力入手，实行严格的资源节约和环境保护制度，以硬措施完成硬任务，严格做到"不搞大开发"，另一方面要从强化联防联控和区域共治的大局出发，构建沿江11省市之间的协同发展，形成稳定的合作机制与合作平台，更好地促进长江上中下游协同发展、东中西部互动合作，做到"共抓大保护"。除此之外，我们还要认识到长江绿色生态廊道建设的长期性、系统性和艰巨性，以"踏石留印、抓铁有痕"的毅力、"犁庭扫穴、直捣黄龙"的魄力和"善始善终、善做善成"的朝气，一张蓝图绘到底，不达目的不收兵，力争早日使这一宏伟愿景化为现实。

第六节　滨水区建设

一、城市滨水区景观

随着工业文明的发展，物质文明的加速，作为人类生活最早切入点的滨水区缺面临着衰退。水体污染、水岸自然景观的破坏、环境生态的失衡等都使得滨水与现代都市文明相背离。滨水景观也呈现出凌乱、拥塞的通病，人类最早的居住环境，日益变成现代都市的失落空间。已有的滨水区如何从滨水生态环境建设入手，提供城市滨水空间景观质量；新的城市滨水区建设如何避免先破坏后恢复的历史弯路，已成为现代滨水城市发展建设的一项重要任务。

1. 城市滨水区景观的基本概念

（1）滨水区

滨水区，就是“河流边缘、港湾等的土地”；另一种解释为“与河流、湖泊、海洋毗邻的土地或建筑；城镇临近水体的部分”；美国传统解释为“靠近水边的地；城镇邻水的部分，常指船只停靠的码头区”。

（2）城市滨水区

城市滨水区是城市中一个特定的空间区域，指城市中与河流、湖泊、海洋毗邻的土地或建筑。城市滨水区的笼统概念就是城市中水域与陆域相连的一定区域的总称，其一般由水域、水际线、陆域三部分组成。城市滨水区的概念，是相对于乡村滨水区、自然状态的滨水而言的，是人类社会城市化的产物，更多的具有人工性的特征。

（3）景观与城市景观

对于景观，学术上有多层面的解释，不同的范畴有着不同的含义：视觉美学范畴，景观与风景近意—景观作为审美对象，是风景诗、风景画及风景园林学科的研究对象；地理学范畴，景观与“地形”“地貌”同义，作为地理学的研究对象，主要从空间结构和历史演化上研究；景观生态学范畴，景观是生态系统的功能机构，不但要突出空间结构及其历史演变，更重要的是强调景观的功能。

所谓城市景观，目前学术上广义的理解是：一个城市或城市某一空间的综合特征，包括景观各要素的相互联系、结构特征、功能特征、文化特征、人都视觉感受形象及特质生活空间等。广义的城市景观，包括人本身的活动，即包括特有的动态的生活空间的概念。近年来，文化景观的研究，更是证明了这一点。狭义的城市景观，主要强调人们视觉感受到的城市风貌形象，强调视觉美学上的特征。

2. 城市滨水区性质及其景观特征

（1）城市滨水区性质

城市滨水区与城市生活最为密切，受人类活动的影响最深，这是与自然原始形态的滨水区最大的不同。城市滨水区有着水陆两大自然生态系统，并且这两大生态系统又相互交叉影响，复合成一个水陆交汇的生态系统。以最常见的城市滨水空间—城市滨河景观为例，城市河道景观是城市中最具生命力与变化的景观形态，是城市中理想的生境走廊，是最高质量的城市绿线。

城市滨水区往往强烈地表现出自然与人工的交汇融合，这正是城市滨水区有别于其他城市空间之所在。

作为人类向往的居住胜地，滨水地带涵盖很广。滨水地带人类活动，从现代及未来的发展推测，总是聚集和居住兼顾、旅游和定居并存；这同时也是界定了滨水区的功能与性质，所不同的是聚集和居住的结构关系、数量比例不同而已。

从人类的活动看，数百万年人类生存的过程造就了人类选择居住地的一种天性，这就是对滨水地带的向往。就全球人类居住环境分析来看，整个世界上三分之一到一半的人口，都集结居住在沿海滨水一带。所以，对于人类的居住活动行为，滨水地带具有潜在且持久的吸引力。

（2）城市滨水区景观特征

由于滨水区特有的地理环境，以及在历史发展过程中形成与水密切联系的特有文化，使滨水区具有城市其他区域的景观特征。

①自然生态性

滨水生态系统由自然、社会、经济三个层面叠合而成，自然生态性是城市滨水区最易为人们感知的特征。从城市滨水区自然生态系统构成上来说，包括大气圈、水圈和土壤岩石圈所构成的生物圈以及栖息其中的动物、植物、微生物所构成的生物种群与群落。在城市滨水区，尽管人工的不断介入和破坏，水域仍是城市中生态系统保持相对独立和完整的地段，其生态系统也较城市中其他地段更具自然性。

②公共开放性

从城市的构成看，城市滨水区是构成城市公共开放空间的主要部分。在生态层面上，城市滨水区的自然因素使得人与环境达到和谐、平衡的发展；在经济层面上，城市滨水区具有高品质游憩、旅游资源，市民、游客可以参与丰富多彩的娱乐、休闲活动，如游泳、划船、垂钓、冲浪等多种多样的水上活动。滨水绿带、水街、广场、沙滩等，为人们提供了休闲购物、散步、交谈的场所。滨水区已成为人们充分享受大自然恩赐的最佳区域。

③生态敏感性

从生态学理论可知，两种或多种生态系统交汇的地带往往具有较强的生态敏感性、物种丰富性。滨水区作为不同生态系统的交汇地，同样具有较强的生态敏感性。滨水区自然生态的保护问题一直都是滨水区规划开发中首先要解决的问题。

④文化性、历史性

大多数的城市滨水区在古代就有港湾设施的建造。城市滨水区成为城市最先发展的地方，对城市的发展起着重要的作用。港口一直都是人口汇集和物质集散、交流的场所，不仅有运输、通商的功能，而且是信息和文化的交汇。在外来文化与本地固有文化的碰撞、交融过程中，逐渐形成了这种兼收并蓄、开放、自由的文化一港口文化，这也是港口城市独特的活性化的内在原因。在滨水区，很容易使人追思历史的足迹，感受时代的变迁。

3. 中国城市滨水区景观建设面临的问题

滨水区发展与城市社会经济发展水平有着密切的关系。由于我国目前经济发展相对落后，滨水区整体环境都比较差。近几年来个别经济发达的城市滨水区更新改造取得了一定的成绩，但总的说来仍远远不能满足人们的生活需要，滨水区发展面临着严峻的形势与艰巨的任务。

（1）滨水区环境生态系统严重失衡

由于城市工业污水及生活污水无处理直接排入城市河道、湖泊等，造成许多水体水质恶化，无论生化指标还是视觉感受层面均达到了相当严重的程度，市民对于这种环境只能望而却步。再者由于人类过度采伐森林、围湖造田，使水域的水土流失严重，自然生态系统失衡，许多城市面临着水灾、旱灾的危险。

（2）滨水区开发的盲目性、掠夺性

一些城市或以用地紧张、水体已经污染为由，或在商业利益的驱动下，将河道随意填埋或改成暗沟，使原来完整的城市水系变得支离破碎。非生态化的建设，使得滨水资源遭到掠夺性的破坏，引发出一系列的生态问题，短时间内看似环境整洁了，实际上现在问题已经显现出来：地表径流陡增、生态湿地被破坏、生态走廊被切断等。

（3）滨水区开发方式单一

我国绝大多数城市滨水区仍沿袭着西方工业时代的经济发展模式，滨水开发方式单一，大部分滨水地带仍被传统性的产业或资源消费性的水域活动所占据，市民一般无法接近滨水环境，滨水区难以发挥全部发挥景观游憩功能。

即使进行开发改造，往往只顾及排水、排污、清淤等工程方面的改造，而对于生态、环境、景观等方面重视不够，如：简单的截弯取直、修平加固，并利用混凝土、石砖堆砌岸壁，形成规整的人工沟渠形态。

（4）滨水区开发管理的力度不够

滨水区区域土地与管理权属复杂，往往涉及诸如规划、水利、环保、国土、园林等部门，若没有一个强有力的机构执行统一的建设与管理，在滨水区建设管理过程中常会出现职责不明、监督不力等问题。

总之，城市滨水区的概念、性质、景观特征并不是一成不变的，随着社会的进步发展，相信相应的概念会逐步改变。中国城市滨水区景观建设所面临的问题也会在出现新问题与解决旧问题之间相互转换。

二、滨水区设计

1. 滨水区设计之动力

城市滨水区是指城市范围内水域与陆地相接的一定范围内的区域，其特点是水与陆地共同构成环境的主导要素，相互辉映，成为一体，成为独特的城市建设用地。滨水区以其优越的亲水性和快适性满足着现代人的生活娱乐需要，这是城市其他环境所无法比拟的特性。

研究国内外众多滨水城市的建设与发展，国内滨水区建设历史悠久，以商业、码头为主，现实中侧重于开发；国外滨水区建设相比较较晚，以工业、仓储、码头为主，侧重于改造。但其出发点基本是相同的，主要体现在以下三方面：

（1）经济因素。滨水地区的开发主要是意图重新利用滨水地区的良好区位，把原来单一的港区改为多功能的综合区，以此作为城市经济发展的催化剂。

（2）城市建设因素。滨水地区一般是城市中发展最早的地区，因而也最容易老化，需要更新。与此同时，城市在发展中却一直在寻求新的可以利用的土地。

（3）政治因素。滨水地区的建设开发往往最容易吸引市民注意，最容易获得广大百姓和商业、房地产业及建筑业等各方面的支持，最容易显示“政绩”。所以，政府主要决策者大多愿意支持滨水地区的开发。

2. 滨水区设计之类型

（1）新城规划

利用滨水区用地面积大，隶属关系简单的优势所进行的大规模的综合开发规划，其目标是建设功能完善、设施齐全、技术先进的新都。新城中心一般距城市中心区较远，既有相对的独立性，又因联系方便对城市中心区有极大的补充作用，可以解决中心区城市建设的难题。

（2）办公、商业区规划

结合城市中心区的改造，利用中心区的滨水地带所进行的一个或几个街区的开发规划，目的是在中心区内创造较多的亲水公共空间。这种规划结合具体的地段条件，因地制宜，划分灵活，容易实施，可大大提高中心区的知名度和景观环境质量，有利于促进中心区的经济繁荣。

（3）港湾区规划

针对港湾用地性质和功能发生变化所做的港湾改建规划，以充分利用土地和滨水环境。这种规划的共同特点是尊重港湾的历史，以保护标志性环境为主，建设具有教育意义的博览、娱乐空间，把单一功能的港湾变成交通运输、游览、文化等多功能融为一体的综合性区域。

3. 滨水区设计之方法

（1）滨水地区规划的原则

滨水地区的规划除了应按照城市规划、城市设计的一般原则外，还有一些特殊点。

第一，滨水地区的共享性。滨水地区一般是一个城市景色最优美的地区，应由全体市民共同享受。滨水区规划应反对把临水地区划归某些单位专用的做法，必须切实保证岸线的共享性。芝加哥市沿密西根湖滨的地区，长32km，宽1km，被划为永久公共绿地，并立法保护。自这个规划立法通过迄今一百多年来，这片公共绿地中除了体育场、美术馆等公共建筑外，没有任何别的建筑。

第二，滨水地区和城市的关系。开发滨水地区的主要动力之一是带动城市经济、城建的发展，故滨水地区的规划要力求加强和原市区的联系，防止将滨水地区孤立地规划成一个独立体，而和市区分隔开来。规划滨水区要时时想到城市，把市区的活动引向水边，以开敞的绿化系统、便捷的公交系统把市区和滨水区连接起来。巴尔的摩内港区开发位于市中心边缘，以高架步行道和市中心联结，正是这个原则的体现。在胶南市滨海中心城市设计中，规划将部分滨海机动车道引入地下，将市中心与滨海游憩带用步行场地连接，形成有机的整体。

第三，滨水地区的交通组织。滨水地区往往是交通最集中、水陆各种交通方式换乘的地方，故交通组织比较复杂。为简化交通，一般采用将过境交通与滨水地区的内部交通分开布置的方法。芝加哥、巴黎的德方斯新区把过境交通放在地下，与地面上滨水地区的内部交通分开。以高架人行道、高架轻轨交通联结市区和滨水区是另一种方法。滨水区作为吸引大量人流的地带，停车场的位置、规模是又一重要交通组织问题。

（2）规划控制元素

由于滨水区的规划设计属城市设计领域，具有实施时间长、多顾主投资、多项目开发、涉及面广等特点，因此其规划设计成果应是动态性的，以弹性设计成果去控制、引导每项开发建设活动，才能保证规划设计意图的实现。在规划工作中控制元素主要有以下几项：

①建筑高度

对临水建筑的高度控制是城市滨水区规划控制的重要组成部分。良好的高度控制能保证滨水环境的视觉空间开敞、丰富，具有美感。它主要从两个方面考虑：一是建筑与建筑之间的高度关系。一般都强调临水建筑以低层为主，随着建筑位置退后，高度逐渐增高。这种控制的目的是为较多的居住者提供观赏水景的条件，同时又可以丰富沿水际线的景观层次，目前已是滨水区规划控制的共性原则；二是建筑与周围地貌环境的关系，主要考虑建筑群形成的轮廓线与环境背景的烘托效果，以构成优美的韵律变化，突出环境特点。

②屋顶形式

在建筑密集的街道空间里，建筑的低层部分与人的关系密切，对空间的影响最大，因此街道空间的设计中有“街道墙”的概念。城市滨水区既有街道空间的特点，又因有宽阔的水面作为优越的视觉条件，使建筑物构成的天际线变得至关重要，其中起决定作用的屋顶形式自然为规划控制内容之一。

③建筑布局

对建筑平面形状的控制多用于临水的高层建筑，通常把建筑划分为上、中、下三段，其中上、中两段用最大建筑面积和最大平面对角线两项指标控制，目的是避免建造对景观遮挡严重的板式建筑，以保证滨水景观的通视性和层次性。

三、城市滨水区开发与建设

1. 珍惜资源，科学规划，保持生态环境可持续发展

由于有自然景观的优势，滨水区为城市提供了良好的景观空间，其所呈现的无限多样性，成为城市中最具魅力和特色的地区。沈阳市早在2001年就开始对浑河进行综合治理，先后在浑河沿岸建设起5大生态休闲公园。在滨水区生态规划上，注重对滨水区土地资源的规划，针对滨水地区土地资源物种丰富、生态敏感等特点，制订了生态规划条例。人类在滨水区的建设和活动，必然对其区域的生物和环境造成巨大影响，在生态规划中作为重要的、为生物多样性资源提供平台的空间细致保护，强调“保护增加生物多样性”的原则即生态系统在各种不同情况下均可生存和发展，合理增加景观的生态庞杂度，建立良好的滨水栖息环境以获得景观的自我更新能力。

2. 统筹协调，搭建平台，打造多条滨河商业休闲区

商业是城市中最为活跃、最富有活力的重要组成部分，同时也是城市的魅力和可能性之所在。作为滨水区的基本功能，商业是其日常运转的主要经济来源之一，也是聚拢人气的重要手段。沈阳浑河的商业开发还处于起步阶段，虽许多有实力开发商发现了“浑河银带”的商业资源，纷纷规划和投资建设滨河商业街，但由于规模较小，缺乏整体规划管理，往往杯水车薪，很难拉动整个浑河滨水区的发展。如2010年初，由沈阳万科房地产开发公司开发的集餐饮、娱乐、休闲为一体的“沈阳滨河美食街”在长白岛森林公园对面开始正式动工，但总项目建筑面积不过2万m^2，总长度才200m。城市滨水区的开发要采取“政府扶持，民间筹资，地方承办”的方式进行。政府要加大招商引资力度，采取灵活多样的策略，引进一批有实力的开发企业和个人共同开发，要有以下几点：

（1）可以考虑将具有商业价值的重点地段承包给有实力的开发商，但作为开发中应该考虑当地居民以及全体市民的社会利益的摊算成本，而附带必须负责周边地区的环境改造以及基础设施建设，这样可以促进开发中社会公平性的实现；

（2）在那些具有历史文化价值的地方应该由政府来制定严格的法律条纹，以保证“保护性”开发的顺利进行；

（3）商业价值稍差开发商不愿涉足的区域，政府应该放宽政策，鼓励居民以自行小规模创业为主。

3. 充分发挥旅游功能，把浑河滨水区建设成商旅互动的精品

城市滨水区往往因其在城市中具有开阔的水域而成为旅游者和当地居民喜好的休闲地域，规划师们常常将这一地段称为蓝道，它们与绿化带构成的绿道一起，构成了开放空间与水道紧密结合的优越环境，是许多城市的点睛之笔，也是市民日常休闲的最经常的选择。尽管沈阳浑河两岸有着丰富的旅游资源，但在浑河两岸游玩大部分是附近居民，很少有外地游客，要把浑河滨水区建设成商旅互动的精品，就应该做到以下几点：一是利用资本和利益的纽带作用，建立和健全合理的发展机制，打破狭隘的政府投资建设的观念，在对现有娱乐设施升级改造的基础上，大力引进一批具有特色的滩地游乐设施和水上娱乐项目，多层次构建浑河旅游资源；二是以自然生态环境为依托，打造多条集餐饮、娱乐、购物、休闲为一体的商业休闲街区，既满足消费者多样化需求，又为各旅游团队和游客到商业街观光购物创造便利条件，实现商旅互动的良性循环；三是坚持“文艺搭台、经济唱戏”的形式，结合历史、经济、文化和生态资源特点，定期举办各种形式的节庆活动、娱乐活动、体育活动如赛龙舟、万人横渡等，以凝聚人心，增加人气，扩大影响力；四是发挥政府主导作用，加强与市区各大旅行社协作，在全市旅游促销宣传计划中，把浑河滨水游纳入进去，并在省内外、国内外广为宣传。

4. 挖掘文化，大胆创新，把浑河滨水区打造城市文化集散地

城市滨水区具有不同于城市其他地区的个性特征，即独特的历史背景、丰富的文化内涵和鲜明的城市风貌。作为沈阳的母亲河——浑河历史文化底蕴深厚，其中既有 7000 年前新石器时代的新乐文化，又有 300 年前清朝文化，还有现代的先进装备制造文明，和一大批历史文化古迹如：“盛京八景”之一的“浑河晚渡”——罗士圈生态公园；努尔哈赤去世之地—浑河上的叆鸡堡河段；爱国将领左宝贵——三义庙；中国足球队的福地——五里河公园等。因此，应充分挖掘浑河历史文化，大胆创新，建设城市发展博物馆、自然博物馆，并根据各种史料记载相应复原各种文化场景，以及塑造各种以表现沈阳地区“地域性”文化特点的文化建筑、遗迹、广场、小品等，使之符合中国北方传统文化“意境”的神韵。凭借深厚的文化底蕴及丰厚的旅游资源，把浑河滨水区打造成沈阳文化的集散地，吸引庞大客流。

第四章 湖泊生态保护与修复技术体系

第一节 湖 泊

湖盆及其承纳的水体。湖盆是地表相对封闭可蓄水的天然洼地。湖泊按成因可分为构造湖、火山口湖、冰川湖、堰塞湖、喀斯特湖、河成湖、风成湖、海成湖和人工湖（水库）等。按泄水情况可分为外流湖（吞吐湖）和内陆湖；按湖水含盐度可分为淡水湖（含盐度小于 1g/L）、咸水湖（含盐度为 1 ~ 35g/L）和盐湖（含盐度大于 35g/L）。湖水的来源是降水、地面径流、地下水，有的则来自冰雪融水。湖水的消耗主要是蒸发、渗漏、排泄和开发利用。

一、湖泊概述

1. 分布

地球上湖泊总面积为 270 万 km^2，占陆地面积的 1.8%，面积大于 5 000km^2 的湖泊有 35 个。芬兰的湖泊最多，被称为“万湖之国”，拥有大小湖泊 6 万多个。世界最大的咸水湖为伊朗与俄罗斯、哈萨克斯坦、土库曼斯坦、阿塞拜疆等国边境的里海，面积 37.1 万 km^2，储水量 89.6 万亿 m^3；最大的淡水湖为美国与加拿大边境的苏必利尔湖，面积 8.21 万 km^2，储水量 11.6 万 m^3。俄罗斯的贝加尔湖最深，最大水深 1 620m。最高的湖为中国西藏自治区的纳木错，湖面海拔 4718m。最低的湖为巴勒斯坦、以色列与约旦边境的死海，湖面高程在海平面以下 395m。

2. 演变

湖泊一旦形成，就受到外部自然因素和内部各种过程的持续作用而不断演变。入湖河流携带的大量泥沙和生物残骸年复一年在湖内沉积，湖盆逐渐淤浅，变成陆地，或随着沿岸带水生植物的发展，逐渐变成沼泽；干燥气候条件下的内陆湖由于气候变异，冰雪融水减少，地下水水位下降等，补给水量不足以补偿蒸发损耗，往往引起湖面退缩干涸，或盐类物质在湖盆内积聚浓缩，湖水日益盐化，最终变成干盐湖，某些湖泊因出口下切，湖水流出而干涸。此外，由于地壳升降运动，气候变迁和形成湖泊的其他因素的变化，湖泊会经历缩小和扩大的反复过程，不论湖泊的自然演变通过哪种方式，结果终将消亡。

3. 水位

按变化规律分为周期性和非周期性两种，周期性的年变化主要取决于湖水的补给。降水补给的湖泊，雨季水位最高，旱季最低；冰雪融水补给为主的高原湖泊，最高水位在夏季，最低在冬季；地下水补给的湖泊，水位变动一般不大。有些湖泊因受湖陆风、海潮、冻结和冰雪消融等影响产生周期性的日变化，非洲维多利亚湖因湖陆风作用，多年平均水位日渐高于夜间 9.9cm。非周期性的变化往往是因风力、气压、暴雨等造成的。中国太湖在持续强劲的东北风作用下引起的增减水，在同一时段中，能使迎风岸水位上升 1.1m，背风岸水位下降 0.75m。此外，由于地壳变动、湖口河床下切和灌溉发电等人类活动也可使水位发生较大变化。

二、湖泊分类

1. 按其成因可分为以下九类

（1）构造湖：是在地壳内力作用形成的构造盆地上经储水而形成的湖泊。其特点是湖形狭长、水深而清澈，如云南高原上的滇池、洱海和抚仙湖；青海湖、新疆喀纳斯湖等。（再如著名的东非大裂谷沿线的马拉维湖、坦噶尼喀湖、维多利亚湖）构造湖一般具有十分鲜明的形态特征，即湖岸陡峭且沿构造线发育，湖水一般都很深。同时，还经常出现一串依构造线排列的构造湖群。

（2）火山口湖：系火山喷火口休眠以后积水而成，其形状是圆形或椭圆形，湖岸陡峭，湖水深不可测，如长白山天池深达 373m，为中国第一深水湖泊。

（3）堰塞湖：由火山喷出的岩浆、地震引起的山崩和冰川与泥石流引起的滑坡体等壅塞河床，截断水流出口，其上部河段积水成湖，如五大连池、镜泊湖等。

（4）岩溶湖：是由碳酸盐类地层经流水的长期溶蚀而形成岩溶洼地、岩溶漏斗或落水洞等被堵塞，经汇水而形成的湖泊，如贵州省威宁县的草海。威宁城郊建有观海楼，登楼眺望，只见湖中碧波万顷，秀色迷人；湖心岛上翠阁玲珑，花木扶疏，有水上公园之称。

（5）冰川湖：是由冰川挖蚀形成的坑洼和冰碛物堵塞冰川槽谷积水而成的湖泊。如新疆阜康天池，又称瑶池，相传是王母娘娘沐浴的地方。北美五大湖、芬兰、瑞典的许多湖泊等。

（6）风成湖：沙漠中低于潜水面的丘间洼地，经其四周沙丘渗流汇集而成的湖泊，如敦煌附近的月牙湖，四周被沙山环绕，水面酷似一弯新月，湖水清澈如翡翠。

（7）河成湖：由于河流摆动和改道而形成的湖泊。它又可分为三类：一是由于河流摆动，其天然堤堵塞支流而潴水成湖。如鄱阳湖、洞庭湖、江汉湖群（云梦泽一带）、太湖等。二是由于河流本身被外来泥沙壅塞，水流宣泄不畅，潴水成湖。如苏鲁边境的南四湖等。三是河流截弯取直后废弃的河段形成牛轭湖。如内蒙古的乌梁素海。

（8）海成湖：由于泥沙沉积使得部分海湾与海洋分割而成，通常称作泻湖，如里海、杭州西湖、宁波的东钱湖。约在数千年以前，西湖还是一片浅海海湾，以后由于海潮和钱塘江挟带的泥沙不断在湾口附近沉积，使湾内海水与海洋完全分离，海水经逐渐淡化才形成今日的西湖。

（9）潟湖：是一种因为海湾被沙洲所封闭而演变成的湖泊，所以一般都在海边。这些湖本来都是海湾，后来在海湾的出海口处由于泥沙沉积，使出海口形成了沙洲，继而将海湾与海洋分隔，因而成为湖泊。

“潟”这个字少见于现代汉语，是卤咸地之意，由于较常见于日语，不少人以为是和制汉字（Sinico- Japanese），其实不然。由于很多人不懂得“潟”这个字，所以经常都把它写错成了“泻湖”。

①具有防洪的功能：潟湖可宣泄区域排水，因而很少发生水灾。

②保护海岸的功能：由于外有沙洲的阻挡可防止台风暴潮侵蚀冲刷海岸。

③是天然的养殖场：潟湖是鱼、虾、贝和螃蟹的孕育场，也是邻近渔民的天然养殖场。

④由于潟湖外侧往往有沙洲作为防波堤，其内风平浪静，因此有时可以改建为人工港。

著名的潟湖：七股潟湖、戈佐内海、科勒潟湖。

2. 按湖水所含盐度分为六类

湖水含盐量是衡量湖泊类型的重要标志，通常把含盐量或矿化度达到或超过 50g/L 的湖水，称为卤水或者盐水，有的也叫矿化水。卤水的含盐量，已经接近或达到饱和状态，甚至出现了自析盐类矿物的结晶或者直接形成了盐类矿物的沉积。所以，把湖水含盐量 50g/L 作为划分盐湖或卤水湖的下限标准。依据湖水含盐量或矿化度的多少，将湖泊划分为六种类型，各种类型湖泊的划分原则如下：

（1）淡水湖：湖水矿化度小于或等于 1g/L。

（2）微（半）咸水湖：湖水矿化度大于 1g/L，小于 35g/L。

（3）咸水湖：湖水矿化度大于或等于 1g/L，小于 50g/L。

（4）盐湖或卤水湖：湖水矿化度等于或大于 50g/L。

（5）干盐湖：没有湖表卤水，而有湖表盐类沉积的湖泊，湖表往往形成坚硬的盐壳。

（6）砂下湖：湖表面被砂或黏土粉砂覆盖的盐湖。

3. 碱湖

湖泊沉积物主要是由碎屑物质（黏土、淤泥和砂粒）、有机物碎屑、化学沉淀或是这些物质的混合物所组成。每一种沉积物的相对数量取决于流域的自然条件、气候以及湖泊的相对年龄。湖泊中主要的化学沉积物有钙、钠、碳酸镁、白云石、石膏、石盐以及硫酸盐类。含有高浓度硫酸钠的湖泊称为苦湖，含有碳酸钠的湖泊称为碱湖。

由于不同湖盆侵蚀产物的化学性质不同，因此，世界上湖泊的化学成分也是千变万化的，但在大多数情况下，主要成分却是相似的。湖泊含盐量系指湖水中离子总的浓度，通常含盐量是根据钠、钾、镁、钙、碳酸盐、矽酸盐以及卤化物的浓度来计算。内陆海有很高的含盐量。犹他州大盐湖含盐量大约为每升 20 万 mg。

4. 湖盆

指蓄纳湖水的地表洼地。湖盆底部的原始地形及平面形态，在颇大程度上取决于湖盆成因。根据湖盆形成过程中起主导作用的因素，湖盆概括为以下几类：由地壳的构造运动（如断裂和褶皱等）形成的构造湖盆；因冰川的进退消长或冰体断裂和冰面受热不匀而形成的冰川湖盆；火山喷发后火口休眠形成的火口湖盆；山崩、滑坡或火山喷发使物质阻塞河谷或谷地形成的堰塞湖盆；水流冲淤或水的溶蚀作用形成的水成湖盆；由风力吹蚀形成的风成湖盆；此外尚有大陨石撞击地面形成的陨石湖盆等。

研究湖泊的科学是湖沼学，湖沼学家常根据湖盆形成过程来对湖泊和湖盆进行分类。特别大的湖盆是由构造作用即地壳运动形成的，晚中新世广阔而和缓的地壳运动导致横跨南亚和东南欧广大内陆海的分离，残存的内陆水体有里海、咸海以及为数众多的小湖泊。构造上升可使陆地上天然水系受阻而形成湖盆，南澳大利亚的大盆地、中非的某些湖泊以及美国北部的山普伦湖都是这种作用的产物。此外，断层也对湖盆的形成起着重要的作用，世界上最深的两个湖泊贝加尔湖和坦干伊喀湖的湖盆就是由地堑的复合体形成的。这两个湖泊以及其他的地堑湖，特别是在东非裂谷里的那些湖泊和红海都是近代湖泊中最古老的。火山活动可以形成各种类型的湖盆，主要类型为位于现存的火山口或其残迹中的火口湖。俄勒冈的火口湖就是典型的例子。

湖盆还可由山崩物质堵塞河谷而形成，但这种湖盆可能是暂时性的。冰川作用可以形成大量的湖泊，北半球的许多湖泊就是这种作用形成的，湖盆为冰盖退缩过程中的机械磨蚀作用所形成，或由于冰盖边界处冰体堰塞而成。冰碛对堰塞湖盆的形成起着重要的作用，纽约州的芬格湖群（Finger Lakes）就是终碛堰塞而成。河流作用有几种方式可以形成湖盆，最重要的有瀑布作用，支流沉积物的阻塞，河流三角洲的沉积作用，上游沉积物由于潮汐搬运作用而阻塞，河道外形的改变（即牛轭湖和天然堤湖）以及地下水的溶蚀作用所形成的湖泊。有些沿海地区，沿岸海流可以堆积大量的沉积物阻塞河流。此外，风、运动活动和陨石都可能形成湖盆。

三、湖泊资源与现状

1. 湖泊资源

湖水是全球水资源的重要组成部分，地球上湖泊（包括淡水湖、咸水湖和盐湖）总面积约为 2 058 700km^2，总水量约 176 400km^3，其中淡水储量约占 52%，约为全球淡水储量的 0.26%。湖水可以不断更新，不同湖泊的更新期不一，湖水更换期的长短取决于其容积和入湖、出湖年径流量。中国鄱阳湖水更新一次仅 9.6 天，太湖水更新一次约 299 天。湖泊淡水储量的地区分布很不均匀，贝加尔湖、坦噶尼喀湖和苏必利尔湖等 40 个世界大湖储存的淡水量占全球湖泊淡水总量的4/5。中国的鄱阳湖、洞庭湖、太湖、巢湖和洪泽湖的淡水总量约为553亿m^3。湖泊利于舟楫，是水路交通的重要组成部分。湖泊盛产鱼、虾、蟹、贝，生产莲、藕、菱、芡和芦苇等，是水产和轻工业原料的重要来源。湖泊作为旅游资源，正日益受到重视。湖泊资源的不合理开发会造成湖泊渔业资源衰减，湖泊面积缩小和湖泊周围土地的沼泽化等不良后果。

2. **中国主要湖泊**

（1）现状介绍

中国湖泊众多，共有湖泊24 800多个，其中面积在1平方千米以上的天然湖泊就有2 800多个。湖泊数量虽然很多，但在地区分布上很不均匀。总的来说，东部季风区，特别是长江中下游地区，分布着中国最大的淡水湖群；西部以青藏高原湖泊较为集中，多为内陆咸水湖。

外流区域的湖泊都与外流河相通，湖水能流进也能排出，含盐分少，称为淡水湖，也称排水湖。中国著名的淡水湖有高邮湖、鄱阳湖、洞庭湖、太湖、洪泽湖、巢湖等。

内流区域的湖泊大多为内流河的归宿，湖水只能流进，不能流出，又因蒸发旺盛，盐分较多形成咸水湖，也称非排水湖，如中国最大的湖泊青海湖以及海拔较高的纳木错湖等。

中国的湖泊按成因有河迹湖（如湖北境内长江沿岸的湖泊）、海迹湖（即瞷湖，如西湖）、溶蚀湖（如云贵高原区石灰岩溶蚀所形成的湖泊）、冰蚀湖（如青藏高原区的一些湖泊）、构造湖（如青海湖、鄱阳湖、洞庭湖、滇池等）、火口湖（如长白山天池）、堰塞湖（如镜泊湖）等。

2. **功能**

湖泊是重要的国土资源，具有调节河川径流、发展灌溉、提供工业和饮用的水源、繁衍水生生物、沟通航运，改善区域生态环境以及开发矿产等多种功能，在国民经济的发展中发挥着重要作用同时，湖泊及其流域是人类赖以生存的重要场所，湖泊本身对全球变化响应敏感，在人与自然这一复杂的巨大系统中，湖泊是地球表层系统各圈层相互作用的联结点，是陆地水圈的重要组成部分，与生物圈、大气圈、岩石圈等关系密切，具有调节区域气候、记录区域环境变化、维持区域生态系统平衡和繁衍生物多样性的特殊功能。

3. **划分**

按自然地理条件的差异，中国湖泊分布划分为青藏高原湖区、云贵高原湖区、蒙新与黄土高原湖区、东北平原与山地湖区、东部平原湖区和东南低山丘陵湖区最近研究统计表明，中国10km^2的天然湖泊已经从《中国湖泊志》统计的656个减少到581个，总面积从8 525 694km^2缩小到6 867 158km^2。在大于10平方千米的581个天然湖泊中，面积大于1000km^2的11个，合计面积22 598km^2，占总面积的32.9%；面积在1000 ~ 500km^2的14个，合计面积929 148平方千米占13.5%；面积在500 ~ 100平方千米的102个，合计面积2 155 366km^2，占31.4%；面积在100 ~ 50km^2的95个，合计面积673 317km^2，占9.8%；

面积在 50 ~ 10km² 的 359 个，合计面积 84 951km²，占 12.4%。若把面积在 1 ~ 10km² 的湖泊也统计在内，则全国天然湖泊个数约在 3 000 个左右，因为这一部分湖泊面积小，随自然条件和人为活动的影响变化较大，数据很难准确统计，而贮水量所占份额不大若将湖泊贮水量按淡水湖、咸水湖和卤水盐湖 3 种类型统计，总贮水量为 $7.550\ 873\ 6\times10^8m^3$；其中淡水湖为 $2.350\ 157\ 6\times10^8m^3$，占 31.1%；咸水湖为 $4.614\ 129\ 6\times10^8m^3$，占 61.11%，卤水盐湖为 $5\ 865\ 864\times10^8m^3$，占 7.8%。中国湖泊的贮水量是以咸水湖为主，其次为淡水湖，两者相差约 1 倍，卤水盐湖的贮水量所占比重最小，约相当于咸水湖的近 1/8，淡水湖的近 1/4。然而，中国湖泊资源的区域分布很不均匀，其中总面积和淡水蓄水量的一半分布在人烟稀少的青藏高原；在西北水资源紧缺的干旱区湖泊通常是咸水湖。

四、湖泊变迁

1. 面临问题

太湖、巢湖、滇池今夏相继暴发蓝藻危机，湖泊问题再度进入公共视野，如果我们把目光稍微向后追溯几十年，就不难发现中国的湖泊在众多压力胁迫之下一直呈步步退让的萎缩态势；甚至一些曾经碧波浩荡的大湖，和它承载的繁荣和文明，几乎是在“转瞬间”就灰飞烟灭，比如罗布泊湖泊是个复杂的、生产力较高的生态系统，是自然万物和人类文明的繁盛之地。但近现代以来，湖泊似乎越来越不能“满足”人们的欲望，一些漠视湖泊自然法则的超负荷甚至是破坏性的开发使湖泊满目疮痍，其结局往往便是“湖毁人亡”的悲剧套用一句老话：“水能载舟，也能覆舟”。透过近现代中国湖泊的变迁，我们兴许能窥探一些有关湖泊的自然法则。近几十年来，随着全球气候变暖和人类活动的加剧，造成湖泊面积缩小、污染加剧、可利用水量减少、生态与环境日趋恶化、灾害频发、经济损失剧增，湖泊已经成为区域自然环境变化和人与自然相互作用最为敏感、影响最为深刻、治理难度最大的地理单元。自 20 世纪 50 年代以来，中国湖泊在自然和人为活动双重胁迫的共同作用下，其功能发生了剧烈的变化，总体趋势是湖泊在大面积的萎缩乃至消失，贮水量相应骤减，湖泊水质不断恶化，湖泊生态系统严重退化，给区域经济和社会可持续发展带来严重威胁。

2. 沙尘源曾是湖泊

在中国西部干旱区，湖泊通常是出山河流的尾闾湖，山地形成产流区，山前绿洲形成耗水区，处于尾闾低洼盆地的湖泊水位变化敏感，反映着湖泊来水量的变化状况由于气候变暖和人类活动的加剧，尾闾湖泊近几十年来普遍萎缩，部分干涸，导致区域生态严重恶化如历史上著名的罗布泊曾是一个浩瀚大湖，最大时湖泊面积达 5 200km²，1931 年测得面积为 1 900km²，1962 年航测仍有 6 600km²，1972 年的卫片反映已完全干涸，成为广袤的干盐滩，寸草不生，人迹罕至。

处于新疆北部的艾比湖在 20 世纪 40 年代，湖面面积为 1 200km²，贮水量

$300\times10^8m^3$，到 1950 年湖泊面积尚有 1 070km²，到了 20 世纪 80 年代面积急剧缩小到 500km²，贮水量也相应减少到 $70\times10^8m^3$。

内蒙古岱海 20 世纪 60 年代末以来水位持续下降，1970 ~ 1995 年的 25 年中下降 385m，湖泊面积也由 160km² 缩小到 109km²。内蒙古自治区的居延海是西北干旱、半干旱地区又一著名湖泊，该湖在历史上最盛时面积曾达 2600km²，秦汉时期湖面仍保留有 760km²，20 世纪 50 年代以前，注入湖泊的河流除 6 月份有断流现象出现外，其他季节从不断流，年平均径流量达 $100\times10^8m^3$，由于水源尚较充沛，昔日的居延海沿岸素有居延绿洲之称，是中国著名的骆驼之乡，1958 年，西居延海面积 2 670km²，平均水深 20 米，蓄水量 $534\times10^8m^3$；东居延海面积 350km²，平均水深 20m，蓄水量 $0.70\times10^8m^3$。1961 年秋，因河流断流无水补给，西居延海干涸，湖床龟裂成盐碱壳东居延海也于 1963 年干涸；及至 1982 年因水源补给偶有改善，湖泊出现返春现象，水域面积恢复达到 236 平 km²，水深 18m；此后，1984 年、1988 年、1992 年和 1994 年，又相继数度干涸，地下水位下降，导致居延绿洲沙化严重，同时，大片干涸的湖底沉积物成为沙尘暴的物质来源。

在西部干旱区，有水就有绿洲，就有生命。随着人口的增加、经济和社会的发展，对水资源的需求也不断增加，但水资源量是有限的，发源于山区的河流流经山前绿洲，被人类截流灌溉农田、发展工业和提供城市与农村生活用水，而排入下游湖泊的水量逐渐变少，使得尾闾湖泊丧失维持湖泊水量平衡的基本水源量而导致湖泊干涸，结果是地下水位下降、绿洲消亡、土地沙化、沙尘暴肆虐，人类面临生存环境的极端恶化这是人们仅注意了局部利益而忽视整体利益、只顾眼前利益而忽视长远利益、只顾人类需求而忽视自然生态需求使然但最终导致人与自然的不协调、人类遭到自然的报复和惩罚如塔里木河中游地区对水资源的过渡截流利用，使塔里木河和孔雀河下游断流后，地下水位从 1959 ~ 1979 年间下降了 4 ~ 6m，胡杨林地的流沙增加了 48.4%，胡杨林因无水浇灌而成片死亡，塔里木河下游的绿色走廊也面临着消失的威胁，罗布泊和台特马湖中原生长茂盛的芦苇也因湖泊的消亡而枯死分析艾比湖急剧萎缩的原因，流域内人口的剧增和大规模的水土资源开发等是其主要原因之一，统计资料表明，20 世纪 50 年代艾比湖流域有耕地面积 13 万公顷，21 世纪初的耕地面积已达 193 万公顷，是 50 年代初期的 148 倍 20 世纪 80 年代与 50 年代相比，流域内人口增长了 97 倍，引用水量增加了 71 倍 20 世纪 60 年代之前，流域内有奎屯河、博尔塔拉河、精河、四棵树河、大河沿子河等大小 23 条河流注入艾比湖，年入湖水量约 150×10^8 立 m³。60 年代之后，由于耕地面积和诸河灌溉引用水量迅增，以及在河流的中上游兴建了 7 座水库，以致到了 80 年代除博尔塔拉河、精河尚有部分来水注入外，其他各河均先后断流居延海湖泊的干涸也有类似的原因。

3. **气候变化风向标**

素有地球第三极之称的青藏高原以它高耸的海拔、巨大的面积、寒冷的气候以及神秘的科学面纱而著称于世蓝天、白云、雪山、草地、湖泊构成青藏高原独特的美丽画卷在它那丰富的地貌景观中，星罗棋布的各种类型湖泊像一颗颗灿烂的明珠镶嵌在那广袤绿茵茵的草地上，形成最具特色的自然地理景观据统计，青藏高原上面积大于 1km^2 的湖泊约有1100 个，合计总面积约占全国湖泊总面积的 50%湖泊类型多样：有淡水湖、咸水湖、盐湖、干盐湖等；成因复杂：有构造湖、堰塞湖、热融湖、冰川湖等那木错是高原上最大的构造断陷成因的微咸水湖，面积达 1961km^2；面积为 610km^2 和 526km^2 的鄂陵湖、扎陵湖是高原上最大的淡水湖；目前所知最深湖泊是纳木错，实测水深 100m；最大的冰碛堰塞湖为佩枯错，面积 2 844km^2，最大的河道堰塞湖为羊卓雍错，面积为 638 平方千米由于气候条件和地质地理环境以及演化历史的差异，湖泊类型大致从南向北由碳酸盐型、硫酸盐型到氯化钠型逐渐变化的带状分布特征。

随着全球气候在 20 世纪的变暖，青藏高原的湖泊发生了显著变化，因人类活动微弱，基本反映了自然变化过程近几十年来气温的升高在高原气象台站记录中有明显反映：从 20 世纪 60 年代到 90 年代，年平均气温升高 0.6 ~ 0.8℃，年均降水减少在 50 ~ 75 毫米同样，在欧洲的阿尔卑斯山区，自 20 世纪 30 年代到 90 年代年平均气温也升高了 0.5 ~ 0.7℃降水减少，气候变暖又导致蒸发量增加，使湖泊水量出现负平衡，逐渐萎缩甚或干涸如青藏高原东北部若尔盖盆地的兴错，为盆地中部丘陵间的断陷小盆，流域面积 29 平方千米，湖面海拔 3 425m，在 20 世纪 60 年代测绘的地形图上该湖面积为 33km^2，90 年代变成面积为 2km^2 的沼泽，原来周围的沼泽变成大片的草原；在可可西里无人区的苟仁错，海拔 4 650m，1990 年湖泊面积为 235km^2，平均水深在 13m 以上，1998 年则全部干涸，表层留下一薄层形成结晶盐的饱和卤水，原来补给该湖的河流已断流，出露的泉水也干枯高原上一些大湖也普遍退缩，留下道湖岸沙砾堤，湖水矿化度增加伴随着高原湖泊的萎缩，高原草场也明显干化和沙化，新形成的高大风成沙丘在高原中部比比皆是。

青藏高原湖泊是丰富的资源储藏库：高原湖泊储存的丰富水资源、生物资源、矿产资源和水能资源为当地经济和工农业发展提供了基础羊卓雍错已建成的蓄能电站是世界上最高的电站，高原上的大量盐湖资源为全国提供了丰富的钾、锂、硼和食盐等矿产，如西藏的扎布耶茶卡、柴达木盆地的盐湖等。

青藏高原湖泊是气候环境变化的记录档案库：湖泊以高分辨率沉积物敏感地记录着区域气候环境变化历史，它可进行全球变化的区域对比在藏北海拔 4520m 的错鄂湖盆钻取的近 210m 深的湖泊沉积岩芯记录了第四纪 280 万年来的气候环境变化历史；在若尔盖盆地海拔 3400m 钻取的 300m 湖泊沉积岩芯分析。结果揭示了近 100 万年来的气候与环境变化过程；西昆仑山甜水海湖盆海拔 4840m 钻取的 57m 湖泊岩心反映。24 万年来气候与环境变化历史成为全球海拔最高的有关气候环境变化过程的湖泊沉积记录。

青藏高原湖泊是区域气候的调节器：青藏高原湖泊在区域气候和水分循环过程中扮演着重要角色，湖面蒸发为山地降水提供了水汽来源，山地冰雪融水又为湖泊生存补给水源，同时大湖面的存在对区域温度场也产生重要影响。

青藏高原湖泊是维系区域生态系统和保持生物多样性的平衡器：青藏高原湖泊的广泛存在，为维系寒区生态系统提供了基础，湖泊成为生物的良好栖息地和繁衍场所，也是低纬度寒区生物基因天然的保存库高原严酷的环境条件，一旦湖泊消失，就很容易形成荒漠。

在人烟稀少的青藏高原，湖泊也普遍萎缩，湖泊水位下降，湖水咸化如在高原腹地无人区的可可西里，海拔 4 650m 的苟仁错 1990 年湖面积为 235km²，平均水深在 13m 以上，到 1998 年夏该湖已全部干涸，其入湖河流已断流，原来出露的泉水也已干枯中国最大湖泊青海湖，其水位从 1956 年到 1988 年共下降了 335m，湖面积减少了 3 016km²，随着水位下降，湖面萎缩，湖水矿化度也在增加。

4. **湖泊萎缩**

东部平原湖区的长江中下游地区，湖泊面积由 20 世纪 50 年代初期的 17 198km²，减少到现不足 6 600km²，即 2/3 以上的湖泊面积消亡洞庭湖因围垦，湖泊面积已由建国初期的 4 350km² 急剧缩小至 2 625km²；鄱阳湖面积也由 1949 年的 5 200km² 减少到目前的 2 933km² 号称“千湖之省”的湖北省，在 20 世纪 50 年代末计有湖泊 1066 个，至 80 年代初剩约 309 个。面积大于 1km² 湖泊仅剩 181 个，大于 10 平方千米的湖泊仅剩 44 个华北平原上的一颗明珠——白洋淀在 20 世纪 90 年代也多次干涸。

中国东部平原和云贵高原等地区的淡水湖泊都普遍存在着泥沙淤积的问题，其中以长江中游地区湖泊的泥沙淤积问题最为突出如洞庭湖据多年平均入出湖沙量平衡资料计算，湖盆年淤积量 $0.952\ 1\times10^8m^3$，年淤积速率达 37cm/ 年仅以 1951 ~ 1987 年的时段计算，37 年来湖盆累计平均淤高已达 137m，湖盆年淤积量 $9.296\ 4\times10^4m^3$，全湖平均泥沙淤积速率为 328mm/ 年，1956 ~ 1994 年湖盆累计平均淤高 0.128m，相应损失湖泊容积 $363\times10^8m^3$ 巢湖湖盆年淤积量 $5.167\times10^4m^3$，泥沙沉积速率 0.67mm/ 年；洪泽湖湖盆年淤积量 $2.386\ 9\times10^4m^3$，湖泊沉积速率 15mm/ 年；南四湖多年平均年淤积量 $4.378\ 8\times10^4m^3$，湖泊泥沙沉积速率 4mm/ 年。

5. **污染严重**

当前中国湖泊水质污染问题十分严峻，对中国 76 个主要湖泊水质和富营养化现状的调查和评价结果表明：属Ⅱ类水质的湖泊为 5 个，占调查湖泊数量的 75%，面积为 11 352km²，占调查湖泊总面积的 61%；属Ⅲ类水质的湖泊有 16 个，占调查湖泊数量的 239%，面积为 21 545km²，占调查湖泊总面积的 118%；属Ⅳ类水质的湖泊有 18 个，占调查湖泊数量的 269%，面积为 103 937km²，占调查湖泊总面积的 556%；属Ⅴ类水质的 11 个，占调查湖泊数量的 146%，面积为 47 681km²，占调查湖泊总面积的 256%；属劣Ⅴ类水质的湖泊有 17 个，占调查湖泊数量的 253%，面积为 15 415km²，占调查湖泊总面积的 0.9%。大约有近 20% 的湖泊水质较好（Ⅱ ~ Ⅲ类），有 80% 以上的湖泊受到污染（Ⅳ ~ 劣Ⅴ类）。

对 67 个主要湖泊富营养化评价结果看出，属贫营养湖泊数量为零，属中营养的湖泊为 18 个，占调查湖泊总数的 269%，面积为 701311km²，占调查湖泊总面积的 376%。属富营养型的湖泊为 49 个，占调查湖泊数量的 731%，面积为 1 163 255km²，占调查湖泊总面积的 624%。也就是说，从湖泊数量上来看，有近 3/4 的湖泊已达富营养程度，所占的面积也接近总面积的 2/3，表明当前中国湖泊富营养化问题十分突出。

在长江中下游地区的湖泊基本都是浅水湖泊，加上适宜的气候条件，湖泊生产力高，为了有效开发利用大水面产生经济效益，在 20 世纪七八十年代，开发并逐渐普及应用围网养殖技术，为解决当时的食物短缺、改变人们的食物结构起到了一定作用。随着经济的不断发展和饮食消费水平的提高，利用低廉的开敞湖面进行高附加值的水产养殖成为水乡百姓发家致富之路，加之宏观管理的失控，湖泊围网养殖泛滥，面积不断扩大，许多湖泊的围网养殖已远远超出湖泊本身所能容纳的能力，湖泊水生态系统被破坏，人工大量投放饵料又加速了湖泊的富营养化过程。

如洪湖，在 20 世纪 80 年代湖泊水质还保持在Ⅱ～Ⅲ类水平，湖泊沉水植物繁茂，湖水清澈见底随着围网养殖面积的恣意扩大，大量消耗水生植物，从而造成水生植被的消失，降低了湖泊的自净能力，损害了湖泊生态系统前置库的生态服务功能，2000 年湖泊围网养殖面积约占湖泊面积的 30%左右，之后发展到超过 50%，这不但对围网区的生态结构造成破坏，而且对非围网区无节制的捞草，已使得全湖的水生植被遭受破坏，湖泊水质已呈现恶化趋势，湖泊营养水平不断升高，处于富营养化的边缘，蓝藻水化开始出现当年“洪湖水，浪打浪”的美景。有关部门采取了各种措施，大范围取消围网养殖，建立自然保护区，恢复湖泊水生植被，初见成效。

东太湖的围网养殖面积利用卫星影像判读则可达湖泊总面积的 70%以上，“水上人家”在湖面星罗棋布，大量螃蟹养殖破坏水草植被；大量投放饵料污染湖泊水体，西太湖已经严重富营养化，蓝藻水花大面积暴发给城市供水和工农业生产已造成严重威胁。此外，江苏的鬲湖、阳澄湖的围网养殖遍布全湖，湖泊水质恶化、生态系统严重受损，而位于苏北里下河地区面积达 28km^2 的大纵湖则因围养而消失。

在 20 世纪 60 年代以前，中国长江中下游地区大多数湖泊的湖湾区和沿岸的浅水湖区，都生长有数量较多的沉水植物、浮水植物和挺水植物，形成结构较为稳定的水生植被群落，湖体内其他水生动物、底栖生物的种类繁多，生物量亦大，生物资源十分丰富进入水体的营养物质大都被水生植被吸收利用，水草等水生植物被鱼类等水生动物作为饵料捕食利用，捕捞的鱼产品也将部分营养物带出湖外湖泊水体中溶解氧十分丰富，水色明亮，水质清澈，呈现出良性循环的相对稳定的生态体系。近 20 年来，由于湖区工业发展和城镇人口数量增加，大量耗氧物质、营养物质和有毒物质排入湖泊，使水体富营养化，湖水的自净能力下降，导致湖体内溶解氧不断下降，透明度降低，水色发暗，原有的水生植被群落因缺氧和得不到光照而成片死亡，水体中其他水生动物、底栖生物的种类也随之减少，生物量降低，取而代之的是浮游植物（藻类）。它们因吸收丰富的营养物质而大量疯长，形成以藻类为主体的富营养型的生态体系，如昆明滇池水质在 20 世纪 50 年代处于贫营养状态，到 80 年代则处于富营养化状态，大型水生植物种数由 50 年代的 44 种降至 20 种，浮游植物属数由 87 属降至 45 属，土著鱼种数由 15 种降至 4 种。

五、生态系统

1. 湖泊生态系统退化原因

湖泊生态系统是一个复杂的综合体系，它是盆地和流域及其水体、沉积物、各种有机和无机物质之间相互作用、迁移、转化的综合反映湖泊生态系统的演化，有其自然过程和人类活动干扰与干预的过程。目前中国的湖泊富营养化过程主要是人类活动的干扰过程所致湖泊富营养化，是指由于营养元素的富集导致湖泊从较低营养状态变化到较高营养状态的过程，这个过程可能导致水生植物的生长被抑制；生物多样性下降；蓝绿藻水华暴发，甚至引起沉水植物的急剧消失和以浮游藻类为主的浊水态的突然出现。也就是说湖泊富营养化是指湖泊由于营养元素的富集导致湖泊生态系统的退化，进而使水质恶化的过程营养元素的富集，包括外源输入如人类活动和干扰、湿地沉降和内源富集与释放的物理、化学、生物等过程，是湖泊富营养化发生的根本要素。它的不同发展阶段可用湖泊营养状态分类指标来描述。湖泊生态系统的退化是湖泊富营养化发展过程的中间环节，是一个复杂的生命演化过程，并且有不同阶段的正、负反馈作用；而水质恶化是湖泊富营养化发生的结果，可用地表水质评价标准来定量描述这是一个动态的连续过程，而不是静止的状态，但在这个动态连续过程的不同阶段又可用定量的状态指标来表达；同时，湖泊营养物质、生态系统和水质是富营养化过程不可分割的组成部分，是一个动态的整体。

2. 富营养化治理与湖泊生态修复

富营养化湖泊的治理和湖泊生态系统修复的实践，其主要特征是首先对受污染的湖泊进行高强度的治污，投入大量的物力、财力、人力对湖泊流域的污水进行截流并统一进行处理，达标后排放入湖。目前看来，过去对富营养化湖泊的治理过程存在一些误区，首先在认识上对湖泊富营养化治理的复杂性和长期性缺乏足够的认识，在行动上表现为急功近利、头痛治头脚痛医脚的倾向，总想在短期内就能使湖泊变清，具体表现为仅考虑湖泊局部环境的治理而忽视流域整体的污水治理；或者仅强调湖泊外源排放而忽视对湖泊内源循环的研究；或者仅抓了对点源污染的治理而忽视了面源污染的作用，其结果投入了大量人力、物力和财力。对湖泊富营养化进行治理，到头来湖泊富营养化反而越来越严重。我们必须对湖泊富营养化的治理过程有一个清醒的认识，借鉴国际先进经验，系统、全面考虑和规划湖泊富营养化的治理过程，在流域全面截污、高强度治污的基础上，对湖泊生态系统的修复进行人工干预，因势利导，科学地进行健康湖泊生态系统的修复。为了加速已被破坏的水生态系统的修复，除了依靠水生态系统本身的自适应，自组织，自调节能力来恢复水生态系统原来的规律外，还应大幅度地借助人工措施为水生态系统的健康运转服务，加快修复被破坏的生态系统。

第二节 湖泊景观可持续营造

纵览武汉市沙湖、墨水湖、月湖、南湖、汤逊湖、野芷湖等湖泊景观及沿岸景观形态与建筑景观形象和谐性而言，这是一个任重道远的课题。由于各种原因，比如城市建设迫使湖泊面积逐渐缩小，湖泊生态湿地萎缩，甚至于消亡；湖泊沿岸生物景观破碎化，绿色廊道局限于狭窄沿湖的线状分布，致使湖泊景观整体生态下降。沿湖沿岸的建筑因为过于临湖而建，以及房地产的借湖炒作，蚕食了湖泊面积，侵害了生态廊道，占据了公共空间。临湖沿岸的高层建筑拔地而起，遮挡了沿湖的湖水风光，改变了城市的地方特色和风水，形成了一个僵硬的钢筋混凝土天际线。自然风光、湖光山色、湿地植物、水鸟、动物等自然景观逐渐稀缺，这种柔化与缓冲僵硬景观的催化剂正在急速消失，城市湖泊景观和建筑形象之和谐性将难以形成并持续发展。

一、整体生态景观的形成

整体生态景观，指在一定的区域范围内，考虑到植物、动物栖息繁殖的需要，在匀质的基础条件下，景观斑块之间的连接以及物种动物的迁徙，不受侵扰，最佳的廊道形状是接近圆形的，这样面积足够大，容易形成生态景观。稳定生态景观相对那种单纯保护湖泊面积的大小，甚至于所形成的保护面积都失掉了。因此从动物的栖息、植物物种的传播角度来说，我们的湖泊景观不能仅仅局限于整个湖面所形成的水生态。湖周围的自然环境、湿地本身具有环境功能，只有以广泛的湖泊为中心，并扩展到广大的湖岸及其陆地等形成的植物动物等综合的自然景观，才能形成延续的可持续性的生态景观或者优美景观，必须要有沿湖周围一条宽广的绿带，形成绿色廊道系统。郊外湖泊至少保持 600m 的宽度，中心城区的湖泊沿岸的植物绿带至少应有 200m 的宽度，而不仅仅是一个单一的湖面，只有这样才能形成一个连续的连片整体的景观，这就是整体生态景观。整体生态景观的形成，有利于当地自然环境基础设施的形成。

二、连续性景观系统的形成

连续性景观系统，由于环湖景观不仅是成片的整体景观，而且也应该是连续的可以利用的景观。这种利用和延续性是通过交通路径，如栈桥绿道、汀步、步道等将成片的整体景观串接起来，使得景观可观可游，可以娱乐，各种景观节点，如廊、榭、亭、景观盒、观景台等成为观景的一个个转折点。连续性景观的形成是指各种自然性资源如植物、草地、树林等形成的基质斑块之间的距离不能太大，斑块的形状近似于圆形或接近于正多边形，面积足够大，首先各种植物能形成一个自然的群落系统，这样有利于环境中自然的能量平衡、环境的更新和有毒污染的降解；其次有利于为动物提供栖息地。为了形成连续的景观系统，并不是不利用自然，我们可以通过栈道、悬索桥之类的交通系统或者景观盒，这样架空或凌驾植物环境的上空，俯瞰或者身临其境亲近自然，既能观赏景观，又不给动植物的生境产生扰动。考察中，特别发现保护当地湖泊沿岸的大量的野生的植物林带，对于生态性的整体维护，可以达到事半功倍的效果。由此可见，连续性景观系统有利于整体景观的形成，保护景观通过交通路径串联那些断续的或破碎的小自然，是形成良性循环景观生态的一种方式。连续性景观系统形成有利于生物的迁徙与繁衍，有利于景观优美。

三、节点的形成与有效利用

游人进入环湖沿岸，身处自然地理环境之中，感知自然物境，伴随时间和场地变化而步移景异，心情也将格外不同。在沿湖的景观环境中，湖面、环湖沿岸绿带、住宅区建筑及其立面形象、街区景观的分布，以湖心为中心波纹涟漪般向远湖方向扩散。剖立面从湖心向四周逐渐递进呈曲线状上升。如果设计尊重自然，既可以保留湖光山色，又可以保持公共娱乐空间的存在，同时还增强了与建筑景观之间的协调感。景观中的各种路径是联系各自然绿带或斑块的纽带。此时此刻镶嵌在景观中各路径上的亭、台、楼、榭、塔、桥、观景台、雕塑或者风水树就成为景观中重要的节点，独特的当地地形和场地也成为一个个连接着自然的景观带的转折或高潮，即节点，它是游人游览景观时情趣的升华和景观印象滞留痕迹所在。节点的安排与控制以千尺为势，百尺为形的视觉距离为基准。一个地方经过多年的沉淀，一定会存在这种当地独特的地标景观或节点景观，要充分利用，需要兼顾当地的地形、自然环境和生态环境，这样容易形成一个怡人的景观环境。

四、景观轴线的贯通与控制

在湖泊沿岸及其沿岸的建筑景观中，由于湖泊的自然形状曲折多变，沿湖的景观在规划布局的过程中，有湖面、绿带、路径、景观节点、建筑等各类景观，它们在景观的规划中，交织成网络，由轴线贯通与控制。这根轴线有轴对称的也有曲折环绕趋向一个方向的；有形的与隐形的轴线控制形式。由于自然景观中湖面形状是自然的有机形状，这样轴线容易表现为一种曲折的、不明显的特点，常常是由几条路径曲折环绕，时而接近，时而远离，趋向于一个或多个方向，并向着一个又一个的景观节点交织汇聚，形成一个接一个的景观高潮，展现一幕又一幕的景观空间。在沿湖沿岸的整体景观中，可能存在轴对称分布的景观场所，也可能存在旋转对称的景观空间场所，还可能存在自然式、轴对称、旋转对称与混合的形式。总之，沿湖沿岸的景观的空间的景观轴线贯通与控制，表现为多样与统一的形式，由序启、升华、转折、高潮、降落和尾声的变化与更迭形成空间，这就是整个空间形成和变化。这种控制往往由各种路径，包括步道、栈道、绿道等来引导，各种景观节点或者场景来串联，逐渐变化，整体上由轴线空间贯通与控制形成一个又一个的情景交融的景观场景。

五、利益价值的平衡

由于湖泊沿岸景观规划，以及与沿湖沿岸建筑景观形象等共同形成一个广域浩大的景观场景，这样的规划，常常成为政府或当地城市建设的重要规划之一，如何形成一种公共性和公平性，同时兼顾各种群体利益，尤其是弱势群体的利益，和谐景观环境与建筑形象之间的关系。因此，这不仅仅是一种规划，而是不同的利益集团，个体工商业者以及各种群体之间的相互利益和关系。我们知道，沿湖沿岸湿地滩涂的范围是维系湖泊自然生态的基础，这种范围被认为至少是沿湖 600m 宽度以上的自然带，当然越宽生态效果和景观视觉越好。沿湖由于独特的景观吸引，于是成为公共空间，娱乐空间的重要场所，也是广大市民、游客重要的观景、亲水、娱乐、垂钓、陶冶情操的地方，但是房地产商、某些利益财团，国有企业甚至于军事占领区等大单位，他们已经妨碍了沿湖沿岸的公共空间的贯通和连续。尤其是大企业、大财团或国家垄断企业，不能只是攫取利润，更应该投身于公共事业和社会福利，不能与平民争利，要创造沿湖的公共空间，否则不利于民主政治和社会公平。否则，对于普通人来说，利用湖泊沿岸、享受自然生态景观，这将是不可能的。因此城市规划、建设规划以及生态基础设施规划等需要优先考虑湖泊沿岸整体生态景观。公共绿地空间为广大市民创造生活的享受、减缓工作的压力和忧郁，为广众提供社会资源的便利。因此城市政府需要通过规划，通过立法来控制各种利益集团独占、侵蚀或毁灭社会公共资源的建设与规划，保障广大市民利益，遏制建筑垃圾填湖、侵占沿湖公共自然景观资源等行为，形成景观规划的和谐与社会各阶层利益尤其是与弱势群体利益关系之间的平衡。尽管任何利益集团主体产业都有自己的土地产权，有自己的使用权利，以及各地产通过建筑围墙或者侵吞沿岸、限制或隔离了湖泊景观资源的公共的利用，并从侵蚀湖泊、填湖等各种方面，攫取各种收益，这样影响了广大市民的权利，甚至造成当地生态环境恶化。由此可见，各种景观设计及其规划的结果是利益，与利益对应的主体是政策和政治，因此利益的平衡需要地方政策和法律充分体现民众的意愿，接纳普通民众的参与，最终还需要通过政府制定法律并执行，这样保护好湖泊沿岸景观与城市建筑形象之间的和谐性才能有效形成。

湖泊沿岸景观要充分考虑景观生态的连续性、可持续性，需要的是营造沿湖的整体生态景观，而不是孤立的，孤寂的单一湖面。如果是这样，就不能形成生态优美的湖泊景观。城市湖泊沿岸建筑形象，以沿湖为中心，遮挡了沿湖的湖光山色景观就不美；建筑沿湖岸的要低矮；远离的，建筑应是高层或者逐渐抬高。沿湖沿岸只有形成连续的整片整体的自然生物群落，这样人、建筑才会因为自然的存在，景观才会美丽，生态才是可持续。根据以上的分析，城市沿岸湖泊景观的和谐性以及与沿湖建筑景观形象的和谐性，如果能够有效形成，就需要做到以下几点：

景观的连续性和湖泊沿岸整体景观的形成是形成湖泊沿岸整体生态设施的基础，这样生物的多样性才能得到维系；景观节点的存在是组织和连接整体生态景观以及景观斑块的重要纽带，让湖泊沿岸景观既可利用，又得到保护，需要有立体空间景观的架构，既有自然的乔木、灌木和草的立体结合，又有栈桥、景观盒等人工构筑物的形成；轴线是显性与隐性的交织，它是自然景观和建成景观之间的有效组织，游览空间序列的展开和景观情趣的产生，轴线是整体空间控制的脉络；路径和景观节点共同织成景观系统脉络上的细节。湖泊沿岸建筑形象，需要层次性和节奏性的沿湖分布，与自然景观有效结合，同时维护好地域风光；湖泊景观与城市建筑形象的和谐性，就是建筑坐落在自然和谐的环境中，而不是纯粹的混凝土的森林，实际上也是城市规划的合理性，这个合理性也是城市各利益集团、个体利益特别是城市弱势群体利益之间的较量。城市公平的形成，就是如何让社会资源、自然资源、公共空间，以及景观基础设施等，能否被广大市民享受和利用，这将是现代民主、政治和法律的一种体现。因此湖泊沿岸景观与城市建筑形象的和谐性，归根结底，需要的是城市政府来制定政策、法律和规划等产生的强制性的执行力来保障，这样和谐性才能最后得以实施。

第三节　湖滨湿地保护与恢复

一、湿地生态恢复理论

生态恢复就是根据生态学原理，通过一定的生物、生态以及工程的技术和方法，人为地改变和切断生态系统退化的主导因子或过程，调整、配置和优化系统内部及外界的物质、能量与信息的流动过程和时空次序，使生态系统的结构、功能和生态学潜力尽快成功地恢复到一定的或原有乃至更高的水平。因此，必须尽快完善退化湖滨湿地生态系统恢复的理论研究，从而为具体恢复实践提供可靠的相关理论依据。

1. 湿地恢复的概念

对于湿地“恢复”，它具有修复、重建、复原、再生、更新、再造、改进、改良、调整等多重含义，鉴于研究目的和方法不同，湿地恢复的概念也有着明显的区分。一般认为，湿地恢复是指通过生态技术或生态工程对退化或消失的湿地进行修复或重建，再现退化前的结构和功能以及相关的物理化学和生物学特性，使其发挥应有的作用，湿地恢复包括湿地的修复、湿地改建和湿地重建等。

2. 湖滨湿地生态恢复的原则

（1）生境诱导、自我设计原则：按照自然湿地生态系统的结构和过程特征，对现存生境进行适当调整，诱导其自我恢复，充分利用生态系统本身具有的自我维持、自我设计能力，使其在较少的人为干预下达到近自然生态系统的良性循环。

（2）因地制宜原则：因地制宜是湿地生态系统保护和恢复的重要原则，即要紧密结合当地的地形、地质、气候及人文、经济、社会等多方面综合要素，选择适合的植物和湿地设计方案，充分利用当地已有的资源与景观空间，在尽可能减少工程量的前提下，达到最佳的环境效果和美化效果。

（3）源于自然、优于自然原则：包括：

①原景观保护原则：保护、保留“原自然、原景观、原设施”，减少建设费用，显现区域自然景观以及人文景观特色。

②多样性原则：体现生物物种、遗传、生态系统和景观多样性，丰富植物群落层次与种类。

③地带性原则：根据植被气候区域，因地制宜选择适合的植物种类配置群落，充分体现地域特色，发挥其美学价值、生态环境价值、历史文化价值和经济价值。

（4）生态与可持续原则：环境是人类生存和发展的基本条件，是社会、经济可持续发展的基础。生物多样性和生态系统的相互关系是管理、规划及合理开发生物资源的基础。保护湿地生物多样性不是维持群落的种类成分永远不变，而是维持湿地生态系统的动态平衡，并体现湿地生物多样性的特点，保障湿地生态系统具有自身反馈和演替的能力。

3. 湿地恢复的生态学理论基础

关于湿地恢复与重建的科学理论到目前还是一个比较新的研究领域，由于湿地恢复和重建的活动类型多样，而且各地的自然环境也是千差万别，所以关于湿地恢复与重建的指导原则也要因时因地制宜。目前普遍认为对湿地生态系统恢复有指导意义的理论主要有：干扰理论、演替理论、I-IGM原理与方法、系统理论、边缘效应理论、自我设计和设计理论等。湿地退化的主要原因是人类活动的干扰，其内在实质是系统结构的紊乱和功能的减弱与破坏，而在外在表现上则是生物多样性的下降或丧失以及自然景观的衰退。湿地恢复和重建最重要的理论基础是生态演替和干扰理论。由于演替的作用，只要消除干扰压力，并且在适宜的管理方式下，湿地是可以恢复的。恢复的最终目的就是再现一个自然的、自我持续的生态系统，使其与环境背景保持完整的统一性，不同的湿地类型，恢复的指标体系及相应策略亦不同。具体情况根据湿地破坏程度和破坏类型不同，应制定合理的恢复策略。对于已经被破坏的湿地资源，除了自然恢复以外，应适当介入人为力量。

（1）中度干扰和边缘效应理论

湖滨湿地处于水、陆边缘，并常受到水位波动的影响，因而具有明显的边缘效应和中度干扰，是检验边缘效应理论和中度干扰理论的最佳场所。边缘效应理论认为，两种生境交汇的地方由于异质性高而导致物种多样性高。湖滨湿地潮湿、部分水淹或全淹的生境在生物地球化学循环过程中具有源、库和转运者三重角色，适于各种生物的生活，生产力较单纯的陆地和水体高。

湿地环境干扰体系的时空尺寸比较复杂，Connell提出的“中度干扰假说”认为，频度和强度适中的干扰有利于维持群落多样性。干扰的频度适中，即两次干扰之间的时间段足以让群落恢复；干扰强度适中，即干扰不会对群落造成过分的破坏。Connell 的中度干扰假说预测群落受中度干扰作用时，群落的物种多样性最高，结构最复杂。这种中等程度的干扰能维持高多样性的理由是：

①在一次干扰后少数先锋种入侵空的生态位。如果干扰频繁，则先锋种不能发展到演替中期，因而多样性较低；

②如果干扰间隔期过长，使演替发展到顶级阶段，因而多样性也较低；

③只有中等干扰程度能使多样性维持在最高水平，它允许更多的物种入侵和定居。

（2）演替理论

一般认为演替是植被在受到干扰后的恢复过程或从未生长过植物的地点上形成和发展的过程。水生群落的演替过程通常包括以下几个阶段，如表 4-3-1 所示：

表 4-3-1　水生群落演替的几个过程

阶段	主要表现
自由漂浮植物阶段	主要表现为有机质的沉积。由于沿岸植物深入到池中，池中的浮游植物和其他生物的生命活动所产生的有机物在池底沉积起来，天长日久，使湖底逐渐抬高
沉水植物阶段	在水深 5 ~ 7m 处，出现的沉水的轮藻属（Chara）植物，构成湖底裸地上的先锋植物群落。由于它的生长，湖底有机质积累较快而多，同时它们的残体分解不完全，湖底进一步抬高。继而金鱼藻（Ceratopby llum）、狐尾藻（Myriophyllum）等高等水生植物种类出现，它们生长繁殖能力强，垫高湖底的作用能力更强。鱼类等典型的水生动物减少，而两栖类和水蛙等动物增多
浮叶根生植物阶段	随着湖底变浅，浮叶根生植物出现，如眼子菜属（Potamogeton）、睡莲属（Nymphaea），莕菜属（Nymphoides）等。它们的宽阔叶子在水面上形成连续不断覆盖，使得光照条件不利于沉水植物。这些植物死亡的组织具有较丰富的物质，腐败较缓慢，加速池底的抬高过程
挺水植物阶段	水体继续变浅，挺水植物如芦苇（Phragmites）、香蒲（Typha）等的出现，它们根茎极为茂密，常纠结在一起，不仅使池底迅速抬高，而且还可以形成一些浮岛，开始出现一些陆生环境的一些特征。这一阶段鱼类进一步减少，而两栖类和水生昆虫进一步增加
湿生草本植物阶段	湖水中升起的地面，含有极丰富的有机质，土壤水分近于饱和。湿生的沼泽植物开始生长，如莎草（Cyperus）、苔草（Carex）等属的一些种类组成。由于地面蒸发和地下水位下降，土壤很快变得干燥，湿生草类很快为旱生草类所代替
木本植物阶段	在湿生草本植物群落中，首先出现湿性灌木，继而乔木侵入逐渐形成森林。原有的湿生生境，逐渐改变为中生生境。群落内的动物种类也逐渐增多，脊椎动物和无脊椎动物，以及微生物等均有分布，尤其是大型兽类，以森林为隐蔽所，赖以生存和繁衍

可以看出，整个水生演替系列也就是湖泊不断填平的过程，它通常是按从湖泊周围向湖泊中央的顺序发生的。演替的每一个阶段都为下一阶段创造了条件，使得新的群落得以在原有群落的基础上形成和产生。湖滨湿地的水文特征相对较为稳定，其演替过程没有滨海湿地那么迅速。但水文特征变化加上人为排水、围垦等干扰，也会导致群落结构的变化。

因此，在此类湿地的生态恢复过程中，需要以演替理论为基础，通过各种人为管理手段将其稳定在某一个阶段并防止群落结构发生随意的变化，引导演替进程，破坏水生演替过程中挺水植物的发生规模，进而减缓湖泊衰老的进程，使湿地演替朝着有利方向进行。

二、湖滨湿地生态系统

1. 湖滨湿地概念及特征

湖滨湿地是湖泊水生生态系统与湖泊流域陆地生态系统间一种重要的湿地类型。其特征由相邻生态系统之间相互作用的空间、时间及强度所决定。按其地形条件可划分为：河口型、堤防型、滩地型（如湖滨湿地）和陡岸型（包括岩岸和砾石岸）等类型。

湖滨湿地的定义范畴多样，根据联合国教科文组织的人与生物圈计划（MAB）委员会对生态交错带的定义可以理解为：湖岸带水深浅于 6m 的水域及其沿岸浸湿地带，包括水深不超过 6m 的永久水域、沿湖低地或洪泛地带等。由水、土和挺水或湿生植物（可伴生其他生物）相互作用构成，其内部过程长期为水控制的自然综合体。它是一类既不同于水体，又不同于陆地的特殊过渡类型生态系统，为水生、陆生生态系统界面相互延伸扩展的重叠空间区域。系统的生产者是由湿生、沼生、浅水生植物组成，消费者是由湿生、沼生、浅水生动物组成，分解者由介于水体与陆生生态系统之间的过渡类群组成。系统与周围相邻系统关系密切，并与它们发生物质和能量交换。

湖滨湿地具有以下几个突出的特征：

（1）地表长期或季节性处在过湿或积水状态。

（2）地表生长有湿生、沼生、浅水生植物（包括部分喜湿盐生植物），且具有较高的生产力；生活着湿生、沼生、浅水生动物和适应该特殊环境的微生物群。

（3）具有明显的潜育化过程。它们常常是连接孤立、脆弱生境的生物学廊道，具有重要的环境和生态功能，包括改善水质、控制洪水、渔业、休闲和支持高度的生物多样性等。由于受到湖泊水文调节、地下水开采、农业开发和其他人类活动的影响，它们已大量丧失或被严重改造，通过国家的政策调控，此类生态系统的恢复、重建工程越来越多，恢复的现实可能性越来越大。

2. 湖滨湿地生态系统结构与功能

从生态学和系统论角度看，湖滨湿地是由多种植物、动物、微生物和土壤、水、大气等多种非生物环境组成的一种半封闭半开放系统。生态学认为生产者、消费者和分解者是物质循环和能量流动的重要参与者，其种群动态及相互关系即所谓的结构决定了生态系统功能。湿地物质转化和能量流动、湿地生物种群动态、结构与功能等研究的最终目的是为湿地资源的管理保护提供必要的依据。

（1）结构

①边界性和梯度性

湖岸带水岸生态系统应该具备陆向辐射区（受水体影响的陆地植被区）、水位变幅区（周期性淹水的植物带）、水向辐射区（常年淹水的植物带）等完整的结构区域。

发育良好的湖滨湿地具有一定的结构，在自然条件下，这种结构的分布常呈现与岸线相平行的带状，其微地貌常以“水体→沼泽带→滩地→低湿地带→陆地”结构出现，这一重要特征使湖滨湿地具备了边界性和梯度性两个重要特征。其植被依当地的气候、土壤、坡度以及水体富营养化程度和水文特点各异。如洞庭湖岸边出现苦草、范草、芦苇 3 个明显的层次，博斯腾湖出现眼子菜、睡莲、竹叶眼子菜、香蒲、芦苇 4 个层次。有的湖滨湿地因受人类活动的长期影响，其微景观不再具有平行层次而主要受地下水位的高低影响表现出不同的结构等。

湖滨湿地系统的梯度性要求该系统是一个具备一定宽度的缓冲带，其宽度大小直接决定了该湿地系统的功能效益。按照流域连接度原理，与湖岸形态变化、土壤条件及湖岸生物群落演替相协调，调整各区域的宽度及形态，形成植物结构合理、发育良好的植被型湖滨带，即植被带总宽度约 90m，植物覆盖度大于 90%，植物以芦苇为主植被群落，其中常年淹水的植物带宽度约 20 ~ 30m，底部有 30 ~ 40cm 的软泥层，周期性淹水的植物带宽约 30 ~ 40m，沿陆地方向向上，为无污染的和未遭人为破坏的茂密天然灌木丛。

②生态脆弱性

湖滨湿地是介于湖泊水生生态系统与陆生生态系统之间的过渡系统。与其他生态系统相比较，易受周边地区各种生命活动和自然过程的影响，是受人类活动影响最敏感的部分。湿地生态系统总是从一种生态系统开始发育，最终成为另外一种生态系统。湿地生态系统的生命周期与海洋、森林等生态系统相比要短许多，相比其他生态系统而言，它显得更为脆弱。

同时，湖滨带是城市湖泊的一道天然保护屏障，对湖泊起着重要的保护作用。是防止污染进入湖泊的最后一道防线，也是保护湖泊水资源的最前沿，正是由于这一特殊地理位置，决定了它的营养盐来源丰富，在非生物生态因子的环境梯度以及地形和水文学过程的作用下，由水土流失的产品、大气沉降物、枯枝落叶、地下和地面的输入，还有污水排放等穿过湖滨带，从陆地进入湖泊水体。使其生态系统受到水域和陆地生态系统的双重影响，最终表现出不同程度的不稳定性和生态脆弱性。

对于不同的湖滨湿地，其营养盐主要来源各不相同。这与湿地的自然气候条件、地质地貌、植被和社会经济发展状况等有关。对于大多数湖滨湿地来说，当点源的生活污水和工业污水得到治理时，湖滨带及湖周侵蚀作用带来的泥沙和各种颗粒物质为主要成分。据

Lewis 等人 1984 年估算，由侵蚀作用带来的颗粒物入湖所携带的 N 和 P 分别占 N，P 入湖总量的 20% ~ 50% 和 30% ~ 90%。

③物种群聚结构复杂性

湖滨湿地是水生和陆生两大生态系统的交界区域，属于生态交错带，边缘效应十分明显，景观异质性突出，生境复杂多样，生物多样性丰富，其中包括“沉水植物群落—浮水植物群落—挺水植物群落—湿生植物群落—陆生植物群落”的群落物种演替系列。初级生产力、次级生产力较高，土壤中腐殖质含量以及对有机质的降解速率都较高，加上多种动物、微生物及其组成的群落，构成复杂的物种群聚结构。物种群聚结构复杂性也是湖滨湿地整体上能够自我维持、修复和完善的主要原因。

（2）功能

湖滨湿地因其水陆交错带的属性，使它在多景观的复合生态系统中具有特殊的如固碳、涵养水源、生物多样性维持等生态和景观功能，以及旅游、芦苇生产、泥炭累积等经济价值，但由于湿地退化使得各项功能正在减弱。

①生态功能

湖滨湿地的界面特点使它在多景观的复合生态系统中具有特殊的生态功能，包括维持生物多样性；拦截和过滤经过湖滨带的物质流和能量流；为鱼类、鸟类和部分两栖类动物的繁育提供场所；稳定相邻的两个生态系统；净化水体，减少污染；防洪、保持水土、涵养水源等作用。如在净化水质方面，当地表径流携带污染物进入湖滨湿地时，污染物由于自然沉降、大型植物截流等沉积下来，湖滨湿地中丰富的生物，尤其是水生植物和微生物，将这些沉积下来的营养物质分解转化后吸收利用，再通过植物收割等方式转移出去，从而净化水质。

湖滨湿地净化水质功能主要包括以下四个方面：大型植物截流作用、土壤吸附、微生物分解和植物吸收，这些效应包括沉淀、吸附、过滤、分解、离子交换、络合、硝化与反硝化、植物对营养元素的摄取、生命代谢活动等。不同类型的湿地植物群落对污水中氮、磷的去除效率有很大的变化范围。湿地植物群落可以直接吸收利用污染物中的营养物质、吸附和富集重金属以及一些有毒有害物质，为根区好氧微生物输送氧气。水生植物对污水中的 BODs，CODcr，TN，TP 主要是靠附着生长在根区表面及附近的微生物去除的，根系比较发达的水生植物能够有效地去除废水中的污染物。挺水植物往往具有发达的根系和根状茎，能够提供良好的过滤条件，还可以防止淤泥堵塞。在湿地生态系统中，挺水植物通过叶吸收和茎秆的运输作用，将空气中的氧转移到根部，在根须周围形成好氧区，以利于好氧微生物对有机质的分解作用。在根须较少的地方形成兼性区和厌氧区，有利于兼性微生物和厌氧微生物降解有机物的作用。由于 N，P 等有机物被植物大量吸收，同时由于水生植物覆盖水面，使其下部光照减弱，藻类数量下降，从而抑制了水中内源性有机物的产量。所以水生植物可以从内外源两方面降低 COD 值。在通常情况下，通过收割湿地植物可以使污染物质从湿地生态系统中去除。

②景观美学和教育功能

湖滨湿地拥有丰富的动植物资源，具有强烈的景观异质性特征和令人神往的滨水环境，兼具美学、生态、文化特色和实际功用，在人类亲水性的驱使下，无论是湿地水景、植物，还是湿地的文化内涵，都以自身独特的魅力，成为人们休闲娱乐、亲近自然的好去处。

湖滨湿地的景观性决定了它同时是很好的教育基地，其丰富的水体空间，水面、陆生及水生植物、鸟类和鱼类，使人们得以重新回归自然。与此同时，湖滨湿地景观要素与物种多样性丰富，可以在当地普及自然滨水湿地的动植物知识，为非专业人士进一步了解湖滨湿地的结构、组成和功能，并为环境保护教育和公众教育提供机会和场所，从而将教育与娱乐完美地结合在一起，寓教于乐。

我国湖滨湿地分布广泛，在我国就分布了从寒温带到热带，从沿海到内陆，从平原到高原山区各种地区，不同湿地又具有不同的地理位置、气候特点、湿地类型、功能要求、经济基础等。为充分保护区域湿地内的生物多样性和湿地功能，在制定湿地的生态恢复策略、指标体系和技术途径时，不能盲目地照抄照搬，应针对每个湿地独特的地理位置和地域文化制定一套现实和动态的未来目标。这里紧密围绕太湖流域湖滨湿地的特征对其生态恢复的手段以及管理技术与方法做出初步的探讨。

三、湖滨湿地生境改造技术

生境条件（风浪、藻类堆积、水体污染等）是限制湖滨湿地恢复的关键因子，湖滨湿地恢复与重建的关键首先在于对生境条件的改善，只有生境条件的改善才能使植被恢复成为可能，保障恢复措施的实施。

湖滨湿地恢复实际是一项极为复杂的生态工程，受损湖滨湿地生境恢复，就是在传统护岸工程设计中纳入湿地生态学和恢复生态学原理，对工程结构进行生态设计，通过生态技术或生态工程对退化或消失的湿地生境进行修复或重建，再现或仿效湿地生境受干扰前的生态系统结构、功能、多样性和动态变化过程，以及相关的物理、化学和生物学特性，改造并建成一个本土的、稳定的湖滨湿地生态系统，在保证能够达到防止湖岸侵蚀的同时，创造出动植物及微生物能够生存的生态结构，促使湖岸植物连续生长。

湖滨湿地生境改造技术形式多样，可通过建立消浪工程、地形改造、水位调节等一系列生境改善措施，实现湖滨湿地生态重建。其中消浪工程是风浪侵蚀严重的湖滨带水生植物恢复的关键保障措施，是湖滨湿地生境改造的关键技术。对于风浪较大的开敞湖区开展水生植物恢复工作之前，首先应进行的是消浪防护工程。由于波浪是造成湖滩侵蚀的主要动力因素，随着波浪和湖流的共同作用，部分侵蚀泥沙向外扩散运移直接威胁到湿地植物生长和大堤安全，有必要采取消浪措施削减波浪的淘刷和促进堤前浅滩的形成。通过人工的湖面消浪工程，可以为水生植被营造一个理想的生存环境，帮助其更好的定居，从而进一步有利于湖滨湿地水质的净化。

对于风浪较大的开敞湖区利用高等水生植物修复富营养化水体的难度相当巨大。一方面，强烈的风浪会使水生植物根茎折断，严重的甚至连根拔起；另一方面较大的风浪容易引起湖泊沉积物的再悬浮，导致沉积物中营养盐的再次释放，同时沉积物的再悬浮会引起水体透明度的降低，进而对沉水植物的生长产生影响。但较小的风浪往往对高等水生植物的生长又是有利的，原因在于可以帮助去除附着在植物叶片和根茎上的附着生物，因为这些附着生物会影响叶片的光合作用；同时适度的风浪可以植物叶片和水体之间的碳交换而强化光合作用。

因此，在开阔的敞水湖面消除风浪，实施消浪工程，为湿地植物种植提供稳定的水体环境是目前亟待解决的一个技术问题。这里首先对可以用于太湖湖滨湿地的不同生境改造相关技术内容进行分析：

1. **木篱式消浪工程**

该消浪工程结构简单、易于施工且成本较低。可通过控制木桩的间距，使其不至于过疏或过密，以达到预期的消浪效果从而起到生境改善的作用。具体实施步骤为：

（1）扎排：每隔 10cm 打直径为 20cm，长为 3m 的木质排桩一根，入泥深度 lm，单排放置。每隔 100m 预留交流口一个，交口宽 4m。木桩之间以木条加以铆钉连接。桩脚抛块石、混凝土预制块护桩防冲。

（2）消浪桩排列的方向，与波浪传来的方向相垂直，木桩的间距约等于木桩直径的一半。

（3）锚定的位置：木质消浪排桩外围加以锚定，以反作用力与波浪推力达到平衡。锚链长一般比水深更长。

（4）在木桩与堤岸植被带间堆放生态袋来提高消浪效果，有利于滨岸的挺水植被带生长，更能起到净化水质的效果。生态袋三层堆叠，交叉压实，袋之间用木刺勾连。

2. **植物消浪技术**

植物消浪技术主要利用植物根系保护土壤，枝干消浪保护河道岸坡、堤围及岸滩。植物消浪技术因为其生态性和经济性在河流和湖泊消浪工程中得到推广应用，形成了一定的工程经验和系统理论，取得了显著的综合效益。与传统的工程护岸措施相比较，除了具有增强岸坡的稳定性、防止水土流失、防风消浪等功能外，还有成本低、工程量小、环境协调性好等优点。在坡面不稳定时还可以通过调整自身的状况来适应坡面的变化，维持较高的抗侵蚀能力。在堤外滩地上种植防浪林可以有效地消波以减少波浪对堤岸的冲刷侵蚀，是一种实用的生物消浪措施。

植物消浪适用于湖滩条件比较好、湖滩呈向湖心的斜坡堤岸，植物生长立地条件不够的需要先对湖滩进行基底改造，然后再种植植物实现消浪。湖泊水域水面上风成波浪对湖滩和堤岸长年累月的冲击和淘刷，使得湖滩侵蚀严重，堤岸安全度降低。在堤岸斜坡上种树是可以达到消浪护岸、促淤和固岸的一种可行办法，该办法已经在河流和湖泊中得到实践证实，岸坡树木长成后可以逐年采伐，回收经济效益，逐渐达到“以堤养堤”的效果。

堤岸边坡上植树消浪护岸不仅可以达到所需的工程效果，而且可以促进河岸滩生态恢复，改善当地生态环境和局部小气候，还可以美化环境，符合当今日益重视的绿色环保意识，该绿色护岸工程正日益受到人们的重视。因地制宜，合理设计防浪林种植方式，可最大程度发挥其消波消浪、固滩护堤的作用，是一种比较好的消浪防护技术。

3. **适于太湖湖滨湿地的生境改造技术**

在前文对主要消浪工程技术及其消浪效果进行研究的基础上，通过对比分析不同消浪措施，这里筛选出适于太湖湖滨湿地的消浪防护技术：太湖湖滨湿地易受到湖泊波浪侵蚀作用使水体透明度、水位和水深等与水生植物生长密切相关的条件发生根本性改变，在这种背景下，可采用木篱式消浪工程以及植物消浪技术作为湖滨带恢复的关键保障措施。同时，还可在消浪带两侧建设风浪观测站，通过对风力和消浪带内、外风浪的对比观测，揭示恢复区风浪特征，并通过定期监测水体浊度、色度、沉积物再悬浮通量等指标，研究消浪工程对水质净化和沉积物再悬浮的影响，综合评价分析消浪工程的环境效益，从而解决湖滨湿地保护与恢复工程消浪技术的难题。

四、湖滨湿地水生植物恢复与养护

在对湖滨湿地生境条件进行改善的研究基础上湿地植物则具备了相应的恢复条件。水生植物的恢复是整个湿地保护与恢复工程中的核心，发挥着重要的作用。湿地水生植被的恢复包括人工强化自然修复与人工重建水生植被两条途径。前者是对湖泊环境的调控来促进湖泊水生植被的自然恢复。后者则是对已经丧失了自动恢复水生植被能力的湖泊，通过生态工程的途径重建水生植被，绝非简单的“栽种水草”，而是在已经改变了的湖泊环境条件的基础上，根据湖泊生态功能的现实需要，依据系统生态学和群落生态学理论，重新设计并建设全新的能够稳定生存的水生植被和以水生植被为核心的湖泊良性生态。

在湖滨湿地水生植物恢复与养护的研究内容方面，主要通过研究不同植物对生境条件的适应性和水质改善效果，以及适于太湖湖滨湿地恢复的重要植物生长季节物候规律的调研观测与分析，筛选生态适应性强及净化效果好的植物，并侧重探讨湖岸植被收割方式与植物残体的清理方式，以维持植物群落持续稳定地发挥作用。

1. **水生植物的生态类型**

对水生植物的定义有很多，余树勋等对水生植物的定义是“生长在淡水深处的土壤中或自然漂浮在水中的植物，有时包括沼泽中出现的植物。有一部分叶片在水中，一部分漂浮在水面的如眼子菜；有整个植物体不入土壤而漂浮水中的如凤眼莲等”。也有定义为“凡是生长在水域附近，如湖泊、河川、他塘及海边的半咸水和海水中，或常年潮湿泥土地上的植物，都可称为水生植物”，将水生植物分为挺水植物（挺水花卉）、浮叶和漂浮植物（浮叶花卉）、沉水植物（观赏水草）、海生植物（红树林）以及沿岸耐湿的乔灌木等滨水植物。这里根据美国《FICWD：鉴别和描述管理湿地联合手册》中的阐述将水生植物定义为“生长在水中或至少是由于水分充足而周期性缺氧的基质上的任何大型植物（包括水生植物或水生大型藻类），尤其是在湿地和其他水生生境中生长的植物。”

目前国内外研究较多的作为污染治理和修复用的水生植物则通常是指大型水生植物，它是一个生态学范畴上的类群，是不同分类群植物通过长期适应水环境而形成的趋同性适应类型。大型水生植物是除小型藻类以外所有的水生植物类群，主要包括水生维管束植物和高等藻类。按其形态和生活习性，可以分为挺水、漂浮、浮叶和沉水 4 种类型。

2. 湖滨湿地恢复水生植物的筛选

湖滨湿地水生植物的筛选也是恢复的重要内容之一，其重要性在于只有在系统建立和植物栽种配置时将系统的主要功能与植物的植物学特性充分结合起来考虑，才能充分发挥不同湿地水生植物各自的优势，达到更好的处理净化效果。在利用水生植物修复受损水域生态系统时要遵循一定的原则，应充分考虑水生植物与环境的协同作用，并根据环境条件和群落特性，合理配置水生植物群落，形成稳定可持续利用的生态系统。水生植物在湖滨湿地恢复中的应用不但要具备较强的环境适应能力和较高的观赏价值，还应具备较好的耐污能力与污染物净化能力。

湖滨湿地植物恢复以一定时期的水淹为特征，恢复原生态应遵循自然规律，只有适宜的植物群落才能生存。因此，水位、水质等条件对挺水、沉水、浮叶植物的生长和生理生态有着极为重要的影响，通过水生植物的适应性及其对氮、磷、重金属的吸收、累积、释放等过程的动态特征研究，可筛选适于太湖湖滨湿地植被恢复的品种。目前，太湖流域湿地恢复工程植物物种配置种类多样性还不高，应加强湿地植物的筛选工作，以保证植物在适宜的水深条件下达到最大的水体净化能力，同时提供较高的观赏价值。

（1）水生植物对水位生态适应性

湿地植物的生长受水深条件的限制，水位是决定湿地植物分布的主导因素与关键因子。不同功能群的物种对水深有不同的耐受力，作为与水体生境密切相关的一类植物，水生植物对水体水位的变化比较敏感，在湿地恢复工作中应用水生植物时，水位成为其生存的重要限制因子，满足其需要成为首要目标。

植物的适宜水深是其生存的最基本条件，不同的水生植物物种有不同的适宜水深，生态湿地修复物种配置必须考虑水深的因素。水生高等植物多分布在 100 ~ 150cm 的水中，多数挺水植物和浮叶植物不能长时间忍受超过其植物体高度的水深，一般来说，挺水及浮水植物常以 30 ~ 100cm 为适，如荷花、芡实、睡莲、芦竹、香蒲、芦苇、千屈菜、水葱等，而沼生、湿生植物种类只需 20 ~ 30cm 的浅水即可，如鸢尾、葛蒲等。

随着季节的推移、降雨量大小等客观因素的存在，太湖湖滨湿地水体水位会受到影响，一般可分为最低水位、常水位、最高水位，并在其间浮动变化。平时，水位处于常水位；枯水季节，如夏天、冬天部分时日，则处于低水位甚至干涸；在丰水期、大范围降雨或暴雨时，水位会快速升高接近最高水位甚至洪水位。处于高水位时，水生植物必须避免长时间被淹没，雨季淹没的最大深度应保证大部分植物能够生存并发挥其功能。在一定程度上，超高深度取决于被种植的水生植物种类，如香蒲、芦苇、芦竹等本身就可以长得很高，且具有较强的生命力。

因此，在种植设计时应根据植物生态习性，将不同的植物栽植于合适的水深位置，如灯芯草等较低矮种类喜浅水 10 ~ 20cm 水深，种植在近岸可以很好地遮掩池岸、柔和边界，香蒲、水烛等直立的种类则可耐近 50cm 水深。美人蕉和香根草二者对水深的耐受性均不强，不适合在深水中生长与繁殖，与美人蕉相比，香根草对水深的耐受性更强，美人蕉不适合在水深 >20cm 的水域生长，而芦苇在岸边 lm 的水深范围环境中生存占优势。

应根据种植区域的相应水深进行选择，以保证用于湖滨湿地保护与恢复的植物能够生存并发挥其相应功能。同时还应注意控制水深，主要通过两种方法，一是在湿地恢复工作初期对待恢复区域进行地形改造，使水深适应不同植物的需要。在地形改造结束后，还可在岸边利用堤坝和软管调节水位，并充分考虑枯水期的水源补充问题。不同的水生植物也需要不同的水质和水文条件，如葛蒲在慢速流动的水体中生长最好，在湿地恢复工作进行时也需要考虑到水生植物对水质水文等条件的需求。

（2）水生植物对污染物的去除能力

①去氮除磷作用

水体中氮磷的过量富集是导致太湖水体富营养化的主要原因，通过大型水生植物富集将水体中过量的营养元素去除是治理、调节和抑制湖泊富营养化的有效途径。N，P 元素是植物生长的必须元素，只有在生态系统中过量且超出其承受范围时才成为灾难。藻类与水生植物同样都需要吸收水体中的 N，P 元素，但藻类繁殖迅速、生长周期短，N，P 在其体内的存储不稳定，在其不断被吸收和释放的过程中，藻类暴发又死亡导致的是水体的浑浊和缺氧以及毒素的蔓延。而大型水生植物可以直接从水层和底泥中吸收 N，P，并同化为自身的结构组成物质（蛋白质和核酸等），同化的速率与生长速度、水体营养物水平呈正相关，并且在合适的环境中，它往往以营养繁殖方式快速积累生物量，并且 N，P 是植物大量需要的营养物质，所以对这些物质的固定能力也就非常高。由于大型水生植物的生命周期比藻类长，死亡时才会释放这些营养物质，N，P 在其体内的储存比藻类稳定，所以可通过种养水生植物达到水体脱氮除磷的目的，只要在大型水生植物腐败形成“二次污染”之前将其收获，就可将过量元素移出系统，同时收获相应的生物资源。当水生植物被收割运移出水生生态系统时，大量的营养物质也随之从水体中输出，从而达到净化水体的作用。

水生植物可调节温度适中的浅水湖泊水体的营养浓度，就太湖湖滨湿地水生植物的生态类型来讲，挺水植物能吸收水、底泥中氮、磷等营养元素，通过竞争途径抑制同样吸收氮、磷等营养元素的藻类的繁殖。水体在流经挺水植物群落时，水中的悬浮物、高分子有机物由于植物的阻挡作用及植物表面微生物所分泌的黏液的凝聚作用而沉降，降低水的浑浊度。浮叶和漂浮植物对营养物质有很强的吸收能力，能直接从污水中吸收有害物质和过剩营养物质，可净化水体，它们繁殖力很强，而且漂浮植物能够随着水流及水中营养物质的分布不同而漂移。沉水植物整个植株都处于水中，根、茎、叶等都可以对水中的营养物质进行吸收，在营养竞争方面占据了极大的优势，从而具有比浮水植物更强的富集氮磷的能力。沉水植物可通过光合作用向水体输送氧气，有着巨大的生物量，与环境进行着大量的物质和能量的交换，形成了十分庞大的环境容量和强有力的自净能力。在沉水植物分布区内，COD，BOD、总磷、氨氮的含量都普遍远低于无沉水植物的分布区。

用于生态恢复、净化环境的植物主要可分为两类：一类是植物本身对污染物具有较强的吸收、积累能力。如睡莲、荷花、马蹄莲、慈姑、李荠、菱角、芡实等，利用这些植物的生长（主要是块根、球茎和果实的生长）需要大量营养元素的特性，将其作为除磷的优势植物应用，以提高系统对磷的去除效果。它们或具有发达的地下根茎或块根，或能产生大量的种子果实，多为季节性体眠植物类型，一般是冬季枯萎春季萌发，生长季节主要集中在 4 ~ 9 月。一类是植物在一个生长季中具有较快的生长速度和较大生物量增幅。虽然湿地水生植物对氮、磷均有一定的吸收能力，但不同植物种类，吸收能力不同。植物种对不同元素具有一定内在的吸收选择力，不同植物中同一元素的含量高低变动很大。此外，同一水生植物的不同生长期、不同部分对氮、磷的积累特征也不同。

结合分析相关实验成果，得出各类植物养分含量的大小依次为：浮叶植物 > 沉水植物 > 挺水植物。以浮水植物积累各种营养物质含量最多，如睡莲、荇菜的叶的氮含量达到了 28.878mg/g 和 38.309mg/g，磷含量达到了 6.362mg/g 和 8.801mg/g，是其他几种植物含量的几倍。此外，营蒲、莺尾叶中氮的含量分别为 23.886mg/g 和 29.368mg/g，磷的含量为 4.881mg/g 和 2.998mg/g，这说明它们都是积累湿地过多营养物质、净化湿地效果很好的物种，由此在太湖湖滨湿地保护与恢复的工程当中可适当考虑选取。

②对重金属和有毒有害物质的富集和吸收

水体中金属元素具有危害性大、不可降解等特点，利用水生高等植物所具有的富集能力，可从污水中吸收重金属离子从而净化水质。水生植物对重金属和有毒有害物质吸收净化的基础是它们对这些物质有较强的抗性，能在这些物质含量较高的水体中生存并生长，将其贮存于体内的某些部位，甚至蓄积量达到很高时，植物仍不会受害。植物通常是通过螯合和区室化等作用来耐受并吸收富集环境中的重金属，这种机制也存在于许多水生植物中，如重金属诱导就可使风眼莲体内产生有重金属络合作用的金属硫肽，这些机制的存在使许多水生植物可大量富集水中的重金属。也有研究表明水生植物根系分泌的特殊的有机物能从周围环境中交换吸附重金属。被吸附的重金属离子部分通过质外体或共质体途径进入根细胞，大部分金属离子通过专一的或通用的离子载体或通道蛋白进入根细胞。吸收在根系内的重金属主要分布在质外体或形成磷酸盐、碳酸盐沉淀，或与细胞壁结合。

研究分析证明水生植物对重金属的忍受能力大小因植物的生活类型不同而异，水生植物吸收积累重金属的能力是一般为沉水植物 > 漂浮、浮叶植物 > 挺水植物，根系发达的水生植物大于根系不发达的水生植物。针对适于太湖流域恢复的常见种，可筛选出浮萍、狐尾藻、营蒲、满江红、芦苇、槐叶萍、香蒲、风眼莲等生长速度快，重金属污染物去除潜力大的种类。

（3）水生植物景观效果

太湖流域水生植物资源十分丰富，高等水生植物就有近 300 种。其中荷花、千屈菜、香蒲、萍蓬草、水葱等大批有较高观赏价值的野生种类已得到广泛应用。目前在湿地恢复水景设计中应用较多的有挺水植物，如荷花、曹蒲、香蒲、水葱、千屈菜、莺尾等；浮叶植物如睡莲、萍蓬草、莼菜、菱等。因为这两类植物的植物体高大，在水体中通过人工配置可以丰富湿地水体的景观空间层次、形成湿地环境的色彩对比、体现湿地景物轮廓的起伏与节奏变化。保护与恢复工程中水生植物群落的配置一般以过去当地存在过的较好的植物群落结构为模板，根据需要适当地引入有特殊用途、适应能力强及生态效益好的物种。配置多种、多层、高效、稳定的植物群落应根据地区特点，尽量采用湿地自然植物群落的生长结构，增加植物的多样性，建立层次多、结构复杂多样的植物群落，促进植物群落的自然化，发挥植物的生态效应，实现人工的低度管理和景观资源的可持续发展。多种类植物的搭配，不仅可形成丰富而又错落有致的视觉效果，而且能发挥各种水生植物吸附水体污染物的功能，再配以必要的人工管理，有利于实现生态系统完全或半完全的自我循环。

水生植物景观中的水和植物就是它的独特之处，水的形态和存在方式以及植物的不同的配置都会给游人不同的感受。如何使湿地植物景观给人们带来舒适的感觉是太湖湖滨湿地植物配置时所必须考虑的。设计主要考虑垂直和纵向两个方向，使人站在岸边大堤上即可达到通透感和层次感的视觉效果。湿地的高低层次可通过灌木、湿生、挺水、浮叶、沉水植物配置形成。沉水植物应与挺水、浮叶植物搭配组景，以增加水生植物的景观层次，但要注意控制上层的浮叶与挺水植物在垂直水平面投影上的遮阴面积，以免沉水植物因缺乏光照而生长不良。具体地说，在层次上，有乔灌木与草本植物之分，有挺水（如芦苇）、浮水（如睡莲）和沉水植物（如金鱼藻）之别，需将这些不同层次上的植物进行搭配设计；在功能上，可采用发达茎叶植物以利于阻挡水流、沉降泥沙，发达根系类植物以利于吸收等的搭配。这样，既能保持湿地系统的生态完整性，带来良好的生态效果，还能给整个湿地景观创造一种或摇曳生姿，或婀娜多态的多层次水生植物景观。远景层次可在湖堤构建以挺水植物为主的景观斑缀植物群落形成。通透感可在近岸水域交错带搭配种植高矮不一的植物，如不用高大植物仅以少量睡莲等点缀形成，进而在视觉上露出远眺的湖景。

体现在太湖湖滨湿地恢复的具体设计上，就是按植物的生态习性设置深水、中水及浅水和沼生、湿生植物区。通过沉水、浮水（漂浮）、挺水等各生活型水生植物之间，阔叶与窄叶、箭叶等种类植物之间的相互配置，在竖向上，可形成高低错落、疏密有致的层次效果；在平面上，水生植物不宜布置得过密，至少应留出 1/2 ～ 1/3 空余水面，否则会影响水中倒影及景观透视线。

3. 水生植物繁育方法与技术

随着水生植物在太湖湖滨湿地生态恢复、亲水园林景观以及人工湿地污水处理系统的广泛应用，对水生植物种苗的需求量也越来越大。在植物选取方面，虽然原则上看，用于水生植被恢复的材料是由恢复的目的决定，但是实际上更多考虑的是以下标准：是否有充足稳定的种源，或是否具有丰富的易于收集和生产的繁殖体，在满足了这两个条件后再考虑植物的筛选。

为了满足日渐增长的水生植物种苗需求，往往采取从异地采集大量的种苗作为种源的方法。这种方法一方面会破坏种源地的生态系统，另一方面，这种方法受时间和空间的限制较大，不能随时随地应用，而且如果种源地距离待恢复区域距离太远的话，在长途运输中会造成种苗的损伤，导致成活率的下降。

因此，人工繁育水生植物，特别是有观赏价值的和有生态价值的水生植物，以满足水生植物的工程需求成为目前太湖流域水生植被恢复的一个重要课题。

水生植物的繁育有播种、分株、扦插、压条、组织培养等几种主要的方法。

水生植物与陆生植物在生理特点上的不同，水生植物茎的维管束退化且缺乏木质和纤维，其表皮对杀菌剂的通透性强，对灭菌剂敏感，灭菌难度大，因此其组织培养比陆生植物更为困难。但是如果能够建立水生植物的组织培养技术，对于越来越受到重视的湿地恢复工作来说会起到重要的作用。

芦苇是最优的湿地近自然生态修复材料之一，是构成湖滨湿地的代表植物种。太湖湖滨湿地以大量生长的芦苇为主要优势种，这里主要探讨芦苇繁育技术。芦苇的种子细小，虽可进行有性繁殖，但播种出苗后主茎生长缓慢，而由两旁分集生长更新，以单体主茎经 2 ~ 3 年后才能生长出高大的植株，因此在大面积生产上多不用种子繁殖。

（1）传统的芦苇栽培方法一般有 5 种：茎栽培（繁殖）、地下茎栽培（繁殖）、成株移植、播种繁殖、种子苗栽培。对于大面积芦苇群落的恢复来讲，各自存在不足：

①用茎栽培的方法要求湖岸附近存在着自然芦苇采集地；

②利用芦苇根茎的繁殖方法破坏了芦苇原生地，同时栽种过程辛苦，不便于运输；

③由于芦苇种子细小，虽可进行有性繁殖，但播种出苗后主茎生长缓慢，同时在湖岸水位变化区域种子难以定居，发芽后因湖岸涨水渗水容易枯死；

④种子育苗繁殖方法在培育管理时费力、费时。所以要快速恢复重建湖岸原有芦苇群落，需要从远离城市的芦苇原生地采取芦苇，这种做法破坏了芦苇原生地的生态环境，而且不便于运输。

因此，针对大量受损湖滨湿地恢复重建工程的实施，需要更加轻便、快速的芦苇幼苗培育技术与方法，以恢复芦苇群落，减少对芦苇原生地的破坏。近年来，由于科学技术手段的不断发展，芦苇的繁殖技术也有了新的跨越，其中无性繁殖以其成活率高、操作简单得到了广泛应用。

（2）经调查与相关文献分析，这里总结出快速、经济、运输便利的大量培育芦苇幼苗的技术方法为：

①在芦苇采集地选择长势良好的芦苇，并齐地面剪下，去掉芦苇叶，剪成 30cm 长的芦苇秆，然后将 10 个芦苇秆捆成一束，将芦苇捆带回实验室进行浸泡发芽；

②将从芦苇采集地带回的芦苇捆放入自来水中浸泡15天，使芦苇秆发芽培育芦苇幼苗；

③剪取由芦苇秆母体上产生的芦苇幼苗，将其栽植到便于运输的塑料盆或植物模块中培育60天左右，生长成为高约70cm便于移植的芦苇成苗；

④将芦苇成苗运到将要恢复重建的河岸施工区，进行移植。

4. 基于物候谱的水生植物管理

（1）物候在管理中的重要性

植物物候现象是自然界的生物和非生物受外界环境因素影响而表现出来的季节性现象，并指示景观生态环境季节节律性变化。物候学研究表明，各种植物的物候现象，每年均按一定的先后顺序出现，有着显著的顺序性。各种植物的物候现象彼此之间有其相关性，前一种植物物候现象来临的早与迟与后一种植物出现的物候现象有密切的关系，即各种植物物候现象的出现具有“先后有序，迟早相随”的特点。且气候特点与立地条件不同，植物的物候现象的发生时间也会有一定的差异。

除可以利用水生植物的形体、线条、色彩、质地等观赏特性进行立体的空间造型，挖掘水生植物景观的时序之美外，若能进一步运用它们的物候相如营养生长、开花、落叶、枯萎等随季节变化的特性进行水生植物管理（打捞、收割等），则可为不同季节水生植物的管理提供借鉴，极大地提高水生植物管理的科学性，因此有必要考虑多种植物物候相的发生时间。

（2）主要水生植物物候谱

根据太湖湖滨湿地的气候特点与条件，笔者对太湖湖滨湿地主要水生植物及岸边草本植物的周年生长发育情况做了较为详细的咨询调查和记录。由于水体温度的变化不如陆地上空气中的温度变化快，导致水生植物的生长发育受水环境的影响较大。春季较陆生植物萌发迟，冬季死亡较陆生植物晚。因此，湖泊中秋季水生植物生物量最高，其中沉水植物的生物量最大，挺水植物次之；而夏季挺水植物的生物量最大，沉水植物次之。

对水生植物物候期进行正确统计，首先需要对其予以划分，并确定其持续的时间。根据水生植物物候现象变化，结合在湖滨湿地保护与恢复工程中的具体应用需要，将水生植物物候期主要划分为以下几个时期：萌发期、营养期、开花期（开花期与果实期在一起的按开花期计）、果实期、枯萎期、休眠期。

结合其他水生植物种类，综合分析此物候谱，发现太湖湖滨湿地内水生植物的生长发育规律具有如下特点：

①水生植物的萌发期主要集中在3月份。随着天气的逐渐转暖，芦苇、茭白、水烛等逐渐开始发芽抽叶，到处给人以一种“欣欣向荣”的春天景象，说明水生植物的又一年生长重新开始。

②水生植物的快速生长期集中在4 ~ 5月份。由于这一时期温度上升较快，直接加快了水生植物的生长发育速度，其生物量增加非常迅速。许多种类都在此时长成成年植株，并进入花期，如葛蒲、水葱、睡莲、水芹等。

③水生植物的观赏期长，且花期主要集中在 4 ～ 11 月份。各种水生植物花期交替、色彩缤纷，充分体现了水生植物的色彩美、线条美和姿态美。其中尤以葛蒲、鸢尾的开花时间较早，一般于 4 月下旬就可见其初花；开花时间最长的种类有美人蕉、睡莲等；而在 10 ～ 11 月间，开花植物主要为禾本科植物，如芦苇等。

④水生植物的枯萎期主要集中在 10 ～ 12 月份。进入 10 月之后，随着气温下降，尤其是 10 月下旬后其枯萎速度明显加快。水葱、千屈菜等先枯萎，然后是荷花，慈姑等。至 12 月中旬，随着气温的进一步下降，绝大部分水生植物均已枯萎。

⑤水生植物的休眠期主要集中在 12 ～ 2 月份。此时水生植物的地上部分或已被收割，或已腐烂于岸边水体中。区域内水体周边的植物景观表现较为萧条。

由于水生植物有一定的生长周期，必须按季节更替或定期打捞，以免植株残体对水体造成二次污染；同时还可以从水体中去除一部分被植物所吸收的营养元素，其余营养元素则留在水下或根部作为新生长出植株的营养。植物地上部分的氮、磷积累量大于地下部分，所以在植物的生长后期进行收割就可以高效地将氮、磷从湿地系统中去除。

因此，可遵循上表主要水生植物物候期的归纳，对水生植物种类应用较多、景观要求较高的区块采用顺序收割，收获地上部分，以防止植物残体落入水中腐烂造成污染，在植物即将枯萎前进行收割。

5. **适于太湖湖滨湿地的水生植物恢复与养护管理**

（1）太湖湖滨湿地水生植物种类及优化配置

在湖滨湿地植物群落配置方面，群落不是越复杂越好，群落生长过于茂密会造成部分植物生长不良而萎缩死亡；人工水生植物生态群落的浮叶植物与沉水植物在合理搭配空间内镶嵌生长，沉水植物能利用底泥中的营养盐生长，浮叶植物能降低水体中的营养盐浓度，并抑制藻类生长，提高降低水中营养盐的综合治理能力，应重视水生植物群落的优势种存在季节性演替现象及各种群落的变化趋势不一致现象。

通过总结研究各种植物配置对水质改善的效果以及对生境条件的适应性，筛选最佳的太湖湖滨湿地植物群落恢复模式如下：

①沿湖岸边的植物配置

这一地带处于水陆交界处，土壤湿润，选用的植物材料不仅要具备耐湿耐淹的性能还要有与自然山水相协调的景观效果，沿水岸边的植物还起着围合空间的作用，如想要创造较为封闭的空间，则沿水植物以大面积的群植和片植为主，群落中加大乔灌木的比例，并注意增加常绿树种的比例，以使冬季也有较好的围合效果；如希望创造较为开阔的空间效果，则沿水植物以孤植或三五群植为主，减少灌木的比例，从而使陆地到水面的通透性增强，空间开敞。

②浅水区的植物配置

这一地区适合多种植物生长，主要为沼生植物和挺水植物群落，应用的沼生植物主要有慈姑、芦苇、芦竹、美人蕉、千屈菜等，挺水植物群落以芦苇、菱草、香蒲为建群种，辅以曹蒲、莎草科植物等多种湿生植物，根据湖底地形、风浪条件等环境因素，以斑块状镶嵌方式组建单优植物群落和混合植物群落，如芦苇—菱草群落、芦苇—香蒲群落、芦苇—菱草—香蒲群落等。

③深水区的植物配置

该区是许多水生观赏植物适宜生存的区域，如荷花、睡莲、萍蓬草、芡实等，一般以片植和群植为主，选择植物，应考虑与水体面积、空间效果的和谐，以及与岸边、浅水区植物的搭配。沉水植物群落以马来眼子菜为建群种，伴以狐尾藻、殖草，组建斑块状沉水植物群落，并形成镶嵌式分布。菱为伴生在沉水植物中的浮叶植物，在靠近挺水植物一侧进行斑块状种植。

（2）太湖湖滨湿地水生植物的养护管理措施

水生植物需“三分种植，七分养护”。由于各种水生植物之间的生长习性、生态特性和观赏特性存在一定差异，故种植目的、观赏要求、管理措施等就不尽相同；且在植物的不同发育阶段，管理的侧重点也各有不同。因而水生植物的养护管理工作是一项综合性的技术措施。

太湖湖滨湿地保护与恢复工程所应用的大部分水生植物种类均能较好地适应本地环境，且形成了良好的景观效果。但在其生长周期结束之后都进入各自的枯萎期，面临因水生植物过度发展引起沼泽化的问题。故而除了一般性的日常维护外，季节性收割是湖滨湿地水生植物养护管理上的最主要内容。

①日常维护

A 防止人为破坏

阻止游人随意采摘水生植物枝叶及花朵，并禁止进入水生植物种植区以防践踏和破坏等，特别是在 2 ~ 5 月份，沿岸水生植物刚处于萌发生长期，而游人在岸边的亲水活动则很容易损伤水生植物，影响后期生长发育良好的景观形成。

B 杂草的去除

杂草的自然存在，很大程度上会给人以一种较为自然、野趣的感觉，但由于杂草繁殖能力强，势必影响湿地植物的正常生存与生长，因此，岸边杂草去除工作的开展有其重要性与必要性。

C 水体中植株残体的打捞

无论对于水质还是水体景观来说，大量枯枝落叶凋落并不是一个好现象。故而，在多数景点都经常可见有园林工人拿着网兜或驾船水面，或沿路而行，打捞着水面杂物。特别是在秋冬季节，任务甚是繁重。此外，对风景区内的水生植物进行长期监管，及时预防病虫害，并对局部区块进行及时调整和改进也是一个非常基础的日常维护工作。

②季节性收割

每年 10 月过后随着温度的逐渐下降，水生植物开始进入枯萎期。枯萎植株或歪斜，或匍在水面，并开始腐烂，直接影响景观效果，且对周边水体水质产生一定影响。据观测，此时沿岸水面漂浮的枯枝落叶明显增多，水体色泽加深，透明度有所下降，有关管理部门开始对水生植物进行收割，但由于水生植物各种类的枯萎期有较大的差异，因而收割时期、收割方法均有所不同，应注意加以区分处理。

A 一次性收割

水生植物种类应用较少的区块主要以一次性收割为主。黄葛蒲、曹蒲等种枯萎期相对较为一致，一般葛蒲于 10 月上旬，而黄营蒲于 10 月底便开始进入枯萎期。因此根据其枯萎的速度及表现，于 10 月下旬开始即将其一次性收割。在水体流速较快的区域，一次性收割有其好处，枯萎凋落的植株枝叶很容易随快速流动的水体而走，甚至可以考虑在早期就进行收割，以免后期植株腐烂影响水质。

B 顺序收割

对水生植物种类应用较多、景观要求较高的区块采用顺序收割。由于各水生植物进入枯萎期的时期相对不一致，同时也为更能体现野趣与生态性，延长水生植物景观的有效观赏期，主要根据植物的枯萎状况进行收割与处理。即将已经枯萎的植株去除，同时保留仍有景观效果的植株，依次进行。

但有些种类，特别是禾本科的一些植物如芦竹等，后期观赏效果尤佳，常给人以独特的韵味和感受。由于其花序观赏期较长，且株杆枯萎后亦具有较好的抗倒伏性，因此并没有对此类植物进行及时的收割，而是充分发挥其观赏特性，直至来年春天万物发芽之时才进行处理。

（3）太湖湖滨湿地水生植物常见种管理

同一植物在不同月份对富营养化水体中氮磷的净化率不同，其原因可能是在不同时期，植物的生长发育阶段不同，其生长速率及代谢功能也不同，由此导致植物对氮磷等营养元素的吸收量不同。在水体净化方面则表现为对水体中氮磷的去除率不同。经比较，植物在 9 ~ 10 月吸收 N，P 量可以达到一个比较大的值，如果在植物吸收氮、磷最多的时候收割植物，则植物去除的氮磷在总的去除量中的比例可以成倍增长，这与植物的 2 次生长高峰期有关（第一次为 4 ~ 6 月，第二次为下半年的 9 ~ 10 月）。因此，可利用植物的二次生长高峰对水生植物进行收割来移除植株中大部分的氮、磷，从而达到去除水中营养物质的目的。

结合以上主要水生植物物候谱的研究，选取以下几种常见水生植物，对其合理的收割管理方式进行探讨。

①殖草

多年生沉水植物，夏季植物体逐渐衰亡，同时形成石芽，冬、春至季节生长。春末夏初，范草生物量最大，表水层茎、叶对水中氮、磷的吸收速率相对增大，但由于底层叶片陆续枯萎、腐败分解释放营养盐，水中仍具足够的营养盐。在殖草繁茂期间、枝叶铺盖水面，遮阴严重，浮游植物的增殖可能受一定影响。春末夏初，殖草型水体中，表层、亚表层植株受强光照和高温等因子的影响，使硝酸盐还原酶活性明显降低，范草对 N03 一的同化率显著下降，加上无机碳源匮乏，导致范草的死亡。初夏（6月），死亡的整株殖草腐败、分解、释放大量营养盐，提高了水体的初级生产力。因此，夏季收割是最好的选择。

②凤眼莲

多年生漂浮植物，又名水葫芦，是最早用于污染净化的水生高等植物之一。生长期为春末、夏、秋季，夏季生长最旺盛，匍旬茎繁殖，冬季形成腋芽越冬，在肥沃水体中，生长快，产量高。在温带地区，凤眼莲生长期一般为9个月左右（3 ~ 12月），生长旺盛季节为7月17日 ~ 8月24日，初冬季节（11月 ~ 12月底）虽生长缓慢，但仍能吸收水体的有机污染物质，且凤眼莲越多吸收量越大。12月下旬温度骤降并出现明显霜冻后，凤眼莲叶片开始萎蔫、枯萎，但衰亡的植株体仍漂浮在水面，至次年4月底，才完全沉降到水底。

据此，将凤眼莲开始衰亡、植株枯萎漂浮在水面至植株完全沉降前这段时间作为凤眼莲衰亡阶段（12月—次年4月），由此，在这段时期内进行人工打捞是最好的选择。

③伊乐藻

伊乐藻一年四季均能存活，且最大生物量出现在秋季，秋季是伊乐藻生长最好的季节，此时生长速度最快。考虑伊乐藻在秋冬季节具有良好的生长状态，是低温条件下恢复水生植被的良好材料。可以将伊乐藻作为常绿水生植被构建的材料在生态修复工程中应用。秋季伊乐藻对水体中的TN具有最大的去除率，同时对水体中TP的去除率也最大。这是由于秋季的水温是伊乐藻适应的范围（15℃ ~ 20℃），所以秋季生长速度加快，对营养盐的需求量大，促进了伊乐藻对水体中含氮有机物和可给性磷的吸收。因此秋季收割是最好的选择。

④芦苇

芦苇作为苏州太湖的优势种之一，是一种分布广泛的多年生禾本科芦苇属植物，生长发育周期是每年的4 ~ 11月，是湿地环境中生长的主要挺水植物之一。3月中、下旬从地下根茎长出芽，4 ~ 5月大量发生，9 ~ 10月开花，11月结果。芦苇群落在10月底 ~ 11月初为芦苇的最佳收割期，此时收割芦苇能最大限度带走营养物质。

⑤菱白

菱白的生长是从4月开始，到9月下旬结束；生长最旺盛的是6月下旬 ~ 8月下旬，高度的生长量平均每天为0.3 ~ 1cm，地径的生长量平均每天为0.01 ~ 0.06cm，8月下旬后生长放慢。8月上旬为初菱期，8月中旬到9月中旬为盛菱期，10月中旬后为末菱期。菱白在9月下旬生长量停止，11月开始枯萎，因此可控制收割期为11月中旬左右。

⑥香蒲

氮磷元素在香蒲体内的蓄积含量具有明显季节性规律，随生长发育时期的延长，香蒲组织内氮、磷均具有随季节而向上输送蓄积或向下进行“营养回流”的特点。结合香蒲资源化利用的途径，香蒲的收割方式应按照其分布特点，分区域交替收割，既要保证香蒲的正常繁殖，还要保证香蒲能够从湿地环境带出一定量的氮磷，收割期宜在10月下旬或11月份。

综上，随着湖滨湿地保护与恢复工程植物应用种类和数量不断增多，应用范围逐渐扩大，除了日常的一般性维护工作，主要是以季节性收割为主。但也存在一定的问题，如部分植物生长不良、部分植物蔓延较快、部分植物消失却无重新补种及水质受到外界影响等，需切实加强管理并予以解决。

五、湖滨湿地鸟类生境选择与恢复

栖息地保护与生境改善也是湿地恢复措施中的一个关键技术环节。生境破碎化、物种多样性丧失等一系列问题已经使越来越多的人意识到栖息地恢复与重建的重要性。作为鸟类重要的繁殖地、栖息地、越冬地，湖滨湿地每年都会有大量的水鸟在此停歇、觅食或停留此处越冬。湿地鸟类是湿地生态系统的一个重要的组成部分，是湿地生态系统的顶级消费者。不可否认，恢复后的生态系统对湿地鸟类的栖息、繁衍是有益的。

因此，基于湿地鸟类保护的角度对恢复工程中的生境调整与管理进行研究，探讨湿地鸟类不同生活史时期的生境管理，对水位、水面积进行适当调整，并把握植被对鸟类生境保护的屏障作用，能够帮助了解湿地鸟类选择生境的规律，了解鸟类与湿地环境之间的相互关系和不同程度人为干扰对湿地鸟类群落的影响，从而为湖滨湿地科学有效地进行鸟类保护提供可靠依据。

1. 湿地鸟类生境选择

根据《湿地公约》的定义，湿地鸟类是指“生态上依赖湿地而生存的鸟类”，即某一生活史阶段依赖于湿地，且在形态和行为上对湿地形成适应特征的鸟类。它们以湿地为栖息空间，依水而居，或在水中游泳和潜水，或在浅水、滩地与岸边涉行，或在其上空飞行，以各种特化的咏和独特的方式在湿地觅食。从类别上主要包括传统上习称的雁鸭类和涉禽类等，还包括水边栖息的翠鸟类、猛禽类和雀形目中的一些鸟类。绝大多数湿地鸟类是一种迁徙性的候鸟，这决定了湿地鸟类在其生活史中需要不同类型的湿地。

栖息地（生境）是指动物生活的周围环境，是其进行各种生命活动的场所。对于鸟类而言，栖息地就是某些个体、种群或群落在其生活史的某一阶段（比如繁殖期，越冬期）中占据的环境，可以为其提供足够的资源用于维持整个生活史周期或者一部分生活史周期。这些资源包括食物、水（用于饮用和游泳或者戏耍）、遮盖物或者植被（用于躲避捕食或者恶劣的气候条件）、休憩（包括躲避自然或者人为干扰的区域）以及空间（繁殖期的配对空间和非繁殖期的社群空间）。

鸟类能识别环境中的某些特征，并依据这些特征来主动选择生活环境。如果没有这些特征，即使环境中包含动物所有必需的资源，它们也不能在这样的环境中生活。对鸟类生境选择的研究主要有繁殖生境的选择研究和觅食生境的选择研究，常见的研究方法是将研究区域的生境划分为若干个不同的类型，然后对不同生境类型的参数进行分析，从而得到物种对生境的偏好程度。各国学者作了大量的研究工作：Thompson 对美国德克萨斯州和路易斯安那州的白鹭繁殖生境。研究表明，白鹭繁殖生境需求的食物条件为10 ~ 30cm深且具有丰富食物的开阔浅水环境，景观覆盖类型包括木本植物高度大于1m的河、湖岸区的森林、木本沼泽或岛状林，浅水中植被覆盖度为40% ~ 60%，最小领域面积为5ha，筑巢区距离食物区不小于4km，筑巢区距道路或居民点的无干扰距离为0.5km，距其他干扰物距离为50m。朱曦等对浙江鹭类的营巢的研究结果表明，植物丰盛度和隐蔽条件对鹭类营巢地选择影响最大，其次为水源条件和坡度。李凤山等利用Friedman非参数估计方法对黑颈鹤在贵州草海的觅食生境选择进行了研究，结果发现，黑颈鹤对莎草草甸的选择性最高，对玉米的选择性最差，人为活动是影响黑颈鹤利用和选择栖息地的一个重要因素。

由此可见，湿地鸟类群落与栖息生境有着极为密切的关系，生境植被的盖度、面积、食物资源丰富度、食物可利用性及人为干扰程度和栖息地可隐蔽程度都与湿地水鸟在不同生境中的分布有关，其质量的高低直接影响着鸟类的地理分布、种群密度、繁殖成功率和存活率。鸟类通过选择适宜的生境来调整自身与环境的关系使自身处于最佳的状态。在长期的进化过程中，生境选择是鸟类与湖滨湿地自然环境间相互作用的产物，具有物种的特异性、时间和空间的差异性以及资源结构的异质性等特点，各种环境因素的综合作用与湿地鸟类自身特征决定着其生境的选择。

湿地鸟类栖息生境的优劣是由多种生境要素决定的，各种要素相互联系，相互影响共同对湿地鸟类发生作用，其中最主要的因素包括食物条件要素（水深因素、水域面积和干扰情况）和繁殖条件要素（植被覆盖类型、面积、干扰因素）。鸟类群落生态学家普遍认为鸟类的分布和多度的第一影响因子是植被，鸟类的繁殖栖息地选择，尤其是巢址选择主要取决于小尺度上的植被结构，如巢址周围植被的盖度、高度和视野开阔度等。栖息地高的空间异质性和浓密的植被能增加隐蔽性和潜在营巢点，从而降低捕食率。高度的巢址栖息地异质性还能够防止一般的捕食者形成搜寻印象而进一步降低巢卵捕食。因此，湿地鸟类生境的研究应作为湖滨湿地保护与恢复管理的主要对象。对湿地鸟类生境选择的研究，便于人们更加深入的了解影响湿地鸟类生存、栖息的环境因素，有利于物种及湿地环境的保护。

2. 湖滨湿地鸟类生境调整与生态管理技术

（1）不同时期湿地鸟类保护动态管理

许多野生生物在其部分生命周期内需要特殊的生境特征，鸟类生态系统管理既要根据不同时期分级进行，也要考虑生态系统的整体性。季节的变化直接导致生境和物种随之发生着动态变化，进而决定了湖滨湿地的管理也必须实施动态管理，需要结合湿地鸟类行为规律，依据不同的季节和生境状况，结合区域生态系统特征划定不同管理区域，采取相应的措施，进行必要的调整。

因此，在湿地恢复工作中应将重心放在湿地鸟类关键生境的管理与强化上，以便能够为其在繁殖期、哺乳期、越冬期以及迁徙期提供相应的适生环境。具体设计如下：

①在湿地鸟类越冬期在替代区域内增加适宜鸟类藏匿处（如湿地鸟类避难所），以帮助其安全越冬。由于近年来极端天气明显增加，恶劣的气候条件会对湿地鸟类的生存产生严重威胁，连续冰雪天气导致许多湿地鸟类失去赖以生存的觅食和栖息场所。因此，在太湖湿地鸟类栖息地保护保育区也有必要建立湿地鸟类应急避难所。湿地鸟类应急避难所应该以树枝和芦苇等为建造材料，长 1m、宽 0.5m、高 lm，类似草棚一样搭建，并分布在各种不同湿地鸟类栖息地内，从而为越冬鸟类提供避难以及建立藏匿的场所。

②在鸟类哺乳期特别是湿地食物短缺时期提供鸟类获取食物的条件，为湿地鸟类提供必需的食物，在适宜位置设置一定数量的野外投食点，以便食物缺乏时进行必要的人工喂食。每个投食点设置投食台，投食台和水池为连体结构，设计长 3m、宽 1m、高 0.8m。

③在湿地鸟类迁徙期，为保证足够的食物供给，满足迁徙涉禽的栖息地需求，扩大湿地鸟类觅食场所，为鸟类招引提供保障，可选择进行鱼苗基地建设，以保证湿地鸟类需求为首要目标，一方面为湿地鸟类提供足够的食物来源，为人工投放鱼苗提供培育基地，同时也可以让湿地鸟类直接在鱼苗基地内觅食，人类不加干预。

④在繁殖期可进行植被种类的选择和更换，比如更换调整对无脊椎动物适口性佳的草种，对控制无脊椎动物种类和数量具有明显的效果，并结合地区鸟类活动规律适时调整土壤肥力，增加有机物含量，有效控制土壤养分释放，从而增加土壤无脊椎动物的种类和数量，提高对鸟类的吸引力。

⑤在芦苇收割期，对于芦苇收割的临近区域，可以采取适当措施提高区域鸟类栖息地的质量，形成收割区的替代性栖息地，通过栖息地补偿性营建，促进鸟类保护。太湖湖滨湿地位于长江中下游，该区域曾经是鹤鹬迁徙路线上的重要中途停歇栖息地，也是雁鸭类重要的越冬栖息地，为了消除收割带来的不利影响，可适当开展种青—促淤—引鸟工程，为筑巢类的湿地鸟类提供平坦的开放空间。

（2）不同水位条件下的鸟类生境管理

湿地鸟类的栖息地利用受到多种因素影响，如湿地的水深、水域的宽阔程度、地形特征、食物资源及其可获得程度、植被特征、栖息地面积、人类活动干扰以及相邻栖息地的最小距离等都可能影响水鸟的栖息地利用，其生境选择角度具有多向性的特点。因此，在湿地恢复过程中，如何为湿地鸟类提供较适宜的栖息地，成为湿地管理中面临的紧迫课题。

大量研究表明，水深是影响湿地鸟类栖息地选择与利用的最主要因子，水域的宽阔程度与水位特征对于湿地鸟类（尤其是大型水鸟）的生境选择具有重要意义。华宁等通过研究湿地冬季水鸟群落组成及其栖息地特征，发现大面积比小面积吸引更多种类和更高密度的水鸟，水位较高时吸引更多游禽栖息，水位较低时吸引更多涉禽。对于不同类型水鸟，水深决定了湿地的可利用性。对于涉禽来说，跄较长的鸟类可以在较深的水中活动，而滨鹏类等小型涉禽则偏好在水深小于 4cm 的浅水区域或潮湿的泥滩活动，游禽偏好具有一定深度的水域，溅水类游禽多在水深 20cm 左右的水域取食，潜水类游禽则适应更深的水深。

为使湖滨湿地能够更好地实现鸟类栖息地功能，经综合分析，特对太湖湖滨湿地栖息地管理建设提出以下几点建议：

①构建大面积的鸟类生境以增加湿地水鸟容纳量，并为水鸟提供多样化的栖息条件。

②构建底部地形变异较大的生境类型以便在湖滨湿地的不同区域形成不同的水深环境，吸引更多水鸟栖息。

③在恢复过程中进行分区作业以保持较低的干扰程度，有利于水鸟的栖息。

④根据调查研究，平均水深 15 ~ 20cm 的栖息地容纳的水鸟种类和数量最多，需保持一定的水位为水鸟提供适宜的栖息条件。

总之，通过对水鸟栖息地利用的主要影响因子的有效管理，湖滨湿地恢复能够在发挥经济社会效益的同时进一步发挥其鸟类保护的生态功能。

（3）不同栖息地类型营造与生境选择

湿地鸟类不同生态类型相关的生态习性决定其对栖息地的选择，不同种类的生境利用存在显著差异，营造乔灌草多层次植被结构，设置结构合理的植被种类配比可最大程度上为适宜不同种类生境的湿地水鸟提供绝佳的营巢栖息地和多样的觅食场所。特喜铁等通过样带法对达责湖自然保护区内水鸟生境利用进行了研究，发现鹤形目、鸥形目和鹑形目鸟类主要选择在河漫滩草甸，鹤形目鸟类主要选择泥岸沼泽，鹤形目鸟类选择浅水植被区，雁形目主要选择深水区。因此，湿地水鸟在栖息地选择过程中，在确保自身安全的前提下选择食物丰富、适合自身生态习性特点的栖息地成为湖滨湿地水鸟栖息地选择的显著特征。

太湖湖滨湿地鸟类栖息地恢复与重建主要在湖滨、湖汊和浅水区开展，可营造诸如草滩地、草本沼泽、森林沼泽等具有不同生态位，满足不同湿地鸟类需求的栖息地。

①草滩地类湿地鸟类栖息地建设。此类栖息地主要包括以莎草为主的矮草草甸植被，主要分布的湿地鸟类有赤麻鸭等雁鸭类。

②草本沼泽类湿地鸟类栖息地建设。此类栖息地水生生物丰富，是鹤类、鹭类、鹤类、鸭类、鹏类等越冬湿地鸟类的主要觅食和栖息场所，可供选择的植物有芦苇、莎草、李荞、鸭舌草、灯芯草等。以上类型栖息地改造主要措施有：消除现有胁迫因子；补种乡土植被；营造不同的小生境和浅水区；放养一定数量的鱼苗；设置投食点和避难场所。

从生物多样性保护的角度考虑，在上述栖息地建设过程中，可在湖浪冲刷作用明显的湖岸汇水区，营建多生境生态鸟岛，由外往里依次是深水→浅水→湿生植物环→灌木环→乔木环→人工岛，达到湖岸带湿地减弱和消除水面波浪的作用，从而为湖滨湿地多种动植物生物多样性的保护提供保育中心。面积可设置为 200 ~ 500 ㎡不等，范围根据具体情况而定，形状设置为椭圆形、圆形、长方形等。内部开辟一些隐蔽性强的裸地滩涂和浅水塘，种植部分芦苇、煎等水生植物，以提高涉禽对湿地资源的可利用性。外围构建不同鸟类适合的生态位，在树种的选择上，可以适当增加一些鸟类喜食的如石楠、火棘、悬钩子等浆果植物。此外，可以营造高低不等的不同树丛、灌丛和草丛，吸引湿地鸟类来此栖息。不仅能为湿地鸟类提供良好的栖息地和庇护地，而且能够提高景观的异质性，保持生态系统的稳定性，并且能够营造良好的湿地景观。同时，注意不同景观廊道、斑块之间的交错布置，形成不同基质、廊道和斑块之间的犬牙交错，将上述湿地生态系统按照一定的梯度相对有序地变化设置，达到良好的景观视觉效果，保障湿地鸟类多样化的栖息条件。

（4）不同芦苇收割方式选择与鸟类保护

太湖湖滨湿地有着大面积生长良好的芦苇群落，芦苇与周围的沼泽水域一起形成自然隔离带，为湿地鸟类的筑巢提供了掩护和支持，使一些天敌无法入侵，植物幼芽、种子及生活在芦苇丛中的昆虫和小型动物则为鸟类提供了丰富的食物，茎秆则是营巢的理想材料。由于芦苇沼泽中食物可得性较高，空间结构比较丰富，且隐蔽性强，这就为较高的物种丰富度和多样性提供了优良的栖息环境及丰富的饵料资源，大多数湿地水鸟喜好芦苇沼泽作为其栖息和繁殖地，成为是众多鸟类，特别是珍稀湿地鸟类，如鹤类、鹳类和雁鸭类等的理想栖息、繁殖、迁徙、越冬集聚之地。

芦苇生境特征，如芦苇的高度、密度等均会影响芦苇生境鸟类的丰度，进而表现为鸟类在芦苇生境特征上存在选择性。一般来说，芦苇较密集的地方鸟类的种类和数目比较多。缺乏科学规划的采割则会对芦苇湿地的景观格局和自然生态系统产生干扰，主要表现为对冬季候鸟栖息地的影响。作为致力于保护丰富湿地鸟类资源的鸟类生境，需要一定净空水面作为栖息地，所以芦苇面积需要做适当控制协调，对芦苇进行适量程度上的收割无疑成为此种保护目标下的最佳管理方式。

但值得注意的是，如果采取的收割方式不当，往往会对栖息于芦苇湿地中的动物群落尤其是湿地水鸟产生影响，尤其对专食芦苇昆虫的鸟类影响较大。熊李虎等在长江口崇明岛芦苇收割前后通过同样方法研究了芦苇收割对震旦鸦雀觅食活动的影响，发现冬末春初的芦苇收割直接减少了震旦鸦雀潜在的食物资源，改变了震旦鸦雀觅食分布并使震旦鸦雀提前转移到新生芦苇枝上取食，芦苇收割后残留老芦苇枝对震旦鸦雀取食具有重要影响。

5 月初湿地水鸟开始进入繁殖期，而芦苇收割往往是在新芦苇枝露出地面前的 12 月 ~ 次年 4 月进行。由于食物的数量是影响鸟类选择栖息地以及在栖息地逗留时间的主要因素，因此该时期的芦苇收割会在短时间内减少以芦苇湿地为主要生境的湿地鸟类的潜在食物资源，降低区域作为鸟类栖息地的质量。食物的减少还会增加鸟类寻找食物的时间，降低鸟类能量获取的效率，影响其繁殖前期能量积累，进而影响湿地鸟类的繁殖。

因此，芦苇收割时保留一定的斑块状和条带状老芦苇可以为湿地鸟类利用新芦苇枝上潜在食物资源提供便利，一定程度上缓解因芦苇收割引起的食物短缺。同时，芦苇部分收割去除后形成了不同草高，且呈群聚分布，有利于涉禽在觅食的同时躲避天敌，相比全是芦苇的区域更容易吸引湿地水鸟。此外还可以适当增加芦苇的密度，以保证正常的生物量，提供稳定充足的初级生产力。可见在湿地恢复中对芦苇进行部分收割，用芦苇带作为鸟类与人类的自然隔离屏障，适当增加种植密度是最佳的选择。

第四节　我国跨行政区湖泊治理

一、我国跨行政区湖泊治理的背景

1. 我国湖泊治理的历程

随着我国社会发展经历的不同发展阶段，对湖泊水资源开发利用及其治理的观念和方式也在逐渐变化。从对湖泊认识、开发利用、保护的过程看湖泊治理历程，可以归纳为经历初识利用阶段、开发利用阶段、过度利用阶段和可持续利用四个阶段。

湖泊的初始利用阶段，是湖泊资源化的过程，也是认识湖泊价值的过程。在这一阶段，人类生产力还处在初级水平，人类的活动自身对大自然的认识的限制，在自然面前无能为力。此时，湖泊的利用还处于初步认识水资源的层面，湖泊在人类经济活动中的作用也比较简单，主要是解决人类简单的生活用水、简单的农业生产用水等，主要功能是维持人类生存的需要。此时，从供需平衡角度来说，人类对湖泊资源的需求相对于湖泊资源供给来说还非常小，湖泊资源利用方式还是简单的工具取水，依河取水，湖泊资源处于全开放状态。人类对湖泊资源的认识不高，湖泊资源取之不尽，用之不尽，没有产生经济价值。人类活动与湖泊资源之间的矛盾主要表现在人与湖泊之间的矛盾。同时，湖泊的自净能力远远大于水体污染程度，也不存在水权的分配问题，用水不用付费。在这个阶段最显著的特征就是人湖矛盾的供求关系是供大于求，跨行政区湖泊治理尚未萌芽，人们可直接饮用就可满足一般用水需求，也无须提倡节水，供给无穷大。

在湖泊的开发利用阶段，是充分利用湖泊资源经济价值的过程，事实上，也是湖泊生态不断恶化的过程。这个阶段是人类进入农耕文明以后一直到湖泊自净能力总体饱和阶段，社会生产力有了较大提升，人类开始定居产生产食物，湖泊资源的需求不断增加，湖泊资源开发利用程度逐渐提高，供水规模和利用效率也有了较大的发展。在这个阶段，湖泊资源治理的主要目标是解决供水不足如何用水的问题。人类对湖泊水资源的认识逐渐深化，逐步认识到湖泊是一个区域或流域重要稀缺资源，具有调节经济社会发展、生态系统保护、旅游休闲观光以及交通运输等诸多作用，在国民经济中发挥着至关重要作用。此时，湖泊资源开始受到一定污染，治理环境的成本也逐渐升高，但湖泊生态还能保持基本平衡，但人类活动对湖泊资源的开发利用不断加强，用水紧张、用水冲突也逐渐显现。在这个阶段最显著的特征就是人湖矛盾的供求关系是从供大于求向供小于求转变，跨行政区湖泊治理提上议事日程。

在湖泊的过度利用阶段，也是湖泊的保护防治阶段，是进一步认识湖泊生态和社会价值的过程，也是过度开发湖泊资源后挽救自然生态平衡的过程。这个过程是从 20 世纪，

50年代左右开始的，是在建国之后。随着人类活动的加剧，对湖泊的负面影响开始显现。湖泊出现生态系统严重退化，面积萎缩甚至消失，贮水量减少，水质不断恶化。湖泊面积萎缩干涸，其中一个原因是围垦。新中国成立后，全国合计围垦湖泊面积估计超过1.3万km^2，相当于五大淡水湖泊总面积的1.3倍。全国大于10km^2的天然湖泊已经从《中国湖泊志》统计的656个减少到目前的581个，总面积从85 256.94km^2缩小到目前的68 671.58平km^2。在这个阶段最显著的特征就是人湖矛盾的供求关系是从供小于求向供求平衡转变，跨行政区湖泊治理得到高度重视并采取具体措施，并试图从体制机制上去研究湖泊治理，切实解决湖泊生态恶化等问题，目前我国正处在这个阶段。

在湖泊的可持续利用阶段，是对湖泊全面认识的过程，也是自然社会关系和谐相处的过程。这个阶段尚未到来，也是我们努力的方向，但国外一些地方和区域的跨行政区湖泊治理取得了实效，值得我们借鉴。在将来，我国的湖泊治理的方向已经明确。湖泊治理将更加注重人与自然的和谐，充分考虑经济社会发展与湖泊资源、环境承载能力的承受力。统筹好湖泊发展和区域发展，统筹考虑湖泊治理与开发的实际需要，实现区域发展与湖泊发展的良性互动。针对不同湖泊，制定综合治理措施和具体解决措施，构建湖泊利用和保护的长效机制。积极推动湖泊区域的经济发展方式转变，加快建立有利于保护湖泊生态环境的产业体系和生产消费模式。引导鼓励社会参与，调动全社会力量参与湖泊治理与保护。形成合力，妥善处理好流域与区域、地区之间、部门之间的合作关系，明确责任和分工。在这个阶段最显著的特征就是人湖矛盾的供求关系是供求基本平衡，跨行政区湖泊治理取得实效，湖泊生态得到维持，湖泊资源得到可持续利用，湖泊、自然、人与社会和谐相处。

2. 湖泊治理的法律法规

保护湖泊生态环境，必须加强湖泊水环境保护的专门立法。因为湖泊的自身特点要求对其予以特殊的立法保护。但从国家层面来看，我国尚未出台专门的湖泊治理的法律法规，现有的多部法律法规基本涵盖了湖泊开发、利用、保护等治理内容。我国和湖泊治理有关的法律包括有《水法》《中华人民共和国水污染防治法》《中华人民共和国环境保护法》《中华人民共和国水土保持法》《中华人民共和国渔业法》《中华人民共和国矿产资源法》《中华人民共和国港口法》《中华人民共和国野生动物保护法》等。具体的行政法规有《中华人民共和国渔业法实施细则》《取水许可和水资源费征收管理条例》《中华人民共和国水污染防治法实施细则》《中华人民共和国自然保护区条例》《中华人民共和国河道管理条例》《中华人民共和国水生野生动物保护条例》《中华人民共和国航道管理条例》《中华人民共和国水路运输管理条例》《中华人民共和国抗旱条例》《风景名胜区条例》等。

与此同时，一些省份还针对区域内不同湖泊的不同特性，因地制宜地制定了相关法规。比如，江西省通过了保护湖泊湿地的地方立法—《江西省鄱阳湖湿地保护条例》。云南省先后制定了《云南省程海保护条例》《云南省星云湖保护条例》《云南省杞麓湖保护条例》等地方性法规，江苏、湖北、浙江等省就湖泊治理也出台了《江苏省湖泊保护条例》《湖北省湖泊保护条例》《武汉市湖泊保护条例》《滇池保护条例》《杭州西湖风景名胜区管理条例》等。

我国的根本大法《中华人民共和国宪法》对湖泊自然资源的利用和保护作了原则性的规定。中华人民共和国宪法》总纲第九条规定：矿藏、水流、森林、山岭、草原、荒地、滩涂等自然资源，都属于国家所有，即全民所有；由法律规定属于国家所有，即全民所有；由法律规定属于集体所有的森林和山岭、草原、荒地、滩涂组织或个人用任何手段侵占或者破坏自然资源。

根据《宪法》的规定，我国现行的相关法律、法规和规章从不同维度对湖泊及其资源的开发、利用、保护和治理等各个方面进行了详细的规定，从而构建了我国湖泊治理和保护的法律体系的基本依据。

3. **行政区划对湖泊治理的影响**

行政区划，国家政府行政机关根据执政和行政的需要，依据法律法规，综合政治、经济、社会、文化等多种原因，将全国的国土划分为若干层次大小不同的区域，设置相应的地方国家机关，对区域内实施行政管理的一种设置。行政区划就是政府行政权力在全国范围的配置。行政区划把政府权力分成不同层次、不同大小的区域。同时设置相应的地方国家机关，实施行政统治。行政区划以国家机关或地方机关在特定的区域内建立一定形式、具有层次唯一性的政权机关为标志。从本质上来讲，行政区划就是政府行政权力在全国范围的配置。行政区划把政府权力分成不同层次、不同大小的区域。这是行政区划的基础，是行政区划的外在形式。就其内容和实质来说，通过这种行政区域的划分，国家赋予各个行政区域单位以相应的治理权限，以方便进行统治和治理。

改革开放以来，随着社会主义市场经济体制的建立与不断完善，行政体制改革不断推进，中央政府将权力不断向地方政府下放，达到简政放权的目的。这也使得地方政府作为地方利益的代表性更为强烈。实现地方利益最大化也就顺理成章地成为了地方政府的最大驱动力。在跨行政区资源的配置过程中，如何实现地方利益最大化，地方政府之间除了天然的竞争关系，也存在着合作。竞争来源于经济上内在驱动，合作则来自于上级党和政府的要求，以及政府工作的最终落脚点，要代表最广大人民的利益。合作包括有各个领域各个层面的内容，特别是以前主要以经济建设为重点的合作，现在发展到法律、社会和生态建设等多个领域。

当然，跨行政区各地方政府之间除了合作，还有竞争，在某些情况下还十分激烈。因为官僚体系中，官员的升迁与上级政府的评价直接相关，当前市场经济体制不断完善的阶段，经济建设为中心始终是各级政府的重中之重。而好的项目也是相当稀有的，各地方政府也会竞相争取。上级政府也掌握着大量资源和资金，下级政府也要对上争取，自然也和其他地方政府产生了竞争。

这样就会出现一个悖论，在唯经济建设论的不正确政绩观导向下，地方政府在政治、经济的竞争中，会产生不正确的心态，凡是有利于本地方经济发展的事情，削减脑袋，千方百计去争取。但对地方无益的事，则能推就推，能躲就躲，往往不热衷甚至放之不管。在跨区域公共事务的治理中，这样子的情况尤为明显。如跨行政区公共资源的治理，基础设施的建设等，公地悲剧由此产生了。跨区域湖泊治理问题往往涉及多个行政区域，不同行政区在湖泊开发利用保护中的目标各有不同，对湖泊开发利用保护的积极性和主动性就各不相同。实践中常出现的一种现象是，上游地区对湖泊污染防治生态保护并不积极，对湖泊资源开发利用很热心，而下游地区则对湖泊污染防治生态保护呼声高，同时也要求开发利用湖泊资源。由于存在政区划的制约，跨行政区湖泊治理的效果往往难以达到理想效果。

4. **湖泊相关管理部门的职能**

由于湖泊资源的复杂性和综合性，很多湖泊都垮了两个甚至多个行政区，除了湖泊风景区以及极少数湖泊以外，多数湖泊实行的是一个多部门综合协调管理的体制。从行政职能划分，目前我国的湖泊治理由水利、农业、环保、林业、国土、旅游等相关部门执照各自职能，分别对湖泊实施管理。

（1）水利部门

负责保障湖泊水资源的合理开发利用，拟定湖泊水利战略规划和政策，制定部门规章，组织编制流域综合规划、防洪规划等重大湖泊水利规划。

负责生活、生产和生态环境用水的统筹兼顾和保障。实施湖泊资源的统一监督管理，拟订水中长期供求规划、湖泊水量分配方案并监督实施，组织开展湖泊水资源调查评价工作，负责湖泊及其流域的水资源高度，组织实施取水许可、水资源有偿使用制度和水资源认证、防洪认证制度。

负责湖泊水资源保护工作。组织编制湖泊水资源保护规划，组织拟订和监督实施江河湖泊的水功能区划，核定水域纳污能力，提出限制排污总量建议，指导饮用水水源保护工作，指导湖泊流域地下水开发利用和城市规划区地下水资源管理保护工作。

负责防治湖泊水旱灾害，承担防汛抗旱指挥部的具体工作。组织、协调、监督、指挥湖泊防汛抗旱工作，对江河湖泊和重要水工程实施防汛抗旱高度和应急水量调度，编制防汛抗旱应急预案并组织实施。指导湖泊水资源突发公共事件的应急管理工作。

指导湖泊水文工作。负责湖泊水文水资源监测、水文站网建设和管理，对湖泊及其流域的水量、水质实施监测、发布水文水资源信息、情报预报和水资源公报。

指导湖泊水利设施、水域及其岸线的管理与保护，指导湖泊及的治理和开发，组织实施湖泊重要水利工程建设与运行管理。

负责湖泊流域防治水土流失。拟订湖泊流域水土保持规划并监督实施，组织实施湖泊流域水土流失的综合防治，监测预报并定期公告，负责有关重大建设项目水土保持方案的审批，监督实施及水土保持设施的验收工作。

协调、仲裁跨行政区湖泊水事纠纷，指导水政监察和行政执法。

（2）农业部门

监督管理湖区水域的使用；负责水域使用许可制度和水域有偿使用制度的实施与监督；

协调各涉湖部门、行业的湖区开发活动。

编制水域开发、渔业发展规划、计划和湖泊功能区划、水域使用规划及科技进步措施，并组织实施。

组织拟定规划、标准和规范，组织实施污染物排湖总量控制制度，按照国家标准监督河源污染物排放入湖，防止因石油、煤炭勘探开发以及湖区工程建设项目造成的湖泊污染损害；组织湖泊环境调查、监测、监视和评价；监督湖泊生物多样性和水生野生动物保护；核准新建、改建、扩建湖区工程项目的环境影响报告书。负责渔业产业结构与布局调整、水产种质资源管理和原（良）种场的审定、申报；组织实施渔业开发；指导水产品加工、流通；根据国家、省授权拟定渔船、渔机、网具制造规范和技术标准并监督实施。

组织渔业经济、资源、环境调查。指导湖区防灾减灾工作；发布渔情预报、湖区环境预报；管理湖泊观测、监测、灾害预报警报等公益服务系统。

负责渔政管理、渔港监督和渔船检验工作。管理保护渔业资源，监督实施渔业捕捞许可制度和休渔期制度；维护渔业生产秩序；负责渔业抢险救助、渔业安全和渔业无线电通信管理工作。

（3）环保部门

统筹协调湖泊重大环境问题。指导协调地方政府重特大突发环境事件的应急、预警工作。牵头协调重大湖泊环境污染事故和生态破坏事件的调查处理。统筹协调国家重点流域、区域、海域污染防治工作，指导、协调和监督海洋环境保护工作。协调解决有关跨区域环境污染纠纷。

指导、协调、监督湖泊生态保护工作。拟订湖泊生态保护规划，组织评估湖泊生态环境质量状况，监督对湖泊生态环境有影响的自然资源开发利用活动、重要生态环境建设和生态破坏恢复工作。

建立健全湖泊环境保护基本制度。组织编制环境功能区划，组织制定各类环境保护标准和技术规范。组织拟订并监督实施重点区域、流域污染防治规划和饮用水水源地环境保护规划。会同有关部门拟订重点污染防治规划，参与制订国家主体功能区划。

监督管理湖泊环境污染防治。制定水体、重金属、大气、土壤、化学品等污染防治管理制度并组织实施，组织指导城镇和农村的环境综合整治工作，会同有关部门监督管理饮用水水源地环境保护工作。

监测湖泊环境变化并发布有关信息。组织并实施环境质量监测和污染源监测。组织对环境质量状况进行调查评估、预测预警。组织建设和管理国家环境监测网和全国环境信息网。统一发布国家环境综合性报告和重大环境信息，定期发布湖泊监测信息。

（4）林业部门

依法指导自然保护区的建设和管理。

组织开展湖泊湿地调查、监测和评估。

组织、协调、指导和监督保护工作。

拟订湿地保护规划，拟订湿地保护的有关标准和规定，组织实施建立保护小区、湿地公园等保护管理工作，监督湿地的合理利用。

（5）国土部门

承担保护与合理利用湖泊及其流域土地资源、矿产资源等自然资源的责任。组织拟订国土资源发展规划和战略，编制并组织实施国土规划。

编制和组织实施土地利用总体规划、组织编制矿产资源等规划。

负责湖泊矿产资源开发的管理，依法管理矿业权的审批登记发证和转让审批登记。

组织实施湖泊矿产资源勘查。

依法征收资源收益，规范、监督资金使用，拟订矿产资源参与经济调控的政策措施。

（6）旅游部门

组织湖泊旅游资源的普查、规划、开发和相关保护工作。

指导重点湖泊旅游区域、旅游目的地和旅游线路的规划开发。

组织拟订湖泊旅游区、旅游设施、旅游服务、旅游产品等方面的标准并组织实施。

负责湖泊旅游安全的综合协调和监督管理。

二、跨省级行政区的太湖治理情况

1. 太湖概况

太湖是我国第三大淡水湖，湖面面积 2 000 多 km^2。太湖流域行政区分属于江苏、浙江、安徽和上海，是典型的跨省级行政区湖泊，其中江苏省 19 399km^2，占 52.6%；浙江省 12 093km^2，占 32.8%；上海市 5 178km^2，占 14%；安徽省 225km^2，占 0.6%。太湖在水位 2.99m 时的库容为 44.23 亿 m^3，平均水深 1.89m。

目前太湖湖泊水资源供给不足，随着经济社会的发展，用水总量还会增加，流域湖泊水资源配置工程明显不足。工业废水、生活污水、含农药化肥的农田径流、畜产渔业养殖排放的有机污染物直接排入湖泊，也严重污染了自然水体。生态环境退化，水污染导致水生态环境退化，生物多样性和生态安全性下降，水生植物遭到破坏，水体自净能力减弱。为了加强对太湖的治理，政府采取了不少具体措施。

2. 太湖治理法规

我国第一部综合流域行政法规《太湖流域管理条例》已于 2011 年施行，太湖流域防洪抗旱、水资源配置、水污染防治和饮用水安全等问题有法可依。条例将水资源保护、防汛抗旱以及生活、生产和生态用水安全等纳入发展规划。严格限制高水耗和高污染项目，明确调整经济结构，优化产业布局的方向。

条例明确了饮用水安全问题，明确要依照《水法》《水污染防治法》的规定划定饮用水水源保护区，保障饮用水供应和水质安全。明文禁止在太湖流域水源保护区内设置排污口、有毒有害物品仓库以及垃圾场。并要求地方人民政府、太湖流域治理机构和水工程治理单位主要负责人对水资源调度方案和调度指令执行负责。明确了水资源保护问题，要首先满足生活用水，兼顾生产、生态用水以及航运等需要用水。要提高太湖水体容量，遵循统一实施、分级负责的原则，协调总量控制与水位控制的关系。明确了水污染防治问题的路径，按照太湖流域水污染防治规划、水环境综合治理方案，明确治理的总体目标和有关要求。充分考虑限制排污总量意见，制订重点水污染物排放总量削减和控制计划，排污单位排放水污染物，不得超过经核定的水污染物排放总量。按照规定设置便于检查、采样的规范化排污口，悬挂标志牌。不得私设暗管或者采取其他规避监管的方式排放水污染物。条例明确了防汛抗旱与水域、岸线保护问题，制订太湖流域洪水调度方案，太湖流域洪水调度方案是太湖流域防汛调度的基本依据。条例明确了保障措施问题，合理建设生态防护林，上游地区未完成重点水污染物排放总量削减和控制计划、行政区域边界断面水质未达到阶段水质目标的，应当对下游地区予以补偿。上游地区行政区边界断面水质达到阶段水质目标，且完成重点水污染物排放总量削减和控制计划的地区，下游地区应当对上游地区予以经济补偿。条例明确了监测与监督问题。国务院发展改革、环境保护、水行政、住房和城乡建设等部门应当按照国务院有关规定，对水资源保护和水污染防治目标责任执行情况进行年度考核。太湖流域的治理机构负责地方行政区边界水域的质量监测和主要入太湖河道控制断面的水环境质量监测。区域中县级以上地方人民政府应当对下一级人民政府执行水资源保护和水污染防治目标责任情况进行年度考核，太湖流域治理机构和地方人民政府水行政主管部门负责监测湖泊资源的动态。

3. **太湖治理方式**

成立了太湖流域管理局，太湖流域管理局是水利部在太湖流域、钱塘江流域和浙江省、福建省范围内的派出机构，代表水利部行使所在流域内的水行政主要职责，为具有行政职能的事业单位。其主要职责是负责保障流域水资源的合理开发利用，流域水资源的治理和监督，统筹协调流域生活、生产和生态用水，流域水资源保护工作，组织编制流域湖泊保护规划，防治灾害，承担防汛抗旱总协调的具体工作，指导流域内水文工作，指导流域内河流、湖泊及河口、海岸滩涂的治理和开发，指导流域内水利建设市场监督治理工作，指导、协调流域内水土流失防治，负责职权范围内水政监察和水行政执法工作，查处水事违法行为，按规定指导流域内农村水利及农村水能资源开发有关工作，按照规定或授权负责流域控制性水利工程、跨省（自治区、直辖市）水利工程等中央水利工程的国有资产的运营或监督。

太湖采取行政区与流域相结合的治理体制。国务院相关部门牵头，建立了综合协调机制，统筹决策太湖流域中的重大事项；国家水利部门、环境保护部门等有关部门，依照法律规定和国务院确定的职责分工，负有治理太湖流域的责任。太湖流域县级以上地方政府的有关主管部门，负责本行政区内太湖流域治理工作，依照管理条例规定和职责分工各负其责。

成立了省部联席会议制度。建立了太湖流域水环境综合治理省部际联席会议制度，国家发展委对太湖流域水环境综合治理工作负总责，完善有关部门和跨省行政区各政府共同治理太湖水环境工作的协调机制。2008 年召开了第 1 次会议后共召开了 3 次，2012 召开的会议则由会议由国家发改委地区司司长范恒山主持。江苏省委副书记、省长李学勇致辞，江苏省、浙江省、上海市发言，国家有关部委发言，专家发言，国家发改委副主任杜鹰讲话。参会的国家有关部委及相关部门负责同志，江苏省、浙江省、上海市人民政府及有关部门负责同志，太湖周边各市政府及相关部门负责同志。会议主要任务是统筹流域水环境综合治理的各项工作，监督治理方案及相关专项规划的制定和实施，分解落实流域水环境综合治理的各项任务和政策措施，定期评估治理方案执行情况，协调流域水环境综合治理重大问题和跨省市的水环境纠纷，努力建立跨行政区流域水环境综合治理的长效机制。

成立了专家咨询委员会，对方案及其相关专项规划实施进行跟踪评估，提交制度评估报告，开展调研和咨询活动，搜集和整理公众对太湖水环境治理的意见和建议，反映社情民意。

加强了治理手段和措施。充分发挥市场的力量。建立体现湖泊资源市场价值的水价机制。合理确定各类用水的水资源费用，完善污水垃圾处理收费制度、排污费收费制度。严格标准，完善法规。构建科学、合理、完备的污染物总量控制指标体系、监测体系和考核体系。提升监管能力，切实强化执法。建立国家级和地方级两个层面的监测站网，强化资源整合、信息共享，做到信息统一处理、统一发布。强化治理，落实责任。实施行政断面水质目标浓度考核和污染物排放总量考核，作为干部政绩考核的重要内容。建立了严格的水环境治理领导问责制，规范问责程序，健全责任追究制度。健全环境质量目标和治理目标责任制，逐级签订了水环境治理工作目标责任状，层层落实任务和具体责任人。

4. 太湖治理的效果

太湖治污屡试屡挫。太湖治理经历了三轮集中治理的时期。第一个时期是 90 年代的十年，当意识到太湖污染严重，急需治理是 90 年代初。至此，开始了太湖的治理历程，并投入重金进行治理。90 年代末，国家发布了太湖环境治理计划。涉及的省份和相关部门共同为治理太湖煞费苦心，但收效甚微。第二个时期是 20 世纪初，2005 年左右，太湖治理再次拉开序幕。水利部太湖流域管理局黄宣伟接受采访时坦言，第一轮太湖治理时，太湖的污染面积约只有百分之一，但到了第二轮治理开始时，太湖的污染面积却已超过八成。时至最近的 2011 年 11 月，水利部副部长李国英介绍，太湖六层以上的饮用水水源地水质属于劣三类。太湖治理的道路和效果都一样曲折。而且目前“多头管理”的制约依然存在。流域部门与区域政府之间依然有着较大的矛盾，区域协调不了流域的问题，流域管不了区域的矛盾，太湖区域规划与流域综合规划也不统一，实施起来需要大量的协调工作。

三、跨市级行政区的鄱阳湖治理情况

1. **鄱阳湖概况**

鄱阳湖地处江西省的北部，长江中下游南岸，总面积4125km^2，是我国第一大的淡水湖泊，沿湖跨南昌、余干、进贤、新建、湖口、都阳、星子、九江、永修、都昌、德安等11个市县区，是个典型的跨市级行政区湖泊，平均水深8.4m，最深处能达到30m。南北长173km，东西最宽处约74km，湖岸线长1200km，容积约276亿m^3。鄱阳湖湖区生态环境优良，水生动植物资源丰富，土壤肥沃，盛产粮、棉、油等主要农产品和淡水产品。多年来，江西先后对湖区资源进行一系列开发利用，但仍缺乏统一规划，难以通过集中开发形成优势产业，湖区的经济水平与全省平均水平差距越来越大。自古号称“鱼米之乡”的鄱阳湖区，却因诸多因素的影响，严重制约了该区域的可持续发展。

2. **鄱阳湖治理法规**

根据国家有关环境保护和资源开发的法律法规，江西省级层面加强了生态环境保护和自然资源开发利用的法制建设。通过了《江西省抗旱条例》《江西省水利工程条例》《江西省鄱阳湖湿地保护条例》《江西省赣抚平原灌区治理条例》《江西省水资源条例》《江西省实施＜中华人民共和国渔业法＞办法》《江西省实施＜中华人民共和国水土保持法＞办法》《江西省实施＜中华人民共和国野生动物保护法＞办法》《江西省建设项目环境保护条例》《江西省环境污染防治条例》《江西省血吸虫病防治条例》等涉及鄱阳湖治理和保护的地方法规。

同时，江西省还颁布了《江西省长江河道采吵治理实施办法》《江西省水资源费征收治理办法》《江西省土地利用总体规划审查办法》《江西省河道采沙治理办法》《江西省生活饮用水水源污染防治办法》《江西省鄱阳湖自然保护区候鸟保护规定》《江西省人民政府关于印发鄱阳湖经济区规划实施方案的通知》《江西省人民政府关于加强“五河一湖”及东江源头环境保护的若干意见》等规章和文件。其中《江西省鄱阳湖湿地保护条例》是专门针对鄱阳湖的可持续利用、促进生态、经济、社会协调发展制定的治理文件。

3. **鄱阳湖治理方式**

成立了江西鄱阳湖国家级自然保护区，并下设了鄱阳湖国家级自然保护区管理局，对鄱阳湖流域进行综合治理。江西省级鄱阳湖候鸟保护区于1983年成立，成立之初主要是对保护区内的候鸟进行监测和保护。1988年，保护区升级为国家级鄱阳湖自然保护区，不再仅限于候鸟，而是对区域内所有生物和自然资源进行综合治理。自然保护区的职能就是可持续地利用区内的自然资源，开展与生态保护相关的科学研究，保护生态环境和珍稀动植物。江西鄱阳湖国家级自然保护区在行政上隶属于江西省林业厅，鄱阳湖国家级自然保护区管理局是自然保护区的行政管理机构。管理局的主要职能是制定各项治理有关的规章制度。执行国家有关自然保护的法律法规。宣传相关政策法规，对区域内社会公众进行教育引导。开展与候鸟保护相关的科学研究。对保护区生态环境进行调查和监测。

鄱阳湖的治理方式为流域一体化综合治理。根据“治湖必先治江，治江必先治山，治山必先治穷”的发展战略，组建了江西省山江湖开发治理委员会，并由这个委员会对鄱阳湖流域实行系统开发、综合治理。该委员会由省领导担任主任，成员由相关部门组成。委员会的主要职能是针对鄱阳湖流域的生态环境保护、自然资源开发利用及相关的社会经济发展中重大问题进行调查研究，提出解决这些问题的措施和方法，作为省政府决策的依据。协调各部门、各地区的关系，分工协作，统一行动，整合资源，形成合力，落实省委省政府有关鄱阳湖流域综合治理的保护、开发和利用的各种决策部署。在生态环境保护和建设、自然资源科学利用方面，组织实施单个部门难以承担的各种类型的科学研究、科学实验麦示范点建设与经验推广。针对流域治理、生态环境保护和自然资源开发利用问题，在科技、人才、资金等方面开展国内和国际的合作与交流。

委员会下设办公室，为副厅级事业单位，关系挂靠在省科技厅下。其主要职能是负责日常事务。综合评估山江湖区域内有关重大工程的生态环境影响，组织区域实施可持续发展战略的综合研究，为省委省政府提供决策咨询。应用推广国内外资源综合开发利用和生态环境保护、治理的新技术，推广山江湖区域综合开发治理试验示范以及技术。规划山江湖区域资源、环境的综合开发治理工作，修订山江湖工程总体规划，审核山江湖区域内各种综合开发治理规划。组织协调全省遥感、地理信息系统与全球定位系统的研究开发应用。负责山江湖区域内各县市区相关区域的综合开发治理工作的业务指导和协调。

4. 鄱阳湖治理的效果

通过加大对鄱阳湖流域生态环境治理，鄱阳湖水体富营养化程度有所改善。湖体水质状况保持稳定，湖泊水质类别为Ⅲ -N 类，在平水期和丰水期湖泊水质状况基本良好，保持在Ⅲ类水水质。鄱阳湖自然保护区集中式饮用水源地水质达标。鄱阳湖生态经济区共创建 6 个“国家级生态示范区”，59 个“国家级生态乡（镇）”，5 个“省级生态县”，170 个“省级生态乡（镇）”。

鄱阳湖“内湖”污染依然存在。因为鄱阳湖湖岸线比较长，靠水吃水，周边的很多村组将湖岸线直接围成大大小小的“内湖鱼塘”，发家致富。有的自己用于养鱼养螃蟹，有些则承包出去收取租金。围网养殖的结果是，投肥致使水体迅速富营养化，污染严重，甚者沼泽硬化板结。

行政管理体制不顺，改革势在必行。鄱阳湖地区的治理中所遇到的矛盾，有着深刻的历史原因，更是管理体制不顺，多头管理制度的深层次问题。多个部门在鄱阳湖管理当中各自为政，湖泊管理局更多是协调各部门的工作，而不能对其进行规制。管理体制不顺，改革势在必行。

四、跨县级行政区的滇池治理情况

1. 滇池概况

滇池呈南北向分布，湖体略呈弓形，弓背向东，东北部有一天然沙堤，长 4km，将滇池分为南北两部分，称为外湖和内湖；海拔 1 887.5m，总面积 311.3km^2，其中内湖面积 10.7km^2，外湖面积 287.1km^2，湖长 41.2km，最大水深 11.3m，平均水深 5.12m，容积 15.931 亿 m^3。随着经济社会的不断发现，城市不断扩张，工业经济不断强化，对滇池的生态压力也越来越大。目前滇池因为电池的污染，已经成为全国污染最为严重的湖泊之一。滇池的污染也严重地影响着滇池区域人民群众的生产生活环境。

2. 滇池治理法规

早在 1972，周恩来总理到昆明视察时就提出："昆明海拔这么高，滇池是掌上明珠，你们一定要保护好。发展工业要注意保护环境，不然污染了滇池，就会影响昆明市的建设。"云南省非常重视滇池的治理和保护工作。1988 年就颁布了《滇池保护条例》，是较早的湖泊治理和立法的湖泊之一，并随着发展的变化，条例也在随之进行修订和完善。2002 年的修订，认识到原版本在立法上的不足的同时，也从总量控制方面加强了污染物的控制，同时从法律层面上明确了建立滇池管理局，作为滇池保护和治理的机构，并从执法的角度授予了滇池管理局相对集中的行政执法权。2010 年的修订从建立各项法律执行和落实的制度入手，明确了各级机构的职责，明确了保证各级机构落实各项职责的制度，同时从更全面的角度，将滇池的保护和治理从政府的职责转变为全社会的职责，加强了公众参与和监督。在治理机制上，在继续全面加强政府作用的同时，开始应用和探索市场机制，推进滇池的治理。

在制定和完善《滇池保护条例》的同时，云南省和昆明市也积极开展支撑法律法规的建设，分别制定和修订了《昆明市城市排水治理条例》《昆明市河道治理条例》等配套立法。从法制建设上来说，滇池治理和保护的立法工作是我国所有湖泊治理当中立法最多、最全的。已经历了 20 多年，并进行了多次修订。

3. 滇池治理方式

滇池的治理经历的时间比立法要早，在 1983 年之前，滇池分属不同的行政区，不便于统一的行政管理。昆明市环境保护局于 1981 年 6 月向市政府呈交了"关于建立松华坝水库、水系、水源保护区的报告"，得到市政府同意并上报省政府。1981 年 8 月省人民政府批准建立"松华坝水库水系水源保护区"，这就是滇池保护区的原始来源。昆明市并以此作为昆明城市饮用水源保护区，加以保护。1983 年 10 月 1 日区划调，原隶属曲靖地区的高明区划归昆明市代管。以此为节点，滇池上游松华坝水源保护区不再跨市级行政区，为保护水源、实现滇池流域系统化治理打下政治基础。1990 年 1 月，昆明市滇池保护委员会正式成立，由市长担任主任，分管经济、农业、水利、环保的副市长任副主任，并下设办公室，负责滇池保护委员会的日常工作，滇池的治理的保护有了专门机构来负责。

2002 年 4 月，按照修订后的《滇池保护条例》的规定，成立了昆明市滇池管理局。昆明市滇池管理局是市政府主管滇池污染治理与保护的行政执法职能部门，也是滇池保护委员会的日常办事机构。相应地，滇池流域中的官渡、呈贡、西山、嵩明、晋宁、五华、盘龙等县区政府也相继成立了县区级的滇池管理局，并组建了相应的执法队伍。2004 年 4 月，昆明市滇池治理综合行政执法局成立，市滇池管理局和市滇池治理综合行政执法局实行一个机构、一套人马、两块牌子的治理体制。并在原来的职能上增加了在滇池水体范围内开展相对集中行政处罚的决定，负责行使滇池水体范围内的水政、渔政、航政、土地、规划、环保、林政、排水等方面的行政处罚职能。2008 年 1 月，昆明市成立了滇池流域水环境保护治理指挥部。加强组织领导，推进滇池流域水环境综合治理。研究决定滇池流域水环境综合治理的重大问题，研究制定滇池流域水环境综合治理的政策、资金及保障措施。研究和部署滇池流域水环境综合治理年度工作计划。督促检查滇池流域水环境综合治理重点工作及重大项目的工作进展，完成市委市政府确定的其他相关重大事项。指挥部下设办公室，办公室直接设在市政府办公厅，负责指挥部日常工作。

从滇池治理和保护的演变上来，滇池成立了庞大和职能齐全的专门治理机构，并随着滇池水污染问题的恶化，滇池治理机构的级别越来越高，职能越来越全，权力也越来越大，滇池管理局从一个协调机构变化为一个具有除了经济和社会治理职能以外的、拥有全部资源和环境治理职能的全能机构，对流域区域内实施的行政治理职能。为确保工作落实，滇池还建立了明确的工作制度。统筹协调制度，从市到乡镇都建立了多个层次的领导和协调机构，加强工作的统筹协调。目标责任制度，市政府与滇池流域县市区政府层层签订滇池治理保护责任书。督办督导制度，将滇池治理纳入市政府重点督办范围，定期督促检查，推动落实，成立了省市老领导和知名专家组成的滇池水污染防治专家督导组，加强滇池治理工作的指导、检查和监督。专家咨询制度，确保滇池的重大项目、重要措施在进行科学谁的基础上做出决策。公开公告制度，定期向社会公告滇池治理工作和重大工程进展，邀请了各级人大代表、政协委员定期不定期进行视察，主动接受各方监督。

4. 滇池治理的实际效果

资金短缺也制约滇池治理，“十二五”期间滇池治理的投入资金为 420 亿元，到去年年底，实际完成投资 137 亿元。这 137 亿元投资中，除了国家和省级给予的配套补助资金外，大部分要靠昆明市级财政自行解决。因此，昆明市要在积极争取国家及省级资金支持，最大限度通过市级财政落实治理滇池资金的同时，积极采取多种方式千方百计吸引社会资本参与滇池治理。滇池治理累计近二十年，治理投入的资金已过百亿，但滇池水质仍未明确改善。

社会公众不能有效有参与治理过程可能是其治理效果不理想的重要原因，因为社会公众不能参加到监督、决策的全过程，治理的措施就难以走出办公室，难以真正落到实处。昆明市原政协委员伍宗兴一直关注滇池的治理，她说到“如果没有经过环评或者在治理滇池上是一笔糊涂账，我们是不是能够这样说：这很容易滋生腐败和欺骗？我们需要的是监督和问责体系！”云南大学王焕校教授认为，“滇池保护仅靠政府，忙死了效果也不明显，必须与群众结合，让群众有知情权、参与权、话语权、利益共享权”。

第五章　水生态修复施工关键技术

第一节　水源涵养

根据国内外研究普遍认同的水源涵养功能主要表现在以下几个方面：

1. **滞洪和蓄洪功能**

在降雨时，森林植被的林冠、枯枝落叶层、土壤均能截留缓冲一部分雨水洪水，把多余的水资源暂时储存下来。迄今为止，学者在森林植被拦蓄洪水的定型研究上有统一的结果，但是对森林植被滞洪蓄洪的定量分析上仍存在争议，普遍认为蓄水量受植被类型、土壤质地、地质地貌类型等方面的影响，不能一概而论。

2. **枯水期的水源补偿功能**

经过多国学者开展的长期观测和研究表明，降雨时植被涵养的水源入渗受变为地下径流，在枯水期补给河流，增加了干旱时节江河的径流量。

3. **改善和净化水质的功能**

植被水源涵养对水质的研究始于20世纪70年代的中欧，酸雨的严重破坏作用促使了学者对水质的研究，后来欧美学家开始深入研究。普遍认为，植被本身可以吸收和过滤降雨中的化学物质，降雨经过植被林冠、土壤后水中的化学成分已经发生了变化。有专家认为，森林植被的存在还可以改变河流的水质。

4. **水土保持功能**

由于植被对降雨的吸收和缓冲，直接减少了雨水对土壤的冲刷，土壤保持是地貌学的问题，同时美国农学家也十分关注，共同研究表面生物量的积累可以有效地控制土壤的侵蚀。

一、水源涵养理论研究

“水源涵养”的概念最初来源于森林生态系统，目前多数关于水源涵养的研究仍附属于森林水文学部分。森林是陆地生态系统的主体，水是生态系统物质循环和能量流动的主要载体，它们二者之间的关系是当今生态学和林学领域重点研究的核心问题。目前大多数研究中提到的水源涵养功能的研究主要是指森林生态系统的水源涵养功能研究，至于其他的生态系统，如草原生态系统、湿地生态系统，水源涵养的能力也较强，但是因为各种原因目前还没有重视起来，关于它们的研究都比较少。所以下面着重介绍的是森林生态系统的水源涵养功能的研究现状，到目前为止关于森林水源涵养的研究范围比较广，内容深。森林水文过程是指在森林生态系统中水分受森林的影响而实现运动和重新分配的过程，有降雨、降雨截留、干流、蒸发、地表、地下径流等过程，这些过程总称为生态系统的水源涵养功能。可以说森林的水源涵养作用就是水分与森林相互作用的过程，森林生态系统是通过林木林冠截留雨水，根下土壤对水分的涵养、枯枝落叶层对水分的吸收等过程来实现涵养水源的。森林水文的研究可以追溯到 19 世纪，此时德国学者已经展开对土地表面蒸发的测定，随后奥地利学者也随即研究了森林生态系统对降雨截持和蒸腾蒸发的影响，后来的学者认为这两项研究正式揭开了森林水文学研究的序幕：之后 20 世纪多国学者为了评价有林地与无林地水源涵养有何差异，研究开展了对比流域实验，这是最早的关于水源涵养功能的研究。

据文献查阅显示，目前植被调节径流、涵养水源的功能研究方法主要有三大类：水文模拟实验、坡地小面积野外实验、水文特征量统计分析。计算水源涵养效益的方法主要有土壤蓄水估算值、水量平衡核算、地下径流增长法和多因子回归等。水源涵养功能的研究方法，主要集中在组建模型观察研究林木对降水分配、径流、截留水文现象的影响，同时也对无林地和有林地集水区流域流量进行测定和比较等。在组建模型中，有着重大研究意义的便是 1971 年 Rutter 等人推导的一个具有清楚物理意义的林冠截留模型，这个模型的出现使以往的林冠截留模型中只有统计的模型便成为历史。1979 年，Gash 等人在 Rutter 模型的基础上，用分析法代替了 Rutter 模型中的数值法，建立了 Gash 截留模型，该模型多测结果与实测值接近。我国的森林水源涵养功能研究开始于 20 世纪 20 年代，研究的内容主要涉及植被对径流的影响，在 50 年代后，学者专家也开始大量研究森林水源涵养的生态效益，在水文理论、模拟和模型方面均取得了不错的进展，在森林水源涵养功能、水量平衡方面的研究成果取得了一定的成果。

林木水源涵养功能的实现主要通过树木的林冠层截留雨水、枯落物持水、森林土壤的水分吸收和森林林木蒸发等过程来完成，不同的森林类型由于不同的生物量和群落结构具有相差别的涵养水源的能力。不同森林类型水源涵养能力的研究与比较是现在涵养水源功能研究方面的热点问题。根据水源涵养的机理。自上而下分为三个方面，林冠截留的研究，枯枝落叶层的研究和土壤蓄水的研究。

降雨到达森林时，首先是被林冠截留，程根伟等将林冠层定义为一个特殊的下垫面，在这个下垫面里通过蒸腾作用和截留降雨两个水文过程使降雨发生重分配。国内外关于林冠层的研究主要分为林冠截留理论、树干径流和林冠截留模型三个方面。关于林冠截留理论的研究已涵盖所有林型和所有树种。Rutter，Tek，Viville，Gash 等人发现温带针叶林的林冠截留量占降水总量的 20 ~ 24%。刘世荣在研究中探讨了气候是否对植被林冠截留率有无影响，计算结果显示植被林冠截留率在11.4 ~ 34.3%之间波动，林冠截留率最低的为亚热带常绿阔叶林和混交林，亚热带的高山常绿针叶林截留率最大。成晨以重庆绪云为研究对象，得出实验针叶阔叶林的截留率大于常绿阔叶林的截留率，大于竹的截留率林。石师强也认为林型、降雨量和郁闭度都是影响林冠对截留率的因素，例如林型不同截留率差异很大，灌木林林冠对降雨量的截留率就比落叶阔叶林的高很多。关于林冠截留的模型研究早已成熟，迄今为止，国内外研究的模型归纳起来主要有3种：

（1）经验模型和半经验模型，需要根据已有的数据运用统计方法来简历；

（2）概念性模型，这种模型以经验和理念为基础，应用森林水量平衡原理建立的；

（3）理论性模型，建立这个模型的方法为数学物理方法或系统论方法。

枯枝落叶层可以截留部分降雨，阻止部分降雨转化为土壤水分，减少了植物的水分供应，同时也减弱了雨水降落到地面的强度，保护了土壤免受降雨的冲刷，从而减少了水土流失，可以说枯枝落叶层对水分的截留在森林植被截留拦蓄作用中占主导地位。王礼先、张志强等总结影响枯枝落叶层吸收水分能力的因素有树木年龄、树木组成、枯枝落叶层组成，降雨强度等，枯枝落叶层一般可以吸收总降雨的8% ~ 10%。刘创民认为，枯落物可以吸收自身2 ~ 4倍的雨水，部分枯枝落叶层的持水率可达309.54%。不同的植被类型水源涵养的能力不同，大量的学者通过实际实验计算了不同植被类型的水源涵养能力。总结大量研究可看出学者的研究内容主要包括研究影响枯落物截留量的因素、枯落物吸持量与降雨强度的关系等。

土壤层的截留是对降雨的第三次分配，雨水降落到林地之后，大部分通过土壤孔隙渗入土层，在缓解洪水的同时也是涵养了水源，具有重要的水源涵养功能。有专家认为土壤是生态系统发挥水源涵养功能的重要场所，绝大部分涵养的水源都来源于土壤的涵养作用。土壤既是生态系统储蓄水分的主要场所，同时也是生态系统截留降雨的主要场所。研究表明影响土壤蓄水能力受土壤的孔隙度与土壤的非毛管孔隙影响。一般土壤稀疏，物理结构好，孔隙度高的土地具有较高的入渗率。据Dunne计算，在稳定的情况下，一般森林的土壤入渗率可以为8.0cm.h左右。在众多研究中，林地入渗模型多用Phil币模型模拟。另有专家研究，草地或裸露地表的土壤蓄水量明显低于森林的土壤蓄水量，朱劲伟以阔叶林松林砍伐退化为草地为研究对象，研究表明，草地的入渗率只相当于原始林木的30% ~ 60%。田大伦综合比较了杉木人工林、间伐林和皆伐迹地土壤贮水能力，研究结果显示皆伐迹地土壤贮水能力最低。学者普遍认为土壤的贮水性能是评价水源涵养功能最重要的指标。

二、水源涵养功能评价

目前关于水源涵养的研究一般分为水源涵养功能的研究和水源涵养价值的研究。水源涵养功能的研究主要是定性的评价水源涵养的能力，水源涵养价值量的研究是把水源涵养的能力换算为价值，以此来评价水源涵养能力。

关于生态系统服务功能的研究比较多，如生物多样性研究，土壤方面的研究，但是生态系统的水源涵养功能及其价值评估一直是其研究的一个热点问题，同时一个极其复杂的难点问题。20 世纪 80 年代起，森林生态系统的服务功能引起了学者的广泛关注，1997 年，The value of the world's ecosystem services and natural capital 一文的发表引起了轰动，在这篇文章中 Costanza 定义了生态系统的服务功能并计算了生态系统功能的经济价值，开创了生态学中水源涵养功能计算的历史，随后 1998 年 Anne 在《A method for value global ecosystem services》一文中提出了几种计算服务功能的方法，并把生态系统的服务功能比做绿色 GDP，进一步具体量化水源涵养功能。在我国，1999 年欧阳志云等学者在大量国内外生态学基础研究的基础上，讲生态学及经济学方法结合，运用影子工程学方法分析与计算了我国生态系统的水源涵养的作用和经济价值。随后一大批学者纷纷把注意力转移到此领域，邓坤枚利用影子工程方法处理年降雨量与林冠截留量数据，计算和评述了长江上游生态系统的水源涵养效益，同样白杨用影子工程法计算海河流域森林生态系统的水源涵养价值，共计 884.3 护元。房林娜把水源涵养的价值分解为调节水量、净化水质，计算了昆明市松华坝水源涵养林的水源涵养效益。张彪等采用区域水量平衡法和土壤蓄水能力评估了北京市森林生态系统水源涵养的功能。刘学全采用层次分析法对丹江口库区阔叶林、松柏混交林、柑橘林、马尾松林、灌木林 6 个主要植被类型进行了定量分析和综合评价。

目前，国内外生态系统水源涵养功能的理论研究已趋于成熟，特别是森林，一般有两种研究方法：一种是植被区域水量平衡法，一种是根据植被不同作用层的蓄水力来计算。秦嘉励利用生态经济学价值量评估方法，计算了岷江上游典型生态系统水源涵养量，结果表明 3 种典型生态系统中水源涵养量最大的是森林生态系统，其次是灌丛然后是草地生态系统；研究也表明植被冠层和土壤层是水源涵养的主要作用层，而枯枝落叶层水源涵养量和价值均较小。苏妍晓运用水量平衡核算法计算了济南市南部山区森林水源涵养价值。聂忆黄利用地表能力平衡的原理计算陆地实际增发散量，结合遥感数据计算了祁连山水源涵养功能重要性的强弱并分析了其空间分布规律。王晓学等根据元胞自动机的基本原理，结合水源涵养效应的多尺度特征，提出了一个新的基于元胞自动机的水源涵养量计算模型。这种新模型将水源涵养由小尺度向流域、景观尺度上提供有效的定量研究途径，从而进一步推动水源涵养功能研究的深入。凡非得等根据池河市降雨量和蒸发量分布图，结合地形和河流水系分布状况对池河市水源涵养重要性进行分级，根据蓄水量（降水量和蒸发散之差）来分级评价其重要性级别，蓄水量越多的地区，水源涵养功能越重要。

近些年开展的水源涵养功能评价，大多都遵从 2002 年 7 月 30 号，国家环境保护总局发布的生态功能区划技术暂行规程，水源涵养功能评价主要依据整个区域对评价地区水资源的依赖程度及洪水调节作用，根据评价地区所处的地理位置，对整个区域水资源进行评价，研究的区域有较大范围的例如福建省、长江上游区域等，也有小范围内的，例如济南市、武夷山地区等。研究者根据这一规程结合研究区域的特征，选择了不同的评价指标评价研究区域。归结说来，评价指标主要设计降雨量、覆盖因子，地貌类型等因子，不同的区域可采用的因子不同。

三、水源涵养林

水源涵养林的建设不仅能够保护环境，还是获取优质水源的理想方法。学者们乃至广大民众普遍接受“建设和保护水源涵养林，是拥有便宜、清洁，经济实惠水源的最好方法”这一说法，所以目前很多国家都十分重视水源涵养林的建设。水源涵养林除蓄水外还可固土、净化空气、提供森林旅游等，可见研究水源涵养林的收益巨大。

自 20 世纪 70 年代发达国家开始研究水源涵养林效益至今，水源涵养林的主要研究成果主要体现在涵养林的培育和经营技术两个方面，在有限的土地资源下，如何配置林型林种使水源涵养林涵养更多的水分以成为众多学者研究的重点。世界上水源涵养林建设研究最好的国家是德国，采用贴近自然原则种植水源涵养林，提倡种植针阔混交林，同时主张水源涵养林的建设必须有助于水源区足够的水量，避免林冠截留过多降雨；水源涵养林建设次于德国的国家便是奥地利，1990 年市政府买下了水源地的全部森林，保证了奥地利的居民享有高质量的用水；新中国成立后，我国开始大面积种植水源涵养林，为了涵养水源，防止水患。陈卫认为水源涵养林的建设应该选择树冠高大浓密，落叶十分丰富的树种，林层组合采用多层林结构，同时建议慢生与速生、阳性与耐阴树种搭配种植。我国水源涵养林大多种植与 1990 年后，最早的也是 1981 年，说明我国的水源涵养林建设起步较晚，待发展的空间还很大。目前我国的很多城市北京、上海、大连、郑州等，基本都有水源涵养林的建设。

第二节　水质净化

一、饮用水水源地水质净化与水生态修复

我国饮用水水源主要以大的河流湖泊为主，然而，据水利部门统计，全国七成以上的河流湖泊遭受了不同程度污染。在我国长江、黄河、淮河、海河和珠江等七大水系中，已不适合做饮用水源的河段接近 40%；城市水域中 78%的河段不适合做饮用水水源。

随着水源水体的富营养化现象不断加重，水体中有机物种类和数量激增以及藻类的大量繁殖，现有常规处理工艺不能有效去除水源水中的有机物、氨氮等污染物，同时液氯很容易与原水中的腐殖质结合产生消毒副产物（DBPs），直接威胁饮用者的身体健康，无法满足人们对饮用水安全性的需要。同时随着生活饮用水水质标准的日益严格，水源水处理不断出现新的问题。另外，时有发生的突发性水质污染事件，对城市供水系统的安全构

成了严重威胁，对城市的影响往往是灾难性的；如何围绕原水水质不同、出水水质要求各异以及技术经济条件局限等特点，寻求饮用水水源处理对策和适宜处理技术是目前研究和实践的重点。

按照处理工艺的流程和特点，微污染水源污染控制和水处理可以分为前期面源控制（前置库）、提高水体自净能力，取水口预处理、常规处理、深度处理。

随着点源污染逐渐得到控制，农村与农业面源污染问题更显突出，已成为水体富营养化最主要的污染源。目前，面源污染治理的主要技术有两类：其一为源头控制技术；其二是向受纳水体过程中的削减技术，包括生态过滤技术、前置库技术等。而前置库技术具有投资小、运营管理简单的特点，在欧美和日本已有很多成功的案例，是值得推荐的生态工程技术。

前置库是利用水库存在的从上游到下游的水质浓度变化梯度特点，根据水库形态，将水库分为一个或者若干个子库与主库相连，通过延长水力停留时间，促进水中泥沙及营养盐的沉降，同时利用子库中的净化措施降低水中的营养盐含量，抑制主库中藻类过度繁殖，减缓富营养化进程，改善水质。前置库净化面源污染的原理包括沉淀理论、自然降解、微生物降解和水生植物吸收等，其中微生物降解是必不可少且极其重要的环节。通过前置库中存活着的微生物群对水体中的污染物进行分解、吸收和利用。因此，微生物种群的结构和数量特征决定了前置库的处理效率。

传统的沉降系统仅是通过泥沙及污染物颗粒的自然沉淀至底，存在沉降效率较低（25% ~ 30%）、水力停留时间长（2d ~ 20d）、污染物聚集底部无法降解进而影响水力停留时间等缺陷。新型的碳素纤维沉降系统能够充分发挥材料高效的截留、吸附颗粒性污染物的优势，将沉降系统的处理效率提高 30% ~ 50%。同时依靠生态草表面的高活性生物膜对沉降的污染物进行降解和转化，减少底部沉积物的堆积，延缓沉降系统的排泥。

传统的强化净化系统采用砾石床过滤、植物滤床净化、滤食性水生动物净化等措施，存在系统堵塞、有二次污染、系统受气候影响较大等缺陷，设置碳素纤维生态草的强化净化系统能够有效弥补系统在上述情况时出现的处理效率下降的问题。

碳素纤维由于具有优良的机械性能和碳素性质的多种特点，所以在水处理方面也具有良好的性能。碳素纤维放进污染水体中后，其超强的污染物捕捉能力和生物亲和力，使附着的微生物短期内形成生物膜，通过在水中不断地摇摆捕捉污染物并进行分解处理。另外，碳素纤维发出的音波，能吸引微生物以及捕食微生物的后生动物，甚至会成为高等水生生物的繁殖环境。根据上述所述，碳素纤维用于水处理是以水质净化和生态修复为主要目的。

碳素纤维生态草是用于净化受污染水域，修复水环境生态的优良选择，目前已成功应用于世界各地的水体生态环境修复和水污染防治领域。用于水源地水质保障工程时，其实现了对环境的零负荷与可靠的生物安全，更为重要的是，它有效解决了目前水源地水质保障工程存在的难点问题，切实改善水源地水质，具有广泛的应用前景。

二、湖泊富营养化水质净化与水生态修复

我国是一个湖泊较多的国家，面积大于1km^2的湖泊有2305个，湖泊总面积为71787km^2，总蓄水量7088亿m^3，其中淡水贮水量为2261亿m^3。同时，我国是世界上水库数量最多的国家，截至2006年年底，我国已建成85874座，总库容近6000亿m^3。

全国有50%的饮用水来自于湖泊和水库。所以，湖泊、水库对我国国民经济的发展起着至关重要的作用。但是由于社会经济的快速发展、人口增加的压力以及农业面源污染的加剧等，使得我国城市湖泊都已处于重营养或异常营养状态，而绝大部分大中型湖泊均已具备发生富营养化的条件或者已经处于富营养化状态，使我国成为世界上湖泊富营养化最严重的国家之一。由于库周的生产、生活污染物以及面源污染物排入水库中，致使库水中的营养物质含量较高，为局部水华的发生提供了足够的营养源，在合适的水温、阳光和水文条件下，优势藻快速繁殖产生水华，严重影响了库区水环境。湖泊、水库的富营养化造成了水生态系统破坏、蓝藻水化频发、湖泊产生内负荷、湖泊水氧系统紊乱以及底泥中释磷量大幅升高，这些问题，严重制约着人类的生存和区域经济与社会发展。

我国湖泊、水库富营养化是由于人类不合理活动及过量排污使得水体中氮磷含量增加，造成水化学失调、水生态退化，使得湖泊生境藻型化，从而出现水华爆发，并进一步导致水质恶化与功能下降。生境的改变是导致湖泊、水库生态系统和生物群落发生变化的根本原因。所以要解决湖泊、水库的富营养化最重要的就是通过各种途径改善湖泊、水库的生境，使它不再是适合藻类生存的藻型生境。

在具体的治理方案中控源是根本，但同时控源要与生态修复相结合、治理要与管理相结合，把握好富营养化控制的理念。湖泊、水库的富营养化控制理念包括湖泊富营养化防治理念、湖泊生态修复理念、湖泊外源控制的新思路以及社会经济影响规则。其中很重要的一点是要从流域出发保护湖泊，控源与生态修复相结合。

控源工程是使各污染源的水体通过污水厂处理后各指标达标，它涉及点源的收集，面源的治理等；生态工程则是利用生物接触氧化及生态修复调整池技术、人工湿地技术等把处理过的水体进行再处理，进一步改善水质；湖泊、水库净化是通过湖滨带生态修复以后，利用湖滨带进行水体的净化。通过这三重处理以后，进入湖泊、水库的外源就得到了有效的控制。而湖泊、水库富营养化的社会经济影响则是通过计算一个湖泊面积的人口密度来判断湖泊发生富营养化的可能性。

生态修复工程是使受损的生态系统得到从退化趋势向良性趋势转化并稳定化的过程。目前湖泊自我生态系统已经呈现"沙漠化"的状态，必须通过生态恢复工程，进行人工的良性干预，实现湖泊、水库生境的逐步根本性的改善。利用碳素纤维生物净化材，提供生物修复的重要媒介平台，激活水体的自我修复能力。利用太阳能动水除藻机，增强水体的循环增氧，打破水体温度层，为生物修复创造条件。随着水质的提高，透明度的增加，生

境的逐步改善，湖泊、水库的自我健康生态系统得到根本修复。

总体来说，湖泊、水库富营养化的控制方案包括三大块：

（1）湖泊、水库及流域管理技术；

（2）控源技术——控制点源、面源和湖泊内污染源；

（3）生态修复技术——湖滨带生态修复技术、“水下森林”构建技术。同时在水库的控制工作中，还要更加注重选用节能型机械装置，改变水体动力条件的技术。通过上述技术，从根本上改变湖泊、水库的生境，通过生境的改变使湖泊、水库最终恢复为健康的自然的系统。

三、城市景观水体净化与修复

1. 城市景观水体范围

污水厂出水城市景观再利用

城市河道、环城水系

园林公园水景

住宅水景

高尔夫球场水景

2. 城市景观水体特点

（1）人工挖凿、自然生态系统缺失

城市景观水体的设计，一般也大多只考虑景观手法和文化上的表现，而很少考虑水质治理问题。因此，设计与治理缺少同步考虑：防渗处理设计成硬质如钢筋混凝土等，这种设计最大的问题在于破坏了底质系统，使水质受到严重影响；驳坎破坏了沿岸带的生态功能，也不能亲水；硬质的底质、硬质的驳坎等，造成了水生动植物系统的脆弱与失调，生动自然美丽的湿地景观似乎离我们越来越远。

（2）水体营养源过高

因为水资源的短缺，污水厂出水成为重要的城市景观水水源补给，但是因为大多数污水处理厂处理效率不高，水质较差。而且污水处理厂出水的排放标准与地表水的水质标准之间存在较大差距，这一区别使污水处理厂的出水成为地表水的直接的持续的污染源。

（3）水动力不足

俗话说流水不腐，那是因为流水有循环与自净的功能。在城市景观水体中，大部分的公园、住宅等景观水体都因为客观场地条件的限制而缺乏流动，成为死水一潭；而城市的河网近些年由于防洪抗讯、保持水位等的需要，水体的流动都依靠泵阀管道的人为控制，阻断了天然的水体流动交换。缺乏流动，水体溶解氧不足，污染物质难以分解，水体恶化。

（4）城市生活污染

由于城市及城郊的废气污染较其他地区要高、空气沉降、酸雨等带来的污染物成为城市景观水体的一个重要污染源。同时在景观区，游客投掷的垃圾及喂养鱼类的饵料也是景观水体的重要有机污染物的来源之一，在南方等城市内河，与社区紧密相连，由于城市管网的不完善以及居民的不良生活习惯，生活废水、生活垃圾也成为困扰城市环城水系、河道的重要难题。

（5）景观性

城市景观水体的景观要求较高，因此很多设计人员过多地考虑的景观的特点而忽略了水质。在针对景观水的处理的设计中，我们也要既注重水质又要考虑到其景观的美学的特点。

3. 城市景观水体净化与修复

城市景观水体净化与修复处理方法有多种：

（1）机械过滤

设计隐蔽，景观园林采用的较多，但处理效果非常有限，且耗能。

（2）疏浚底泥

在一定时间内转移大量污染物，提高水体透明度。是目前城市河流采取的基本方法。但该法工程费用较高，且破坏了原本存在水泥中间层的微生物污染控制系统，不利于水体的生态恢复。

（3）引水换水

浪费水资源。且“冲淡效应”，可能还远远没有藻类的繁殖速度快。

（4）化学灭藻

短时间灭藻效果迅速，但易出现耐药藻类，效率下降，且存在新的环境污染，影响水生生物的正常生长，易富集累积。长期投放会对水系周边土壤造成严重污染破坏。

（5）微生物投加

短时间起到迅速的净水效果，无景观问题的考虑。但是存在周期问题，需按期多次投加、维护，综合成本较高。

（6）人工湿地

具有较好的景观效果，建设运营费用低，适用于微污染水体。但占地较大，城市占地费用较高。维护管理要求较高，北方的冬季湿地过冬是个难题。

（7）放养鱼类

比例的控制较复杂，且水环境如果未达到健康的环境下，存活难以保障，容易引发外来物种的侵害。

（8）植物浮岛

景观效果较好，但处理效果有很大局限性，处理效率低。

（9）曝气复氧

水体增氧，抑制黑臭的必须方式。关键在于设备的选择是否节能，降低能耗，提高效率。

（10）生态载体法

采用结合碳素纤维生物净化材的生物净化槽工艺，搭建生态链，激活水体自身修复系统的根本解决办法，且维护费用较低，无二次污染，无物种侵害。此法的关键在于生物载体的选择。载体（填料）的挂膜质量、生物处理效率、生物空间效果、材料的耐久性、生物卵床的效果等。因依靠水体自我生态系统的搭建与恢复，处理见效时间较慢。

综上，上述各种方法都各有利弊。我们将在具体施工工程中综合考虑到场地的情况及项目地的功能，进行因地制宜的设计与治理，加强维护与管理。

第三节 水生态补偿机制

一、我国水生态补偿机制问题与对策

自 2005 年中央提出要尽快建立生态补偿以来，生态补偿机制就在草原、水与森林等重多方面得到了重大的突破和进展。自党的十八大以来，“五位一体”吸收了生态文明，把生态文明建设的补偿制度彻底的纳入到总体布局之中，并放在了体制的战略高度上。2014 年“中央一号文件”要求建立重要水资源的修复治区域与生态补偿制度，对补偿制度做出明文规定。2016 年习总书记对长江流域经济带生态工作做出了重要指示。它体现了党和国家对生态保护工作的高度重视和严格要求，更蕴含着对推动绿色发展及生态文明的殷切期盼。

1. 我国建设水生态补偿制度的意义

建设我国水生态补偿制度是社会主义文明的重要内容。随着我国现代化工业的高速发展，我国现在已经要面临着环境污染、资源耗尽、植物减少等不断加剧的问题，但水在生态环境中核心性与基础性的地位尤为突出。所以加快水生态改善，完善水质的问题，是我国生态文明的重要保障。建设水生态补偿制度是完成中央必要工作。2011 年中央一号文件明文提出建立生态补偿制度，党的十八大也反复要求市场供求与资源短缺、表现生态价值和代补偿的资源利用与生态补偿机制，并且在三中全会中更加明确的提出生态补偿机制。要求加大资本投入提高标准落实贯彻中央决策。完善水生态补偿制度是生态环境内在需求。水是战略性资源也是基础性资源，是生态的控制性因素。尽快扭转水生态环境恶化的趋势，健全和水有关的生态补偿制度，合理利用资源，逐步实现对水的消费约束与生态保护的奖励，缓解用水环境。

2. 我国现在水生态补偿的现状

在2005年就明文提出加快建设生态补偿制度，但在政策文件中对使用生态补偿的内容与范围没有明确规范。随后，党中央、国务院与全国人大都对生态补偿给出了高度重视，全国人大曾连续3年对补偿制度给出重点建议，国务院也每年都把生态作为重点工作。自“十二五”以来，生态补偿内容被逐渐提出：如2011年1号文件就明文规定了要建立水生态补偿制度；党的十八大更是把生态环境建设提到了前所未有的高度；三中全会提出要完善对重点区域的补偿制度；2014年1号文件要进一步的改善生态补偿机制，建立相关的水区域的治理与补偿；2016年根据水十条，环保部确定了943个国家考核断面以及水质目标，并根据责任目标明确划分了责任；建设省级断面水质自动监测站，对126个省界断面开展联合监测；2016年环保部会同有关部门和11个省市，通过制定实施生态保护红线方案，严厉打击各种环境违法行为等工作，使长江沿江11个省Ⅰ到Ⅲ类的水质断面比例提高了2.8个百分点，劣Ⅴ类水质断面下降2.9个百分点。但同样需要认识的是，未来的水生态工作将面临更加严峻的挑战。

3. 我国水生态补偿所面临的突出问题

虽然我国对生态补偿与水相关的补偿涉及量大，但我国大部分学者在进行了针对性研究后，特别是水资源面临的问题和生态文明要求相比存在着很大距离。首先，对补偿的对象与范围没有明确。合理规划水生态补偿范围是补偿制度的重要条件。我国补偿可分：对水资源保护与获得的补偿即“谁保护谁受益”和对资源开发者造成的水资源伤害的补偿即“污染者买单”等两大部分。其次，水资源补偿金的来源方式单一。充足的资金投入是保证生态补偿和保护生态补偿的重要保障。从现在的资金来源看，中央财政支付是主要补偿来源。从2001年的23个亿到2012年为止。增加到了大约770亿元以上，占了所有补偿款的90%以上。但在地方政府和企业单位与社会方面投入相对明显不足。都是以拨款的形式发放，直接发放到造成损失的个人和地区手中，缺点就是监管不足，不能有效地利用资金来保护生态环境。第三，水生态补偿责任制并没有完全建立。我国的水生态补偿存在主体不明履行不到位，使补偿难以展开。第四，生态补偿政策不完善。目前为止我国对水生态环境的补偿没有明确，没有一个法律规定加以保障，没有一个权威性和约束性，使补偿难以顺利的实行。

4. 完善我国水生态补偿制度

为了让我国的水生态的补偿制度顺利的执行下去，应该以强化明确水生态的补偿范围；加强丰富水生态补偿实践工作，增加重点区域补偿工作的延伸性；应该以加强水生态补偿的责任机制，明确和强化主体责任；应该以强化水生态补偿政策的法律体系。做到谁开发谁保护、谁保护谁受益的办法加强保护水生态环境措施。

二、水源地生态补偿机制

1. **水源地生态补偿机制的定义**

机制原指机器的内部构造和工作原理，后引入社会领域，称为社会机制，简称机制。其内涵可以表述为：弄清楚事物的各组成部分，并协调各组成部分之间关系以更好地发挥作用的具体运行方式。生态补偿机制是由生态补偿要素及其关系协调组成的，建立生态补偿机制的目的是促使生态补偿制度能稳定运行，是环境保护的内在要求。生态补偿机制的内涵至少应反映出 4 个核心要素：定位问题、基本性质问题、外延问题、补偿依据和标准问题。生态补偿概念的发展相伴相随并引领生态补偿的研究方向。具体到水源地生态补偿机制是指以保护水源地生态环境健康、实现水资源可持续利用为目的，根据水生态系统服务价值、水生态保护成本、发展机会成本，综合运用行政和市场手段，调整水生态环境保护和建设相关各方之间利益关系的一种制度安排。

2. **水源地生态补偿机制的内涵**

水源地生态补偿的实施过程是定向的利益输送过程，但经济相对发达的下游地区给予相对贫困的库区的补偿并不是单纯意义上的扶贫，而是一种社会分工和优势互补。在这个利益输送和激励过程中，利益的载体是什么？定向输送的生态补偿利益中针对水生态补偿的占比是多少？利益输送的定向是否精准？项目实施的实际效果如何？如何对补偿绩效进行定量考核？一系列问题都与水生态补偿项目的政策导向、绩效评估、公众生态环境意识密切相关，决定着水源地生态补偿项目的落地示范效应。

水源地生态补偿具有特殊性。水既是资源也是环境，水环境具有易破坏、易污染的特点，特别容易受到人类不当活动的影响，这种污染与破坏会随着水的流动而向外迁移、扩散。因此，水源地生态环境保护的特殊性要求水源地生态补偿工作不允许存在反复和短板；且特别需要考虑当地居民的可持续生计，需要把人类活动对水源地的影响控制到最低程度。

研究表明，以农业生产为主和以非农经营为主的生计策略是不同的，前者更倾向于选择物质补偿和技术补偿两种生态补偿方式，而后者则倾向于政策补偿和资金补偿两种补偿方式，并且以农业生产为主的生计策略更偏好多种生态补偿方式的组合。笔者对乌溪江水源地保护区的社会调研结果也在一定程度上印证了该结论。研究发现，在乌溪江库区，非农收入较高、生产生活条件较好的家庭倾向于选择物质补偿和技术补偿；而非农收入较低、生产生活条件较差的家庭倾向于选择政策补偿和资金补偿。

3. **我国水源地生态补偿机制中存在的主要问题**

建立和完善生态补偿机制是贯彻科学发展观和习近平总书记新时代中国特色社会主义思想的重要举措，也是落实新时期环保工作任务的要求。近年来，党中央、国务院颁布和实施了一系列规章和制度，鼓励开展生态补偿试点，改进和完善生态补偿机制，并将其作为加强环境保护的重要内容，环境保护工作从以行政手段为主逐渐向综合运用经济、法律、技术和行政手段的转变。经过十几年的探索和实践，我国水源地生态补偿机制已经初步建立，但在付诸实施中还面临不少问题，就连取得了较大成绩的退耕还林工作，“给予农民的补偿不到位”和“生态目标执行不到位”这样的问题在操作过程中也常常出现。我国水源地生态补偿机制中存在的主要问题有：

一是水源地生态补偿涉及公共管理的许多层面和领域，关系复杂，头绪繁多，这使得水源地生态补偿机制的具体内容和建立的基本环节还需要进一步廓清。

二是水源地生态补偿的定量分析尚未完成。例如，如何科学地评估水源地的生态服务功能价值目前并无定论，制定合理、双方均能接受的水源地生态保护标准还比较困难。

三是涉及水源地生态补偿法规的立法速度滞后于水源地生态补偿中新问题出现的速度，常常出现新的效果更好的生态补偿模式出现后较长时期，相关的法律法规还未提上议事日程，没有相对应的法律法规条款保驾护航，新的管理和补偿模式在实施的过程中总觉得缺乏底气，没有应有的顺畅。

四是水源地生态环境保护的公共财政体制并未理顺，水源地生态建设资金渠道单一，资金供给不足的问题长期不能有效解决。

经过细致考察发现，生态补偿机制的建立和完善是远比想象更为深刻的社会利益大调整和制度创新，不仅需要智慧，还需要勇气。

4. 建立水源地生态补偿机制的基本原则

生态补偿原则毫无疑问极其重要，因为它引领着“怎么补”的行动指南和价值取向。水源地生态补偿机制的构建、具体实施和修正与完善都需要在具体原则的指导下进行。

根据已颁布的与水源地保护相关的法规，结合水源地与其他生态功能区的区别，这里认为，在建立水源地生态补偿机制的过程中应遵循的基本原则包括公平合理原则、污染者付费原则、受益者付费原则、保护者受益原则、政府主导与市场相结合原则、可操作性原则。

（1）公平合理原则

水资源是大自然赐予人类的共有财富，属于公共物品，所有人都拥有享受水资源的权利。制定水源地生态补偿的标准应体现出公平性和合理性，公平合理应是补偿标准核算需要遵循的最基本原则。在利用环境资源方面，公平性主要包括两方面内容；一是针对同一代人之间的代内公平，即追求同代人在环境资源利用方面的人人公平；二是针对当代人与后代人之间的代际公平，即当代人在利用环境资源时应给后代人留下足够的资源以保证后代人的利用，不能竭泽而渔，通过过度开发环境资源而增加当代人的福利。公平合理地确定与生态补偿有关联的相关利益者之间的利益关系一直以来都是水源地生态补偿的关键问题，水资源环境可持续发展的实现高度依赖于补偿手段、补偿依据和补偿标准的合理确定。

（2）污染者付费原则

国际上，污染者付费原则被经济合作与发展组织（DECD）理事会视为环境政策的基本准则。其行为污染环境的任何组织和个人（生态破坏者）都应该因自己的污染行为接受惩罚。污染者付费能带来两个变化，一是因为污染环境行为将受到处罚，生态破坏者将不得不主动采取措施控制污染排放；二是污染环境的组织和个人缴纳的费用可以用来聘请第三方污染治理机构实施治理环境污染。这一原则通过使污染行为必须付费，从而实现生态环境破坏这一具有负外部经济性的行为内部化，在社会成本投入较少的前提下做到污染环境损失的最小化。该原则也广泛运用于其他污染物排放的控制中。就水源地保护而言，任何对库区水质造成破坏的行为主体都要应该得到处罚，以惩罚污染者减少对水源地的破坏，以起到约束环境破坏行为的作用；同时，也能为库区的生态建设提供必要的资金，为治理水源地环境污染和环保项目建设提供财力支持。

（3）受益者付费原则

除了污染环境的行为应该为此付费外，因环境改善而受益者也应该为此支付一定费用。所谓受益者付费原则是指在水资源开发、利用和保护过程中，因流域水环境改善而从中受益的人为此而支付一定的补偿费用。因为具有明显的外部性，水源地生态环境的改善会使整个流域的居民受益；反之，水源地受到污染则会损害整个流域居民的利益。受益者付费原则是对污染者付费原则的一种延伸，根据公平合理原则，生态环境改善的受益者自然有责任有义务为环境保护和治理者提供适当的补偿（沈满洪，2016）。大致而言，水源地上游和库区周边的组织和个人是生态环境的治理者和保护者的主体，中下游则是水源地生态环境改善受益者的主体。在水源地集水区，受益者比较容易确定，即水源的使用者；但在有些水源地及其流域，受益者则比较模糊，界定的难度较大，这种情况下一般由于该区域的政府财政负责支付一定费用。

（4）保护者受益原则

水源地区域的居民和所在地政府在被要求对水源地实施保护和治理措施的同时，也同时被要求放弃引进或建设污染型项目以发展当地经济，使得原本具有的经济发展权受到制约。凡是江河源头区域在国土功能区规划中均被划定为禁止开发区，工业项目尤其是污染型工业项目一律不准上马，如果不对水源地实施补偿，则毫无疑问的会出现良好生态环境与贫困同时出现的局面；而在贫困状态下环保则是不可持续的，也不符合科学发展观的要求。尤其在调水工程中，水源地的保护者作为受损者更应该得到补偿，以激励水源地区域居民持续保护并改善水环境的行为；否则水源地保护者和生态环境建设者将缺乏保护和建设的动力，不利于水源地生态补偿机制的良好运行。

（5）政府主导与市场相结合原则

水源地生态补偿涉及的主体众多，利益主体直接的关系错综复杂，没有放之四海而皆准的补偿标准和方法，不同水源地和流域所实施的生态补偿方法也各不相同，各有特色。水资源作为一种公共产品，生态环境保护属于公共事业的范畴，在目前生态市场发育不成熟，水资源的市场配置上存在缺陷的背景下，以政府手段为主导方实施生态补偿具有现实性和合理性。所以，当前我国的水源地生态补偿由政府主导，各级政府通过财政转移支付的方式向水源地保护者和建设者支付一定的费用作为补偿金。但是，市场手段和机制应该被引入到水源地生态补偿，例如通过水资源交易进行生态补偿。政府发挥主导和推动作用，同时充分发挥市场机制的优势，采取政府行政参与与市场交易相结合的方式实施生态补偿。此外，各水源地的经济发展状况不尽相同，应该根据自身特点，制定符合实际要求的生态补偿政策，因地制宜实施生态补偿。

（6）可操作性原则

水源地生态补偿的效果如何还取决于生态补偿的具体措施是否具有良好的可操作性。水源地生态补偿落实的程度如何直接取决于补偿措施的可操作性，至关重要。对于水源地生态补偿主客体的界定在理论上并不难，但在实际的界定中则可能并不清晰。例如，水源地环境的改善和水质的提高不仅会对下游用水区域有益，也有益于水源地居民和整个区域甚至是国家和民族。这种情况下，如何准确分辨出既是受益者也是保护者的受益和受损的程度，进而制定精准、合理的补偿和收费标准，则显得尤为重要。如果界限或标准模糊，则会导致生态补偿的可操作性较差，或者虽然界定了却无法实施补偿。因此，水源地生态补偿须综合考虑各种因素，如经济发达程度、当地居民的支付能力与支付意愿、公众的认知水平等，以提高补偿的可操作性。

（7）透明性原则

水源地生态保护是与民生有很大联系的社会性问题，需要发展受限地区及受益地区公众的共同参与和共同监督。因此，水源地生态补偿标准、主客体和措施等的确立，应及时向社会公众公布，充分体现公开、透明原则，及时接受公众的质疑和建议，鼓励社会公众参与生态补偿的全过程管理，以此提高社会公众对水源地生态补偿的支持力度。制定水源地生态补偿措施时，水源地政府部门应制定考核细则定期进行考核，开通生态补偿管理网上平台，补偿资金筹集和使用情况公开化、透明化，接受公众监督，保证水源地把补偿资金重点用在水源地生态建设上。

三、流域水生态补偿机制

流域水循环系统的整体性、河流水系的连续性和流动性，以及行政区域和经济社会各部门之间的相互分割性，导致水资源开发利用过程中出现了成本与效益的不对称现象。实施流域水生态补偿正是解决这一问题的有效手段。流域水生态补偿需要协调处于同一流域的各个区域的生态、经济利益。水作为流域水生态的主要制约因素，具有流动的特性。因此，对特定区域内流域水质的保护能够使受益成果辐射到区域以外，而特定区域使用流域水资源的质量取决于其上游对水质的保护程度。

环境补偿机制正越来越多地应用于世界各地，用以平衡一个地区因发展对环境造成的破坏与另一个地区希望改善环境之间矛盾。环境补偿的目的是确定一个合适的环境补偿金额，以确保整体生态状况不会受到损害。生态补偿作为环境补偿的一部分，在国际上又被称为“生态服务付费（CPES）”“生态效益付费（PEB）”，体现了生态保护与社会发展间的祸合关系。

当前，世界上许多地区根据经济社会发展过程中出现的生态退化、生态功效下降等问题，结合区域的可持续发展策略，进行了不同种类的生态补偿理论与实践探索研究。各种不同性质的生态补偿及实现机理具有生态补偿的衍生特征。

1. **生态补偿**

生态补偿作为一种实现经济社会发展与生态保护可持续发展的“绿色策略”，具有较强的政策亲和功能和现状耦合性能。生态补偿的种类已扩展到能源、环保、水资源、海洋、耕地（土地保护）、区域均衡等门类，并形成了具有门类特性的生态补偿理论基础与实践机制。

生态补偿作为管理环境资源，实现流域/区域均衡发展的综合集成手段，具有生态、经济、管理、制度方面的相关特性：

（1）从生态视角看，生态补偿指借助人为干预，实现生态系统功能的自我修复和还原的外界干预措施。生态环境是否得到保护、恢复、治理是衡量生态补偿成功与否的标志。生态补偿在冲破环境演化自然规律的基础上，利于准确反映经济活动的各种环境代价和潜在影响，实现生态保护的实施者与受益者在时间利益上的均衡分配。

（2）从经济学意义上考虑，生态补偿主要指克服环境外部不经济性，实现环境外部效益内部化的一种制度安排。生态补偿由20世纪90年代以前的单纯的对环境破坏者收费拓展到90年代后期的对生态环境保护者补偿的双重含义。在此过程中，作为衡量区域间、区域内部个体间发展均衡的重要指标—社会公平性的出现，将生态补偿的经济学含义延伸到社会学领域。

（3）随着制度体制与经济学的结合，生态补偿作为一种机制，成为内化生态环境保护者与破坏者之间相关利益活动产生的外部成本为原则的一种具有经济激励特征的制度。

（4）高速的经济增长导致对自然资源的超负荷开发利用，并引发在生态资源和功能价值分配上的不公平性。效率和公平作为衡量社会均衡发展的重要指标，存在对立统一的关系。生态补偿作为社会经济发展与生态环境保护两相兼顾的一种调节手段，通过发挥其经济激励特性，使环境保护的利益相关者找到理想的利益结合点，利于生态资源的保护和社会生产力的提高。

（5）从法学意义上讲，生态补偿是从社会学的角度对不同利益群体生态保护责任分配的一种制度层而的界定。

2. **流域水生态补偿**

在“水资源取之不尽”和“水资源无价”占统治地位时期，人们只是一味地将流域作为索取的对象，没有对过度开发利用水资源造成的生态环境问题进行补偿；在人们意识到自己的行为给流域生态造成的影响日益严重时，作为改善水生态环境以便提供自然资源和生态服务的流域生态补偿的理念日益流行，使得在生态经济系统内部出现了索取和保护补偿的双向输入和输出。

当前，随着流域水资源紧缺形势日趋严峻、部门间竞争性用水的矛盾突出，流域水生态补偿成为协调流域间利益冲突的有效手段。尽管国内外已针对流域生态补偿进行过相关研究和实践探索，但对于流域水生态补偿尚没有较为公认的定义。当前对流域水生态补偿的描述通常以具体的研究实例为基础，针对性强，缺少对生态补偿本质的理解。因此，流域水生态补偿在遵循流域生态演变、流域经济发展规律的基础上，呈现出不同的理论特点和发展分支。

流域水生态补偿指对流域水生态功能（或服务价值）实施保护（或功能恢复）行为的补偿。随着国际上对生态补偿相关机制研究的日趋深入，以及流域水资源竞争性开发利用、水污染加剧、水生态环境恶化等一系列问题的出现，使得流域水生态补偿作为一种全面、系统的资源管理策略和政策调拄手段，备受环保及生态人士关注。各国学者结合各自区域的实践经验，在对生态补偿定义进行完善的基础上，给出对流域水生态补偿的概念。

（1）流域水生态补偿是一种对流域生态环境进行潜在保护的经济手段，是生态补偿机制在流域生态保护中的创新运用。流域水生态补偿作为流域各级政府实施的环境协商与利益博弈的经济行为，对财富分配和缩小贫富差距具有一定的调扮调控作用。以往流域水生态补偿的实施经验表明，公平有效的补偿机制有助于实现贫困最小化和财富的转移。

从流域水资源的循环、开发、利用与保护的动态全过程考虑，流域水生态补偿既是对流域良好水生态维持所需投入的分摊和补偿，也是对区域内不同利益主体间发展不均衡现象的弥补。耿涌等出于对流域生态功能价值的认识和避免环境效益免费“搭便车”现象的思考，将流域水生态补偿界定为：由流域生态环境利益的受益者弥补为保护流域生态环境而自身经济利益受损害的受损者的过程。

辛长爽认为流域生态补偿应包括：

①对流域生态系统本身保护（恢复）或破坏的成本进行补偿；

②通过经济手段将经济效益的外部性内部化；

③对个人或流域保护生态系统和环境的投入或放弃发展机会的损失的经济补偿；

④对流域内具有重大生态价值的区域或对象进行的保护性投入。因此，从某种意义上讲，流域水生态补偿主要通过一定的政策手段将流域水生态保护的外部效应内部化，并给流域生态保护投资者以合理的回报，激励流域上下游从事生态保护投资并使生态资本增值。

（2）水资源具有水量水质的双重属性，水资源量质联合控制是落实最严格水资源管理制度的依据。郑海霞等提出，流域水生态补偿机制是以水质、水量环境服务为核心目标，以流域水生态系统服务价值增量和保护成本与效益为依据，运用财政、税收、市场等手段，调整流域利益相关者之间的利益关系，实现流域内区域经济协调发展的一种制度安排。结合当前流域的分区管理现状，张大伟等提出基于河流水质水量的跨行政区界的生态补偿量计算办法，将流域水体行政区界河流水质和水量指标列为生态补偿测算内容，并认为“跨区域的流域生态补偿”指为各级地方政府之间，在因行政管辖权划分所产生地方利益不同而导致的流域资源分配和跨界环境污染等生态问题上，所进行的一种环境协商与利益博弈的经济行为。

（3）随着区际流域生态问题的日益凸显，跨界流域水生态补偿机制的构建成为妥善解决水生态与环境效益外部性问题的有效途径。为促进流域水生态补偿方式明晰化，胡熠等认为构建流域区际生态保护补偿机制实质上是利用横向财政转移支付的方式，将上游生态保护成本在相关行政区之间进行合理的再分配过程。中国水利水电科学研究院新安江流域生态共建共享机制研究课题组认为流域水生态补偿应遵循“谁开发谁保护，谁受益谁补偿”的原则，由造成流域水生态破坏或影响其他利益主体发展的责任主体承担补偿或修复责任；由水生态效益的受益主体，依据受益比例对水生态保护主体的成本投入进行分摊。

综上所述，国内学者借鉴国际成功的研究经验，在探讨的基础上，从管理、治理、恢复层面，给出流域水生态补偿的概念。流域水生态补偿以可持续发展理论为指导方针，通过保护或修复受人类经济活动影响的水资源和生态资源，实现流域水生态服务功能的恢复和维持；同时对各利益主体因开发利用与保护流域水资源过程中产生的外部性问题予以补偿或赔偿；综合利用宏观调控和微观管理等手段，实现流域水生态整体管理、并保证水资源可持续利用的一种有效管理手段。

第六章　水生态修复施工新技术应用

第一节　生态修复技术在水环境保护中的应用

一、生态修复技术在治理水环境中运用的原理

在治理生态系统中水环境污染问题时，应用生态修复的关键技术主要是运用微生物这种特定生物物种，将其放置制定条件下治理与消除水环境中的各种污染物。它在原理上应用了生态工学，有效控制与调节水污染问题，对水环境的生态结构实施改造，以达到恢复水环境的原有生态面貌目标，使水环境的修复实现生态性的平衡发展规划。使用生态学的系统或原理，以及生态效应去净化水环境。加之微生物的修复是受损的水环境系统得到改善。该技术在应用方面具有自然园地实施的优点，将其分为化学修复法、物理修复法等。其在生态系统中的应用彰显了安全性与适用性，遵循生态系统自然发展的规律，对生态环境的保护与治理提升了重视度，彻底展现出用生态理念治理与保护水环境的技术创新性。

二、生态修复技术的种类以及具体应用

1. 生态修复技术的种类

从大方向上划分生态修复技术有：污染水体类、富营养化的湖泊类以及海洋类等，对于污染水体类而言又包括对植物、动物、微生物进行修复的生态技术，主要是利通植物、水生类动物种群彻底清除掉水环境中的污染物，并恢复水环境的生态结构，因此该种技术属于物理性生态技术；而富营养化的湖泊类生态技术，主要是使水生植被得到恢复，进一步优化水环境的结构，进而将生态系统恢复至平衡状态；海洋类生态技术，主要是恢复与保护水环境中的海洋生物种类。

2. 生态修复技术在水环境治理中的具体应用

污染水体类修复技术主要应用在水环境萃取金属污染物，同时吸取与过滤具有毒性的金属污染物，进而降低金属污染物毒性的进一步扩散程度，还运用微生物在水环境中进行

代谢的原理讲解有机污染物，有利于净化、修复水环境的生态结构；富营养化的湖泊类生态技术主要应用在水生植被的修复方面，运用获取的生物量抵消水环境污染的内负荷，有效控制水环境的面源性污染，而后依照湖泊类水生植被不断演替的生态规律进行重建，促进优化水生植被的生态结构；海洋类生态技术主要针对已经被破坏的海洋系统进行修复，去除海洋环境中的氮、磷。但由于应用时涉及了较高的经济价值，缩小了应用的范围，不能将该技术作为生态修复的主体技术。

三、生态系统中水环境保护、治理措施

1. 提升社会群众对生态环境的保护意识

由于国家在不断长大经济企业，同时，忽视了对生态环境造成污染的问题，致使现今生态系统面临水环境污染的严峻问题。应该提升社会群众以及政府领导对生态环境实施保护的意识，通过加强对生态水环境等知识性教育以及培训，强化与提升他们对生态系统的保护意识、责任意识。树立保护环境社会全体群众人人有责的理念，对生存环境产生保护的危机感，既要改善生活水平还要注重对生态环境实施保护的措施，以维持生存环境的持续发展与利用。

2. 修建沼气池与缓冲带

利用水环境被污染的生态条件修建沼气池、缓冲带，将污染物中的微生物转换至特定条件下，把有机物放置在沼气池中生成沼气，同时将其有力利用在生活中。伴随修建沼气池的深入，我国已经大规模的修建了沼气池。然而修建缓冲带能够有效治理水环境污染问题，尤其是控制水土的恶性流失、控制风蚀的侵袭、保护水环境的整体质量，使水环境得到生态性修复。该缓冲带的修建在某种程度上具有保护的性能，并是永久性治理生态环境的污染，对沉淀物、农药等重污染物进行过滤与净化，真正发挥缓冲带治理的作用性。

3. 建设新生物的生态环保工程

首先选择具有活性的微生物酶的生物产品，运用新技术进行研究。该微生物能够在各种环境与状态下以最快速度去分解水环境中污染的有机物，降低污染物的指标与含量。另外，还能抑制具有臭味的物质在水环境中不断产生，提升对工业废水、污水治理的整体效果。该微生物在应用时只需直接投入水环境中，因此节约了治理生态污染的成本。该措施已经在国外较早的被应用，主要是应用在水环境污染治理工作中，同时具有较好的治理成效，因此我国也在逐渐普及该治理措施。

四、水生态修复环境治理改成自然水体水生态修复

1. 净化河流的基本原理

生物膜法对于河流进行的净化作用，其实质就是水体自净能力的一种人工强化，把一个普通的自然过程变化为天然＋人工过程的组合形式。模拟天然河床上附着的生物膜及其

产生的过滤与净化作用，由人工提供滤料或载体，增加相应的比表面积，以供超量微生物附着絮凝生长，形成净化水体所需的生物膜。当污染的河水流经人工增殖的生物膜时，污染物和载体或者滤料上面附着生长的菌胶团开始碰撞接触，菌胶团表面由于细菌和胞外聚合物的作用，对污水中的有机物起到了絮凝或吸附，这种状态与介质中的有机物会形成一种动态的平衡，从而导致的结果就是菌胶团表面不但附有大量的活性细菌，还有较高浓度的有机物，这些都成了细菌繁殖的有利条件。细菌的大量繁殖，会吸收消耗污水中的有机物，这样污水中的有机物浓度就会大幅度的降低，水质也就得到了明显的改善。

生物膜技术发挥作用主要有以下 4 个阶段：

外部扩散阶段：污染物向生物膜表面移动；

内部扩散阶段：污染物在生物膜内移动；

化学反应阶段：微生物分泌的酵素与催化剂；

外排阶段：代谢生成物排出体外。

由于生物膜是依附固定在载体或者滤料上的，因此有着较长的生长周期，可以产生长周期细菌与高级微生物，例如硝化细菌的出现，因为硝化细菌的繁殖速度是一般单胞细菌的 1/40 左右。这就使得生物膜法在正常吸收有机物的同时，还能兼具脱氮除磷的能力，有利于处理同时受到有机物和氨氮双重污染的河流。另外，在生物膜上繁殖出的后生动物，例如缀体虫、线虫、轮虫等，从而极大增强了生物膜的降解净化能力。

2. 生物膜在河流污染治理中的技术模式

目前，国内外用于河流生态净化的生物膜技术有以下 5 类：

（1）砾间接触氧化法

砾间接触氧化法的设计依据是河床生物膜净化河水的原理，通过人工干预填充砾石作为载体，水与生物膜的接触面积会增加数十倍至上百倍不等。污水在瞬间流动的过程中，会与砾石上附着的生物膜相接触，进而被生物膜截留吸收、氧化分解，从而达到净化水质的目的。例如，以 φ50mm 的砾石作为填充物，填充河床面积为 1 ㎡，高度为 1m 的河流时，这时河床的生物膜面积就可以达到原来的 100 倍，河流的净化能力也就相应的增强了 100 倍。砾间接触氧化法采用的载体为天然材料，具有来源广、费用低、工程难度小、净化效果较好等特点，因此得到了最广泛的应用。青海省沿湟实施的西宁第 1 污水处理厂和湟源、乐都、民和污水处理厂尾水人工湿地潜流处理单元就对该技术做了很好的技术移植和应用。潜流由底至上分别为防渗层、倒淤层、填料层及种植层，砾间接触的水力负荷大，对 BOD、COD、SS、TN、TP 等污染物的去除效果明显，并且很少会有恶臭和滋生蚊蝇等现象的发生，特别是能有效解决北方寒冷地区的冬季防冻问题，出水水质效果好，对于 COD 的去除效率在 40% ~ 80%，据监测验证污水处理厂尾水经潜流处理单元后 COD、BOD、NH3-N、SS、TN、TP 等污染物浓度削减明显。

（2）排水沟（渠）接触氧化法

排水沟（渠）接触氧化法基于排水沟（渠），在其内部或外部设置含有滤料的净化设施，填充的滤料为砾石和塑料，可填充颗粒状、细线状、波板状或垫子状等，因为这些滤料具有比表面积大，间隙率高等特点，所以适于大量微生物的生长附着，产生大面积生物膜。当污水流经此人工净化装置时，污染物质与生长的生物膜相接触，大量污染物质被截留、吸收，进而被微生物分解掉，充分有效地净化了污水。排水沟（渠）接触氧化法具有净化效果好，有利于人工干预管理的特点，因其是在沟渠中进行反应的，往往不需要曝气系统，可以有效降低能耗。近年来，由于其具有的特点，在河流的直接净化中有着较多的应用。

（3）生物活性炭填料法

生物活性炭填料法以活性炭为填料，利用了活性炭其特有的超强吸附能力，同时由于其具有巨大的比表面积，可以为微生物的生长提供良好的环境，特别是利用“生物膜效应”、“生物再生效应”和“吸着效应”，可以充分发挥细菌和微生物等的分解作用，活性炭的微孔吸附作用，以达到去除水中污染物、净化水质的目的。生物活性炭填料法充分利用了活性炭比表面积大、吸附能力强等特性，使附着在其表面的微生物种类更多、活性更强、数量更大，形成的生物膜能力更强。

（4）浅层层流法

生物膜法在河流净化中起主要作用的方式，就是河水流过河床上附着的生物膜，通过与生物膜的接触而达到净化的目的。生物膜法采用增加附着的生物膜面积，从而减少单位生物膜的处理量，进而提高河床的自净能力。具体方式是增加河面的宽度，降低河流水深，增加河水和河床的接触面积。工程建设可以拓宽河床，以达到目的。此方法缺点也比较明显，需要进行大量的土方施工，涉及征地问题，同时还要确保水体流量和周围生态环境。

第二节　水生态修复技术在河道治理中的应用

生态系统是生物在一定自然环境下生存和发展的状态。一个完整的水生态系统应该包括水生植物群落和鱼、虾、螺、贝类、大型浮游动物等水生动物，以及种类和数量众多的微生物和原生动物等。水生态修复技术是指利用培育的植物或培养、接种的微生物的生命活动，对水中污染物进行转移、转化和降解，净化水质，改善、修复水生物生存环境。它是目前国际上常用的治理污染水体的方法之一，具有治污效果好、工程造价相对较低、运行成本低等优点。大量研究表明，对河流水环境的治理，必须采取污染源控制和水生态修复相结合的方法，实施“截污治污、恢复生态”。

一、水生态修复主要技术类型

河道治理首先要截污，但是，日前很多地区污水管网尚未健全，仍然有一定量污水直排或随污水管道进入河道，同时有些污水管网收集不到的农村生活污水直接排入河道，长期以来，造成河道水质氨氮、总磷、总氮超标，水体富营养化。针对这种情况，在河道治理中采用以下几种水生态修复技术，降解水体污染物，建设生态型河道。

1. 生物处理技术

生物处理技术包括好氧处理、厌氧处理、厌氧—好氧组合处理。主要是采用人工培养的适合于降解某种污染物的微生物。通过控制微生物的生长环境、数量、品种，同时结合人工曝气等方法来稳定和加快水体污染物如 COD、BOD5、有机氮或氨氮等的处理。处理技术根据河道水体污染程度、水流、流域面积等因素具体制订，目前主要是原位生物修复技术，适用于严重污染河道的水质净化。目前，该项技术在上海市中心城区河道水质改善中得到应用。

2. 修建生态岸坡

水生态修复的目标是建立、修复受污染或受破坏的水生生物环境。按照自然规律，恢复流域内食物链。目前国内水利工程建设的观念正由传统的“防洪、排涝”向建设“安全、资源、生态”的水环境观念转变，逐渐更新治理理念，提倡河道岸坡采用生态型，如改变传统河坡直立式结构形式，放缓河坡，在近岸带种植根系发达的植物，依靠植物固结土壤，防止岸坡陶刷，维护岸坡稳定性，为水中生物提供栖息地和活动的场所，起到保护、恢复自然环境的效果，物种选取苦草、金鱼藻、黑麦草、两耳草、高羊茅草等等，护坡材料的选用采用多孔及天然材质。

3. 生物修复

生物修复技术是利用水体中的植物、微生物和一些水生动物的吸收、降解、转化水体中的污染物，来实现水环境净化、水生态恢复的目标。生物修复技术可以是单一的植物、动物或微生物修复，也可以是由不同种植物、动物、微生物共同构成的生态系统进行的水体生态修复。植物、微生物和水生动物在河道生态修复中扮演着不同的角色，各自为水体的净化起着不可或缺的作用。

（1）植物修复是以植物忍耐和超量积累某种或某些化学元素的理论为基础，在美化、绿化水域景观的同时，利用植物的吸收、挥发、过滤、降解、稳固等作用，通过收获植物体的方式可以将水中有机和无机污染物进行有效地去除，达到净化水质的目的。

（2）动物修复指通过河流中水生动物种群的直接（吸收、转化、分解）或间接作用（改善水体理化性质，维持河道中植物和微生物的健康生长）来修复河流污染的过程。在受污染的水体中投入对该污染物耐性较高的浮游生物、虫类、虾类、鱼类等，通过食物链消化将一些有机污染物吸收、利用或分解成无污染的物质从而改善水环境修复受污染的河道。

（3）微生物修复是利用动植物共存微生物体系去除环境中的污染物。通过在河道中种植水生植物、放养水生动物，创建微生物生存条件，利用微生物降解、吸收水体中的氨、氮、磷等元素，不断把水体中过多的富营养成分离析水体，从而达到净化水质的目的。

4. 人工湿地处理技术

人工湿地的原理是利用自然生态系统中物理、化学和生物的三重共同作用来实现对水体的净化。这种湿地系统是在一定长宽比及底面有坡度的洼地中，由土壤和填料（如卵石等）混合组成填料床，水体可以在床体的填料缝隙中曲折地流动，或在床体表面流动。在床体的表面种植具有处理性能好、成活率高的水生植物（如芦苇等），形成一个独特的动植物生态环境，对污染水进行处理。

人工湿地具有以下特点：

（1）维持生物多样性，为水生动植物、微生物等提供优良的生存环境。

（2）调节地表径流、保持泥土含水量。

（3）降解水体污染物，实现水体的净化。

（4）调节气温和空气湿度。

（5）美化环境，构造景观。该项技术应用较为成功，如日本渡良濑蓄水池的人工湿地、西湖湿地和南京江心洲等。

5. 人工浮岛技术

人工浮岛又称生态浮床、生态浮岛，是一种由人工设计建造漂浮在水面上供动植物、动物和微生物生长、栖息、繁衍的生物生态设施。它的主要功能包括净化水质、创造生物（鸟类、鱼类）的生息环境、改善景观以及消除水波、保护河岸的作用。人工浮岛在城镇化地区对有景观方面要求的河道池塘等得到了较广泛的应用。人工浮岛技术最早是在20世纪80年代由德国BESTMAN公司开发，后来又由以日本为代表的国家和地区成功应用到了地表水的污染治理和生态修复上面，我国于20世纪90年代末引入，21世纪初多地推行。人工浮岛技术是按照自然规律，严格筛选本土净水植物在水面种植，利用植物根部的吸收、吸附作用和不同物种间的竞争机制，将水体中的氮、磷以及有机物作为自身营养物质利用，并最终通过对植物体的收获将其带离出水体，达到净化水体，适宜多种生物繁衍的栖息环境的目的。该技术主要适用于富营养化和受有机污染的河流，工程量小，便于维护，处理效果好，且不会造成二次污染，使资源得到可持续利用。

二、当前水生态修复技术在治理方面存在的主要问题

（1）水生态修复技术的应用发展缓慢。河道整治坚持生态优先的原则虽然在上级领导中已得到足够重视，但在河道实际整治中缺乏相应措施。近年来的河道整治工程中，主要整治措施还是截污纳管、生活污水处理、岸坡建设和底泥疏浚。有关河道的截污纳管、沿河两岸的生活污水处理、河道规划的力度都在加大，但通过水生态修复技术来改善水质的相关技术研究与应用还没有新的进展，该技术停留在城镇中心区域局部河段的应用上，

未大范围应用及推广。

（2）整治方案中都强调了生态治水的重要性，但在具体技术上缺乏相应的实施方案和操作措施。

通过仔细调研各设计单位设计的河道整治方案及河道景观设计方案，发现在河道整治方案与景观方案中都提及整治中要坚持生态优先的原则，要通过修复河道、湖泊的水生态系统来提高水体的自净能力，但在具体实施上缺乏详细的可操作性实施方案。

（3）在水生态修复的认识上存在较大程度的偏差。

河流、湖泊的水生态修复是近十年才发展起来的水质治理新理念，是一个系统工程，不能简单地理解为通过多绿化、多种植物、在河道里养水生动物、微生物就可以达到水生态修复了。另外，许多设计者对于河流的修复纯粹是从景观美学的角度出发，完全没有考虑河道的基本情况及其功能定位。

三、生态修复技术在河道治理中的应用要点

1. 优选植物种类，合理配置

选择合适的植物种类对于项目的成功非常必要。采用植被措施护岸时，不同植物材料的有效性很大程度上取决于它们对于水位和底土土质的适应性。实际实施中，可根据不同水位，结合当地情况，以水位变动区间为参考，将河流陆域及岸坡分为4个区域，不同区域选择适合的植物种类。

（1）水下区（低水位以下）。种植沉水植物，设立沉水植物修复区，以迅速提高水体透明度；其次恢复水体原有沉水植被，先后恢复了苦草群落、狐尾藻群落、篦子眼子菜群落、金鱼藻群落，恢复水清见底的水域景观。

（2）水位变动区。利用芦苇、野茭白、香蒲、千屈菜、水葱等水生植物，以其柔韧的枝叶，缓冲水流，减缓船行波的冲刷，提供动植物栖息地。

（3）岸坡区（高水位以上）。利用低矮灌木以及野生地被植物组成的复式植物群落，减弱雨水对堤防的冲刷，减少表层土的流失，同时，稳固从堤顶冲刷下来的外来土壤。

（4）河道陆域区（岸坡上以上河道控制线内）。利用水杉、池杉、落羽杉、水紫树等耐水性好、短期耐淹植物，通过其生长舒展的发达根系，固土护坡，防比河道两岸土方的坍塌。

2. 建设形态多样的河流

河流形态的多样性，其方法是恢复河流纵向的连续性和横向的连通性，防止河床和岸坡材料的硬质化。在河流纵向，以恢复河流的蜿蜒性为主，尽可能保持河流弯曲多变的形态；在横向上，构建主河槽和护堤地在内的复合断面形态，有条件的地方应推广使用“季节性河道”（高水位河水漫滩便于行洪，低水位河水约束在主河槽内，岸坡可以综合利用）。在需要护岸的地段，宜采用石笼、生态混凝土等透水性岸坡防护结构，充分利用乱石、木桩、芦苇、柳树、水葱等天然材料与植物护坡，避免河流岸坡的硬质化。

运用生态系统的食物链原理营造生物群落多样性，是生物群落构建的主要措施。

一方面，通过将植物措施延伸入水中，创造微生物生存和繁衍的必要条件；同时通过投放鱼类、虾类、螺蛳、河蚌等底栖动物，构建“水生植物—微生物—藻类—水生动物”食物链，实现水体净化的目的。常见的做法是，岸坡和水位变化区种植根系发达的黄菖蒲、睡莲、美人蕉、香蒲等挺水植物，水下区种植苦草、狐尾藻、金鱼藻等沉水植物，提高水体透明度和水体净化能力，提供微生物生存环境，同时提高边坡抗冲刷能力；水中投放一定数量的鲫鱼、鲤鱼等鱼类；在引导水体原有底栖昆虫、螺蛳、贝类等水生动物增加水体净化能力。

3. 布置人工湿地

利用河道现有形态，沿河布置人工湿地。人工湿地对于恢复河道水生动植物系统有很大作用，在河道一定水位线以上建设自然生态湿地小岛，小岛内摆抛置天然石头，种植具有景观效果的水生植物，小岛通过木桥与陆地相通，形成水陆相互缠绕，产生人在水上走、鱼在脚下游，树在水中长的视觉效果。

四、河流生态修复技术的应用效果

这几年，浦东地区对各代表性河道进行生态修复技术尝试，河道面貌发生明显变化，大大美化了修复河道的生态景观，改善了河道两岸的人居环境。

1. 增强河道自净功能，水质明显改善

通过对治理河道的观测分析，应用生态修复技术后，植物净化系统和水生动物去水体富营养化基本构建成功，河道面貌焕然一新。已截污的河道应用该技术后，河道水质透明度达到1.5米以上，水底水草清晰可见，主要水质富营养指标接近国家地表水三类水质标准；沿河有少量生活污水入河的河道，采用该技术后，河道水质透明度也有明显提高，主要水质富营养指标也有明显改善，常年无臭味；而对于污染量较大的河道，采用生态修复后，河道各种状况虽有改善，效果却不明显，建议截污纳管。

2. 固土护坡效果明显，水土流失程度降低

通过合理搭配乔、灌木和草本植物，水土保持能力得到提高，植物固土护坡作用明显。项目后期的观测表明，土壤流失伴随植物生长的繁茂而逐步减弱；在水位变动区，常水位处有人工种植水生植物的地段，种植一年来水流冲刷深度明显小于无防护地段，水生植物防冲刷效果明显。

3. 生物多样性得到明显恢复

生态修复措施实施后，植物长势和水生动物生长良好。两岸水生植物丛中小鱼小虾成群、空中白鹭低飞、水面水鸟游弋、夏夜青蛙齐鸣，相比治理前生态环境有了明显改善。

第七章　水生态系统评估

第一节　水生态系统健康评价

生态系统健康是新兴的生态系统管理学概念，对其研究是在全球许多自然生态系统（如海洋、湖泊、森林等）健康状况日趋恶化的严峻形势下，于20世纪80年代中期在北美兴起的。随着人们对生态系统服务功能认识的逐渐深入和对生态环境质量要求的不断提高，生态系统健康状况受到越来越多的关注。对生态系统健康评价和研究具有重要的应用价值。国内外许多学者和研究机构都在进行有关确定生态系统健康评价指标体系方面的研究，目前，我国的水生态系统健康评价还处于实验和摸索阶段，尚未形成一套成熟的方法。

一、生物学评价

1. 指示生物类群评价

指示物种评价法比较适用于一些自然生态系统的健康评价，生态系统在没有外界胁迫的条件下，通过自然演替为这些指示物种造就了适宜的生境，致使这些指示物种与生态系统趋于和谐的稳定发展状态。当生态系统受到外界胁迫后，生态系统的结构和功能受到影响，这些指示物种的适宜生境受到胁迫（或破坏），指示物种结构功能指标将产生明显变化。通过指示物种的数量、生物量、生产力、结构指标、功能指标及其一些生理生态指标的变化程度来描述生态系统的健康状况。同时也可以通过这磐指示物种的恢复能力的强弱。表示生态系统受胁迫的恢复能力。

2. 多样性指数评价

Shannon-Wiener 多样性指数（H'）是评价生态系统健康状况重要的可度量指标，是环保工作者常用的评价指标。

多样性指数描述的是水体中生物细胞密度和种群结构的变化。指数值越高，该群落结构越复杂，生态系统稳定性就越大。而当水体受到污染时，敏感应种类消失，多样性指数减小，群落结构趋于简单。稳定性变差。

计算式为：$H' = -\sum\left(n_i/N\right)\cdot\log_2\left(n_i/N\right)$

式中，N 为样品中的个体总数，n_i 为第 i 种的个体数。

3. **群落学指标评价**

近来，通过对海洋等生态系统健康的研究，一些学者提出一个客观评价生态系统健康的度量指标——多样性—丰度关系。健康的生态系统中，多样性—丰度关系可以用对数正态分布表征。这种分布里中等丰度的物种最多，常见的和稀有的物种都较少。对数正态分布是抽样的统计特征，且具有生态学的有效性。在恶劣条件下，多样性—丰度格局常常变化且不再表现为对数正态分布。一个群落的多样性和丰度分布偏离对数正态分布越远，群落或其所在的生态系统就越不健康。

将偏离对数正态分布用于评价生态系统健康，必须以物种多样性和样本足够大为前提，通过仔细选择生态系统中的功能团。仍可用多样性—丰度的对数正态分布来度量生态系统健康。对数正态分布为生态系统健康测定提供了一个有价值的尺度，它说明在生态学上生态系统健康的客观可测定性。多样性—丰度的对数正态关系是基于生态学原理并已显示出作为评价生态系统健康的潜在的强有力工具，但仍需进行更广泛和深入的检验以确定其是否具有普遍价值。

4. **生物完整性指数法评价**

生物完整性指数主要是从生物集合群（as-semblages）的组成成分（多样性）和结构两个方面反应生态系统的健康状况，是目前水生态系统健康研究中应用最广泛的指标之一。生物完整性指数（Index of Biologieal Integrity，IBI）是用多个生物参数综合反应水体的生物学状况。从而评价河流乃至整个流域的健康。每个生物参数都对一类或几类干扰反应敏感，但各参数反映水体受干扰后的敏感程度及范围不同，单独一个生物参数并不能准确和完全地反映水体健康状况和受干扰的强度。因此，若同时用两个以上参数共同评价水体健康时，就可以比较准确地反映干扰强度与水体健康的关系。

一个好的生物完整性指数应该能很好地反映水生态系统的健康状况、何种人类活动会对水生态系统健康产生影响、这些活动是如何影响水生态系统对人类的服务价值以及什么样的政策和生态恢复措施有利于生态系统的健康。这也是未来 IBI 水生态系统健康评价研究的重点和迫切需要解决的关键。

5. **污染耐受指数评价**

污染耐受指数 P11（即 Hilsenhoff 生物指数，FBI）是描述水生底栖动物对污染的耐受程度，其值越大表示水体污染越厉害，水生态系统遭受破坏越严重。

计算式为：$PTI = \sum\left(n_i \times t_i\right)/N$

式中，t_i 为第 i 种生物的污染耐受值，N 为样品中的个体总数，n_i 为第 i 种的个体数。

6. **均匀度指数评价**

Pielous 均匀度指数（J）反映的是水体中各类生物是否比较均匀，优势种是否存在。

均匀度指数值越高，物种的空间分布越均匀，生态系统稳定性就越大。

计算式为：$J = H'/InS$

式中，s 为种类数，H' 为 Shannon—Wiener 多样性指数。

7. King 指数与 Goodnight 修正指数评价

King 指数（KI）与 Goodnight 修正指数（GBI）的研究对象分别是水生昆虫和寡毛类，其中 KI 反映的是湿生物的比重，二者所得值越大表示水体受污染越轻，生态系统稳定性也大。

计算式为：KI= 水生昆虫类的湿重 / 寡毛类湿重

$GBI = N - N_{ml}/N$ 式中，N_{ml} 为寡毛类个体数，N 为样品中的个体总数。

8. 底栖动物群落恢复指数评价

底栖动物群落恢复指数（k）结合 Chandler 指数和科级生物指数的特点，在污染评价均值法的基础上进行的修正和扩展。与其他生物指数相比，I 亦指数使用简单，所涉及种类为常见种，容易辨认，如辨认技术要求较高的水生昆虫只需辨认到科，而且放大了少数敏感种的指示效果。此外，该指数能明确反映底栖生物群落的结构状况。其值越大，表示水体的自净恢复能力越强，水生态系统越好。

计算式为：$I_{ZR} = \sum\left[\left(P_i/N\right)\times L_{ri}\right]$

式中。P_i 是第 i 种类个体数，ind/m^2，若 /N<5%，按 5%计算；L_{ri} 为每个种类对应的清洁指数。清洁指数权值的衡量标准参科技级生物指数．根据当底栖柄动物群落结构情况进行调整。

二、熵权综合健康指数评价

生态系统健康应包含两方面内涵：满足人类社会合理需求的能力和生态系统本身自我维持与更新的能力。因此，在选择湖泊生态系统健康评价指标和评价方法时，应综合考虑自然因素和社会因素，宏观与微观相结合，熵权综合健康指数法即是为满足这一要求提出的。它的计算公式为：

$$EHI_C = \sum_{i=1}^{n} I_i \cdot w_i$$

式中：EHI_C 为湖泊生态系统综合健康指数；I_i 为第 i 个指标的归一化值，$0 \le I_i \le 1$；为第 i 个指标的权重，可由熵值法确定。熵权综合健康指数法分为以下几个基本步骤：建立评价指标体系；计算各指标的归一化值；确定各指标的熵权；计算湖泊生态系统熵权综合健康指数。

三、灰色关联评价

灰色评价法是用灰色系统的方法来评价河流水体状况。由于在水环境质量及水生态健康评价中所获得的数据总是在有限的时间和空间范围内监测所得，所提供的信息不完全或不确切，因此水域可以说是一个灰色系统，即部分信息已知，部分信息未知或不确切，可以用灰色系统的原理来进行综合评价。灰色关联评价方法是以断面水体中各因子的实测浓度组成实际序列，各因子的标准浓度组成理想序列，不同标准级别组成的不同理想序列，使用灰色关联度分析法计算实际序列与各理想序列的关联度，最后按照关联度的大小确定综合水质的级别，其中关联度越高，就说明该样本序列越贴近参照级别，此为单断面水质综合评价的灰关联评价法；把灰色关联度评价法应用于研究具有多断面的区域水环境质量评价问题，就得到了区域水质综合评价的灰关联分析法。

四、模糊评价

1965 年美国 LA. Zadeh 教授著名的《模糊集合》一文的发表，标志着模糊数学的诞生并很快发展起来。由于水生态系统中存在大量不确定性因素，水质级别、水生态状况、分类标准都是一些模糊概念，因此模糊数学在水生态系统健康评价中也有望应用。

应用模糊数学进行水生态系统评价时，对一个断面只需要一个由 P 项因子指标组成的实测样本，由实测值建立各因子指标对各级标准的隶属度集。如果标准级别为 Q 级，则构成 $P \times Q$ 的隶属度矩阵，再把因子的权重集与隶属度矩阵进行模糊积，获得一个综合判集，表明断面水体对各级标准水体的隶属程度，反映了综合水生态健康状况的模糊性。

从理论上讲，模糊评价法由于体现了水环境中客观存在的模糊性和不确定性，符合客观规律，具有一定的合理性。但是，从目前的研究情况来看，由于在模糊综合评价中，一般采用线性加权平均模型得到评判集，使评判结果易出现失真、失效、均化、跳跃等现象，存在水质类别判断不准确或者结果不可比的问题，而且评价过程复杂，可操作性差。因此在应用模糊理论进行水生态系统健康评价方面还需进一步研究，研究的关键性问题是解决权重合理分配和可比性。

第二节　水生态系统服务价值评估

一、生态系统服务研究的产生和发展

美国学者 Marsh G 是第一个用文字记载生态系统服务功能的人，他在 1864 年出版的《Man and Nature》一书中记载了自然生态系统分解动植物尸体的服务功能。1949 年，Leopold A 开始深入思考生态系统服务功能，他指出人类自身是不可能替代自然生态系统服务功能的。生态系统服务一词在 20 世纪 60 年代第一次使用。20 世纪 70 年代初，SCEP（Study of Critical Environmental Problems）在《Man's Impact on the Global Environment》报告中提出了生态系统服务功能的“Service”一词，并列出了自然生态系统对人类的“环境服务功能”。Holden J 与 Ehrlich PR 论述了生态系统在土壤肥力与基因库维持中的作用，将其拓展为“全球环境服务功能”。后来又出现了“全球生态系统公共服务功能”和“自然服务功能”一词，最后由 Ehrlich PR 等将其确定为“生态系统服务”。生态系统服务功能这一术语逐渐为人们所公认和普遍使用。

1991 年国际科学联合会环境问题科学委员会（SCOPE）的生物多样性间接经济价值定量研究会议召开后，关于生物多样性与生态系统服务功能经济价值评估方法的研究和探索才逐渐多了起来。真正把生态系统服务功能及其价值研究推向生态学研究的前沿，引起人们重视的研究是 Costanza R 等人在“Nature”杂志上发表的“全球生态系统服务功能价值估算。随着 3S 技术的发展，在生态学和生态系统服务功能研究上也得到了广泛应用。从生态系统服务功能的研究发展历程可以看出，生态系统服务功能的研究经历了从认识和了解生态系统的服务功能，到描述和定义生态系统服务功能，再到探讨不同区域生态系统的生态功能及所提供的服务，再到运用经济学对生态系统服务功能进行定量计算和评价，并融合了现在蓬勃发展并为广大生态学者普遍运用的 3S 技术，使评估生态系统服务功能更为准确。

二、水的生态系统服务的内涵与分类

1. 水的生态系统服务的内涵

正确理解水的生态系统服务的内涵，有助于我们更加清楚的认识这些服务，也有助于对这些服务进行定量和定价。关于生态系统服务的定义，许多学者进行了大量的研究，具有代表性的包括：Daily G C 认为生态系统服务是指自然生态系统及其物种所提供的能够满足和维持人类生活需要的条件和过程；Costanza R 等认为生态系统服务是指人类从生态系统功能中获得的收益；De Groot R S 等认为生态系统服务功能是提供满足人类需要的产品和服务能力的自然过程和组成；“千年生态系统评估”在总结前人工作的基础上对生态系统服务进行定义：人类从生态系统中获得的收益，并将生态系统服务分为供给服务、调节服务、文化服务和支持服务4大类”。水的生态系统服务是生态系统服务重要组成部分，基于上述学者对于生态系统服务的定义，可以将水的生态系统服务定义为：水在水生生态系统与陆生生态系统中通过一定的生态过程来实现的对人类有益的所有效应集合。

根据上述定义，从对象、载体、实现途径和最终对人类的效应4个方面而言，水的生态系统服务具有以下特点。

（1）水的生态系统服务是针对人类的需求而言的。服务是对人类的服务。人类是水的生态系统服务的享用者。人类需求主要包括物质需求、精神需求和生态需求三个层次。人类对水的生态系统物质需求主要包括生产及生活用水、各种水产品等；人类对水的生态系统精神需求包括对知识的需求、美的需求、文化的需求等；人类对水的生态系统生态需求包括健康舒适的大气环境、水环境以及丰富的生物资源等。

（2）从产生的载体上看，水的生态系统服务来自于由无机环境资源和生物环境资源，服务产生的载体变化，那么服务的内涵将会随之而变。水量及水质的变化都影响着水的生态系统服务的种类和质量。例如河流生态系统中由于上游水量不断递减，使得河道缩短并逐渐干涸，引起原来沿河岸分布的河岸林逐渐退化，导致景观格局改变。

（3）水的生态系统服务实现途径包括两方面：一是水的基本生态服务，是由水的生物理化特性及其伴生过程提供的服务；二是水的生态经济服务，是由水产生的生态经济效益的服务类型。气候调节服务、氧气生产服务、空气净化服务、泥沙推移服务、荒漠化控制服务、保护生物多样性服务、初级生产服务、提供生境服务、水资源调蓄服务的实现主要决定于水体自身的结构和功能。这9项服务的产生过程即是它们的实现过程，它们的实现不依赖于人类的社会经济活动，属于水体自身的功能和效用。其余各项服务的实现必须要有人类的社会经济活动参与，如渔业产品生产服务必须要有人类的渔业经济活动的参与；生产及生活用水供给服务必须要有大规模工业生产和其他生产性活动；水力发电服务需要通过人类加工产生生态经济效益；水体自净服务是针对人类社会生活、生产所产生的各种排水污染物而言的；休闲娱乐服务需要人们来体验和消费；离开人类社会、精神文化服务、教育科研服务便失去了存在的载体。

（4）从最终对人类的效应上看，水的生态系统服务表达的是对人类有益的正效应。因为水具有利弊共存性、分配差异性及可溶性等性质，是水具有正效应外，还具有对人类环境不利的负效应。水的负效应是指水在社会、经济、环境中能够给人类带来危害效应，如水灾、水患和水污染等。因此这里所说的水的生态系统服务是水的有利效应或正效应。

2. 水的生态系统服务的分类

对水的生态系统服务进行科学分类，是开展水的生态系统服务价值评估的理论基础。水的生态系统服务种类众多，通过文献分析发现，不同学者对生态系统服务类型的划分不相同。目前对于水的生态系统服务和价值评估尚没有统一、公认的分类标准和方法。参考前人关于生态系统服务的分类体系以及MA的分类体系，并根据水的生态系统服务效用的表现形式，这里将水的生态系统服务划分为供给服务、调节服务和美学服务3大类16项。其中供给服务是指水生态系统为人类生产生活所提供的基本物质，一般包括生产及生活用水、水力发电、渔业产品等3项；生态系统通过一系列生态过程实现水的调节服务，这些调节服务包括气候调节、氧气生产、空气净化、泥沙推移、荒漠化控制、水体自净、保护生物多样性、初级生产、提供生境、水资源调蓄等10项；美学服务是水的生态系统服务的整体表现，是通过丰富精神生活、发展认知、大脑思考、消遣娱乐和美学欣赏等方式，而使人类从水生态系统获得的非物质收益，包括旅游娱乐、文化用途、知识扩展服务等3项。

三、水的生态系统服务价值评估理论与方法

1. 水的生态系统服务价值构成

水的生态系统服务价值是水生态系统及其生态过程所形成的对人类的满足程度，水的生态系统服务价值不仅在于它对工业、农业、电力等基础产业的天然贡献，更在于它的有用性和稀缺性使其自身蕴含着潜在价值，包括利用价值和非利用价值。

（1）利用价值

水的生态服务的利用价值包括直接利用价值、间接利用价值和选择价值。直接利用价值主要是指被人们为了满足消耗性目的或者非消耗性目的而直接利用的。水可以作为生产要素进入人类的生产活动，满足工业、农业、居民生活等要求，体现的是直接使用价值，如所蓄之水用于工业用水、生活用水以及水力发电等，其服务价值由水量和水质决定。间接利用价值是指水被用作生产人们使用的最终产品和服务的中间投入。水对维持人类生存与发展所依赖的生态环境条件具有间接的促进作用。水对生态系统正常运转需求的满足程度与作用就是水的生态系统服务的间接利用价值，如水体自净、荒漠化控制，以及供给清新空气和洁净水从而降低健康风险。间接利用价值是一个发展的动态概念，它是随着社会发展水平和人民生活水平的不断提高而逐渐显现并增加起来，即其间接利用价值的大小取决于不同发展阶段人们对水的生态系统服务功能的认识水平，重视程度和为之进行支付的意强。选择价值是一种潜在利用价值，它是人们为了将来能被自己，或者被子孙后代，或者被他人直接与间接利用某种服务的支付意愿。

（2）非利用价值

非利用价值是独立于人们对水的生态服务现期利用的价值，是与子孙后代将来利用有关的水的生态服务经济价值以及与人类利用无关的水的生态服务经济价值，包括遗产价值和存在价值。其中存在价值又称为非使用价值，指水的固有的不可被替代的内在价值，它可以满足人类未来潜在的需求。同时水本身具有文化教育功能。在人类文明发展历史中，

积淀了极为丰富的水文化内涵，一条江河养育一个民族，繁衍一种人类文明，与水有关的风俗习惯、涉水的休闲方式的演变等本身就是一种文化。另外，自然之物的水赋予灵性，可以为文学、艺术创作提供丰富的灵感源泉。

2. **水的生态系统服务价值评估方法**

水的生态系统服务价值评估的目的主要是为了将水生态和水环境问题纳入到现行市场体系和经济体制中，并结合政府政策协调人与水的关系。近年来，国内外学者对生态系统服务价值的评估方法进行了大量的研究，其中，具有代表性的有，Mitchell 等提出的环境价值评估方法，基于生态经济学、环境经济学和资源经济学的研究成果提出的替代市场技术和模拟市场技术评估方法。水的生态系统服务价值评估的方法大多借鉴生态系统服务价值的评估方法，目前其主要的评估方法可分为 3 类(见表 7-2-1)。第一类是常规市场评估法，包括市场价值法、替代成本法、机会成本法、影子工程法、人力资本法、防护和恢复费用法等；第二类是替代市场评估法，包括旅行费用法等；第三类是模拟市场价值法，包括条件价值法。3 类评估方法均有其适用的范围，常规市场评估法适用于有市场价格的水的生态系统服务功能的价值评估，替代市场评估法适用于没有直接的市场交易和市场价格服务，但具有这些服务的替代品的市场价格水的生态系统服务功能的价值评估，模拟市场价值法适用于没有市场交易和实际市场价格水的生态系统服务功能的价值评估。

表 7-2-1 水的生态系统服务价值评估方法比较

分类	评估方法	优点	缺点
常规市场评估法	市场价值法	具有客观性、可接受性	只考虑作为有形交换的商品价值，没有考虑作为无形交换的生态价值
	替代成本法	比较客观全面地体现了某种资源系统的生态价值	无法用技术手段代替和难以准确计量的
	机会成本法	简单易懂，是一种非常实用的技术。	资源必须具有稀缺性
	影子工程法	将本身难以用货币表示的生态系统服务价值用其“影子工程”来计量	替代工程的非唯一性和两种功能效用的异质性
	人力资本法	对难以量化的生命价值进行量化	违背伦理道德；理论上的缺陷；效益的归属问题
	防护和恢复费用法	可通过生态恢复费用或防护费用量化生态环境价值	评估结果为最低的生态环境价值
替代市场评估法	旅行费用法	理论通俗易懂，所有数据可通过调查、年鉴和有关统计资料获得	不能核算生态系统的非使用价值

续 表

分类	评估方法	优点	缺点
假想市场评估法	条件价值法	特别适宜于对非使用价值（存在价值、遗产价值和选择价值）占较大比重的独特景观价值的评价	由于个人对环境服务的支付意愿是以假想数值为基础，而不是依据数理方法进行估算的，可能存在很多偏差

对于每一种水的生态服务评估方法的选择要依据水的生态服务的特点、评估方法的适用范围以及数据的可获得性来确定。由于各种方法均存在着或多或少的不足或制约因素，考虑到每种方法的优缺点，对同一种服务，应采取多种方法计算，选取最实用的。

四、水的生态系统服务研究现状

目前，对水的生态系统服务的研究还刚刚起步，水的生态系统服务还缺乏系统的理论基础研究和适用的分类体系。在价值评估方面，为市场化的服务价值的评估方法有待于进一步完善。水的生态系统服务评价是将人类对水资源的认识成果应用于管理决策的桥梁，是生态保护、生态恢复、生态系统管理的基础。基于水资源管理的目标则是通过规范和优化区域人类活动使得水的生态系统服务的供给能力达到最优状态。

水提供的生态系统服务是非常复杂和多样的，水的生态系统服务包括水资源维持人类的生产与生活活动的服务和维持自然生态过程与区域生态环境条件的服务。参考学术界最新开发的生态系统服务分类体系，并根据水的生态系统服务效应的表现形式，这里将水的生态系统服务分为供给服务、调节服务和美学服务等 3 大类 16 项服务，通过水的各类生态系统服务，满足了人类物质、健康、安全及文化等方面的需求，提高了人类的经济福利和文化福利。

水作为生态系统中的一个重要元素，除具有直接使用价值外，还具有存在价值和生态价值。水的生态系统服务的各类价值有时是交叉的。水的生态系统服务的价值评估方法主要包括：常规市场评估法、替代市场评估法和假想市场评估法。目前，评估方法尚不成熟，以瞬时静态评估为主，不能充分体现各个生态系统的特征和空间异质性。

水的生态系统服务研究是一种综合性、多学科的系统研究。人类对水的生态系统服务价值了解还十分有限。很多的现象与各种生理生态过程困扰着科学家们：

（1）水生生态系统内部斑块类型及其变化，例如：水库坑塘、河流河滩和沼泽地与其他不同的生态类型（水浇地、荒草地等）之间的转变情况。

（2）水生生态系统内部生态过程的变化，如水生生态系统内部水文的变化，河流的流量、行洪、汛期和旱期时间变化、水质变化，水的输入输出变化。

（3）水循环过程和其他循环（如碳循环）的耦合机制及其耦合程度发生变化，比如水供给量不足导致光合作用效率下降、局部水量增加对于土壤碳释放的加速。

这些都将导致水的生态系统服务变化。因此对水的生态系统服务的研究，应更多考虑各种服务产生过程与实现途径，以及它们对人类活动的响应。

第三节　湖泊生态安全调查与评估技术

一、湖泊生态安全调查

这里涉及的调查内容主要包括湖泊流域人类活动影响、湖泊生态系统健康状态、湖泊生态服务功能和人类活动的调控管理 4 个方面，同时还应包括湖泊及其流域的基本信息。具体湖泊可根据自身的特点，进行相应调整。

（一）湖泊基本信息调查

湖泊基本信息调查主要包括湖泊水面面积、湖泊容积、出 / 入湖水量、多年平均蓄水量、多年平均水深及其变化范围、补给系数、换水周期、流域的地理位置、所涉及县（市）及其乡镇面积、流域的土地利用状况、水资源概况以及湖泊的主要服务功能。

湖泊及其流域的基本信息调查还应包括流域的行政区划图、数字高程图、水系图、地表水环境功能区划图、植被分布图、土地利用类型图、主要水利工程位置图等图册资料。

（二）湖泊流域人类活动影响调查

流域人类的社会经济活动是影响水质较好湖泊生态环境状况的关键所在。流域经济、社会的快速发展增加了流域污染排放，对湖泊生态环境的变化具有直接驱动力和压力。湖泊流域人类活动影响调查内容包括：

1. 社会发展和经济调查

（1）社会发展

调查指标包括基准年及其以后每年的流域人口结构及变化情况，包括自然增长率、流域人口总数、常住人口、流动人口、城镇人口、非农业人口数量等。

（2）经济增长

调查指标包括方案基准年及以后每年的流域经济发展情况，包括流域内国民生产总值（以下称 GDP）、GDP 增长率、人均年收入、产业结构等。

2. 湖泊流域污染源调查

（1）点源污染调查

点源污染调查包括城镇工业废水、城镇生活源以及规模化养殖等。

（2）面源污染调查

这里规定的面源污染调查主要包括农村生活垃圾和生活污水状况调查、种植业污染状况调查、畜禽散养调查、水土流失污染调查、湖面干湿沉降污染负荷调查及旅游污染、城镇径流等其他面源污染负荷调查。有条件的，可以结合典型调查、前期工作积累、各类研究经验，确定适宜的参数。

（3）内源污染调查

明确湖泊内源污染的主要来源，例如湖内航运、水产养殖、底泥释放、生物残体（蓝藻及水生植物残体等）等，分析内源污染负荷情况。

（4）湖泊流域污染调查汇总

汇总流域内各个县市的污染物排放表格，绘制流域污染负荷产生量、入河/入湖量表格，并注明年份。湖泊流域污染物入湖量主要来自地表径流和湖面干湿沉降等途径，其计算方法为产生量与入河/湖系数的乘积。入河/湖系数可参考各地区已有规划、文献等相关资料，有条件者可通过实地测量来计算进入湖泊的污染物通量。

3. 湖库主要入湖河流污染调查

湖泊主要入湖河流调查主要包括水文参数和水质参数两个方面。水文参数包括流量、流速等；水质参数包括溶解氧（DO）、pH、总氮（TN）、总磷（TP）、COD、高锰酸盐指数、氨氮、悬浮物（SS）等指标。

（三）湖泊流域生态系统状态调查

1. 水质调查

水质调查共涉及采样点数量、采样点布设方法、采样频率和分析测试指标四个方面。采样点应尽量覆盖整个湖体。采样频率除特殊情况下（如冰封）应每月一次。分析测试指标参考《地表水环境质量标准》（GB 3838-2002）和营养状态评估指标。该技术指南着重关注DO、TN、TP、高锰酸盐指数、氨氮、透明度（SD）、SS、叶绿素a（Chla）等富营养化指标以及Pb、Hg等重金属指标，同时各湖泊可根据流域特点增补相应指标，如矿化度、浊度等。

2. 沉积物和间隙水调查

沉积物和间隙水调查点位可根据水质调查点位进行设定。水质较好湖泊应考虑沉积物背景值的调查，沉积物的分析测试指标包括粒径、含水率、容重、pH、TN、TP、有机质（OM）、镉（Cd）、铬（Cr）、铜（Cu）、锌（Zn）、铅（Pb）、汞（Hg）、砷（As）和镍（Ni）等；间隙水调查指标主要涉及与内源释放相关的氨氮、无机磷、镉（Cd）、铬（Cr）、铜（Cu）、锌（Zn）、铅（Pb）、汞（Hg）、砷（As）和镍（Ni）等。同时应考虑根据湖泊流域典型污染特征和地质背景特点来补充相应的调查指标。采样频率除特殊情况下（如冰封）应每季度一次。

3. 水生态调查

水生态调查重点关注浮游植物、浮游动物、底栖生物、大型水生维管束植物，有条件者还可调查鱼类。主要测定指标为生物量、优势种、多样性指数、完整性指数。采样频率除特殊情况下（如冰封）应每季度一次。

（四）湖泊流域生态服务功能调查

包括饮用水水源地功能、栖息地功能、对污染负荷的拦截净化功能、水产品供给、人文景观功能等。

1. 饮用水水源地水质达标率调查

我国《地表水环境质量标准》（GB 3838-2002）对集中式生活饮用水地表水源地规定了 24 项基本指标，5 项补充指标，以及 80 项特定指标（特定指标由县级以上人民政府环境保护行政主管部门选择确定）。同时，在湖泊富营养化对于饮用水源地服务功能的影响方面，藻毒素和异味是典型的、影响大的、能很好地表征湖泊富营养化对于饮用水源地服务功能影响的两个指标。

饮用水源地水质达标率调查向当地环境监测部门获取，无现成资料或者没有条件者可着重考虑对水体颜色、DO、藻毒素、Pb、氨氮、高锰酸盐指数、异味物质、挥发酚（以苯酚计）、BOD5、TP、TN、Hg、氰化物、硫化物、粪大肠杆菌 15 个指标进行监测。

2. 栖息地功能调查

湖泊是野生动植物、鱼类及候鸟等生物的栖息地，对维持生物多样性具有重要的作用。栖息地功能调查主要包括鱼类种类数、天然湿地的面积，候鸟种类及数量等，同时应考虑外来入侵物种的调查。

3. 湖滨带、消落带拦截功能调查

湖滨带可以吸收、分解和沉淀多种污染物和营养盐，对面源污染物有净化和截留效应，是污染负荷进入湖泊的最后一道屏障。消落带指库区被淹没土地周期性暴露于水面之上的区域。湖滨带、消落带拦截净化功能调查主要为其现状情况调查，指标包括湖滨缓冲区、消落带的长度、宽度，湖体周长，天然湖滨区面积，人工恢复面积等。

4. 景观和水产品供给调查

湖泊是由湖盆、湖水及水中所含的矿物质、有机质和生物等所组成的。湖泊景观特点以不同的地貌类型为存在背景，具有美学和文化特征。湖泊景观和水产品供给调查的指标主要包括：旅游业总产值、水产品产量、自然保护区、珍稀濒危动植物的天然集中分布等指标。

（五）湖泊流域生态环境保护调控管理措施调查

1. 资金投入

江河湖泊生态环境保护总体实施方案（以下简称方案）基准年及方案规划期间流域内每年的环保资金投入情况，包括中央财政投入、地方财政及社会投入两个方面。

2. **污染治理**

方案基准年及方案规划期间每年的污染治理情况，主要指标为工业企业废水稳定达标率、城镇生活污水集中处理率、环湖农村生活污水集中处理率、农村生活垃圾收集处理率以及农村畜禽粪便综合利用率等。

3. **产业结构调整**

方案基准年及方案规划期间湖泊流域的产业结构调整情况，主要指标为工业万元增加值用水量情况，第一、二、三产业生产总值情况等。

4. **生态建设**

方案基准年及方案规划期间每年湖泊流域内天然湿地恢复面积、森林覆盖率等。

5. **监管能力**

方案基准年及方案规划期间每年湖泊流域内监管能力，主要指标可包括是否满足饮用水源地规范化建设、是否满足环境监测能力、是否满足环境监察标准化建设能力及生态环境管理的科技支撑能力等。

6. **长效机制**

主要包括湖泊流域内法律、法规、政策的制定情况、流域内是否有统一监管机构、市场化的长期投融资制度的制定情况等。

二、湖泊生态安全评估

该评估技术指南涉及的湖泊生态安全评估内容主要包括流域社会经济活动对湖泊生态的影响、湖泊水生态系统健康、湖泊生态服务功能、人类的“反馈”措施对社会经济发展的调控及湖泊水质水生态的改善作用等 4 个方面。根据该扩展的“驱动力—压力—状态—影响—响应”（DPSIR）评估模型，构建评估指标体系，计算指标权重和各层次的值，最终得出湖泊整体或各功能分区的湖泊生态安全指数（ESI），评估湖泊生态安全相对标准状态的偏离程度。湖泊生态安全评估可系统、全面地诊断湖泊生态安全存在的问题，为湖泊生态环境保护提供理论依据和技术支持。

（一）概念模型

生态安全评估以湖泊生态健康作为主体，考察湖泊系统与周围环境的相互联系，基本与“驱动力—压力—状态—影响—响应”（DPSIR）模型的假设一致。生态安全评估是对各组分之间动态联系和循环反馈的全过程的评估：即良性循环的过程安全，恶性循环的过程则不安全，同时，评估需要对各组分的评估结果进行组合和解析。

（二）技术路线和思路

通过问题识别摸清湖泊生态安全主要问题，比选评估模型，进行初步分析论证，在上述内容基础上进行指标优选，构建完备的指标体系，最终通过恰当的综合评估，对我国湖泊生态安全进行客观、科学的评估，系统地诊断湖泊生态安全存在的问题，为水质较好湖泊的生态环境保护提供理论依据和技术支持。

（三）评估指标体系的构建

1. 指标选取的原则

评估指标的选择是准确反映湖泊生态系统健康状况和进行湖泊生态安全评估的关键。指标的选取应遵循以下原则：

系统性：把湖泊水生态系统看作是自然—社会—经济复合生态系统的有机组成部分，从整体上选取指标对其健康状况进行综合评估。评估指标要求全面、系统地反映湖泊水生态健康的各个方面，指标间应相互补充，充分体现湖泊水生态环境的一体性和协调性。

目的性：生态安全评估的目的不是为生态系统诊断疾病，而是定义生态系统的一个期望状态，确定生态系统破坏的阈值，并在文化、道德、政策、法律、法规的约束下，实施有效的生态系统管理，从而促进生态系统健康的提高。

代表性：评估指标应能代表湖泊水生态环境本身固有的自然属性、湖泊水生态系统特征和湖泊周边社会经济状况，并能反映其生态环境的变化趋势及其对干扰和破坏的敏感性。

科学性：评估指标应能反映湖泊水生态环境的本质特征及其发生发展规律，指标的物理及生物意义必须明确，测算方法标准，统计方法规范。

可表征性和可度量性：以一种便于理解和应用的方式表示，其优劣程度应具有明显的可度量性，并可用于单元间的比较评估。选取指标时，多采用相对性指标，如强度或百分率等。评估指标可直接赋值量化，也可间接赋值量化。

因地制宜：湖泊（水库）数目众多、成因各异，其周边的生态特点、流域经济产业结构和发展方式迥异，因此调查与评估指标的选择应该因地制宜、区别对待。

2. 指标的筛选

（1）备选指标

生态安全评估从人类社会经济影响（驱动力、压力）、水生态健康（状态）、服务功能（影响）和管理调控（响应）4 个方面，以湖泊污染物迁移转化过程为主线，对可得数据进行指标初选。

①社会经济影响指标

社会经济影响指标包括驱动力和压力两个方面。驱动力反映湖泊流域所处的人类社会经济系统的相关属性，可以分为人口、经济和社会三个部分，而压力指标反映人类社会对湖泊的直接影响，突出反映在流域污染负荷和入湖河流水质、水量两个方面。

人口指标在常规统计中包括人口数量、人口密度、人口自然增长率、人口迁入迁出数量等。

在湖泊流域生态安全评估中，经济指标主要用以确定流域经济发展水平和经济活动强度。因此，经济指标应当选择能够代表经济结构与数量的指标，包括工业比例、第三产业比例、工农业产值比、单位 GDP 水耗等，经济数量结构指标包括 GDP、人均 GDP、工农业总产值等。

社会指标包括国民社会经济统计的常规统计项目。社会指标主要用来反映湖泊流域内的社会公平性和社会发展水平。现有研究对社会指标关注不多，人均收入和城镇化率分别是可行的指标。

流域污染负荷是人类活动影响水质的主要方式。表征污染物排放的指标包括污染物入湖总量及点源或面源的入湖总量、入湖河流水质等，其计算方式包括总量指标、单位湖泊面积负荷、单位湖泊容积负荷等多种形式。

入湖河流污染指标包括湖泊主要入湖河流的 TN、TP、COD、氨氮等水质指标，以及流量、流速等水文参数指标。

②水生态健康指标

水生态健康指标可以通过水质与水生态两个方面来反映。

水质指标包括 DO、TN、TP、高锰酸盐指数、氨氮、SD、SS、Chla、重金属等指标。

水生态指标包括浮游植物生物量、浮游动物生物量、底栖生物生物量、浮游植物多样性指数、浮游动物多样性指数、底栖生物完整性指数等指标。

③生态服务功能指标

湖泊的服务功能主要体现在水质净化、水产品和水生态支持等方面，主要包括污染物净化总量、水产品总产值、鱼类总产值、生物栖息地服务、调蓄水量等。

④调控管理指标

调控管理指标反映人类的“反馈”措施对社会经济发展的调控及湖泊水质水生态的改善作用。响应指标主要体现在经济政策、部门政策和环境政策三个方面。因此，响应指标包括资金投入、污染治理、产业结构调整、生态建设、监管能力建设和长效机制。

（2）指标优选与评估体系构建

结合对 DPSIR 概念模型应用于湖泊生态系统的分析，并根据层次分析法，进一步优选能反映湖泊生态安全状况的关键指标，并以此为依据进行湖泊生态安全综合评估。评估指标体系由目标层（V）、方案层（A）、因素层（B）、指标层（C）构成，包括 1 个目标层、4 个方案层、18 个因素层指标和 44 个指标层指标。同时，针对不同类型的湖泊，在尽量满足 18 个因素层指标的情况下，允许选择不同类型的生态服务功能代表性指标组合，如非集中式饮用水源地，其生态服务功能指标可包括鱼类总产值等水产品服务功能、污染物净化总量的水质净化功能，而对集中式饮用水源地，则重点评估水质达标率等饮用水服务功能。

（3）评估指标含义与选择依据

1）人口密度（C11）

含义：统计单元内单位土地面积的人口数量；

计算方法：人口密度（C11）= 统计单元总人口 / 统计单元面积；

单位：人 /km^2；

选择理由：人口密度是社会经济对环境影响的重要因素，人口密度的大小影响资源配置和环境容量富余与否，是生态环境评估的一个重要因子；

数据来源：资料收集。

2）人口增长率（C12）

含义：一定时间内（通常为一年）人口增长数量与人口总数之比；

计算方法：人口增长率（C12）=（年末人口数 – 年初人口数）/ 年平均人口数 ×1000‰；

单位：‰；

选择理由：反映人口增长的重要指标；

数据来源：资料收集。

3）人均 GDP（C21）

含义：统计单元内，人均创造的地区生产总值；

计算方法：人均 GDP（C21）= 统计单元内 GDP 总量 / 统计单元内总人口；

单位：元 / 人；

选择理由：人均 GDP 是衡量社会经济发展水平和压力最通用的指标，既能反映社会经济的发展状况，也在一定程度上间接反映了社会经济活动对环境的压力；

数据来源：资料收集。

4）人类活动强度指数（C31）

含义：统计单元内建设用地面积和农业用地面积之和占土地总面积的比例；

计算方法：人类活动强度指数 =（建设用地面积 + 农业用地面积）/ 统计单元面积；

单位：无；

选择理由：建筑用地、农业用地是反映人类活动强度的主要用地类型，能够反映当前及未来几年社会经济活动对环境的压力状况；

数据来源：遥感影像解译。

5）湖泊近岸缓冲区人类活动扰动指数（C32）

含义：湖泊近岸 3km 缓冲区，人类生活生产开发用地类型的面积占缓冲区总面积的比例；

计算方法：湖泊近岸缓冲区人类活动扰动指数 =（建筑用地面积 + 农业用地面积）/ 缓冲区面积 ×0.4+ 水产养殖面积 / 湖泊面积 ×0.6；

单位：无；

选择理由：近岸缓冲区人类生活生产开发活动对湖泊生态环境产生最直接的压力，建筑用地、农业用地和水产养殖用地是反映湖区人类活动强度的几种主要用地类型；

数据来源：遥感影像解译。

6）单位面积面源 COD 负荷（C41）

含义：统计单元内单位土地面积的 COD 负荷量，主要包括畜禽散养、水产养殖业、种植业、农村居民生活、城镇径流和干湿沉降等面源方面的 COD 排放量；

计算方法：（畜禽散养 COD 排放量 + 水产养殖业 COD 排放量 + 种植业 COD 流失量 + 农村居民生活 COD 排放量 + 城镇径流 COD 排放量 + 干湿沉降 COD 排放量）/ 统计单元面积；

单位：t/（km^2·a）；

选择理由：COD 是环境污染最主要的评估指标之一，考虑到不同的流域、不同的统计单元之间的横向比较，用单位面积 COD 负荷量作为评估指标；

数据来源：资料收集后计算。

7）单位面积面源 TN 负荷（C42）

含义：统计单元内单位土地面积的TN负荷量，主要包括畜禽散养、水产养殖业、种植业、农村居民生活、城镇径流和干湿沉降等面源方面的 TN 排放量；

计算方法：（畜禽散养 TN 排放量＋水产养殖业 TN 排放量＋种植业 TN 流失量 + 农村居民生活 TN 排放量 + 城镇径流 TN 排放量 + 干湿沉降 TN 排放量）/ 统计单元面积；

单位：t/（km^2·a）；

选择理由：水体中的 N 是导致湖泊富营养化的主要因素，考虑到不同的流域、不同的统计单元之间的横向比较，用单位面积 TN 负荷量作为评估指标；

数据来源：资料收集后计算。

8）单位面积面源 TP 负荷（C43）

含义：统计单元内单位土地面积的TP负荷量，主要包括畜禽散养、水产养殖业、种植业、农村居民生活、城镇径流和干湿沉降等面源方面的 TP 排放量；

计算方法：（畜禽散养 TP 排放量 + 水产养殖业 TP 排放量 + 种植业 TP 流失量 + 农村居民生活 TP 排放量 + 城镇径流 TP 排放量 + 干湿沉降 TP 排放量）/ 统计单元面积；

单位：t/（km^2·a）；

选择理由：水体中的 P 是导致湖泊富营养化的主要因素，考虑到不同的流域、不同的统计单元之间的横向比较，用单位面积 TP 负荷量作为评估指标；

数据来源：资料收集后计算。

9）单位面积点源 COD 负荷（C44）

含义：统计单元内，单位面积点源 COD 负荷量，包括城镇工业 COD 排放量、规模化养殖 COD 排放量和城镇生活 COD 排放量；

计算方法：（城镇工业 COD 排放量＋规模化养殖 COD 排放量＋城镇生活 COD 排放量）/ 统计单元面积；

单位：t/（km^2·a）；

选择理由：COD 是环境污染最主要的评估指标之一，考虑到不同的流域、不同的统计单元之间的横向比较，用单位面积 COD 负荷量作为评估指标；

数据来源：资料收集后计算。

10）单位面积点源 TN 负荷（C45）

含义：统计单元内，单位面积点源 TN 负荷量，包括城镇工业 TN 排放量、规模化养殖 TN 排放量和城镇生活 TN 排放量；

计算方法：（城镇工业 TN 排放量 + 规模化养殖 TN 排放量 + 城镇生活 TN 排放量）/统计单元面积；

单位：$t/(km^2 \cdot a)$；

选择理由：水体中的 N 是导致湖泊富营养化的主要因素，考虑到不同的流域、不同的统计单元之间的横向比较，用单位面积 TN 负荷量作为评估指标；

数据来源：资料收集后计算。

11）单位面积点源 TP 负荷（C46）

含义：统计单元内，单位面积点源 TP 负荷量，包括城镇工业 TP 排放量、规模化养殖 TP 排放量和城镇生活 TP 排放量；

计算方法：（城镇工业 TP 排放量＋规模化养殖 TP 排放量 + 城镇生活 TP 排放量）/统计单元面积；

单位：$t/(km^2 \cdot a)$；

选择理由：水体中的 P 是导致湖泊富营养化的主要因素，考虑到不同的流域、不同的统计单元之间的横向比较，用单位面积 TP 负荷量作为评估指标；

数据来源：资料收集后计算。

12）主要入湖河流 COD 浓度（C51）

含义：主要入湖河流的平均 COD 浓度；

计算方法：$C_1 \times W_1 + C_2 \times W_2 + \cdots\cdots + Cn \times Wn$，式中 Cn 为第 n 条入湖河流的平均 COD 浓度，Wn 为第 n 条入湖河流的权重，权重根据该河流入湖水量占入湖河流总水量的比例确定；

单位：mg/L；

选择理由：入湖河流污染物浓度与湖（库）污染物浓度密切相关，入湖河流污染物浓度能够反映人类活动对湖泊的影响；

数据来源：资料收集后计算。

13）主要入湖河流总氮浓度（C52）

含义：主要入湖河流的平均总氮浓度；

计算方法：$N_1 \times W_1 + N_2 \times W_2 + \cdots\cdots + N_n \times W_n$，式中 N_n 为第 n 条入湖河流的总氮浓度，W_n 为第 n 条入湖河流的权重，权重根据该河流入湖水量占入湖河流总水量的比例确定；

单位：mg/L；

选择理由：入湖河流污染物浓度与湖（库）污染物浓度密切相关，入湖河流污染物浓度能够反映人类活动对湖泊的影响；

数据来源：资料收集后计算。

14）主要入湖河流 TP 浓度（C53）

含义：主要入湖河流的平均总磷浓度；

计算方法：P1 × W1+P2 × W2+……+Pn × Wn，式中 Pn 为第 n 条入湖河流的总磷浓度，Wn 为第 n 条入湖河流的权重，权重根据该河流入湖水量占入湖河流总水量的比例确定；

单位：mg/L；

选择理由：入湖河流污染物浓度与湖（库）污染物浓度密切相关，入湖河流污染物浓度能够反映人类活动对湖泊的影响；

数据来源：资料收集后计算。

15）单位入湖水量（C54）

含义：单位入湖水量指入湖水量与湖（库）蓄水量的比值；

计算方法：入湖水量 / 湖（库）蓄水量；

选择理由：单位入湖水量与湖（库）污染物浓度和水环境容量密切相关，单位入湖水量能够反映人类活动对湖泊的影响；

数据来源：资料收集后计算。

16）溶解氧（C61）

含义：溶解于水中的分子态氧（通常记作 DO），溶解氧是水体中判别水质的一项重要指标，是水质监测的重要项目，水中浮游植物的生长繁殖，水体受到有机、无机还原污染物时，水中的溶解氧都会受到影响；

测定方法：碘量法（国标 GB7489-87）或电化学探头法（国标 HJ506-2009）直接测定；

单位：mg/L；

选择理由：溶解氧是反映水体质量的一个重要指标；

数据来源：野外调查测定。

17）透明度（C62）

含义：透明度是反映水体的澄清程度，与水中存在悬浮物和胶体含量有关；

测定方法：采用塞氏盘法测定；

单位：m；

选择理由：评估水体富营养化的重要指标；

数据来源：野外调查测定。

18）氨氮（C63）

含义：指水中以游离氨（NH_3）和铵离子（NH^{4+}）形式存在的氮；

测定方法：采用纳什试剂比色法光度法（HJ535-2009）或水杨酸 - 次氯酸盐光度法测定；

单位：mg/L；

选择理由：评估水体质量的重要指标；

数据来源：野外调查测定。

19）总磷（C64）

含义：水体中各种有机磷和无机磷的总量，一般以水样经消解后将各种形态的磷转变成正磷酸盐后测定结果表示；

计算方法：采用过硫酸钾消解法或钼酸铵—分光光度法（GB11893-89）测定；

单位：mg/L；

选择理由：评估水体富营养化程度和水质的关键指标；

数据来源：野外调查测定。

20）总氮（C65）

含义：水中各种形态无机和有机氮的总量；

测定方法：采用碱性过硫酸钾氧化—紫外分光光度法（GB11894-89）或气相分子吸收光谱法测定；

单位：mg/L；

选择理由：评估水体富营养化程度和水质的重要指标；

数据来源：野外调查测定。

21）高锰酸盐指数（C66）

含义：指在一定条件下，以高锰酸钾（$KMnO_4$）为氧化剂，处理水样时所消耗的氧化剂的量；

测定方法：酸性法（氯离子含量不超过300mg/L）或者碱性法（氯离子含量超过300mg/L）测定；

单位：mg/L；

选择理由：评估水质的重要指标；

数据来源：野外调查测定。

22）叶绿素 a（C71）

含义：叶绿素是植物光合作用中的重要光合色素。通过测定浮游植物叶绿素，可掌握水体的初级生产力情况。同时，叶绿素 a 含量还是湖泊富营养化的指标之一；

测定方法：采用丙酮提取— 分光光度计测定（SL88-1994）；

单位：μg/L；

选择理由：反映富营养化和藻类生物量的重要指标；

数据来源：野外调查测定。

23）综合营养指数（C72）

含义：综合营养指数是反映湖泊富营养化状态的重要指标；

计算方法：以叶绿素 a 的状态指数 TLI（Chla）为基准，再选择 TP、TN、COD、SD 等与基准参数相近的（绝对偏差较小的）参数的营养状态指数，同 TLI（Chla）进行加权综合，综合加权指数模型为：

$$TLI\left(\sum\right)=\sum_{j=1}^{M}W_j\cdot TLI\left(j\right)$$

其中：$TLI\left(\sum\right)$—为综合加权营养状态指数；

$TLI\left(j\right)$—为第 j 种参数的营养状态指数；

W_j—第 j 个参数的营养状态指数的相关权重；

$$W_j=\frac{R_{ij}^2}{\sum_{j=1}^{M}R_{ij}^2}$$

其中：R_{ij}—第 j 个参数与基准参数的相关系数，M—与基准参数相近的主要参数的数目。

单位：TN、TP 和 COD 为 mg/L；叶绿素 a 为 mg/m^3；SD 为 m；

选择理由：反映水体富营养化程度的重要指标；

数据来源：野外调查测定后计算。

24）沉积物总氮（C81）

含义：沉积物中氮的含量；

测定方法：凯式定氮法测定；

单位：mg/kg；

选择理由：评估沉积物质量的重要指标；

数据来源：野外调查分析。

25）沉积物总磷（C82）

含义：沉积物中磷的含量；

测定方法：高氯酸 - 硫酸消解法测定沉积物样品中的总磷；

单位：mg/kg；

选择理由：评估沉积物质量的重要指标；

数据来源：野外调查分析。

26）沉积物有机质（C83）

含义：泛指沉积物中来源于生命的物质，包括：底泥微生物和底栖生物及其分泌物以及土体中植物残体和植物分泌物；

测定方法：重铬酸钾法测定；

单位：g/kg；

选择理由：评估沉积物质量的重要指标；

数据来源：野外调查分析。

27）沉积物重金属风险指数（C84）

含义：划分沉积物污染程度及其水域潜在生态风险的一种相对快速、简便和标准的方法；

计算方法：通过测定沉积物样品中的污染物含量计算出潜在生态风险指数值，可反映表层沉积物金属的含量、金属的毒性水平及水体对金属污染的敏感性。

单位：无量纲；

选择理由：评估沉积物质量的重要指标；

数据来源：野外调查分析。

28）浮游植物多样性指数（C91）

含义：应用数理统计方法求得表示浮游植物群落的种类和数量的数值，用以评估环境质量；

计算方法：多样性指数 $=-\sum\left(N_i/N\right)\log_2\left(N_i/N\right)$，其中：$N_i$—第 i 种的个体数，N—所有种类总数的个体数；

单位：无量纲；

选择理由：评估水生态的重要指标；

数据来源：野外调查分析。

29）浮游动物多样性指数（C92）

含义：应用数理统计方法求得表示浮游动物群落的种类和个数量的数值，用以评估环境质量；

计算方法：多样性指数 $=-\sum\left(N_i/N\right)\log_2\left(N_i/N\right)$，

式中：N_i—第 i 种的个体数，N—所有种类总数的个体数；

单位：无量纲；

选择理由：评估水生态的重要指标；

数据来源：野外调查分析。

30）底栖动物多样性指数（C93）

含义：支持和维护一个与底栖生境相对等的生物集合群的物种组成、多样性和功能等的稳定能力，是生物适应外界环境的长期进化结果。

计算方法：多样性指数 $=-\sum\left(N_i/N\right)\log_2\left(N_i/N\right)$，

式中：N_i—第 i 种的个体数，N—所有种类总数的个体数；

单位：无量纲；

选择理由：评估水生态的重要指标；

数据来源：野外调查分析。

31）沉—浮—漂—挺水植物覆盖度（C94）

含义：湖泊中沉水植物、浮叶植物、漂浮植物和挺水植物的面积占湖体总面积的比例；

计算方法：沉—浮—漂—挺水植物覆盖度 =（沉水植物面积 + 浮叶植物面积 + 漂浮植物面积 + 挺水植物面积）/ 湖体面积；

单位：无量纲；

选择理由：沉—浮—漂—挺水植物面积及其多样性起着极其重要的作用，其直接关系到水生态系统的演替方向，即正向演替—草型—清水，或逆向演替—藻型—浊水。

数据来源：现场调查。

32）饮用水水质达标率（C101）

含义：是指流域内所以集中式饮用水源地的水质监测中，达到或优于《地表水环境质量标准》（GB3838-2002）的Ⅱ类水质标准的检查频次占全年检查总频次的比例；

计算方法：集中饮用水水质达标率（C101）=（所有断面达标频次之和 / 全年所有断面监测总频次）× 100%；

单位：%；

选择理由：饮用水服务功能调查重要数据；

数据来源：饮用水源地监测数据。

33）林草覆盖率（C111）

含义：指以研究区域为单位，乔木林、灌木林与草地等林草植被面积之和占区域土地面积的比例。

计算方法：林草覆盖率 =（林地面积 + 草地面积）/ 研究区域土地总面积 × 100%；

单位：%；

选择理由：乔木林、灌木林与草地等林草植被是反映水源涵养功能的重要指标；

数据来源：可根据土地利用分类图或者遥感影像解译获得。

34）湿地面积占总面积的比例（C121）

含义：天然或人工形成的沼泽地等带有静止或流动水体的成片浅水区占统计单元的比例。湿地生态系统中生存着大量动植物，很多湿地被列为自然保护区，该指标反映了生态系统自身净化能力的高低；

计算方法：湿地面积占总面积的比例（C121）= 统计单元内湿地面积 / 统计单元总面积 × 100%；

单位：%；

选择理由：反映栖息地功能的重要指标；

数据来源：可根据土地利用分类图或者遥感影像解译获得。

35）湖（库）滨自然岸线率（C131）

含义：湖滨带分天然湖滨带（未开发或自然状态岸线长度）和人工湖滨带，天然湖滨带长度占湖滨岸线总长度的比例；

计算方法：湖（库）滨自然岸线率（C131）= 天然湖滨带长度 /（天然湖滨带长度 +

人工湖滨带长度）×100%；

单位：%；

选择理由：反映拦截净化功能的重要指标；

数据来源：遥感影像解译，自然岸线宽度一般以 50 ~ 100m 计。

36）自然保护区级别（C141）

含义：依据国标判断流域所属于区域包含的保护区类别；

计算方法：5 分制："5"代表"国家自然保护区"；"4"代表"省（自治区、直辖市）级自然保护区"；"3"代表"市（自治州）级自然保护区"；"2"代表"县（自治县、旗、县级市）级自然保护区"；"1"代表"其他"；

选择理由：反映人文景观功能的重要指标；

数据来源：资料收集。

37）珍稀物种生境代表性（C142）

含义：主要指该生境是否反映区域范围内的珍稀鱼类、重要文化景观的特征，是否包涵自然生态系统的关键物种、珍稀濒危物种和重点保护物种等；

计算方法：专家打分；

选择理由：反映人文景观功能的重要指标；

数据来源：资料收集。

38）环保投入指数（C151）

含义：统计单元环境保护投资占地区生产总值的比例；

计算方法：环保投入指数（C_{151}）= 统计单元环境保护投资 / 统计单元地区生产总值 ×100%；

单位：%；

选择理由：根据发达国家的经验，一个国家在经济高速增长时期，要有效地控制污染，环保投入要在一定时间内持续稳定地占到国民生产总值的 1.5%，只有环保投入达到一定比例，才能在经济快速发展的同时保持良好稳定的环境质量；

数据来源：资料收集。

39）工业企业废水稳定达标率（C161）

含义：工业废水排放达标率是指乡镇范围内的重点工业企业单位，经其所有排污口排到企业外部并稳定达到国家或地方污染排放标准的工业废水总量占外排工业废水总量的比例；

计算方法：工业企业废水稳定达标率（C161）＝（工业废水达标排放量 / 工业废水排放量）×100%；

单位：%；

选择理由：反映污染治理的重要指标；

数据来源：资料收集。

40）城镇生活污水集中处理率（C162）

含义：城市及乡镇建成区内经过污水处理厂二级或二级以上处理，或其他处理设施处理（相当于二级处理），且达到排放标准的生活污水量占城镇建成区生活污水排放总量的比例；

计算方法：城镇生活污水集中处理率（C162）= 各城镇污水处理厂的处理量 /（根据供水量系数法计算或实测）城镇污水产生总量；

单位：%；

选择理由：反映污染治理的重要指标；

数据来源：资料收集、计算。

41）农村生活污水处理率（C163）

含义：是指农村经过污水处理设施处理且达到排放标准的农村生活污水量占农村生活污水排放总量的比例；

计算方法：农村生活污水处理率（C163）= 农村生活污水处理量 / 农村生活污水排放总量 ×100%；

单位：%；

选择理由：反映污染治理的重要指标；

数据来源：资料收集、计算。

42）水土流失治理率（C164）

含义：水土流失指地表组成物质受流水、重力或人为作用造成的水和土的迁移、沉积过程；水土流失治理率是指某区域范围某时段内，水土流失治理面积除以原水土流失面积。

计算方法：水土流失治理率（C164）= 某区域范围某时段内水土流失治理面积 / 原水土流失面积 ×100%；

单位：%；

选择理由：反映污染治理的重要指标；

数据来源：资料收集。

43）监管能力指数（C171）

含义：流域内生态环境的监督、管理、监察能力。主要由饮用水源地规范化建设程度、环境监测能力、环境监察标准化建设能力、科技支撑能力等构成；

计算方法：专家打分；

单位：无量纲；

选择理由：反映调控管理机制的重要指标；

数据来源：资料收集。

44）长效管理机制构建（C181）

含义：能长期保证制度正常运行并发挥预期功能的制度体系。主要由法律、法规、政策、流域内统一管理机构、市场化的长期投融资制度等构成；

计算方法：专家打分；

单位：无量纲；

选择理由：反映调控管理机制的重要指标；

数据来源：资料收集。

（四）参照标准的确定

在开展湖泊生态安全调查与评估的研究过程中，需要制定评估标准，根据相应的标准，确定某一评估单元特定的指标属于哪一个等级。在指标标准值确定的过程中，主要参考：

（1）已有的国家标准、国际标准或经过研究已经确定的区域标准。

（2）流域水质、水生态、环境管理的目标或者参考国内外具有良好特色的流域现状值作为参照标准。

（3）依据现有的湖泊与流域社会、经济协调发展的理论，定量化指标作为参照标准。

（4）对于那些目前研究较少，但对流域生态环境评估较为重要的指标，在缺乏有关指标统计数据时，暂时根据经验数据作为参照标准。

（五）数据预处理和标准化

环境与生态的质量— 效应变化符合 Weber-Fishna 定律，即当环境与生态质量指标成等比变化时，环境与生态效应成等差变化。根据该定律，进行指标无量纲化和标准化：

（1）正向型指标：$r_{ij}=x_{ij}/s_{ij}$

（2）负向型指标：$r_{ij}=s_{ij}/x_{ij}$

式中，x_{ij} 是 i 指标在采样点 j 的实测值；s_{ij} 是指标因子的参考标准；r_{ij} 为评估指标的无量纲化值，此处需满足 $0\le r_{ij}\le 1$，大于 1 的按 1 取值。

对于不符合 Weber-Fishna 定律的指标，应当借鉴该定律从质量—效应变化分析确定转换方法。对于有阈值指标，在阈值内以阈值为标准值根据进行转换，阈值外作 0 处理。

（六）权重的确定

确定权重的方法主要有主观赋权法和客观赋权法。主观赋权法最常见的是专家打分法，其优点是概念清晰、简单易行，可抓住生态安全评估的主要因素，但需要寻求一定数量的有深厚经验的专家给予打分；客观赋权法是由评估指标值构成的判断矩阵来确定指标权重，最常用的熵值法，其本质就是利用该指标信息的效用值来计算，效用值越高，其对评估的重要性越大。

1. **专家打分法**

将评估指标做成调查表，邀请专家进行打分，满分为 10 分，分值越高表示越重要。

通过对咨询结果进行整理后的判断矩阵，计算指标的权重系数。

2. **熵值法**

（1）构建 n 个样本 m 个评估指标的判断矩阵 Z

$$Z=\begin{bmatrix} X_{11},X_{12}\ldots\ldots X_{1m} \\ X_{21},X_{22}\ldots\ldots X_{2m} \\ \ldots\ldots\ldots\ldots\ldots\ldots\ldots \\ X_{n1},X_{n2}\ldots\ldots X_{nm} \end{bmatrix}$$

（2）将数据进行无量纲化处理，得到新的判断矩阵，其中元素的表达式为：

$$R=\left(r_{ij}\times m\right)$$

（3）根据熵的定义，n 个样本 m 个评估指标，可确定评估指标的熵为：

$$H_i=\frac{1}{\ln}\left[\sum_{i=1}^{n}f_{ij}\ln f_{ij}\right]$$

$$f_{ij}=\frac{r_{ij}}{\sum_{i=1}^{n}r_{ij}}$$

其中，0≤Hi≤1，为使 $\ln f_{ij}$ 有意义，假定，，i=1，2，…，m；j=1，2，…，n。

评估指标的熵权（W_i）的计算：

$$W_i=\frac{1-H_i}{m-\sum_{i=m}^{m}H_i}$$

式中，为评估指标的权重系数，且满足。

（七）生态安全分级标准

评估指数数值大小的本身并无形象意义，必须通过对一系列数值大小的意义的限值界定，才能表达其形象的含义。由于研究区域的条件不同，评估目的不同，评估标准也会不一样，同时各项指标的计算方法及考核标准不同，分级标准也会有所不同。为此，本技术指南在参考了全国重点湖泊水库生态安全评估的方法，把湖泊生态安全指数分为安全、较安全、一般安全、欠安全、很不安全五个等级。

（八）评估过程

1. **方案层评估**

方案层评估包括社会经济影响评估（A1）、水生态健康评估（A2）、生态服务功能评估（A3）和调控管理评估（A4）4 个方面。方案层评估采用分级评分、逐级加权的方法，包括指标层分值的计算、指标层对方案层权重的计算和方案层分值计算。

（1）指标层分值的计算

根据评估指标原始数据和相应的标准值，确定评估指标的类型，运用数据预处理公式计算得到评估指标的分值，即无量纲化值（r_{ij}）。

（2）指标层对方案层权重的计算

$$W(CA)_i = W_i \times W(BA)_i$$

式中，$W(CA)_i$ 为 C 层指标因子相对于方案层 A 的权重系数；W_i 为 C 层第 i 个指标因子相对于因素层 B 的权重系数；$W(BA)_i$ 为因素层 B 相对于方案层 A 的权重系数；

（3）方案得分计算

各指标的无量纲化值和指标权重确定后，代入下式，求得各方案层得分值：

$$A_k = \sum_{j=1}^{m} W(CA)_i \times r_{ij} \times 100$$

式中，A_k 为第 k 个方案层（社会经济影响、生态健康、服务功能、调控管理）得分值计算结果；r_{ij} 为评估指标的无量纲化值，此处需满足 $0 \le r_{ij} \le 1$，大于 1 的按 1 取值；$W(CA)_i$ 为 C 层指标因子相对于方案层 A 的权重系数。

2. **目标层评估**

目标层评估即生态安全综合评估，采用加权求和法计算生态安全指数（ESI），其结果是 1 个 1 ~ 100 的数值：

$$ESI = \sum_{k=1}^{4} A_k \times W_k$$

式中，ESI 为生态安全指数；为第 k 个方案层的得分值；为第 k 个方案层对目标层的权重系数。

（九）结果表达形式

湖泊生态安全评估结果可通过表格、图形格式表达。同时，可建立以包括社会经济影响、生态健康、服务功能、调控管理和生态安全指数的 5 坐标雷达图。鉴于湖泊内外部环境存在明显的空间异质性，在进行湖泊生态安全评估时，应进行分区和整体研究。如利用 ARCMAP 软件对各监测点的水生态健康状态进行空间分布规律分析。

（十）评估结果解析

通过对湖泊及其流域开展生态安全评估，可建立环境问题优先次序分类清单；确定污染源控制工程、生态修复工程的位置及规模；进行流域污染源解析；开展污染负荷绩效考核评估。

社会经济影响评估应根据空间分布特征进行分析，为湖泊生态环境保护总体方案中“社会经济调控方案”“水土资源调控方案”“流域污染源防治方案”的编制提供基础资料和技术支撑。

生态健康评估和服务功能评估应识别出关键指标、优先解决问题以及重点区域，为湖泊生态环境保护总体方案中“目标设定”“生态修复与保护方案”的编制提供数据支持和理论依据。

调控管理评估应识别出湖泊流域中环境监管能力的短板，为湖泊生态环境保护总体方案中“环境监管能力建设方案”的编制指明方向。

生态安全评估指数可从横向和纵向两个方面进行分析，横向分析与其他湖泊相比较，纵向分析与历史资料相比较。

（十一）评估过程中可能出现的问题及其解决方法

对于严格按照技术指南进行生态安全调查的湖库，评估方法所需的指标现状值均能够在调查中得到。考虑到数据搜集过程中的质量控制误差，可能会出现少部分数据存在质量缺陷。对这部分情况，研究根据评估模型特点提出解决方法。

1. 数据值缺失

数据值缺失包括单一数据的缺失和数据类的缺失。对于这类问题首先应考虑补齐数据，其次考虑通过统计分析估算出合理数值。

单一数据的缺失可能的原因是没有测量或产生了明显的异常值。

（1）可以通过 2 个方法进行估算：

①假设该值为该类所有数据的数学期望值，如算术平均数或集合平均数。

②如果这类数据与另一类数据有显著相关性，通过回归分析计算该值。

数据类的缺失主要由于统计口径不同造成。缺失的数据类应当从指标体系中剔除，或选择类似指标代替。

（2）研究选择的基础数据，大部分是水质常规监测能够提供的，其来源基本能够保证。少数水质常规监测以外的数据，其可取代指标如下说明。

①流域人口和社会经济统计数据

“流域人口密度”“流域 GDP”“污染负荷”均以小流域口径统计。如果没有按流域统计的数据，则可以考虑按照流域和行政区的空间逻辑关系进行概算。

②生态服务功能数据

针对不同类型的湖泊（库），允许选择不同类型的生态服务功能代表性指标组合，如非集中式饮用水源地，其生态服务功能指标可包括鱼类总产值等水产品服务功能、污染物净化总量的水质净化功能，而对集中式饮用水源地，则重点评估水质达标率等饮用水服务功能。

2. **特殊数据值处理（0值或极小值）**

计算模型大量采用乘法运算，因此0值或极小值将对模型结果产生显著影响。模型需要分析可能出现0值的指标，进行灵敏度分析，选择模型可接受灵敏度下的最低阈值。对于出现0值或极小值的指标取最低阈值代替。

3. **数据缺少时间序列**

数据缺少时间序列主要由于统计口径或统计数据不可得造成。模型不依赖于时间序列，因此只要有某一年的统计数据即可给出生态安全评估结果。

4. **标准值缺失**

评估以20世纪80年代湖泊综合调查为标准值。对于湖泊，大部分评估所需要的数据，湖泊综合调查都已经给出，可以从公开的出版物中引用。对于少部分20世纪80年代没有研究的内容，可以通过2个方法进行模拟：①选择同一湖泊类似时期的研究结果；②选择类似湖泊同一时期的研究结果。通过以上方式模拟标准值的，应给出参考类比的研究出处。如果通过以上方法标准值仍不可得，需要调整或剔除指标。

评估涉及的水库均没有参与湖泊综合调查。水库研究可以选择过去的综合研究作为标准值，以与湖泊综合调查的时间接近为宜。新建库区可以原河流区段研究为标准。如果某一水库以上研究均没有，可以以评估的其他水库作为标准，展开相对的横向对比，不作纵向比较。

（5）统计数据的来源问题

湖泊生态安全评估的部分指标的统计数据来源：①收集权威部门资料和相关数据；②采用抽样调查方法估算获取相关统计数据。

《湖泊生态安全调查与评估技术指南》规定的水质、沉积物和水生态调查方法应与现有国家生态调查相关标准规范相衔接。

第八章　水生态文明建设与综合治理方案

第一节　水环境与水生态

一、保护对象及需求分析

（一）水功能区划及水质达标要求

1. 水功能区划

根据《××省水功能区划》的成果，××河流域范围内共划分一级水功能区5个，区划总河长244.6km。其中保护区2个、保留区1个、开发利用区2个。开发利用区划分二级水功能区3个，饮用、景观娱乐用水区1个，景观娱乐、农业用水区1个，饮用、工农业用水区1个。

××河流域水功能区水质目标均为Ⅱ类或优于Ⅱ类，其中保护区水质目标为Ⅰ～Ⅱ类，保留区水质目标为Ⅱ类，开发利用区水质目标为Ⅱ类。

2. 水功能区划水质达标要求

2014年8月，为贯彻落实最严格水资源管理制度，确保完成水资源开发利用和节约保护的目标任务，促进水生态文明建设和产业转型升级，××省人民政府印发了《××省实行最严格水资源管理制度考核办法》，要求2020年、2030年××省主要江河水库水功能区水质达标率达到95%以上，并明确了各县市各市县主要江河水库水功能区水质达标率控制目标，其中，涉及××河流域的县市包括屯昌县、定安县、琼中县、文昌市、万宁市和琼海市等。

（二）生态空间红线及管理要求

1. 生态功能区划

根据《××省生态功能区划》（2006年），××河流域主要涉及7个生态功能区，按区域分述如下。

××河流域上游地区（合口咀以上段）自然环境良好，植被覆盖率高，生态功能定位为五指山 - 吊罗山生物多样性保护生态功能区（Ⅲ -1-4）、琼中山区农业发展生态功能区（Ⅲ -1-3）、琼海万宁台地农林业发展生态功能区（Ⅱ -3-3）；中游地区（××河汇合口至加积河段）生态功能定位为琼海万宁台地农林业发展生态功能区（Ⅱ -3-3）、东部台地热带经济作物生态功能区（Ⅱ -3-2）；下游地区（加积至入海口段）生态功能定位为东部台地热带经济作物生态功能区（Ⅱ -3-2）、琼海城镇发展生态功能区（I-2-6）。

主要支流××河、塔洋河涉及生态功能定位情况如下：××河上游区域（红岭水库坝址以上），生态功能定位为霸王岭 - 黎母山生物多样性保护与水源涵养生态功能区（Ⅲ -1-2）、琼中山区农业发展生态功能区（Ⅲ -1-3）；××河中下游区域（红岭水库坝址至入合口咀段），生态功能定位为琼海万宁台地农林业发展生态功能区（Ⅱ -3-3）、定安屯昌台地农牧业发展生态功能区（Ⅱ -2-3）。塔洋河生态功能定位为东部台地热带经济作物生态功能区（Ⅱ -3-2）。

主要干支流涉及生态功能区情况见表 8-1-1。

表 8-1-1 主要干支流涉及生态功能区情况

生态功能区	水体	范围	长度（km）	主要生态问题
五指山-吊罗山生物多样性保护生态功能区（Ⅲ-1-4）	××河	源头—牛路岭水库	54.3	水生生物通道阻隔，生物多样性减少，水源涵养能力降低和水土流失
霸王岭-黎母山生物多样性保护与水源涵养生态功能区（Ⅲ-1-2）	××河	源头-大平村	31.5	农业开垦造成水源涵养能力降低，水土流失明显
琼中山区农业发展生态功能区（Ⅲ-1-3）	××河	牛路岭水库-会山镇	38.8	河道采沙无序，鱼类生境遭到破坏，存在生活污水和农业面源污染
	××河	大平村-青梯水-	25	
琼海万宁台地农林业发展生态功能区（Ⅱ-3-3）	××河	会山镇-长岭村	32.3	生活污水和农业面源污染，地力有所下降力
	××河	溪仔村-合口咀	21.8	
东部台地热带经济作物生态功能区（Ⅱ-3-2）	××河	长岭村-塔洋河汇流口前	17.4	水生生物通道阻隔，生物多样性减少，生活污水、养殖污染和农业面源污染突出
	塔洋河	源头-××河汇流口	63.6	
琼海城镇发展生态功能区（I-2-6）	××河	塔洋河汇流口-入海口	13.8	河漫滩及河口湿地生境破碎，水产养殖业污染和城市化威胁，河口区域出现生态功能退化

续 表

生态功能区	水体	范围	长度（km）	主要生态问题
定安屯昌台地农牧业发展生态功能区（Ⅱ-2-3）	××河	青梯水-溪仔村	9.7	生活污水和农业面源污染，地力有所下降

2. **生态空间红线**

根据《××省总体规划》（空间类 2015 ~ 2030 年），××岛基于山形水系框架，以中部山区的霸王岭、五指山、鹦哥岭、黎母山、吊罗山、尖峰岭等主要山体为核心，以松涛、大广坝、牛路岭重要湖库为节点，以自然山脊及河流为廊道，以生态岸段和海域为支撑，构建全域生态保育体系，总体形成“生态绿心＋生态廊道＋生态岸段＋生态海域”的生态空间结构。

其中，生态绿心是指生态保护与水土涵养的核心空间，包括五指山、霸王岭、黎母山等重要山体、热带天然林和自然保护区。生态廊道包括 38 条生态水系廊道和 7 条自然山脊生态廊道。生态岸段包括河流入海口、基岩海岸、自然岬湾、潟湖、红树林等重要海岸带类型。生态海域包括珊瑚礁、海草床、红树林海洋保护区、水产种质资源保护区等近岸海域。

生态功能区包括一级生态功能区（禁止开发区域）、二级生态功能区（限制开发区域）和近岸海域生态保护功能区。其中，一级生态功能区即生态保护红线区，包括Ⅰ类红线区和Ⅱ类红线区。Ⅰ类红线区内禁止与生态保护无关的开发建设，Ⅱ类红线区内实行严格的空间利用管控。Ⅰ类红线区包括生物多样性保护、水源保护和水源涵养、水土保持、海岸带生态敏感等 4 类功能区，并细分为 9 类功能亚区。Ⅱ类红线区生物多样性保护、水源保护与水源涵养、防洪调蓄、水土保持、旅游功能保护、海岸带生态敏感、其他等 7 类功能区，并细分为 14 类功能亚区。

二级生态功能区指进行生态指标管控的区域，区内实行严格的指标控制，面积指标可实施占补平衡。二级生态功能区的水域空间指一级生态功能区外的河流湖库和滩涂湿地，包括主要河流的支流、小型河流湖库以及滨水管控区域。

总体上，与河湖水系保护密切相关的Ⅰ类红线区包括涉水的自然保护区核心区、缓冲区和其他极重要生物多样性保护红线区，饮用水源保护区，极重要水源涵养和水土保持红线区等类型功能区。与河湖水系保护密切相关的Ⅱ类红线区包括涉水自然保护区实验区和其他重要生物多样性保护红线区、河湖水产种质资源保护区、饮用水源准保护区、重要水源涵养红线区、河湖滨带保护红线区、重要水土保持红线区、湿地公园旅游功能保护区等。

根据《××省总体规划》（空间类 2015 ~ 2030 年），××河流域内的××河干流以及重要支流××河、塔洋河等作为××省生态水系廊道，划分为一级生态功能区。另牛路岭水库、红岭水库、红星水源地、百花岭水库、美容水库等具有极重要生物多样性保护、水土保持、水源涵养等生态服务功能的区域也划为一级生态功能区。

3. **管理要求**

（1）根据《××省生态保护红线管理规定》，对红线区内的各类开发建设活动提出了明确要求，除下列情形外，Ⅰ类生态保护红线区内禁止各类开发建设活动：

①经依法批准的国家和省重大基础设施、重大民生项目、生态保护与修复类项目建设；

②农村居民生活点、农（林）场场部（队）及其居民在不扩大现有用地规模前提下进行生产生活设施改造。

（2）Ⅱ类生态保护红线区内禁止工业、矿产资源开发、商品房建设、规模化养殖及其他破坏生态和污染环境的建设项目。确需在Ⅱ类生态保护红线区内进行下列开发建设活动的，应当符合省和市、县、自治县总体规划：

①经依法批准的国家和省重大基础设施、重大民生项目、生态保护与修复类项目建设；

②湿地公园、地质公园、森林公园等经依法批准、不破坏生态环境和景观的配套旅游服务设施建设；

③经依法批准的休闲农业、生态旅游项目及其配套设施建设；

④经依法批准的河砂、海砂开采活动；

⑤军事等特殊用途设施建设；

⑥其他经依法批准，与生态环境保护要求不相抵触，资源消耗低、环境影响小的项目建设。

（三）重要饮用水水源地

根据《××省饮用水水源保护条例》（2013年）、××省城镇水源地名录及《××省水资源保护规划》（2014年）等成果，××河流域内重要饮用水水源地共计4处（不含地下水）。饮用水源保护区的一级、二级保护区划为Ⅰ类生态保护红线区，准保护区划为Ⅱ类生态保护红线区，属于禁止开发区。依据《××省水污染防治行动计划实施方案》（2015年），要求2020年县城以上城市（镇）集中式饮用水源地水质达标率（达到或优于Ⅲ类标准）为100%；典型乡镇和农村集中式饮用水源地水质得到大幅提升；至2030年，城市（镇）集中式饮用水源地水质达标率为100%，典型乡镇和农村集中式饮用水源地水质达标率力争达到100%。

（四）涉水重要生境保护与修复

××河流域涉水重要生境除3条生态水系廊道、重要饮用水水源地外，还包括1处湿地保护区、1处水产种质资源保护区、2处鱼类栖息地保护河段、5处湖库等涉水重要生态保护节点或生态敏感区，这些生态保护节点或生态敏感区均位于一级生态功能区的Ⅱ类红线区范围内。

（五）城镇内河（湖）及污染严重河流

××河流域内琼中县城、琼海市的内河湖水质较差，部分为劣V类黑臭水体，水环境质量较差，不仅严重影响城市整体生态景观、人居环境，而且对下游的生态廊道河流水环境、水生态造成严重的污染负担。

按照国际旅游岛建设、绿色崛起发展战略和国务院《水污染防治行动计划》的总体要求，××省制定了《××省水污染防治行动计划实施方案》和《××省城镇内河（湖）水污染治理三年行动方案》（2015年），明确了保持优良水环境质量、保障人民群众健康的总体目标和环境质量“不能下降，只能更好”的原则，要求到2018年治理范围内城镇内河及流经城镇河段消除劣V类水体、力争达到Ⅳ类及以上水质，内湖消除劣V类水体，实现城镇建成区基本消除黑臭水体，全省城镇内河（湖）水环境质量总体明显改善。远期2030年，治理范围内城镇内河及流经城镇河段全部达到Ⅳ类及以上水质。

（六）水环境及水生态保护对象及需求

以水功能区划、生态功能区划、重要饮用水水源地、涉水重要生境等重要生态环境敏感区的保护、修复为导向，××河流域水环境及水生态保护对象及需求主要有以下几个方面。

1.××河流域中上游地区自然环境良好，植被覆盖率高，该区域为水源涵养区、生物多样性富集区和生态敏感区，分布有五指山国家自然保护区、黎母山森林公园、五指山-吊罗山生物多样性保护生态功能区、牛路岭水库和红岭水库重要水源地等，在水功能区划中属于××河源头水保护区。

2.××河干流中游段（××河汇合口以下段）主要为琼海万宁台地农林业发展生态功能区和东部台地热带经济作物生态功能区，河道河漫滩及河口宽阔，分布有红星水源地、××河国家级水产种质资源保护区等生态敏感点，是峡谷河道生态维护河段。

3.××河流域下游主要为城镇发展生态功能区，分布有琼海市、博鳌镇等重要城镇，有××河国家级水产种质资源保护区、××河入海口湿地等生态敏感区，以治理城镇污染，保护水生生境，改善河道生态景观为主。

4.××河干流、××河和塔洋河作为全省重要生态水系廊道，是《××省总体规划》中划定的一级生态功能区Ⅱ类红线区，实行严格的空间利用管控。牛路岭水库、红岭水库、红星水源地、百花岭水库、美容水库、雷公滩水库等饮用水源地，××河入海口湿地，以及××河国家级水产种质资源保护区等也是××河流域内重要的生态保护红线区和生态敏感节点。

二、现状调查与评价

（一）评价单元划分

××河流域水环境水生态综合治理评价单元重点针对3条生态水系廊道开展，

按照水生态文明建设及生态空间管控的要求，针对生态水系廊道，以“流域—生态水系廊道—河段”为规划单元，以重要生态保护区或生态敏感区为节点，考虑水源涵养保护、水环境保障、水生生境保护、生态景观建设等需求，将××河流域内的3条生态水系廊道划分7个评价河段开展现状调查和评价。

（二）评价指标与方法

从维护河湖生态系统功能和经济社会服务功能角度，针对水环境、生态水量、河湖物理形态、重要生境、景观等方面构建评价指标体系，提出14个具体评价指标，开展现状调查与评价。

表8-1-2 评价指标表

序号	准则层	指标名称
1	水环境	水功能区水质达标率
2		生态水系廊道水质状况
3		城市内河湖水质状况
4		重要饮用水水源地水质达标率
5		湖库富营养化程度
6		水功能区入河污染物超载状况
7	生态水量	主要控制生态需水满足程度
8		地下水超载状况
9	物理形态	纵向连通性
10		生态岸线比例
11		采沙扰动状况
12	重要生境	重要水生生境保护状况
13		湿地保护状况
14	景观	景观保护程度

1. 水环境评价指标与方法

（1）水质达标状况

按照评价对象，分别针对水功能区、生态水系廊道、城市内河湖及重要饮用水源地等水质现状及达标状况开展评价。

水质达标评价根据《地表水环境质量标准》（GB3838-2002）、《地表水资源质量评价技术规程》（SL395-2007），参照水功能区管理目标、水源地水质目标及有关河湖保护治理要求进行。水质类别（或营养状态）符合或优于该目标的为达标，劣于该目标的为不达标。

对于重要湖库进行营养状态评价，采用指数法进行评价。湖库营养状态评价项目共5项，包括总磷（TP）、总氮（TN）、叶绿素 α（chlα）、高锰酸盐指数（CODMn）和透明度（SD）。如果评价项目不足5项，则评价项目中必须至少包括TP及叶绿素 α，透明度可根据当地实际情况灵活掌握。营养状态一般分为贫营养、中营养和富营养三级。

本次采用《全国水资源综合规划》相关成果，湖库营养状态评价标准见表8-1-3所示。具体做法为：①查表将单项参数浓度值转为评分，监测值处于表列值两者中间者可采用相邻点内插，或就高不就低处理；②几个参评项目评分值求取均值；③用求得的均值再查表得富营养化指数。

表8-1-3 湖库营养状态评价标准表

湖库富营养化指数	评分值	叶绿素a（mg/m³）	总磷（mg/m³）	总氮（mg/m³）	高锰酸盐指数(mg/L)	透明度(m)
1	10	0.5	1.0	20	0.15	10.0
	20	1.0	4.0	50	0.4	5.0
2	30	2.0	10	100	1.0	3.0
	40	4.0	25	300	2.0	1.5
3	50	10.0	50	500	4.0	1.0
	60	26.0	100	1000	8.0	0.50
4	70	64.0	200	2000	10.0	0.40
	80	160.0	600	6000	25.0	0.30
5	90	400.0	900	9000	40.0	0.20
	100	1000.0	1300	16000	60.0	0.12

（2）水功能区入河污染物超载状况

水功能区污染超载状况评价，采用水功能区现状污染物入河量与水功能区纳污能力的比值来进行判断。其评价标准见表8-1-4。

表 8-1-4 水功能区入河污染物超载状况评价标准单位：%

项目	现状污染物入河量 / 纳污能力 *100				
水功能区入河污染物超载状况	优	良	中	差	劣
	<90		90 ~ 100	100 ~ 120	>120

2. **生态水量评价指标与方法**

（1）主要控制断面生态需水满足状况

生态需水包括生态基流和敏感生态需水。生态基流是指为维持河流基本形态和基本生态功能的河道内最小流量；敏感生态需水则指维持河湖生态敏感区正常生态功能的需水量及需水过程，重点关注维持生态系统结构和功能的敏感期。重点针对本次规划提出的生态基流、敏感生态需水目标的控制断面开展生态需水满足状况评价。

生态基流、敏感生态需水的满足状况采用年内河道实测月均流量与生态基流或敏感生态需水目标流量值的比值来进行判断。

（2）地下水超采状况

结合《××省水资源综合规划》《××省水资源保护规划》中地下水资源量评价成果，对地下水超采区分布情况、超采区面积、超采量、超采程度等进行评价。

地下水超采状况采用现状年地下水开采量与地下水可开采量的比值进行判断。

3. **河湖物理形态评价指标与方法**

（1）纵向连通性

重点针对生态水系廊道划分的评价单元，开展纵向连通性评价。纵向连通性是指在河流系统内生态元素在空间结构上的纵向联系，可从下述几个方面得以反映：水坝等障碍物的数量及类型；鱼类等生物物种迁徙顺利程度；能量及营养物质的传递。其数学表达式可以表述成以下形式：

纵向连通表达式：W=N/L

式中：W—河流纵向连通性指数；N—河流的断点或节点等障碍物数量（如闸、坝等），已有过鱼设施的闸坝不在统计范围之列；L—评价河流的长度，km。

（2）采沙扰动状况

重点针对生态水系廊道划分的评价单元开展采沙扰动状况评价，采沙扰动指数表述成以下形式：

采沙扰动指数表达式：S=N/L

式中：S—采沙扰动指数；N—采沙扰动河段长度，km；L—评价河流的长度，km。

（3）生态岸线河长比例

重点针对生态水系廊道划分的评价单元开展生态岸线河长比例评价，采用生态岸线占评价河长的比例表述。生态岸线包括未经人类活动扰动的自然岸线、生态护坡及生态改造化堤防河段。

4. 重要水生生境保护状况

本次规划鱼类重点关注国家重点保护的、珍稀濒危的、土著的、特有的、重要经济价值的保护鱼类生境以及重要湿地等。该指标为定性描述指标，通过国家或地方相关名录及调查成果，调查了解规划或工程影响范围内主要鱼类产卵场、索饵场、越冬场及重要湿地保护状况，调查内容包括重要生境分布、面积、保护情况。评价方法宜定性，采用专家判断法，评定结果分为“优良中差劣”五个等级，见表 8-1-5 所示。

表 8-1-5 重要生境状况指标评价标准

指标名称	评价标准				
	优	良	中	差	劣
重要水生生境状况	鱼类“三场”及洄游通道等保护机构和制度健全，生态空间结构完好，满足鱼类等物种生存需求	鱼类“三场”及洄游通道保护基本完好，设立专门管理机构，生境面积基本保持稳定，基本满足鱼类等物种生存需求	鱼类“三场”及洄游通道得到一定保护，生境结构存在人类侵占或扰动的风险，基本维持鱼类等保护物种生存	鱼类“三场”及洄游通道受到一定破坏，生境面积萎缩，保护鱼类等种类和数量减少	鱼类“三场”及洄游通道完全遭受严重破坏，水分养分条件无法满足鱼类生存需求
湿地保护状况	重要湿地保护机构和制度健全，生态空间结构完好，满足鱼类、鸟类等物种生存需求	重要湿地保护基本完好，设立专门管理机构，生境面积基本保持稳定，基本满足鱼类、鸟类等物种生存需求	重要湿地得到一定保护，生境结构存在人类侵占或扰动的风险，基本维持鱼类、鸟类等保护物种生存	重要湿地受到一定破坏，生境面积萎缩，保护鱼类、鸟类等种类和数量减少	湿地严重萎缩，水分养分条件无法满足鱼类、鸟类生存需求

5. 景观保护程度

景观保护程度是指生态水系廊道涉及的国家级和省级涉水风景名胜区、森林公园、地质公园、世界文化遗产名录以及规划范围内的城市河湖段等各类涉水景观，依照其保护目标和保护要求，人为主观评定其景观状态及保护程度，分为“优良中差劣”五个级别，评价标准见表 8-1-6。

表 8-1-6 景观保护程度指标评价标准

指标名称	评价标准				
	优	良	中	差	劣
景观保护程度	采取了极为有效的保护措施，效果十分明显，景观整体保护完整	采取了符合景观保护要求的措施，具有较好保护效果，景观整体无明显受损情况	采取了与景观保护原则基本一致的保护措施，效果一般，局部景观有破坏现象	部分采取保护措施，仅核心景观受到保护，或虽采取了保护措施，但人工效果过度，景观具有一定破损现象	无明显保护措施，景观受损现象严重

（三）现状调查与评价

1. 水环境状况评价

（1）水功能区水质评价

按照水功能区限制纳污红线管理要求，对 ×× 河流域 6 个水功能区进行水质评价，现状水质均满足Ⅲ类或优于Ⅲ类，其中水质为Ⅱ类有 5 个，水质为Ⅲ类有 1 个，为 ×× 河源头水保护区。流域 6 个水功能区中 5 个水功能区水质评价为达标，现状达标率为 83.3%，不达标的水功能区为 ×× 河源头水保护区，不达标的原因是源头水的水质目标较高，水质现状不能满足水目标的要求，主要影响的项目是总磷、高锰酸盐指数和氨氮。

表 8-1-7 ×× 河流域水功能区水质达标评价

序号	河流	所在地	水功能区		水质目标	现状水质	达标状况	超标原因
			一级水功能区	二级水功能区				
1	××河	万宁市、琼中县、琼海市	××河源头水保护区		Ⅱ	Ⅱ	达标	
2	××河	琼海市	××河琼海开发利用区	××河琼海嘉积饮用、景观娱乐用水区	Ⅱ	Ⅱ	达标	
3	××河	屯昌县、琼海市	××河琼海开发利用区	××河下游博鳌景观娱乐、农业用水区	Ⅱ	Ⅱ	达标	
4	××河	屯昌县、琼中县	××河源头水保护区		Ⅰ	Ⅲ	不达标	总磷、高锰酸盐指数、氨氮
5	××河	琼中县	××河琼中开发利用区	××河琼中饮用、工农业用水区	Ⅱ	Ⅱ	达标	

续 表

序号	河流	所在地	水功能区		水质目标	现状水质	达标状况	超标原因
			一级水功能区	二级水功能区				
6	××河	琼中县、琼海市	××河下游保留区		Ⅱ	Ⅱ	达标	

（2）生态廊道水系现状水质评价

将 ×× 河流域 3 条生态水系廊道的 7 个评价河段开展水质评价，分为三种情况，一是现状水质满足水质目标要求，评价结果为达标；二是现状水质不满足水质目标要求，但现状水质类别评价为Ⅲ类水以上，主要针对部分河流的江河源头区；三是现状水质不满足水质目标要求，同时水质类别为Ⅲ类水以下。

分析得出，现状水质不达标的生态廊道水系为 ×× 河水源头区和塔洋河，其中 ×× 河水源头区现状水质类别为Ⅲ类水以上，但由于水质目标较高为Ⅰ类，仍不达标；塔洋河水质轻度污染，下游河段为劣Ⅴ类，不满足水质目标；×× 河干流的现状水质总体满足水质目标要求。×× 河流域生态廊道水系现状水质评价成果见表 8-1-8 所示。

表 8-1-8 ×× 河流域生态廊道水系现状水质评价

序号	河流	河段	河长	目标水质	现状水质	达标情况	超标因子
1	××河干流	牛路岭水库坝址以上段	71.3	Ⅱ	Ⅱ	达标	
2	××河干流	牛路岭水库坝址至××河汇合口段	29.3	Ⅱ	Ⅱ	达标	
3	××河干流	××河汇合口至加积段	31.0	Ⅱ	Ⅱ	达标	
4	××河干流	加积至入海口段	25.0	Ⅱ	Ⅱ	达标	
5	××河	红岭水库坝址以上段	56.5	Ⅰ	Ⅲ	不达标	总磷、高锰酸盐指数、氨氮
6	××河	红岭水库坝址至入××河口段	31.5	Ⅱ	Ⅱ	达标	
7	塔洋河	塔洋河	63.6	近期：塔洋镇以上达Ⅲ类水，塔洋镇以下Ⅴ类；远期达到Ⅳ类	塔洋河以上Ⅲ类水；塔洋镇以下劣Ⅴ类	局部河段不达标	化学需氧量、氨氮、总磷、溶解氧

（3）城镇内河（湖）水质状况评价

在《××省城镇内河（湖）水污染治理三年行动方案》中列入的××河流域内的城镇内河（湖）有塔洋河、双沟溪和营盘溪，其水质基本处于劣V类水体；在琼中县、琼海市、万宁市、屯昌县、定安县等流域内县市制定的《城镇内河（湖）水污染治理三年行动方案》和《水污染防治行动计划实施方案》中，列入的属于××河流域内需要拓展治理的河流还包括：乘坡河（咬饭河）、中平溪、岭头河、长安河、辉草河（白岭河）、三更罗溪、加浪河、文曲河、白石溪、新园水、竹山溪、沙荖河等12条支流，支流现状水质为Ⅱ类或Ⅲ类，普遍存在城镇生活污染、农业面源污染的隐患。

表8-1-9　××河流域城镇内河（湖）水质现状评价

序号	所在市县	河流名称	监测断面	污染范围（km/m²）	汇入水体	水质现状	水质目标	超标指标	污染原因
1	琼海市	塔洋河	礼部村	53.1km	××河	劣V	V	化学需氧量、氨氮、总磷、溶解氧	生活污水河道采沙，水土流失
2	琼海市	双沟溪	大春坡桥	12.61km	塔洋河	劣V	V	化学需氧量、高锰酸钾指数氨氮、总磷、溶解氧	生活污水/淤积，源头来水量小
3	琼海市	双沟溪	嘉积中学分校	12.61km	塔洋河	劣V	V	化学需氧量、高锰酸钾指数、氨氮、总磷、溶解氧	生活污水/淤积
3	琼中县	营盘溪	琼中中学	6km	××河	V	Ⅳ	溶解氧、化学需氧量	生活污水

（4）现状污染物入河量及入河超载状况

依据《××省水利普查（2011年）》《××省水资源保护规划》《××省××河流域综合治理开发规划报告》等成果，××河流域6个水功能区内共有入河排污口23个，其中保护区内5个，保留区内0个，开发利用区内18个。排污口类型情况，生活排污口18个，混合排污口1个，工业排污口4个，主要为橡胶厂排污。

水功能区入河排污口现状废污水入河量共计1954.21t/a，主要污染物COD入河量为1327万t/a，氨氮入河量为174.4万t/a。开发利用区承纳了大部分的废污水和主要污染物入河量，其比例高达95%以上。

根据水功能区纳污能力和现状污染物入河量的关系，将本次规划范围内的水功能区分为未超载区（现状污染物入河量小于或等于其纳污能力）和超载区（现状污染物入河量大于其纳污能力）两类。分析表明，××河流域内超载的水功能区有3个，占流域内水功能区总数的50%。

（5）饮用水水源地水质评价

××河流域共有地表水饮用水源地6处，水质均能达到Ⅲ类及以上，满足国家集中式饮用水源地水质要求，其中牛路岭水库万宁市取水口、红星饮用水水源取水口处水质均为Ⅱ类，百花岭水库取水口处水质为Ⅲ类，水质均达标。但现状红岭水库水源地尚未划定保护区，水库型水源地周边存在水土流失、周边农村生活污染，红星水源地上游及周边存在城镇生活污染、畜禽养殖及农田面源污染汇入等问题，存在一定污染隐患。

2. **生态需水满足状况评价**

选取牛路岭水库、红岭水库和嘉积大坝断面作为××河流域主要控制断面，根据实测月均流量资料与生态基流的关系，××河流域3处控制断面汛期生态基流均能够满足生态需水目标要求，但枯水期生态需水满足程度不高。此外，××河干流的上游、××河中游建有多个引水式电站，其建设运行导致多个河段存在河道脱流现象。

3. **水生态状况评价**

针对××河流域3条生态水系廊道的7个河段，采用纵向连通性、生态岸线比例、采沙扰动状况、重要水生生境保护状况、景观保护程度评价指标进行评价。

评价表明，纵向连通性方面，评价等级基本为中，仅××河—红岭水库坝址以上河段为优。××河流域的纵向阻隔性影响主要集中在：××河干流—牛路岭水库坝址以上河段、××河干流—××河汇合口至加积坝河段、××河—红岭水库坝址以下河段、以及塔洋河，这些河段上建有乘坡梯级电站、烟园水电站、嘉积大坝、合口电站、船埠水电站、山青水电站、文岭水电站等众多水电站，影响了××河国家级种质资源保护区内的鱼类生境和上游土著鱼类的生境；此外，咬饭河、加钗河等支流上小水电和拦河坝分布也较多，主要影响为末级拦河坝的阻隔。

生态岸线情况较好，除了琼海、博鳌城区段外，其余河段均为自然岸线，琼海、博鳌城区段为亲水生态护岸；塔洋河上游段为自然岸线，下游段为生态护岸。××河流域生态岸线评价等级为优。

采沙扰动状况，××河干流主要在中下游，集中区域在合口咀附近有约3km左右的采沙段。

重要水生生境保护状况主要关注生态水系廊道涉及的保护鱼类生境以及重要湿地。××河中下游从烟园水电站至入海口为国家级鱼类种质资源保护区，目前该河段内存在嘉积大坝，对其鱼类生境造成阻隔。××河流域上游区域为吊罗山国家自然保护区、鹦哥岭省级自然保护区及黎母山省级自然保护区等，保护区内分布有多种××省主要淡水鱼类，其中有28种淡水鱼类尚没有得到保护，主要分布在××河受闸坝及小水电阻隔比较严重的河段，其中包括花鳗鲡、锯倒刺鲃等特有鱼类，由于闸坝阻隔、河道采沙等人类活动影响，鱼类“三场”及洄游通道等遭受破坏，鱼类生境呈破碎化，生物多样性降低。××河流域的重要湿地分布在入海口处，虽划定了生态资源保育区，但尚未建立保护和管理机构，湿地资源保护亟待加强。

景观保护程度较好的河段基本分布在流域上游，上游地区植被较好，各保护区及红岭水库、牛路岭水库等景观保护效果优良，景观整体无明显受损现象；中游基本维持了自然峡谷河道特性；下游河段流经城区，受到人为活动干扰强烈，河漫滩及河岸带景观破碎化明显，植被遭到破坏，滨河景观不能满足城镇人居环境改善的需求，也与国际旅游岛建设要求有较大差距。

三、存在的主要问题

结合流域上下游生态保护对象、水功能区及生态保护红线管理要求，将 ×× 河流域内的 ×× 河干流、×× 河、塔洋河等“一干二支”生态水系廊道划分 7 个评价河段，从水质、生态需水、水生态等方面开展现状评价与问题分析。

（一）水质

现状年水质监测结果表明，×× 河流域除支流塔洋河、营盘溪外，×× 河干流和其余支流监测河段水质均符合或优于国家地表水Ⅲ类标准，且以Ⅱ类水质为主，水质达到优级。×× 河干流各河段水质均能达到Ⅱ类，满足水质目标的要求。主要支流水质情况：×× 河红岭水库Ⅲ类，但由于 ×× 河源头水保护区水质目标为Ⅱ类，水功能区水质不达标，水质超标因子。红岭水库坝址至入 ×× 河口段，水质现状为Ⅱ类，达到水质目标要求。支流塔洋河水质轻度污染，塔洋镇和田头桥断面水质均为劣Ⅴ类，水质目标为：塔洋镇以上达Ⅲ类水，塔洋镇以下达Ⅴ类。

城市（镇）集中式饮用水源地水质总体优良，满足国家集中式饮用水源地水质要求，饮用水源水质情况：牛路岭水库万宁市取水口、红星饮用水水源取水口处水质均为Ⅱ类，百花岭水库取水口处水质为Ⅲ类，水质均达标。目前存在部分重要水源地尚未划定保护区、水库型水源地周边存在水土流失、河道型水源地周边存在农村生活污染和农田面源污染汇入等问题，存在一定污染隐患。

经调查，多数是沿河城镇工业和生活污水、农村生活污水、养殖污水和农田面源等污染尚未得到有效处理，直接排入河道。琼海市塔洋河、双沟溪等城镇内河污染严重。

（二）生态水量

选取牛路岭水库、红岭水库和加积大坝断面作为流域主要控制断面，分析结果表明，汛期各断面生态流量基本可以满足生态需水目标要求。上游引水式电站建设运行导致多个河段存在河道脱流现象。

（三）水生态

流域上游已建乘坡多级电站、牛路岭水库、烟园水电站等，引起下游河段脱水，干流中下游建有加积大坝；××河上游建有红岭水库，中下游建有多座引水式电站，阻隔了河流纵向连通性，使得流域溪流性生境减少。

××河干流牛路岭水库至加积河段，附近局部河段疏浚采沙造成河床洲滩紊乱，河漫滩及滨河带植被遭到破坏，河流生态系统破碎化严重，影响生态功能，破坏了鱼类“三场”等栖息生境，鱼类生物多样性遭受威胁。

××河干流琼海市段、博鳌镇段岸边带植被及亲水平台缺失，两岸景观破碎化，城市景观可观赏性较差，河流生态廊道横向连通性较差，使得河流生态廊道功能降低。

××河河口生态资源保育区域存在养殖污染和湿地萎缩问题，河流生态廊道和河口湿地功能降低。

生态水系廊道保护需求及问题分析见表 8-1-10 所示。

表 8-1-10 生态水系廊道保护需求与主要问题

河流	河段划分	保护对象和需求分析	主要问题识别
××河干流	牛路岭水库坝址以上段	五指山国家自然保护区、××河源头水保护区、牛路岭水库，汇水面积多为生态保护红线区，流域重要的水源涵养与生物多样性保护区、饮用水源地	1. 自然保护区、饮用水源地、水源涵养与生物多样性保护 2. 牛路岭水源地保护问题，库周山体人为开垦，水土流失严重 3. 多级水电站阻隔河流纵向连通性，下游河段存在脱水段，鱼类生境遭受破坏
	牛路岭水库坝址至××河汇合口段	××河国家级水产种质资源保护区	1. 种质资源区鱼类资源保护 2. 疏浚采沙河段造成生境破坏，河漫滩湿地及岸边带植被破坏，生态系统破碎
	××河汇合口至加积段	××岛水源保护与水源涵养Ⅰ类红线区——红星水源地保护区、××河国家级水产种质资源保护区	1. 红星水源地保护 2. 加积坝阻碍河流纵向连通性，种质资源区鱼类资源保护 3. 河段两岸村庄较多，农田遍布，存在农村污染和面源污染 4. 城区段河漫滩湿地及岸边带植被破坏，生态系统破碎化明显
	加积至入海口段	××河国家级水产种质资源保护区、生态保育区、重要河口湿地生境、河流生态走廊、入海口生物通道	1. 河漫滩湿地及岸边带植被破坏，生态系统破碎化严重 2. 入海口重要河口湿地生境保护，河流生态保护与修复

续 表

河流	河段划分	保护对象和需求分析	主要问题识别
××河	红岭水库坝址以上段	黎母山森林公园、红岭水库，汇水面积多为生态保护红线区，水源涵养与生物多样性保护区、饮用水源地	1. 水源涵养与生物多样性保护 2. 红岭水库未进行水源地划分，缺乏水源地保护措施；百花岭水源地保护 3. 沿河大面积农业开垦，水土流失明显
	红岭水库坝址至入××河口段	汇入口下游为红星水源地保护区	1. 红岭水库等拦河闸坝生态调度 2. 水电站及水库大坝阻隔纵向连通性，部分河段存在脱水段，局部河岸带植被破坏
塔洋河	塔洋镇以上段	美容水库水源地保护区	美容水库周边存在村庄生活污染和农田面源污染，需要水源地保护
	塔洋镇以下段	汇入口下游为××河口生态保育区	1. 水质污染问题突出，河段两岸村庄较多，农田遍布，存在农村污染和面源污染 2. 分布有水库和水电站，水电站下游存在脱流现象，下游生态流量缺乏保障，河流纵向连通性阻隔

第二节　水环境水生态保护规划

一、水功能区限制排污总量控制

（一）纳污能力核定

经核定，××河流域COD、氨氮的现状纳污能力分别为5 266.35t/a和164.05t/a；考虑规划水平年水质达标改善，规划年的初始水质优于基准年的初始水质，在保证满足水质目标的情况下，规划年的纳污能力大于基准年的纳污能力。近期2020年COD、氨氮规划纳污能力较现状纳污能力分别增加了8.6%和15.7%，2020年规划纳污能力分别为5720.42t/a和189.73t/a；远期2030年维持2020年的纳污能力。

（二）限制排污总量控制方案

规划水平年××河流域7个水功能区共23个点源污染物COD、氨氮的限制排污总量分别为1972.14t/a、34.0t/a。××河流域的限制排污总量重点在氨氮的削减上，削减率为66%，各水功能区中，××河琼海开发利用区所需减排力度较大。

限制排污总量是水污染防治和污染减排工作的重要依据。规划实施时，应根据水功能区水质达标要求，将限制排污总量逐级分解到各行政区域和入河排污口，分阶段、分区域制定陆域污染物减排计划。

（三）入河排污口布局与整治

以水功能区划及其纳污限排总量要求为依据，合理规划入河排污口的空间布局，全面整治现有入河排污口，着力加强排污口监督管理，力争用 5 ~ 10 年时间，×× 河全流域逐步形成科学合理的入河排污口布局，实现与江河湖泊水功能区纳污能力相适应的污染物合理排放格局。明确不同行业、不同规模排污口的整治要求，严禁直接向江河湖库超标排放工业和生活废污水，取缔饮用水水源保护区内的入河排污口。

重点针对现状水质不达标、有城市内河整治任务的区域，以及生态红线划分涉及敏感保护区域，对其排污口实施截污导流、湿地生态处理等入河排污口的综合整治。

1. 入河排污口布局

根据水功能区划及其纳污限排要求，对入河排污口设置进行分类管理，将规划水功能区分为禁止设置、严格限制、一般限制 3 种类型。新建、改建和扩建入河排污口严格执行分类管理要求，并按排污口布局规划对现有入河排污口逐步实施改造，有效促进陆域科学有序控源减排。

禁止设置水域。主要为饮用水水源地、自然保护区、湿地、森林公园等禁止污染物排入或水功能保护要求很高的保护水域，该类水域内禁止新建、改建及扩建入河排污口。对已设置的排污口，应按要求限期关闭或调整到水域外。

严格限制水域。主要是与禁止设置入河排污口水域联系较密切的河流、水库和湖泊，现状污染物入河量超过或接近水域纳污能力等保护需求和迫切性较高水域。该类水域内严格控制新建、改建、扩大入河排污口。对污染物入河量已削减至纳污能力范围内或现状污染物入河量小于纳污能力的水域，原则上可在不新增污染物入河量的控制目标的前提下按照“以新带老、削老增新”进行排污口设置。对现状污染物入河量尚未削减至水域纳污能力之前的水域，原则上不得新建、扩大入河排污口。

一般限制水域。除禁止设置水域和严格设置水域之外的其他水域为一般限制水域，其现状污染物入河量明显低于水功能区纳污能力，尚有纳污空间。该类水域内对入河排污口设置进行一般控制。

×× 河流域禁止设置水域涉及 3 个水功能区，分别为 ×× 河源头水保护区、×× 河加积饮用水、景观娱乐用水区、×× 河源头水保护区，涉及主要入河排污口 10 个。

严格限制水域主要为入河污染物超载水功能区，包括 ×× 河加积饮用、景观娱乐用水区、×× 河下游琼中—琼海保留区共 2 处水功能区，涉及主要排污口 7 处，需按照严格限制水域的排污口设置要求进行布局及整治。

2. 入河排污口整治

根据入河排污口布局规划，全面开展现有排污口整治，实施“关停并转”和深度处理等措施，严格控制禁止设置和严格限制设置排污口水域的污染物入河量，并全面加强排污口规范化建设，为排污口监测与管理提供保障。整治措施主要分为跨区迁建和原址整治两类。

（1）跨区迁建

针对禁止设置入河排污口的水域，区内现有排污口应全部搬迁，如现阶段实在不能搬迁的，应加大治理措施，逐步削减污染物入河量。

（2）原址整治

针对严格限制设置入河排污口的水域，应采取原址整治综合措施，主要包括排污口规范化建设、排污口改造工程和深度处理工程。

①排污口规范化建设工程。针对排污口隐蔽、未规范化设置、排水方式不当等基础建设问题进行整治。主要措施：公告牌、警示牌、排污口标志牌建设，缓冲堰板建设等、测流监测措施。

②排污口改造工程。针对排污口位置不合理，影响水功能区水质管理目标和用水安全等问题进行整治。主要措施：排污口关闭、合并，污水截流管网改造、排水泵站建设等。

③排污深度处理工程。针对在排污达标的情况下，由于水域纳污能力有限，不能满足水功能区水质管理、纳污能力目标的情况。主要措施：人工湿地、生态沟渠、净水塘坑、跌水复氧、生物稳定塘、污水截流管网改造及建设等。

本次入河排污口整治总体方案在入河排污口布局的基础上，根据污染物入河总量控制分解方案，综合考虑河道管理、岸线规划等要求，重点对禁止设置水域和严格设置水域开展入河排污口整治，提出排污口规范化建设，生态湿地处理工程，污水处理新建、扩建、改造工程，关闭排污口，截流并网入污水处理厂等措施。原则上，位于饮用水水源地保护区的排污口应列入近期重点整治项目中。

（四）污染源治理

1. 城镇点、面源污染治理

（1）城镇点源污染治理

开展重点行业水污染整治工程，重点开展橡胶行业水污染专项调查，实施清洁化改造。集中治理产业园区水污染，完善大路产业园区等新建重点园区的污水集中处理设施，制定产业园区污水集中处理设施建设计划。

针对性推进现有污水处理厂提标升级，重点解决污水处理厂进水浓度低、运行负荷低的“两低”问题，实现污水处理厂达标排放；完善城镇污水收集配套管网，优化布局、因地制宜继续开展城市的污水处理设施建设。

（2）城镇面源污染治理

加强城区废污水收集和处理，提高达标排放，逐步建立城市及重要乡镇污水处理厂，加快推进配套管网建设，提高污水管网覆盖率，提高城镇生活污水收集率。

按照琼中县、万宁市、琼海市等流域内各县市制定的“水污染防治行动计划工作方案”的要求，对于排入 ×× 河上游敏感区域的县城污水处理厂设施进行升级改造，于 2017 年底前全面达到一级 A 排放标准；到 2020 年，×× 河沿岸各镇均具备污水收集能力，其中市区及县城建成区污水处理率达到 85%、重点乡镇污水处理率达到 65%；加快配套污水收集管网建设，2020 年底前建成区污水基本实现全收集、全处理。

（3）城镇污染治理工程

×× 河流域主要流经的市县为琼海市和琼中县，城镇污染治理工程主要布置在琼海市和琼中县境内，共新建城镇污水处理设施及配套管网工程 16 项，涵盖 ×× 河干流及主要支流流经的县市和重点乡镇。

2. 面源污染治理

针对 ×× 河流域具有水源涵养功能的水功能区、饮用水水源地（在“重要饮用水水源地保护”中单列），以及水质未达标或污染物超载的水功能区开展面源污染治理。×× 河流域具有水源涵养功能主要为 ×× 河源头水保护区、×× 河源头水保护区，入河污染物超载的水功能区有 ×× 河嘉积饮用、景观娱乐用水区和 ×× 河下游琼中 - 琼海保留区。

治理措施包括农村生活污染控制措施、畜禽养殖污染控制措施、农田氮磷面源污染生态拦截措施。

（1）农村生活污染控制措施

①农村污水治理工程

推进农村环境污染整治，开展生活污水收集和处置系统工程建设，采取沼气、氧化塘、人工湿地处理，以及截污 + 小型污水处理站等措施。

农村地区人工湿地可采用“表流湿地 + 生态浮床”或“表流湿地 + 氧化塘”的工艺。

②农村固体废弃物处理处置工程

×× 河流域农村固体废弃物采用垃圾收集、运输、堆肥系统处理，即在每 1 个居民点建设 1 个垃圾收集、运输、堆肥处理系统，具体建设内容包括：按每 8 户设置 1 个生活垃圾收集容器，建设垃圾中转站，每个农村居民点配置 1 辆具有自卸功能的垃圾清运车，每个收集区配置 1 个手推车，分拣可回收废品，堆肥处理可生物处理垃圾，有害垃圾集中交当地环保部门统一安全处置，难降解垃圾定期统一运往城镇垃圾集中处置场进行处置。

对 ×× 河源头水保护区、×× 河源头水保护区等水源涵养区内的村庄建设固体废弃物资源化利用工程。离县城较近的村庄的固体废弃物资源化利用工程主要以建垃圾收集池，再转运到垃圾填埋场处理的方式，部分离县城较远的村庄则建设垃圾堆肥处理系统。

（2）畜禽养殖污染控制措施

推广农村立体生态养殖模式，加快农村畜禽养殖业废弃物综合利用步伐，因地制宜，发展农村沼气、有机肥生产等变废为宝，资源化项目。水源涵养区的畜禽养殖污染治理主要通过农村畜禽集中养殖小区及配套沼气工程和每户建沼气池的方式进行处理。

（3）农药、化肥污染控制措施

农田径流是农田污染物的载体，大量地表污染物在降雨径流的侵蚀冲刷下，随地表径流进入水体，对保护区水质产生影响。农田径流主要来自降水和灌溉，可以通过一定规格的沟渠进行收集，依次流入缓冲调控系统和净化系统串联而成的人工湿地，从而对污染物进行有效拦截。

缓冲调控系统的主要作用是调节径流，增加径流的滞留时间，沉降吸附有氮、磷等污染物颗粒态泥沙，同时利用高等水生物吸收部分氮、磷等污染物，使径流得到初步净化；净化系统的主要作用是用系统中的天然填料及湿地植物吸附、吸收径流中溶解态的氮、磷等污染物；净化后的水经出水口排入附近水体或回用。此外，还应当积极推进生态农业发展，严禁高毒、剧毒、高残留农药的使用，控制农药化肥使用量，增加有机肥料。

二、重要饮用水水源地保护

××河流域共有地表水饮用水源地6处，水质均能达到Ⅲ类及以上，满足国家集中式饮用水源地水质要求，达标率为100%。但普遍存在村镇生产、生活污水污染及农业面源污染和禽畜养殖污染隐患，以及水土流失问题，部分水源地仍为划分保护区，存在一定污染隐患。

按照“水量保证、水质合格、监控完备、制度健全”的要求，针对现有6个重要饮用水水源地开展安全保障达标建设，结合不同类型饮用水水源地存在的主要问题，实施“一源一策”综合保护，构建饮用水水源地安全保障多重保护线。

（一）饮用水水源保护区划分及隔离防护

1. 强化水源保护区划分

以红岭水库为重点，推进水源保护区的划定。结合水源地实际情况，依据相关技术规定，尽快划定饮用水水源保护区，绘制水源保护区分布图。已完成饮用水水源保护区划分的水源地，并报省级人民政府批准实施的水源地，要在现状调查基础上，根据水质评价、污染调查等，复核饮用水水源保护区划分的合理性，对明显不满足要求的保护区，应按照相关技术标准，结合水源地实际提出饮用水水源保护区调整方案。

2. 加强隔离防护与宣传警示

隔离防护工程是指通过在保护区边界设立隔离防护设施，防止人类活动等对水源地的干扰，拦截污染物直接进入水源保护区。隔离防护工程包括物理隔离和生物隔离两类。物理隔离工程类型主要为简易围网、钢筋混凝土围网和铁栅栏；生物隔离工程类型为根据各地的具体情况选择适宜的林草植被营造防护林。隔离防护工程原则上应沿着水源保护区的边界建设。在水源保护区边界、关键地段设置界碑、界桩、警示牌和水源保护宣传牌等。

隔离防护工程的建设原则：

（1）沿水源保护区边界建设；

（2）根据水源保护区具体情况确定生物隔离和物理隔离；

（3）根据水源保护区安全现状及水源地重要程度规划建设时序。

针对流域内6个重要水源地实施隔离防护工程，物理隔离工程总长度为67.2km。生物隔离工程总面积为10.2km²。优先对列入全国重要饮用水水源地名录的××河红星水源地实施隔离防护与宣传示警工程。

表 8-2-1 主要饮用水水源地保护区划分及隔离防护工程建设

序号	水源地名称	供水县市	水源类型	保护区划分及隔离防护工程建设
1	牛路岭水库饮用水水源地	万宁、琼海	湖库型	饮用水水源地立碑定界
2	红岭水库水源地	文昌、琼中	湖库型	1、设立红岭水库饮用水源地保护区，划定各级保护区范围；设立水源地保护管理部门；配备必要的检测设备和设施 2、建设物理隔离40km，生物隔离8km²
3	红星饮用水水源地	琼海	河流型	物理隔离6.2km
4	美容水库	琼海	湖库型	1、饮用水水源地立碑定界 2、隔离防护工程建设，物理隔离10km，生物隔离0.2km²
5	百花岭水库饮用水源地	琼中	湖库型	物理隔离1km，生物隔离1.2km²
6	雷公滩水库饮用水源地	屯昌	湖库型	物理隔离10km，生物隔离2km²

（二）污染综合整治工程

饮用水源保护区污染源综合整治工程包括保护区内点源污染综合整治工程、面源污染控制工程、内源污染治理工程三部分，包括对直接流入保护区的污染源采取截污导流等工程措施，防止污染物直接进入水源地水体，对水质污染隐患较大的水源地采取全面保护和综合治理措施等。

1. 点源污染治理工程

为了有效防止饮用水水源保护区内的点源污染，应及时控制现有的重点污染源，保障饮用水源水质。饮用水水源保护区内点源污染治理包括：

（1）工业和生活污染源的治理，禁止设置入河排污口。

（2）加强饮用水水源保护区周边城镇污水的集中收集处理，饮用水水源保护区周边及上游有污水排放量较大的城区，需规划新建污水处理厂，建设人工湿地处理污水处理厂尾水；

（3）对于重要饮用水水源保护区内污水排放量较小的乡镇，规划以生态和生物治污建设为主，建设小型污水生态处理站。

重点针对 ×× 河红星水源地保护区、美容水库水源地附近分布有城镇的水源地，对临近保护区的城镇生活污水集中收集处理，开展截污管网、污水处理设施建设以及污水处理厂提标改造等，建设人工湿地工程处理尾水。

2. 面源污染治理

面源污染综合整治工程主要包括农田径流污染控制、农村生活污染整治、禽畜养殖控制工程等工程措施。

（1）农田径流污染控制工程。通过坑、塘、池等工程措施，减少径流冲刷和土壤流失，并通过建设挡水墙、截水沟、拦污沟等措施减少地表径流对水源地的污染，结合生态沟渠净化面源污染。

（2）农业生态系统工程。对水源保护区周边集中式畜禽养殖污染废水进行综合治理，推动生态农业建设，控制农药化肥使用量，增加有机肥料。

（3）农村生活垃圾处理工程。对水源地周边农村固体废弃物采用垃圾收集、运输、堆肥系统处理，即在每 1 个居民点建设 1 个垃圾收集、运输、堆肥处理系统，具体建设内容包括按每 8 户设置 1 个生活垃圾收集容器，建设垃圾分拣与处理场，每个农村居民点配置 1 辆具有自卸功能的拖拉机，每个收集区配置 1 个手推车，分拣可回收废品，堆肥处理可生物处理垃圾，有害垃圾集中交当地环保部门统一安全处置，难降解垃圾定期统一运往城镇垃圾填埋场处置。

表 8-2-2 饮用水水源地保护污染综合整治方案

序号	县市	水源地名称	整治措施
1	万宁市	牛路岭水库水源地	保护区内排污口整治；在牛路岭水库汇水区域内的和平镇、坡村、田堆村、石盘村、排溪村等村镇进行截污并网，建设截污管道，建设和平镇污水处理厂（包含在城镇污染治理中），建设农村人工湿地 4000m^2
2	琼中县	红岭水库水源地	1、建设红岭水库上游汇水区域内琼中县城的污水处理厂，配套截污管道（包含在城镇污染治理中） 2、对水库汇流区域内的小流域进行清洁小流域治理，实施封山育林、生态拦截沟、生态丁坝等措施，治理面积 50km^2

续表

序号	县市	水源地名称	整治措施
3	琼海市	××河红星水源地	1、在水源地周边的××镇、雅洞村、溪口村、益群村等村镇生活污水截污并网，建设废水处理设施，建设人工湿地处理尾水（包含在城镇污染源治理和面源污染治理中） 2、建设生活垃圾发酵池 500m³
4	琼海	美容水库水源地	建设水源地周边岸各居民点(山底村、官草村、美容村、美容老村、田塘园、礼合村）人工湿地 6000m²，铺设污水收集管网 30km，配置垃圾收集池（箱）；购置垃圾收集转运车 6 辆
5	琼中	百花岭水库水源地	1、建设水源地周边百花村、什庆村、南丰村等农村生活污水处理设施，人工湿地 3000m²，铺设污水收集管网 10km，配置垃圾收集池（箱）；购置垃圾收集转运车 3 辆 2、水库尾部支流汇集处建设生态护坡 1.5km
6	屯昌	雷公滩水库水源地	1、建设水源地周边琼凯上村、琼凯村、琼凯下村等农村生活污水处理设施，人工湿地 3000m²，铺设污水收集管网 10km，配置垃圾收集池（箱）；购置垃圾收集转运车 3 辆 2、开展雷公滩水库生态清洁小流域治理 12.54km²

（三）生态保护与修复工程

生态修复保护工程是通过生物和生态工程技术，主要对湖库型饮用水水源地保护区的湖库周边湿地、环库岸滩及其上游径流区的生态和植被进行修复、保护，营造水源地良性生态系统。生态保护与修复工程包括开展库区水土流失防治、水源涵养林建设、库滨带生态修复等工程建设，保障水源地供水与生态安全。

1. 水土流失防治工程

对水源地一级保护区内的用地，主要以植被修复、水土保持为主，建设水源涵养林，确保水源地的集雨面积范围内有良好的水源涵养林、水土保持林和山坡植被，充分发挥森林涵养水源的最佳生态环境；二级保护区内应减少农业活动为主。

加强沟道和坡地的水土保持，建设水库周边生态缓冲防线。针对坡面水土流失采取坡面治理工程、营造水土保持林，在水库、河流周边建立防护林带和生物过滤缓冲带，减少入水库的泥沙和污染物，净化水质。

2. 库滨带生态修复工程

库滨带是生态系统的重要组成部分，对富营养化物资净化起着十分重要的作用。水库型水源地径流在进入水库之前所携带的营养物资有一个不断地削减和增加的过程，在这一过程中，库滨带不仅是入库营养物资必经之地，也是系统物资运动十分强烈的地段，并在入库营养物资的增减中起着重要的作用。

库滨带生态修复包括设置水源保护林、种植灌草、水生植物、生态护坡等形式的生态防护结构，在湖库周边建立生态屏障，为水生和两栖生物等提供栖息地，保护水生态系统。

通过对河岸及岸基进行生态修复，种植适宜的水生、陆生植物，构成绿化隔离带，维护河流良性生态系统，同时兼顾沿岸景观的美化。

表 8-2-3 主要饮用水水源地生态保护与修复工程建设

序号	水源地名称	供水县市	水源类型	生态保护与修复工程
1	牛路岭水库饮用水水源地	万宁、琼海	湖库型	在牛路岭水库周围平地 2km、山地第一重山脊范围内的土地划为生态公益林用地，用于营造护岸林、水土保持林和水源涵养林，面积 $60km^2$
2	红岭水库水源地	文昌、琼中	湖库型	1、对红岭水库周边建设水源涵养林及水土保持，面积 $40km^2$ 2、建设入库人工湿地 $1km^2$
3	红星饮用水水源地	琼海	河流型	沐皇沟建立水源涵养防护林 $0.11km^2$
4	美容水库饮用水源地	琼海	湖库型	1、美容水库及塔洋河上游源头进行水土保持、水源涵养林建设，面积 $10km^2$ 2、湖库岸边带生态修复 $0.2km^2$
5	百花岭水库饮用水源地	琼中	湖库型	在二级保护区内建设水源涵养林 4.8km
6	雷公滩水库饮用水源地	屯昌	湖库型	1、开展雷公滩水库 $12.54km^2$ 集雨面积范围生态清洁小流域治理，包括农村生活污水处理、生活垃圾处理、畜禽养殖污染治理及村容村貌整治、水土流失防治及水源涵养林建等。 2、湖库岸边带生态修复 $0.2km^2$

（四）水源地生态补偿机制

重点针对红岭水库水源地、牛路岭水库水源地等跨县市水源地开展水生态补偿机制建设，形成“受益者付费、保护者得到合理补偿”的水源地保护长效机制，完善补偿标准体系和补偿方式。针对不同地区和流域、不同类型水源地的特点，发挥政府主导作用，充分利用行政、市场、法律等多种手段，探索建立多样化的补偿方式，积极吸收各利益相关方的参与，共同致力于改善水源地水量、水质、水生态各方面指标改善，推动水源地所在区域和用水区域协调共赢发展。

三、城市内河湖水环境综合治理

（一）治理范围、目标及原则

1. **治理范围**

××河流域城市内河湖治理范围主要涉及琼海市、琼中县、万宁市、定安县、屯昌县、文昌市，其中文昌市为塔洋河的发源地，其城市建成区的城市内河湖和黑臭水体不在××河流域范围内；屯昌县为××河支流青梯水的上游，县城建成区内的内河湖和黑臭水体也不在××河流域范围内；定安县为文曲河的上游，水质尚好，不属于黑臭水体。因此，××河流域城市内河湖的治理范围主要为琼海市、琼中县和万宁市所辖范围内的城市内河湖、主要乡镇河流黑臭水体和污染严重水体。根据城市内河湖现状水体污染状况、治理及保护需求，结合《××省城镇内河（湖）水污染治理三年行动方案》（2015年），本次实施方案共治理城市内河4处（塔洋河、双沟溪、营盘溪和三更罗溪），加上拓展治理的城镇内河12处，共治理城镇内河16处，修复及治理长度约190.9km。

琼海市：主要涉及塔洋河（53.1km）、双沟溪（12.6km）、加浪河（31.2km）、文曲河（9.5km）、白石溪（19km）、新园水（16.3km）、竹山溪（20km）、沙荖河（8km）；

琼中县：主要涉及营盘溪（6km）、咬饭河（6km）、乘坡河（1.7km）、中平溪（5km）、岭头河（5km）、长安河（1.5km）、辉草河（1.5km）；

万宁市：主要涉及三更罗溪（3.5km）。

2. **治理目标**

结合《××省城镇内河（湖）水污染治理三年行动方案》（2015年），近期2020年，治理范围内城镇内河及流经城镇河段消除劣Ⅴ类水体、力争达到Ⅳ类及以上水质，内湖消除劣Ⅴ类水体，实现城镇建成区基本消除黑臭水体，全省城镇内河（湖）水环境质量总体明显改善。远期2030年，治理范围内城镇内河及流经城镇河段水质进一步提升，通过清水补源等措施，使大部分水体达到Ⅳ类及以上水质。按照《三年行动方案》要求，2018年底对4处城镇河（湖）实施集中专项治理，在此基础上拓展治理范围，对新增12处城镇内河（湖）实施治理。

3. **治理原则**

（1）统一规划、综合治理原则

水环境治理以改善水质为根本目标，将污染治理与河道整治、防洪排涝、景观建设结合起来，使有限的资金投入发挥出最大的环境、经济和社会效益。从城市水环境的整体效益出发，近期和远期相结合，工程方案与管理措施相配套，全面规划，分期实施，阶段见效。

（2）以人为本，实现人与自然和谐相处原则

城市水环境治理应以人为本，减轻或避免水灾对人类生产、生活造成的损失，在满足这一基本要求的前提下，当今城市水环境治理的另一个重要目标就是促进人水和谐，维护人类与自然生态环境的良好关系，实现人与自然的和谐共处。

（3）标本兼治，控制水体污染原则

要实现城市水系水清、岸绿，必须抓好水污染治理，一是要全流域共同治理，上下游共同治理；二是要找到污染源头，根治，最大限度地减少污染源，从根本上保证水体不再受污染。

（4）充分利用已有工作成果的原则

要充分利用××河流域城市内河湖已有的水环境整治以及污染治理规划等相关成果，通过分析纳入本次治理总体方案。

（二）主要治理措施

按照“水环境质量只升不降”“一河一策”的要求，制定针对性的治理方案，实施城乡污染综合整治、水生态恢复和景观综合治理、加强城市内河湖管理能力等措施，全面推行“河长制”，强化行政监管、全面查处水环境违法行为，接受社会监督等要求，完善城镇水环境质量监测和监管体系，恢复被污染和破坏的水生态，提升水景观和水文化。

1. 城乡污染综合整治

开展城镇内河（湖）现状调查，全面排查污染源，针对性采取城镇废污水治理、截污纳管、雨污分流、河道清淤、畜禽及水产养殖污染、种植业面源污染治理、河道垃圾收集及清运处理等措施，大力治理老污染，严格限制新增污染，大幅削减点源、面源和内源污染负荷。

（1）点源污染控制措施

①生活污染源

随着经济的发展、城镇化水平的提高，××河流域的琼海市、琼中县等城乡生活污水排放量也不断增加。相对于经济的发展，污水收集与处理设施的建设稍显滞后。由于污水收集管网不健全，部分污水直接排入河湖，对水体造成污染。

针对生活污水排放量大、相对集中的特点，结合已建或规划的污水处理厂，在完善污水收集管网，扩大污水收集面积的基础上，实施入河排污口截流并网工程。针对分散居民点，可以采用污水分散处理方式，以村镇或居民点为单位，建设小型污水处理设施、氧化塘、人工湿地等，生活污水就近处理。

②工业污染源

对于工业污染源，在实施排污口截流并网的基础上，对违规排放企业严格处理，促使高污染、高能耗企业进行技术改造，实施清洁生产，遏制企业将治污成本转嫁给社会。同时要建立健全水环境保护法规，严格执法，做到以防为主，以治为辅。

（2）面源污染控制措施

控制面源污染，需要从源头上控制，推行废物减量化技术，削减地表面污染源，减少面源污染物量，从而达到控制进入水体的面源污染负荷的目的。

①地表径流污染控制

优先考虑对污染物源头的分散控制，在各污染源发生地采取措施将污染物截留下来，通过污染物的源头分散的控制措施可降低水流的流动速度，延长汇流时间，对降雨径流进行拦截、消纳、渗透，从而起到削减入河面源污染负荷的作用。充分利用绿地的渗水、过滤污染物的功能，并对绿地基础进行改造，增加雨水的下渗量，在面源污染控制的同时，削减或延缓城市地表径流的产生，可以降低城市发生水涝灾害的风险。

②禽畜养殖业污染治理

对于在禁养区内的养殖点应按相关法律法规予以拆除；对于在宜养区内的养殖点，鉴于零散养殖难于监督管，且一般效益低下，应对其搬迁集中，建设集约化畜禽养殖区。

在养殖小区内可构建“种—养—沼”模式的生态养殖链，即利用畜禽粪污生产沼气，沼气可用作能源，沼液则是一种速效性有机肥料，剩余的废渣还可以返田增加肥力，改良土壤，防止土地板结。畜禽场污水的处理采用厌气池发酵处理系统，处理流程为，畜舍排出的粪水→厌气池→沉淀池→净化池→灌溉农作物。

（3）内源污染控制措施

塔洋河、双沟溪、营盘溪等城市内河湖大部分水体水质恶劣，底泥淤积严重。底泥中沉积了大量难降解有机质、动植物腐烂物以及氮、磷营养物等。即使其他污染源得到控制，底泥仍会使河水受到二次污染。因此，需要对河湖进行清淤、疏浚，从而进一步改善河流水质，消除水体黑臭。

河道清淤去除底泥污染物、改善水质的同时，也会破坏河床微生态系统，原有生物的生境消失，影响河流的生物自净能力。为此，河道疏浚后，可考虑在河床底部铺设厚卵石、岸边种植挺水植物、人工投放适生鱼类和菌种等，增加水体生物栖息地的多样性和生物物种多样性，尽快恢复并提高水体自净能力。

2. **水生态恢复和景观综合治理**

在全面控污的同时，实施生态护坡护岸、生态河床及生态浮岛、河滨植被缓冲带及生态湿地构建等生态工程，推进海绵城市建设，因地制宜建设湿地公园、滨河景观带及亲水平台等设施，恢复和塑造河道植被群落，提升河岸和水体之间的水分交换和调节功能，提升河湖水质和生态景观功能。

（1）水生态恢复措施

在削减了进入水体的污染物量后，为保证治理效果的可持续性，恢复水生态的自然活力，使水环境进入良性演变过程，很重要的一步就是要进行水环境的生态治理。水生态恢复措施是在河道、湖泊里或其附近采取一些生物净化措施，充分利用生物—生态净化技术，恢复河口滩涂、湿地，提高河湖水体的净化功能，增强水体的自净能力。

①河湖滨带修复

河湖滨带是水陆生态交错带的简称，是河湖水生生态系统与陆地生态系统间一种非常重要的生态过渡带。河湖滨带在涵养水源、蓄洪防旱、维持生物多样性和生态平衡以及生态旅游等方面均有十分重要的作用，是河流湖泊天然的保护屏障，是健康的河流、湖泊生态系统的重要组成部分和评价标志。利用河湖滨带，铺设一定数量的酶促填料与吸附填料，种植植物，构建一个由多种群水生植物、动物和各种微生物组成并具有景观效果的多级天然生物-生态污水净化系统，对雨水径流进行生物净化，净化后的水再进入河湖主体，有效地削减了河湖内的营养元素进入量。

②人工浮岛净化技术

人工浮岛是按照自然界自身规律，人工地把高等水生植物或改良的陆生植物种植到湖泊、河流等水域水面上，通过植物根系的吸收、吸附作用，消减水中的氮磷等营养元素，达到净化水质的效果。人工浮岛技术实际上是强化了的水生植物净化方法。将水生植物种植在悬浮填料上，通过规模化工程应用，达到净化水体的目的。人工浮岛最大的优点在于不受水深限制，即使水体很深时，也可以达到良好的净化效果，还可以营造水上景观。

③人工湿地净化技术

人工湿地是模仿天然湿地净化污水，通过人工强化改造而成的一种低能耗污水处理技术。人工湿地对污水的处理综合了物理、化学和生物的3种作用。湿地系统成熟后，填料和植物根系表面由于大量微生物的生长而形成生物膜。污水流经生物膜时，大量的悬浮物被填料和植物根系阻挡截留，有机污染物则通过生物膜的吸收、同化及异化作用而被除去。湿地系统中因植物根系对氧的传递释放，使其周围的环境中依次出现好氧、缺氧、厌氧状态，废水中的氮磷不仅能被植物和微生物作为营养吸收，而且还可以通过硝化、反硝化作用被去除，湿地系统通过更换填料或收割植物将污染物最终除去。人工湿地适用于污水处理厂出水的深度处理、受污染河流入湖库前水质净化，也可以用在土地资源较丰富的农村地区处理生活污水。

④人工曝气增氧

污染严重的湖泊水体的溶解氧较低，甚至处于缺氧（或厌氧）状态。水体缺氧主要是由于水体和底泥中的有机物好氧生物降解、还原性物质消耗水中的溶解氧，造成水体的耗氧量大于水体的自然复氧量所致。在缺氧（或厌氧）状态下，水体中有机物被厌氧分解释放出硫化氢等恶臭气体，并在水体中生成硫化铁等黑色沉淀物，导致水体呈现黑臭现象。向处于缺氧（或厌氧）状态的湖泊进行人工曝气充氧，提高湖泊中水体的含氧量，恢复湖泊的自净能力，还原湖泊的自然生态环境。在已有的研究结果中还发现湖泊充氧可以使处于厌氧状态的松散的表层底泥转变为好氧状态的较密实的表层底泥，因而可减缓深层底泥中污染物向上层水体的扩散。

（2）河流生态景观综合治理

随着国家大力推进水生态文明建设进程，人们对河、湖等水体的开发的开发利用空间提出了新要求，既要满足防洪、排涝、农田水利等基本需求，同时还要创造工人们运动、休闲、娱乐为一体的亲水休闲空间。

在村镇及农业面源截污、畜禽养殖污染治理的基础上，滨河生态景观综合治理工程包括河道清淤、生态驳岸、滨河生态景观绿化带、生态壅水坝及河流湿地建设等。

河流生态驳岸建设采用三种形式。

形式一：斜坡植生袋钢筋笼生态驳岸。以钢筋笼作为骨架，将配置有灌草种子的植生袋固定在钢筋笼内进行植被恢复和边坡防护的技术，适用于流速相对不大，有一定的建设空间和景观要求的城市河段。

形式二：石笼挡墙生态驳岸。下部结构采用石笼挡墙，保持透水性，上部种植本地植物进行修复和保护。适用于山溪性河道，坡降大，流速快的河段。

形式三：自然植被生态驳岸。适用于农田等生产区及对驳岸要求不高的河段，遵循“故道治河”的原则，以岸坡整治为主，保持河道弯曲、平顺、生态、自然形态。

3. **加强河道管理**

落实“河长制”等管理制度和机制，划定河湖水域管理蓝线，对琼海、博鳌等城镇中心城区的城市内河湖的水域和岸线实行常态化管理，做到“一水体一岸线一责任人”；集中开展打击偷排漏排、非法采沙、垃圾入河、非法养殖及侵占河道等违法行为；定人、定责、定时清理水面垃圾和岸线垃圾，确保中心城区各水体水面和岸线的洁净美观；定期向社会公布城镇内河（湖）治理情况，为营造良好的人居环境和休闲娱乐环境提供保障。

（三）城镇内河湖水环境治理工程

针对 ×× 河流域城镇内河湖及其拓展治理 16 处河段，开展水环境综合治理工程。

1. **琼海市**

琼海市城镇内河基本为汇入 ×× 河、塔洋河的支流以及合水水库周边的水系，城镇内河主要流经城区，存在城乡生活污水、垃圾、畜禽废水和农业面源污染等隐患，对下游的生态廊道河流及生态敏感节点的水环境、水生态造成严重的污染负担。

根据《×× 省城镇内河（湖）水污染治理三年行动方案》《琼海市城镇内河水污染治理三年行动方案》《琼海市城镇内河水体垃圾污染专项治理工作方案》以及《塔洋河水污染治理行动方案》，结合琼海市城镇内河水环境、水生态现状及治理需求，其重点治理对象主要为塔洋河和双沟溪，其他拓展治理的河流包括 ×× 河支流——加浪河、文曲河，塔洋河支流——白石溪，合水水库周边河流——新园水、竹山溪和沙荖河。

（1）塔洋河

塔洋河为 ×× 河一级支流，列入了 ×× 河流域重要生态水系廊道。塔洋河上游有美容水库、石龙水库、文岭水库等，属于市级生态红线黄线区，生态功能为塔洋河源头水源涵养区。下游流经塔洋镇汇入 ×× 河，周边村庄密集，农田广布，河道周边村庄生活污水和农田面源污染严重，导致塔洋河下游河段水质较差，其中塔洋河塔洋镇以下段为劣Ⅴ

类，超标因子为化学需氧量、氨氮、总磷和溶解氧，主要污染原因为河道周边生活污水汇入、农田面源污染以及河道采沙等。

开展塔洋河 53.1km 的水环境综合治理，投资 15736 万元。主要治理措施包括：

①城乡污染综合治理

实施沿河截污及污水处理工程。排查塔洋河各排污口，对排污出水口截留并网并输至污水处理厂处理，确保无污水直排入河；在塔洋河沿岸建设或整治雨污水管网，配套移动式污水处理站。

加强垃圾清运与监管，对塔洋河整治范围内河岸的生活垃圾进行清理，输运至垃圾焚烧发电厂处理，同时根据村民集中的地段，设置垃圾收集箱、站，由环卫部门定期组织清运与监管。

开展塔洋河河道清淤。根据塔洋河河道淤积状况，启动城镇淤积河道清淤工作，建立河道淤积情况监测和清淤长效机制。

加强养殖污水治理。对塔洋河沿线水产养殖、畜禽养殖排污进行排查，加强养殖污水治理工作。

严格排水许可审批及监督。开展工业废水治理行动。打击非法采沙，防止水土流失。加强河道水体监测。推进生态农业建设，有效遏制农业面源污染。

②水生态恢复和景观建设

实施塔洋河生态护岸工程，两岸新建生态护岸长度 16.722km，清淤疏浚 2.534km，另配套下河步级等。

（2）双沟溪

双沟溪为塔洋河的支流，水质也为劣Ⅴ类，主要超标因子为化学需氧量、高锰酸盐指数、氨氮、总磷和溶解氧，主要污染原因为城区生活污水汇入、河道底泥淤积、河流源头来水量小、污染物稀释降解能力较差。

开展双沟溪 12.61km 的黑臭水体治理，投资 73000 万元。主要措施包括：

①城乡污水治理

实施双沟溪截污及污水处理工程。建设雨污水管网 159km，建设污水处理厂 2 个、雨污水排放口 25 个，配套移动式污水处理站。推进现有合流制排水系统雨污分流，解决生活污水直排或混排入双沟溪问题。

开展双沟溪河道清淤。根据双沟溪河道淤积状况，启动城镇淤积河道清淤工作，建立河道淤积情况监测和清淤长效机制。

加强垃圾清运与监管。双沟溪水体及沿岸人口密集且垃圾污染较大地段分为六处，分别是：交通局旁建筑工地、玉柴公司宿舍区、华侨新村居民区、东区社区居民区、邮电新村居民区、部队营区。建立健全双沟溪沿岸垃圾收运体系，对双沟溪水面及沿岸积存的生活垃圾、建筑垃圾进行清运，对水面垃圾及水面漂浮物进行打捞和处置，并及时进行无害化处置，杜绝对水体及周边环境的二次污染。实现双沟溪沿岸垃圾常态化治理。

防治畜禽养殖污染。制定畜禽养殖污染整治专项方案，制定畜禽养殖规划，加强对现有规模化养殖场（小区）粪污水贮存、处理、资源化利用设施建设，抓好畜禽废弃物综合利用。到 2018 年，治理范围内的规模化畜禽养殖场废水或废弃物基本实现达标排放或资源化利用。

整治水产养殖污染。对不具备环保改造条件的养殖场坚决退出，对可改造的分散养殖场，按“一场一案”制定整治方案。到 2018 年，治理范围内水产养殖废水基本实现达标排放。

开展面源污染治理。针对主要农业集中种植区，建设生态沟渠、污水净化槽、地表径流集蓄池等设施，净化农田排水及种植区地表径流。

②水生态恢复和景观建设

开展双沟溪综合整治工程。综合治理双沟溪河道 5.8km，实施河道疏浚、护坡护岸、景观绿化、水生态修复等水生态恢复和水景观建设。

（3）其他拓展治理河流

①加浪河

加浪河为 ×× 河支流，发源于定安县，流经琼海城区，目前存在问题：水质虽然能够达到目标，但是流经城区，人口密集，存在生活污染问题，并需要加强河道景观生态建设。本次治理河长 31.2km，治理措施包括：新建堤防、护坡护岸、排水涵、亲水平台、水生态修复及景观绿化。新建堤防工程 1927m、护坡护岸 854m，新建排水涵 8 座，新建上下堤人行步级 10 处及亲水平台，水生态修复、景观绿化等。投资 6 123 万元。

②文曲河

文曲河为 ×× 河支流，上游处于定安县，下游流经琼海城区，直接汇入 ×× 河红星饮用水源地，其水质影响到红星水源地的供水安全。文曲河治理河长 9.5km，治理措施包括：主要实施内容为河道疏浚、护坡护岸、景观绿化、水生态修复等，投资 3 000 万元。

③白石溪

白石溪为塔洋河的支流，流经黄竹镇、大路镇，沿岸村庄、农田较为密集。白石溪治理河长 19 公里，治理措施包括：护坡护岸 29 公里，清淤疏浚 18 公里，下河步级 9 座，亲水平台 2 座。白石溪沿岸红庄湖整治水面 20.6 亩，护岸 0.37km。投资 4 950.61 万元。

④新园水

新园水为合水水库入库河流，合水水库为 ×× 河流域重要生态节点，新园水的水环境直接影响到合水水库。对新园水合水水库上游段进行河道整治，整治长度 9km，治理措施包括沿河农村生活垃圾及污水治理、畜禽养殖污染治理、农田面源污染治理、河道清淤、岸带修复、滨河湿地及滨水植被缓冲带建设等工程建设，投资 16000 万元。对合水水库下游河段进行综合整治，治理范围从合水水库至坡头桥，整治长度 7.3 公里，包括清淤疏浚 7.3 公里，建设阻水建筑物 2 座，采用格宾挡墙护脚形式和雷诺护垫护坡形式进行岸坡整治 7.3 公里。投资 5 000 万元。

⑤竹山溪

竹山溪流经潭门镇，为合水水库周边水系，河道治理范围为黎村至潭门港段，治理河长 20 公里。清淤疏浚 20 公里，采用格宾挡墙护脚形式和雷诺护垫护坡形式进行岸坡整治 20 公里。投资 10 000 万元。

⑥沙荖河

沙荖河流经重兴镇、长坡镇，存在城乡生活污染、农业面源污染等问题，对沙荖河下游河段进行水环境综合治理，治理范围从书田村至沙荖港，河道整治长度 8 公里，治理措施包括清淤疏浚 8 公里，建设阻水建筑物 2 座，采用格宾挡墙护脚形式和雷诺护垫护坡形式进行岸坡整治 8 公里。投资 6 000 万元。

2. **琼中县**

琼中县位于 ×× 河流域的上游，其城镇内河基本汇入 ×× 河和 ×× 河，直接影响到 ×× 河、牛路岭水库和红岭水库的水质，重点对营盘溪营根镇建成区 6Km 范围内河段的 IV 类以下水质的污染水体进行治理，拓展治理流经重点乡镇的支流。

（1）营盘溪

营盘溪流经琼中县城，汇入 ×× 河，且汇入口位于红岭水库的上游，水质直接影响到红岭水库。目前营盘溪存在生活污染严重，水质现状为Ⅴ类，对水污染治理和水景观水环境要求较高。开展营盘溪 6km 河段的水环境治理，实施污水治理、河道清淤、垃圾收集，开展工业废水、养殖、种植业面源治理，实施生态护坡护岸工程，逐步修复污染水体，保护水生态和水环境。投资 15 530 万元。

（2）其他拓展治理河流

对流经湾岭镇的岭头河、流经和平镇的乘坡河、流经中平镇的中平河、流经上安乡的长安河、流经吊罗山乡的咬饭河、流经长征镇的辉草河等 ×× 河的支流进行治理。治理河道范围为乡镇建成区河段，治理长度为：咬饭河 6km、乘坡河 1.7km、中平溪 5km、岭头河 5km、长安河 1.5km、辉草河 1.5km。治理措施为开展乡镇建成区河段的水环境治理，实施污水治理、河道清淤、垃圾收集，开展工业废水、养殖、种植业面源治理，实施生态护坡护岸工程，逐步修复污染水体，保护水生态和水环境。投资共 17 500 万元。

3. **万宁市**

万宁市位于 ×× 河的上游，其下辖的三更罗镇位于牛路岭水库的汇水区域内，重点对 ×× 河支流三更罗溪进行治理，三更罗溪流经三更罗镇，目前水质尚好，能达到Ⅲ类水标准，但是存在城镇生活污染的威胁，河道治理长度 4.5km。根据《万宁市水污染防治行动计划实施方案》，三更罗溪为万宁市水污染防治重点治理的河流之一，要求到 2020 年，三更罗溪水质优良（达到或优于Ⅲ类）比例达到 94% 以上；到 2030 年，三更罗溪水质优良（达到或优于Ⅲ类）比例达到 97% 以上，全面消除黑臭水体。治理措施为强化三更罗溪水生态环境保护工作，实行排污总量控制；加强城镇生活污水处理设施建设，提高城区及镇污水处理能力与水平，开展三更罗镇的生活污水人工湿地处理工程，处理规模为 1200 吨 / 日。投资 140 万元。

表 8-2-4 ×× 河流域主要城镇内河湖水环境综合治理工程

序号	县市	河流	治理长度（km）	建设内容
1	琼海市	塔洋河	53.1	1、在塔洋河沿岸建设或整治雨污水管网 20km，建设雨污水排放口 5 个，配套移动式污水处理站。投资 10000 万元 2、新建生态护岸，整治范围为塔洋河下岑村至桥头桥下游 566.12m 处，河道长度为 4.445km，河道清淤疏浚、垃圾清运、水污染综合整治等。投资 2736 万元 3、两岸新建护岸，治理范围龙寿桥上游至桥头桥下游，综合治理长度 7.832km，其中，新建生态护岸 5.298km，清淤 2.534km，配套下河步级 12 座等。投资 3000 万元
2		双沟溪	12.6	1、建设雨污水管网 159km，建设一定规模的污水处理厂 2 个、雨污水排放口 25 个，配套对双沟溪设移动式污水处理站。投资 70000 万元 2、综合治理双沟溪河道 5.8km，建设内容为河道疏浚、护坡护岸、景观绿化、水生态修复等。投资 3000 万元
3		加浪河	31.2	加浪河综合整治工程，新建堤防、护坡护岸、排水涵、亲水平台、水生态修复及景观绿化。新建堤防工程 1927m、护坡护岸 854m，新建排水涵 8 座，新建上下堤人行步级 10 处及亲水平台，水生态修复、景观绿化等。投资 6123 万元
4		文曲河	9.5	文曲河生态治理工程，实施河道疏浚、护坡护岸、景观绿化、水生态修复等，投资 3000 万元
5		白石溪	19	白石溪综合治理河长 19 公里，护坡护岸 29 公里，清淤疏浚 18 公里。下河步级 9 座，亲水平台 2 座。红庄湖整治水面 20.6 亩，护岸 0.37km。投资 4950.61 万元
6		新园水	16.3	1、对新园水合水水库上游段进行河道整治，整治长度 9km，开展沿河农村生活垃圾及污水治理、畜禽养殖污染治理、农田面源污染治理、河道清淤、岸带修复等工程建设，投资 16000 万元 2、对合水水库下游河段进行综合整治，治理范围从合水水库至坡头桥，整治长度 7.3 公里，清淤疏浚 7.3 公里，建设阻水建筑物 2 座，生态岸坡整治 7.3 公里。投资 5000 万元
7		竹山溪	20	治理范围为黎村至潭门港段，治理河长 20 公里。清淤疏浚 20 公里，生态岸坡整治 20 公里。投资 10000 万元

续 表

序号	县市	河流	治理长度（km）	建设内容
8	琼海市	沙荖河	8	河道整治长度8公里，从书田村至沙荖港。清淤疏浚8公里，建设阻水建筑物2座，生态岸坡整治8公里。投资6000万元
9	琼中县	营盘溪	6	开展营盘溪6km河段的水环境治理，实施水污染综合治理，生态护坡护岸工程，逐步修复污染水体，保护水生态和水环境。投资15530万元
10		咬饭河	6	开展乡镇建成区河段的水环境治理，实施污水治理、河道清淤、垃圾收集，开展工业废水、养殖、种植业面源治理，实施生态护坡护岸工程，逐步修复污染水体，保护水生态和水环境。6处河段治理投资共17500万元
11		乘坡河	1.7	
12		中平溪	5	
13		岭头河	5	
14		长安河	1.5	
15		辉草河	1.5	
16	万宁市	三更罗溪	3.5	强化三更罗溪水生态环境保护工作，实行排污总量控制；加强城镇生活污水处理设施建设，提高城区及镇污水处理能力与水平，开展三更罗镇的生活污水人工湿地处理工程，处理规模为1200吨/日。投资140万元

四、主要河流生态需水保障

生态需水包括河道内生态基流、敏感生态需水等。生态基流是维持河流基本形态和基本生态功能，防止河道断流、避免水生生物群落遭受不可逆破坏的河道内最小流量。敏感生态需水是维持河口湿地生态及鱼类栖息繁殖等正常生态功能所需的水量及其过程要求。

（一）生态基流

在现状调查评价基础上，××河流域确定了3个生态流量控制断面，根据各河段水资源条件、水生态系统保护需求等，按汛期、非汛期提出生态基流保障目标。

（二）敏感生态需水

采用历史流量法对河口生态需水进行分析，以××河干流50%保证率水文条件下的年入海水量的60%作为河口生态需水量。

（三）生态需水保障措施

贯彻落实最严格水资源管理制度，全面推进节水型社会建设，将河湖生态流量保障作为水资源配置和管理的重要内容。通过加强流域水资源和水工程统一调度，实施河湖水系连通、调水引流、生态补水及限制性取水等措施，强化常态化监测和监管，增加枯水期河道生态水量，确保河流水系的水流连续性，促进水体自我调节功能的恢复。

（1）严格落实用水总量控制制度，以规划制定的水资源配置方案为核心，严控河道外用水规模，将用水指标明确落实到市县及具体用水户。建立河长制，由专门的领导单位统一协调监督管理，加强总量控制与取用水许可管理建设，严格制定赏罚机制，严控超标用水行为。建立生态流量监控和管理制度，在全省或市县层面颁布实施相关的规章制度文件。

（2）结合红岭灌区、牛路岭灌区工程建设，相应调整红岭水库、牛路岭水库的现有的调度运行方案，增加生态调度的原则和具体调度方式，保障生态基流及敏感期生态用水下泄过程。

（3）结合 ×× 河流域综合治理开发规划，对生态用水保障程度较低的河湖相机实施生态补水，提高生态用水保障程度；结合红岭水库、牛路岭水库的调度运用，实现全流域的生态用水统一调度，逐步提高下游控制断面的生态流量保障程度，改善河流生态环境。

（4）强化现有拦河闸坝的调度管理和生态化改造，建立现有小水电项目退出机制。在 ×× 河干流及其重要支流上有计划地拆除部分水电站等拦河闸坝；强化引水式电站及引水拦河闸坝的调度管理，减少河流脱水段；对现有部分老旧及防洪灌溉作用有限的拦河闸坝实施生态改造等。

五、生态水系廊道保护与建设

针对现状水系因水资源开发利用、小水电闸坝等运行所造成的水文情势变化、水环境恶化、河流阻隔及形态改变、湿地退化鱼类生境萎缩及生态系统恶化等问题，贯彻山水林田湖系统治理的理念，坚持“保护优先、适度修复、综合治理”的原则，以涵养保护生态绿心、保护水源地及重要水生生境、修复河湖生态破碎带为重点，实现生态水系廊道融会贯通，维护水生态系统良性循环。

对 ×× 河流域的 3 条生态水系廊道河流实施分区分段保护与修复，构建水质清洁、空间完整、生境稳定、绿色亲水的生态水系廊道，在江河源头区实施水源涵养和封育保护，强化重要水源地保护；针对水生态保护红线范围建设植物缓冲带，实施采沙治理，维持河道自然形态，构筑生态屏障；治理水质不达标河段，确保水功能区水质达标；加强生态流量调度与管理，开展小水电等拦河闸坝生态改造；保护和修复鱼类“三场”及洄游通道、重要湿地及河口生境；针对重要城镇河段开展滨河绿色景观廊道建设等。

（一）保护和治理类型划分

根据水生态保护与修复总体布局，结合 ×× 河流域的保护需求和现状存在的主要问题，针对流域内 3 条生态水系廊道的 7 个保护与治理河段，划分为水源涵养与保护、峡谷河道生态维护、重要水源地保护、河流生境保护与修复、绿色廊道景观建设等 5 大类型。各类型水生态保护与修复措施具体内容和要求见表 8-2-5。

表 8-2-5　生态水系廊道的六大类水生态保护与修复措施

序号	保护与治理类型	措施具体内容和要求
1	水源涵养与保护	主要针对受到人为干扰存在涵养林、草地退化、土壤沙化、水源涵养功能下降、生物多样性下降等生态问题的江河源头区，以及尚未列入水源地保护的水库库区，开展围栏封育、林草建设、生物固沙、退牧还草、退化草地治理等水源涵养治理措施
2	峡谷河道生态维护	通过闸坝建设、河道清淤、疏通等措施恢复通江湖泊的纵向水力联系，维护河湖水生态系统
3	重要水源地保护	针对重要水库饮用水水源地及取水口河段，开展饮用水水源地安全保障达标建设
4	河流生境保护与修复	主要针对鱼类栖息繁殖重要河段开展保护与修复，提出包括洄游通道保护、天然生境保留河段、生境替代保护、“三场”保护与修复、过鱼设施建设、河流干支流等的天然连通性恢复、增殖放流、人工鱼巢（礁）建设、鱼类庇护场建设等措施；考虑小水电开发对水生态系统的影响，做好鱼类“三场”及通道恢复，实现湿地面积不减小，水生生境不萎缩的目标
5	绿色廊道景观建设	城镇河段滨河绿色亲水景观建设工程、河口生态保护与修复，营造城市景观，改善城区水质和水生态环境

水源涵养与保护措施主要分布在上游生态绿心区，峡谷河道生态维护措施主要分布在中上游河段闸坝建设较多的河段，重要水源地保护措施主要分布在河流中游段，河流生境保护与修复措施主要分布在中下游段，绿色廊道景观建设和水环境综合治理主要分布在下游城镇及平原河段。

（二）河流生态廊道构建方案

河流生态廊道具有提供水源、控制水和矿质养分的流动、过滤污染物、为物种迁移提供通道、维持生境多样性和物种多样性等多种功能。由于人类活动干扰造成河流生境破碎化使得河流生态廊道受到严重破坏和人为改变，通过河岸带生态修复、生物多样性保护、河流污染控制等多种措施，构建和恢复河流生态廊道的功能。

1. 河岸带生态修复

为使河流廊道发挥其涵养水源、控制面源污染、污染物截留与净化等多重生态功能。结合防洪工程建设，河流生态廊道建设主要包括以下几个方面内容：

（1）横向连通性。实施“林草相间”的绿色生态廊道重建，较好地发挥生态多样性维持功能。恢复河流与周围的河滩湿地、死水区、河汊等形成的复杂系统，使河流横向上恢复能量流、物质流等多种联系，构成小范围的生态系统，使鱼类无法在洪水期内能进入滩地产卵、觅食，增加躲避洪水风险的避难所。

（2）景观空间异质性。在平面形态方面，恢复河流的自然蜿蜒性特征，为鱼类、两栖动物和昆虫提供栖息地和避难所，在缓冲带内恢复乡土种植被及植被结构（垂直结构、水平结构与年龄结构）的多样性。

2. **生态护岸技术方案**

结合河道防洪整治工程建设，本着“既满足河道体系的防洪功能，又有利于河道系统的生态建设”的原则，采用生态护砌的技术方案。一般从生态学的角度出发，堤岸材料的选择应按如下顺序考虑：生物材料（植物）；混合材料（植物与木材或石料合用）；刚性材料（木材、石料、砼）。

常水位以下的生态护岸类型参考：生态砖、鱼巢砖、木桩、枝条、自然堆石、卵石、干砌石、山石、轮胎、仿木桩、生态袋等护岸形式。

洪水位生态护岸类型参考：生态植草砖、植被加筋、植被混凝土、铅丝石笼、格宾网笼（垫）、连锁土工砖、混凝土框格块石、干砌石、生态袋、土工三维网垫、挪壳纤维网垫、植物扦插等，以上形式均可在其上覆土种植。

（1）三维土工网垫

三维土工网是一种类似于丝瓜瓤状的植草土工网，质地疏松、柔韧，在其空隙中可填土壤、砂粒、细石和草种。铺设有三维土工网垫的岸坡在草皮还没有长成之前，可以保护土地表面免受风雨侵蚀，在播种初期还起到稳固草籽的作用。植草穿过网垫生长后，其根系深入土中，使植物、网垫、根系与土合为一体，形成牢固密贴于坡面的表皮，可有效地防治坡土被暴雨径流或水流冲刷坏。

（2）多孔无砂混凝土

多孔无砂混凝土护坡是近年来发展的新材料，它结合了混凝土护坡硬化安全和草能在上面生长的优点，解决了硬化和绿化不能统一的矛盾，大大美化了环境，同时具有较好的冲刷性能，上面覆草具有缓冲性能。植被型生态混凝土由多孔混凝土、保水材料、缓释肥料少表层土组成。无砂混凝土由粗骨料、水泥、过量的细掺和料组成，是植被型生态混凝土的骨架。保水材料以有机质保水材料为主，并掺入无机保水剂混合使用，为植被提供必需的水分。表层填土铺设于多孔混凝土表面，形成植被发展空间，减少土中水分蒸发，提供给植被发芽初期的养分，并防止草生长初期混凝土表面过热。

（3）生态透水砖

生态透水砖抗冲刷能力强，满足江河的防洪、引水、排涝、蓄水和航运等功能，而且生态砖孔隙可为植物的根系提供生长空间，再借助覆盖土层让植物生长更加旺盛。多孔混凝土的吸水性和通气性能够为植物的生长发育创造条件。

（4）塑筋水保抗冲椰垫

塑筋水保抗冲椰垫由于表面有波浪起伏的网包，对于覆盖于网上的客土、草种有良好的固定作用，可减少雨水的冲蚀。对回填客土起着加筋作用，随着植草根系生长发达，塑筋水保抗冲椰垫、客土及植根草系相互缠绕，形成网络覆盖层，增加边坡表层的抗冲蚀能力，具有固土性能优良、效能作用明显、网格加筋突出、保湿功能良好的特点。广泛采用于国内外的边坡防护。

（5）格宾石笼

格宾石笼技术是指将抗腐耐磨高强的低碳高镀锌钢丝或铝锌合金钢丝（或同质包塑钢丝），编织成双绞、六边形网目的网片，根据工程设计要求组装成蜂巢网箱，并装入块石等填充料的一项工程技术。该蜂巢型结构，最能符合力学的原理，是一个同性质的巨大块状结构体，具有承受张力的功能，并可吸收未知的压力。该项技术能较好地实现工程结构与生态环境的有机结合，是保护河床、治理滑坡、防治泥石流灾害、防止落石兼顾环境保护的首选结构形式。

（6）反滤混凝土生态砌块

反滤生态混凝土挡墙绿化技术是由反滤混凝土预制砌块、连接件、土工格栅、块石以及植物等共同组成的基于加筋土理论的生态挡墙技术，水下砌块内填充块石等形成鱼巢，水上砌块内填充碎石土，利于灌木及藤蔓植物生长，形成特有的水岸生物环境系统，可替代钢筋混凝土、浆砌块石等传统挡墙。砌块形状为双孔箱型结构，由四周侧壁和中隔板组成，上下无顶板或底板。砌块采用渗透系数介于 1×10^{-2}cm/s ～ 1×10^{-1}cm/s 之间、强度不低于 C25 的高强反滤混凝土材料预制而成，整体刚度大。考虑到反滤混凝土材料的特性和砌块受力特点，砌块侧壁和中隔板采取不等厚的楔形结构。砌块前部侧壁上部设置一定宽度和深度的开口，水位以下挡墙砌块内回填块石，形成鱼巢，为水生生物提供栖息场所；水位以上挡墙砌块内回填碎石土，利于灌木及藤蔓植物生长生存。反滤混凝土砌块生态挡墙系统可保持原有的生态环境不被墙体隔离破坏，形成特有的水岸生物环境系统。

（7）钢筋混凝土鱼巢

钢筋混凝土鱼巢实际上是沉箱结构，在邻水侧设置框格，内填块石。由于块石之间存在空隙，因此水生物均可找到栖息的空间并可自由来往于河道与鱼巢之间。另外鱼巢顶可覆土植草，局部亦可种植挺水植物。整个护脚结构冲刷能力强，是安全性、稳定性、景观性、生态性、自然性和亲水性的完美结合。

3. **采沙修复方案**

河道采沙使原本平坦的河道将会出现大量深坑，水流易形成旋涡，不仅影响行洪速度，造成河道行洪安全隐患；同时，过度开采河道及附近的砂石还将破坏区域生态环境，造成河流滩地生境破坏，影响河流生态廊道功能。采沙河道生态修复措施主要分为以下两种情况。

（1）对于非法采沙场。坚决予以取缔关闭，拆除采沙设施；对采沙区内的垃圾、淤泥及废弃堆积物进行清除；对采沙形成的砂坑进行平整，恢复河床原貌；或结合河岸带景观绿化，通过对采沙微地形整理，建立河流湿地；对岸边带采取水土保持、水源涵养措施。

（2）采沙河段的布置需满足《××省总体规划》（空间类 2015 ~ 2030 年）中生态功能区的空间管控要求，采沙活动严格按照规划方案实施，并满足《××省生态保护红线管理规定》（2016 年 7 月）要求。××河中下游属于国家级水产种质资源保护区，属于禁采区，对于采沙破坏的河道及时修复河流生境。

此外，对水功能区水质不达标、入河污染物超采河段采取点源、内源及面源污染综合治理工程；结合滨河景观规划，建设湿地等技术方案，净化水质，改善水环境质量。

（三）生态水系廊道保护与建设

根据总体布局，针对片区内各规划河段的保护需求和存在的主要问题，合理确定水生态保护与修复治理类型，提出各河段水生态保护与修复的措施方向和具体措施。

1. ××河干流牛路岭水库坝址以上河段

措施方向：江河源头区水源涵养保护，饮用水水源地保护，生态制度建设，以及水生生境修复。

（1）水源涵养与保护

为提高江河源头区水源涵养功能和保护生物多样性，在××河的源头区河段开展水源涵养保护工程，结合区域自然条件，实施封育自然修复和涵养林草建设相结合的保护措施，保护和修复山地森林植被，提高水源涵养能力，维护江河源头区生态安全。在牛路岭水库库周水土流失较严重的区域，结合水土流失综合治理和自然修复措施，实施封育保护，营造水源涵养林，维护重要水源地安全。

（2）饮用水源地保护

饮用水水源地保护主要为牛路岭水库水源地保护，措施方向包括库周村镇生物污水治理、农村固体废弃物资源化利用工程、畜禽养殖污染防治项目、农田氮磷流失生态拦截工程以及库周排污口整治。

（3）生态制度建设

建设生态补偿制度和环境损害赔偿制度。

（4）重要水生生境修复

在××河上游（琼中乘坡、太平河段）建立土著鱼类锯倒刺鲃种质资源保护区，优先推进鱼类保护区河段上的小水电生态化改造和退出；推进乘坡水电站、牛路岭水库以及其他拦河坝生态化改造，确保下游生态流量，保障河流纵向连通。

2. ××河干流牛路岭水库坝址至××河汇合口段

措施方向：河流生境保护与修复，水污染综合整治。

（1）河流生境保护与修复

××河干流烟园水电站以下河段，重点实施尖鳍鲤和花鳗鲡国家级水产种质资源保护区保护，对土堆园村～合口咀河段2km疏浚采沙河段进行生态修复，划定禁采区，保护花鳗鲡等淡水鱼类生境。

（2）水污染综合治理

对××河沿岸加脑田村、加豪园村、青龙坡、土堆园村等4个村庄进行水环境综合治理，修建人工湿地940m^2，农村固废资源化利用工程7套，畜禽养殖污染防治项目3套，农田氮磷流失生态拦截工程11km。在会山镇建设或整治雨污水管网3km，建设雨污水排放口2个，配套移动式污水处理站，建设人工湿地及配套管网。

3. ××河干流××河汇合口至加积段

措施方向：重要水源地保护，河流生境保护与修复，水环境综合治理，绿色景观廊道建设。

（1）重要水源地保护

××河汇合口至加积段分布有琼海市红星水源地，为加快饮用水水源地安全保障达标建设，对红星水源地实施保护措施，建设隔离防护设施，建设水源涵养防护林，对周边××镇、石壁镇等乡镇规划新建污水处理工程，对沿河村庄采取农村污染和面源污染治理。

（2）河流生境保护与修复

××河汇合口至加积段作为××河国家级水产种质资源保护区河段，对其加强河流生境保护与修复。

结合××河堤防建设和加积坝改造工程，建设过鱼设施，修复鱼类洄游通道；加强加积坝生态调度管理，保障下游及河口生态需水。

实施河滨带保护与修复工程，对于石壁村、赤坡村、龙江镇、南正村、椰子岭等村镇附近长度共5km的采沙河段进行生态修复，划定禁采区，恢复河滨带湿地植被，保护鱼类栖息生境。

（3）水环境综合治理

在龙江镇、石壁镇、××镇、官塘村等村镇建设雨污水管网，建设雨污水排放口，配套移动式污水处理站，建设人工湿地及配套管网，处理各镇镇区生活污水。整治入河排污口15个，设置标志牌和警示牌30个，缓冲堰板15块，测流设施15套，流量计1个，水质自动监测系统1个，新建管网长度3km，新增排水泵8个，新增日处理污水量45 510.4m^3/d。

在石壁村、赤坡村、南正村、溪口村、雅洞村等20个沿河村庄修建人工湿地4 000m^2，农村固废资源化利用工程20套，农田氮磷流失生态拦截工程20km。措施及投资列入“水功能区污染治理”章节。

（4）绿色景观廊道建设

实施××河热带雨林带状公园（嘉积）工程，在××镇～加积坝6km河段进行河岸公园建设，规划山水观景区、田园观景区，结合河岸外侧林带的建设，恢复河滨植物带，拦截周边面源，保护红星水源地水质。河滨带建设长度 12km。

4. ×× 河干流加积至入海口段

措施方向：河流生境保护与修复，水环境综合治理，绿色廊道景观建设。

（1）河流生境保护与修复

加积至入海口段河流生态敏感性较强，分布有 ×× 河国家级水产种质资源保护区、×× 河入海口湿地、生态资源保育区等，河流流经琼海市区、博鳌镇及博鳌医疗旅游先行区，对 ×× 河水生生境保护的要求较高。

对 ×× 河沿岸天然林和湿地进行保护，河流两岸绿化面积 14 000 亩，恢复河滨植被、河漫滩及河口湿地。开展河口生态保护与修复，对 ×× 博鳌国际医疗旅游先行区 20 平方公里范围进行水土保持工程、林草植被措施；对沙美内海区域内的水产养殖加工进行污染防治，淘汰落后的养殖工艺，建标准化加工体系，实现达标排放；对 ×× 河入海口湿地资源采取封育保护。

（2）水环境综合治理

对博鳌镇和博鳌医疗先行区内水环境综合整治，建设雨污水管网，建设雨污水排放口，配套移动式污水处理站。新建博鳌污水处理厂，日处理污水 1.5 万吨，包括厂区及管网建设。

（3）绿色廊道景观建设

在 ×× 河下游河口段，建立琼海至博鳌河段生态廊道景观带，开展 ×× 河生态堤岸及滨河公园、河口湿地生态保育区和海绵城市示范区建设，改善生态环境和旅游景观。结合 ×× 河防洪护岸工程，建设生态护岸、亲水平台，建设滨河公园及绿化带，提升河道景观。

5. ×× 河红岭水库坝址以上段

措施方向：江河源头区水源涵养与保护，重要水源地保护，河流生境保护与修复；生态制度建设、水环境综合治理。

（1）水源涵养与保护

为提高江河源头区水源涵养功能和保护生物多样性，在 ×× 河源头区河段开展水源涵养保护工程，建设河滨、河岸、滩涂地生态防护林、水源涵养林和水土保持建设，×× 河两岸各 200m 及其主要支流两岸各 50m，渠道两侧各 10m 的土地划为生态公益林用地，对水域周围的森林进行管护、抚育及补植，建设河滨生态防护林、河岸生态防护结构、滩涂地生态防护工程。

对红岭水库周边建设水源涵养林及水土保持，面积 40km^2。在百花岭水库二级保护区内建设水源涵养林 4.8km^2。在雷公滩水库周边建设水源涵养林 10km^2。

（2）重要水源地保护

划定红岭水库饮用水水源地保护区，划定各级保护区范围，设立水源地保护管理部门，配备必要的检测设备和设施。在水源保护区边界建设隔离防护工程 40km，生物隔离

$8km^2$；对水库汇流区域内的小流域进行清洁小流域治理，实施封山育林、生态拦截沟、生态丁坝等措施，治理面积 $50km^2$。

琼中县百花岭水库水源地保护措施，建设水源地隔离防护工程，物理隔离 1km，生物隔离 1.2km；开展百花岭水库饮用水保护区面源及内源治理，水库尾部支流汇集处建设生态护坡 1.5km。

屯昌县雷公滩水库水源地保护措施，开展雷公滩水库 $12.54km^2$ 汇水范围生态清洁小流域治理，包括农村生活污水处理、生活垃圾处理、畜禽养殖污染治理及村容村貌整治、水土流失防治，水源完善饮用水水源地立碑定界及隔离带建设 10km，生物隔离 $2km^2$。

（3）河流生境保护与修复

在红岭水库上游河段开展溪流性鱼类栖息地保护与修复，建立土著鱼类种质资源保护区，保护保亭近腹吸鳅、大鳞细齿塘鳢鱼和锯倒刺鲃等 ×× 河特种鱼种；结合在建的红岭水库鱼类增殖放流站，对全流域实施鱼类增殖放流。

（4）生态制度建设

建立红岭水库生态调度管理制度和生态补偿制度，确保下游生态流量。

（5）水环境综合治理

对 ×× 河汇水区域内的重点城镇进行污染治理，新建琼中县、湾岭镇、中平镇、长征镇等城镇污水处理厂，铺设污水管道，建设污水提升泵房。

对沿岸村庄和农田面源实施人工湿地治理生活污水工程 $600m^2$，农村固体废弃物资源化利用工程 3 套，农田氮磷流失生态拦截工程 34km。

6. ×× 河红岭水库坝址至入 ×× 河口段

措施方向：河流生境保护与修复。

（1）鱼类生境保护与修复

对合口水电站、船埠水库、山青水电站和大罗岭水库进行生态化改造，增加过鱼设施，保护鱼类生境。

（2）河滨带保护与修复

对闸坝下游减脱流河段生态修复，具体为合口水电站下游 1km、山青水电站拦河坝下游 1.5km、船埠水电站下游 1km、大罗岭水电站下游 1km 的河段，共修复河段 4.5km。

7. 塔洋河

措施方向：水环境综合治理，饮用水源地保护，绿色景观廊道建设。

（1）水环境综合治理

在塔洋河沿岸建设或整治雨污水管网 20km，建设雨污水排放口 5 个，配套移动式污水处理站。排查塔洋河各排污口，对排污出水口截留并网并输至污水处理厂处理，确保无污水直排入河。加强垃圾清运与监管，加强养殖污水治理，严格排水许可审批及监督，开展工业废水治理行动，打击非法采沙，推进生态农业建设，有效遏制农业面源污染等。

（2）饮用水源地保护

在美容水库及塔洋河上游源头进行水土保持、水源涵养林建设。对美容水库饮用水水源地进行保护，建设库周各居民点（山底村、官草村、美容村、美容老村、田塘园、礼合村）人工湿地 6000m^2，铺设污水收集管网 30km，配置垃圾收集池（箱）；购置垃圾收集转运车 6 辆；饮用水水源地立碑定界、物理和生物隔离带等保护设施，隔离防护工程建设，物理隔离 10km，生物隔离 0.2km^2。

（3）绿色景观廊道建设

对塔洋镇以下河段进行景观生态廊道建设，对 5 座水电站、拦河坝进行生态化改造，并满足生态下泄流量要求。整治塔洋河（塔洋镇～礼都村段）河道 12km，进行塔洋河岸坡整治、河岸带修复，修建亲水平台、滨河公园及绿化带，提升河道景观，建设塔洋河生态景观廊道。

8. **合水水库生态节点**

合水水库位于新园水上，临近海岸和潭门海洋风情小镇，其资源和区位独具优势。合水水库作为 ×× 河流域内生态节点，重点建设合水水库国家水利风景区，保护与适度开发合水水库生态功能。

建设合水国家水利风景区“一环一廊”，其中“一环”是水库环湖观光带，“一廊”是合水水库下游新园水生态景观廊道。建成后，合水水库与 ×× 河入海口生态资源保育区相互呼应，成为 ×× 河流域下游重要水生态和水景观区域。

×× 河流域 3 条生态水系廊道主要保护与修复对策措施见表 8-2-6。

表 8-2-6 3 条生态水系廊道保护与建设主要对策措施

流域片	河流	河段划分	保护与治理类型	主要对策措施
××河流域片	××河干流	牛路岭水库坝址以上段	水源涵养与保护、重要水源地保护、河流生境保护与修复	1、结合水土保持措施开展植树造林，加强水源涵养封育和保护
				2、在 ×× 河上游建立鱼类种质资源保护区，保护光倒刺鲃、花鳗鲡等重要鱼类资源，对现有小水电生态化改造和生境修复；加强牛路岭水库生态流量调度，保障下游河道生态流量
				3、加强牛路岭水库水源地保护，建设生物隔离防护和宣传警示标识，对上游分布的和平镇及村庄生活污水实施治理
		牛路岭水库至××河汇合口段	峡谷河道生态维护、河流生境保护与修复	严格采沙管理，对采沙破坏区开展生态修复，加强鱼类栖息生境保护

续 表

流域片	河流	河段划分	保护与治理类型	主要对策措施
××河流域片	××河干流	××河汇合口至嘉积段	河流生境保护与修复、重要水源地保护	1、强化红星水源地保护，建设水源地周边及上游河段滨河植被防护带，对琼海市部分城区、××河镇生活污水实施截污并网处理，对上游龙江镇、石壁镇及沿河村庄生活污水、畜禽养殖及农业面源污染通过建设人工湿地进行治理，对文曲河、加浪河等实施水环境综合治理
				2、严格采沙管理，对采沙破坏河段进行生态修复，保护鱼类栖息生境，对嘉积坝进行生态改造，建设过鱼通道，恢复河流纵向连通性
××河流域片	××河干流	嘉积至入海口段	绿色廊道景观建设、河流生境保护与修复	1、实施滨河植被景观带和亲水平台建设，实施退田还湿，加强采沙区治理，实施滨岸带生态整治，恢复滩地及河口植被群落，提升生态景观功能
				2、建设河口湿地生态保育区，对花鳗鲡等保护鱼类栖息生境进行恢复，强化区域内的水产养殖加工管理和污染防治
				3、实施琼海城区段、博鳌段的水环境综合治理，开展截污并网和入河排污口整治，实施畜禽养殖及农业面源污染治理工程
	××河	红岭水库坝址以上段	水源涵养与保护、重要水源地保护、河流生境保护与修复	1、加强上游地区水源涵养和封育保护，实施红岭水库、百花岭水库水源地安全保障达标建设，划定红岭水库饮用水水源保护区，实施隔离防护、生态修复和清洁小流域建设等
				2、建立红岭水库上游河段土著鱼类栖息地保护区，结合红岭水库增殖放流站建设实施鱼类增殖放流，加强水库生态流量调度，建立生态调度管理和补偿制度
				3、对琼中营盘溪等城镇内河实施水环境综合治理，建设生态护坡及滨河景观带建设
		红岭水库坝址至入××河口	峡谷河道生态维护	对红岭水库至合口咀河段现有水电站进行生态化改造，加强生态调度管理，保障下游河道生态流量

续表

流域片	河流	河段划分	保护与治理类型	主要对策措施
××河流域片	××河	塔洋河	水环境综合治理、重要水源地保护	1、加强塔洋河上游源头水源涵养林建设，开展美容水库饮用水水源地安全保障达标建设，建设生物隔离带，实施库周村庄污染治理
				2、对塔洋河下段、双沟溪、白石溪等城镇内河实施综合整治，开展污水处理设施建设，实施河道疏浚、生态护坡及景观绿化等工程

第九章 水生态修复工程案例

第一节 某河水环境治理及水生态修复

一、项目总体背景

××河为××河一级支流，干流河长29km，流域面积162k ㎡，流经××市南郊区和矿区。目前该段河道主要存在以下问题：城市发展挤占河道，河道蓄滞洪能力低，防洪标准不足；水质污染严重，水环境承载能力弱，不能满足Ⅳ类水质目标；水土流失严重，植被覆盖率低，沿河生态绿化缺失。按照《山西省水污染防治工作方案》和《××市×河生态修复与保护规划（2016～2030年）》，为提高河道行洪能力，改善该段河道水质，修复生态环境，建设该工程是必要的。工程实施后，可提高河道防洪标准，具有显著的生态效益、社会效益。

根据《××市×河生态修复与保护规划（2016～2030年）》及《××市城市总体规划》内容，针对××河水质较差、生态水量不足、水生态系统受到破坏等问题，建设××河河道生态需水保障工程和人工湿地净化工程；对河道现有垃圾清理清运；采取水生态修复与保护措施，恢复河流健康生态系统；提出初期雨水径流污染治理方案，从水量、水质和水生态系统对××河进行全面治理，保障河流生态水量，改善河流水质，修复河流水体生态。

（一）项目实施背景

党的十八大提出“五位一体”国民经济发展总体要求，将生态文明建设提到国家层面考虑，十八届三中、四中、五中全会对生态文明建设提出了一系列新理念、新思路、新举措。习近平同志在党的十九大上指出，加快生态文明体制改革，建设美丽中国。十九大报告提出了“建设生态文明是中华民族永续发展的千年大计”“像对待生命一样对待生态环境”……建设人与自然和谐共生的现代化，“一是要推进绿色发展……二是要着力解决突出环境问题。……加快水污染防治，实施流域环境综合治理。……三是要加大生态系统保护力度。

实施重要生态系统保护和修复重大工程，……构建生态廊道和生物多样性保护网络，提升生态系统质量和稳定性。……” 在此背景下，山西省和 ×× 市也出台了一系列的文件和治理方案，×× 河所在的 × 河流域、桑干河流域规划也把水环境治理和生态修复放到了重要的位置，本次项目在 × 河流域规划和桑干河流域规划的基础上进行详细设计。

（二）相关规划解读

该项目相关的地方政策和流域规划内容如下：

1.《山西省水污染防治工作方案》

《山西省水污染防治工作方案》提出了山西省水污染防治工作方案工作目标：

到 2020 年，全省水环境质量得到阶段性改善，污染严重的水体较大幅度减少。黄河流域整体水质由重度污染改善至中度污染，其中汾河流域中下游水质进一步改善，海河流域在轻度污染的基础上持续改善；严重影响人民群众生活质量的城市黑臭水体污染问题基本解决；饮用水安全保障水平持续提升；地下水超采得到严格控制，地下水污染防治取得积极进展；重点流域水生态系统退化趋势得到扭转；全省水环境管理、执法、监测、预警及应急能力显著提高。

到 2030 年，力争全省水环境质量总体改善，水生态系统功能初步恢复。到 21 世纪中叶，水生态环境质量全面改善，水生态系统实现良性循环。

该项目治理的 ×× 河是 ×× 河（海河流域永定河水系桑干河一级支流）的一级支流，工程实施后，×× 河河道及周边陆生和水生生态环境将实现较大改善，河道黑臭水体污染问题基本解决，所在流域水生态系统退化趋势得到扭转，水生态系统功能将得到逐步恢复。项目实施，是落实《山西省水污染防治工作方案》的重要举措。

2.《×× 市水环境整改方案》（同政办发〔2016〕181 号）

《×× 市水环境整改方案》中提出工作目标为：市水务局牵头负责监管整治 × 河、十里河、×× 河、×× 河河道，2016 年年底前监管整顿 × 河河道采沙问题，开展入河排污口管理工作。增加两河流域生态补水。赵家窑水库、万泉河饮用水水源地进行规范化建设。

加快推进《× 河流域生态修复与保护规划》和《桑干河流域生态修复与保护规划》实施，坚持“节水优先、空间均衡、系统治理、两手发力”的治理思路，建设城镇污水处理厂、管网、河道整治等一系列综合治理工程，尽快实施 × 河中游人工湿地、左云县污水厂人工湿地、西郊污水厂人工湿地、新荣区污水厂人工湿地、同煤集团生活污水处理分公司人工湿地、× 河—桑干河人工湿地等六大湿地工程，通过湿地净化提升流域水质，提升城市水污染防治整体水平，突破治水瓶颈，达到节水、治水、涵养水、流域生态系统良性循环。

×× 河水环境及水生态修复工程采用人工湿地生态治理的思路，对 ×× 河实施生态补水，保障河道生态需水，通过采用生物、物理等措施，削减水体中的污染物，改善河道水质和水生态环境，促进 ×× 河水体及河道生态系统的良性循环。该项目 ×× 河生态蓄水湿地工程通过建设蓄水工程，营造水面景观，改善当地居民生活、生态环境。项目的建设将会提升 ×× 市水污染防治整体水平，突破治水瓶颈，达到节水、治水、涵养水、流域生态系统良性循环，与《×× 市水环境整改方案》的工作目标是一致的。

3.《×× 市水污染防治 2017 年行动计划》

在 ×× 市人民政府办公厅 2017 年 4 月 27 日发布的《×× 市水污染防治 2017 年行动计划》中，提出重点任务包括：（要求加强河湖水生态保护……推进湿地保护区和湿地公园建设；要求开展桑干河及 × 河、十里河、×× 河、×× 河、壶流河等支流生态调水工作……；按照“一河一策”的原则，制定水体达标方案或流域综合整治方案……。

该工程为 ×× 河河道整治及水生态修复工程，建设内容中包括 ×× 河生态调水的建设方案，并从流域角度出发，提出了 ×× 河综合整治的方案，是对《×× 市水污染防治 2017 年行动计划》的具体落实。

4.《×× 市土壤污染防治 2017 年行动计划》

×× 市土壤污染防治 2017 年行动计划中提出完成非正规垃圾堆放点排查，摸清城乡接合部、环境敏感区、主要交通干道沿线，以及河流（湖泊）和水利枢纽管理范围内垃圾乱堆乱放形成的各类非正规垃圾堆放点，及河流（湖泊）和水利枢纽内一定规模的垃圾堆放情况。

该工程通过对沿河垃圾清理，使河道内固体废弃物的污染问题基本得到解决。项目建设是对《×× 市土壤污染防治 2017 年行动计划》的进一步落实。

5.《桑干河流域 ×× 重点地区综合治理与开发战略规划（2016－2030 年）》

桑干河规划范围锁定在污染较为严重的区域，即确定 × 河、十里河、×× 河、×× 河、淤泥河等支流流域以及桑干河干流流域地区，根据规划中“水环境综合整治专题”的规划内容，为实现桑干河流域污染物总量控制，根据地区本地条件制定了近远期治理项目，在近期治理分区中针对 ×× 河流域，规划给出了水生态和水工程类近期项目，项目包括水生态修复、水处理设施项目、防洪设施项目等，具体规划项目如下表 9-1-1：

表 9-1-1　南郊区－城区－矿区水生态和水工程类近期项目一览表

项目分类	所属乡镇	所属流域	项目名称
水生态修复	口泉乡	××河流域	×× 河湿地工程 ×× 河村蓄水工程（×× 河生态蓄水湿地）
水处理设施项目	口泉乡、平旺乡	××河流域	入河排污口整治工程 污水管网配套工程 污水处理厂新建工程 ×× 夏进乳业有限公司再生水回收利用
防洪设施项目	口泉乡	××河流域	×× 河河道治理工程（防洪堤、生态护岸） 王家园干渠及拖皮沟排洪渠治理工程

根据以上工程列表可见，本次工程内容为规划提出的水生态修复措施和防洪设施项目。

（6）《×河流域生态修复与保护规划（2016～2030年）》

根据《×河流域生态修复与保护规划（2016～2030年）》，针对××河裴家窑断面，提出了保障水质达标的规划措施，具体见下表9-1-2。

表9-1-2 裴家窑断面水质现状、规划目标和措施的对应关系表

断面名称	规划水质目标	水质现状	主要超标因子	超标原因	规划措施	规划实施后2020年效果
裴家窑	Ⅳ	劣Ⅴ	化学需氧量、氨氮	污水收集率低；污水再生利用率低；畜禽养殖污染；农业面源污染；农村垃圾污染	①排污口整治，设生态沟渠。 ②污水处理设施配套管网建设。 ③沿线实施乡村清洁工程建设，污水处理设施。 ④沿线村庄增施无污染有机肥、推广农业降解地膜新技术，建设农作物秸秆加工厂。 ⑤沿线畜禽养殖进行污染治理。 ⑥城市污水全量循环。	达标

该规划把治理措施重点放在排污口整治、污水处理设施管网建设以及沿线农村污染和农业面源污染的治理上。同时，规划提出了河道整治规划和××河防涝规划，该工程即是根据河道整治规划进行的详细设计，而××河防涝规划则另立项目，不包含在本次工程中。

二、工程概况

项目区位于××市南郊区，南郊区是山西省矿产资源大区和城郊农业大区。该区地处黄土高原、属大陆性季风气候，四季分明，冬长夏短，无霜期150.9天左右，年平均降水量381.0mm。××河又名赵家小村河，是××河一级支流，发源于××市南郊区高山镇南信村，由西北向东南经忻州窑、赵家小村，于辛庄村入怀仁县境内，在怀仁县毛家皂镇前村西南汇入××河，流域面积162k ㎡，河长29km。

（一）工程区域污染现状

根据现场调查，××河河道污染源主要包括沿河分布的固体废弃物和污水排放口。固体废弃物污染源主要是分布在河道、河滩和堤岸处的生活垃圾、建筑垃圾、农业垃圾等，部分区域由于附近居民长年累积丢弃垃圾形成大型的垃圾堆。××河两岸的居民区由于市政管网设施缺乏，居民区生活污水直接排入河道或者排入污水沟后进入河道，造成河水水质不断恶化。

1. 水污染现状

项目组于2016年对项目区进行了实地踏勘。根据××河污染源现状调查情况，××河工程范围内沿岸共有54个不同类型的污水排放口（详见表9-1-3），其中有28个排放

口持续有污水排出，大多数排水管流量小于 0.5L/s，有 9 处排水口水质感官较为恶劣，其余 26 个为间歇排放的污水口，大多为沿岸居民的排水管。有 6 个排放口为农业灌溉水汇入河道，沿岸农灌水渠多取自 ×× 河又在下游汇入 ×× 河，流经农田后带入一定的农业面源污染和少量蔬菜叶、果树叶、杂草等农业废弃物。

表 9-1-3 工程范围内排污口情况

1号桥左侧污水排放口	平泉路下游200m肉食加工厂排水渠

2号无名桥下右侧的排污沟	3级跌落坝下游100m左侧排污涵

3号无名桥下左侧的雨污水排水管	平德路上游500m右侧农灌水渠

表 9-1-4 工程范围排污口调查统计表

编号	断面位置	坐标	特征描述
1	1号涵洞下游左侧50m岸坡上	40.0431010000，113.1375000000	调查起点：忻州窑矿暗涵出口，前端无自然水源
2	1号涵洞下游左侧100m岸坡上	40.0430150000，113.1384010000	钢管流水，钢管直径约为10cm，经坡面流下，未见入河道的经流处
3	2号涵洞入口处上游左侧30处	40.0428750000，113.1390820000	混凝土管，管径为80cm，连通道路，为道路雨水。无水流出
4	2号涵洞入口处左侧	40.0426860000，113.1395380000	暗涵流水，暗涵直径为20×20cm，下方为垃圾堆
5	2号涵洞出口右侧	40.0402760000，113.1420590000	共有11根水管（管径为2～5cm），为居民和院坝流水，无水流出
6	2号涵洞出口左侧	40.0400380000，113.1424780000	共有7根水管（管径为2～5cm），为六层居民楼院坝流水，无水流出，未见流入河道路径
7	2号涵洞出口左侧200m	40.0396200000，113.1429790000	共有7根水管（管径为2～5cm），为居民和院坝流水，无水流出
8	2号涵洞出口左侧500m（居民楼）	40.0394070000，113.1434240000	共有5根水管（管径为2～10cm），为居民和院坝流水。通过河道护岸流入垃圾堆，未见流入河道路径
9	2号涵洞出口左侧居民楼下侧	40.0391930000，113.1436340000	混凝土制道路雨水管，管径为30cm，无水流出
10	2号涵洞出口左侧居民楼下侧60m	40.0385280000，113.1449000000	混凝土制道路暗管，管径为100×150cm，少量水流出，洞口有少量垃圾
11	2号支流（泉欣花园）××河汇入点下游100m（平泉路桥下）	40.0376440000，113.1461170000	混凝土制道路雨水管，管径为30cm，无水流出
12	吊脚楼上游30m	40.0370440000，113.1468900000	集中污染源（肉禽加工厂污水、垃圾）汇入点下游
13	吊脚楼下游5～100m	40.0360260000，113.1475980000	共有9根水管（管径为2～10cm），为居民和院坝流水，无水流出
14	吊脚楼下游10m	40.0364080000，113.1471630000	旱厕出口，无水流出
15	吊脚楼下游150m	40.0353030000，113.1484190000	旱厕出口，无水流出

续　表

编号	断面位置	坐标	特征描述
16	光辉街上右处	40.0335120000，113.1508250000	方形混凝土涵洞（40 × 100cm），无水流出
17	光辉街上左处	40.0337790000，113.1509320000	方形混凝土涵洞（40 × 100cm），无水流出
18	光辉街下左处	40.0334660000，113.1511790000	方形混凝土涵洞（40 × 100cm），为上游厂区办公室排水，无水流出
19	光辉街下游100m	40.0330880000，113.1519780000	混凝土涵洞（100 × 120cm）
20	光辉街下游左侧10 ~ 100m	40.0325190000，113.1528960000	共有10根水管（管径约2 ~ 10cm），为居民和院坝流水，无水流出
21	1号桥上有左侧15m	40.0306110000，113.1557200000	旱厕出口，有粪便，无水流出
22	1号桥下左侧	40.0304830000，113.1558700000	暗渠（20 × 40cm），居民生活用水
23	1号桥下游250m右侧	40.0272570000，113.1563620000	农灌渠道，夹杂有杂草、菜叶等
24	煤峪口支流源头下游200m处	40.0264310000，113.1490660000	PVC管，管径为30cm，无水流出
25	同泉路桥下右侧	40.0210920000，113.1569250000	混凝土管涵，管径2m，为道路雨水管
26	同泉路下游50m左侧	40.0207670000，113.1575310000	3根PVC排污管，管径30cm，无水流出
27	同泉路下游100m	40.0201960000，113.1578260000	旱厕，无水流出
28	泉辉西街下游左侧	40.0195880000，113.1586630000	PVC排污管，管径30cm，有少量水排入
29	1#大型生活垃圾堆上有左侧50m	40.0180020000，113.1599290000	居民生活污水，排除后流经垃圾堆
30	1#大型生活垃圾堆对面	40.0175170000，113.1604550000	粪坑出水，有墙体下方流出
31	1#大型生活垃圾堆下侧对面	40.0158650000，113.1619510000	农灌水渠
32	1#大型生活垃圾堆下侧100m右端	40.0145840000，113.1628420000	农灌水渠

续 表

编号	断面位置	坐标	特征描述
33	泉欣花园附近（3号坝上侧右端150）	40.0124740000，113.1654040000	旱厕出口，有粪便，无水流出
34	泉欣花园附近（3号坝上侧左端、2号支流旁边）	40.0117260000，113.1658970000	农灌水渠
35	泉欣花园尽头（3号坝右端）	40.0118780000，113.1663580000	旱厕出口
36	2号支流汇入点下游50m右侧	40.0117630000，113.1668250000	居民生活污水，排除后通过土壤流入河道，无法采集
37	2号支流汇入点下游150m右侧	40.0118370000，113.1678710000	居民生活污水，排除后通过土壤流入河道，无法采集
38	平泉路下方右侧20m	40.0118050000，113.1691260000	暗涵流出，为雨水排放口
39	肉食品加工厂出水	40.0124330000，113.1713900000	砖砌厌氧池，通过40×40cm明渠流出
40	1#大型建筑垃圾堆上游100m左侧	40.0130290000，113.1731600000	灌溉水渠出水
41	1#建筑垃圾堆对面	40.0122280000，113.1754560000	肉食品加工厂另一出水汇集在河滩地
42	2号无名桥下	40.0101610000，113.1787930000	排水沟，源头为居民排放的生活污水
43	3级跌落坝右侧	40.0056370000，113.1854340000	一条排水渠，为农灌渠，沟渠内部沉积15cm的黑色淤泥。无水流出
44	3级跌落坝下侧左端	40.0055880000，113.1856700000	3根混凝土制拍雨污管道，管道直径为1m，无水流出
45	3级跌落坝下侧100m左端	40.0053620000，113.1859010000	暗涵，暗涵口径为4.7m×2.6m，未找到源头
46	3号垃圾堆上游100m	40.0015920000，113.1872500000	10cm的管道，排放热水，有蒸汽冒出，排水院坝内有烟囱
47	5号垃圾堆下游500m右侧	39.9970390000，113.2003860000	农灌水渠
48	3号无名桥下方右侧	39.9973150000，113.2036480000	农灌水渠

续 表

编号	断面位置	坐标	特征描述
49	3号无名桥下方左侧	39.9975160000，113.2039220000	三根混凝土制管道，2根为直径2m，一根为直径2m，均有水流出
50	3号无名桥下方右侧250m	39.9959180000，113.2080150000	畜禽养殖场污水排放口，为暗管流出，明渠排入河道
51	光华驾校（六孔桥左侧）	39.9958400000，113.2085030000	有一条40×40cm的明渠和一条直径30cm的暗管，暗管有污水流入，明渠为无色无味水流入
52	平德路上游500m右侧	39.9865570000，113.2134120000	农灌水渠
53	平德路桥下	39.9837540000，113.2139370000	暗涵，暗涵口径为5.7m×2m，未找到源头
54	落里湾煤炭集运站铁路桥附近	39.9749940000，113.2253500000	煤矸石堆场，两处区域有渗滤液产生

同时，根据××市环保局提供的2016年统计数据，矿区和南郊区未进入市政管网而直接排放的污水每日约1.4万吨，污水主要是居民生活污水。其中煤峪口矿区每日约0.1万吨，忻州窑矿每日约0.1万吨，中央机厂每日约0.2万吨，新六区和南郊区每日各0.5万吨。恒安新区、平泉物业和平旺物业的生活污水进入同煤集团污水处理厂（处理能力4万吨/天）处理后排入××河。

2. 固体废弃物污染现状

河道范围内的固体废弃物污染源主要包括各类生活垃圾、建筑垃圾、农业垃圾等。河道内及两岸垃圾主要来自于附近居民区和农田等产生的各类生活垃圾、建筑垃圾和农业垃圾等。因××河附近多数居民区缺乏配套的垃圾收运设施，据走访了解，河道附近的垃圾已经堆放有数十年至几十年，垃圾具体堆填年限无法确定。

根据现场情况将垃圾分为河道垃圾、生活垃圾、建筑垃圾和农业垃圾四类，由两类及以上垃圾混杂在一起的垃圾视为混合垃圾。

河道垃圾指分散在河道（河道、河滩、河堤）的各类零散垃圾。生活垃圾包括居民生活垃圾、集市贸易与商业垃圾、公共场所垃圾、街道清扫垃圾及企事业单位垃圾等，主要有废旧塑料、废旧橡胶、厨余垃圾、玻璃瓶、废旧家具等。建筑垃圾为各类建设工程产生的渣土、弃土、弃料、淤泥及其他废弃物。农业垃圾主要为河道两岸农业种植和畜禽养殖过程产生的牲畜粪便、秸秆、树枝等废弃物。

固体废弃物污染源调查根据不同河段的分布特征进行分段调查统计，总共将河道分为10个河段，表9-1-5是各段垃圾总量的汇总统计表。根据表9-1-5中统计的数据，××河河道及两岸堆积的垃圾总量约30万立方米。垃圾主要分布在同泉路至赵家小村约5.5km

的范围内，垃圾总量约 25 万立方米，占河道总垃圾量近 85%。

表 9-1-5 ×× 河河道固体废弃物各段调查结果统计表

编号	区段	估测垃圾量（m^3）
1	第1段：1号涵洞出口至2号涵洞出口	6000
2	第2段：2号涵洞出口—光辉街桥	7770
3	第3段：光辉街桥-1号无名桥	3200
4	第4段：1号无名桥-同泉路	13500
5	第5段：同泉路—平泉路	55300
6	第6段：平泉路-2号无名桥	28700
7	第7段：2号无名桥-3号生活垃圾堆场（赵家小村附近）	92500
8	第8段：3号生活垃圾堆场—3号无名桥（赵家小村附近）	81000
9	第9段：3号无名桥—平德路	4200
10	第10段：平德路—铁路桥	12200
估测垃圾总量（m^3）		304370

如表 9-1-6，同泉路至赵家小村范围内有 1 个大型建筑垃圾堆场和 5 个大型生活垃圾堆场，堆场垃圾总量约 20 万立方米，占到 ×× 河河道垃圾总量的 67.25%。特别是在赵家小村附近约 1km 的范围内，河道两岸分布有 3 号、4 号和 5 号三个大型生活垃圾堆体，加上其他零散堆积的各类垃圾，总共堆积了约 12 万立方米的垃圾，占到垃圾总量的近 40%。

表 9-1-6 ×× 河同泉路至赵家小村段大型垃圾堆位置和体积统计表

序号	大型垃圾堆	堆放位置	估测垃圾量 m^3
1	1号大型生活垃圾堆体	第5段：泉辉西街下游300m	50400
2	2号大型生活垃圾堆体	第7段：南秀苑小区对岸	21000
3	3号大型生活垃圾堆体	第7段：赵家小村附近	56000
4	4号大型生活垃圾堆体	第8段：赵家小村附近	21000
5	5号大型生活垃圾堆体	第8段：赵家小村附近	42000
6	1号大型建筑垃圾堆体	第6段：平泉路下游500m	14000
合计（m^3）			204400
占河道垃圾总量比例			67.25%

表 9-1-7 ×× 河河道各类垃圾总量及占比统计表

序号	垃圾类型	估测垃圾量 m³	特征描述	占比
1	河道垃圾	29560	分布在裸露河道表层的各类垃圾	9.71%
2	生活垃圾	5670	集中堆放的生活垃圾	1.86%
3	建筑垃圾	36160	集中堆放的建筑垃圾	11.88%
4	混合垃圾	230600	生活垃圾、建筑垃圾、土壤等组成的混合垃圾	75.76%
5	农业垃圾	2380	秸秆、牲畜粪便等	0.78%
估测垃圾总量（m³）				304370

×× 河河道垃圾成分复杂，从分布形式上分为集中堆放的垃圾和零散分布在河道、堤岸、岸坡和道路上的垃圾。在河道及两侧堤岸和岸坡分布的垃圾以地膜、塑料袋、旧衣物、玻璃瓶等生活垃圾为主，大部分集中堆放的生活垃圾堆为混合垃圾，成分包括塑料袋、旧衣物、玻璃瓶、餐厨垃圾、废旧金属、建筑垃圾等。

（二）工程区域水环境和水生态存在问题

通过对现场情况的调查与分析，×× 河在水环境和水生态方面存在的主要问题有：河流生态水量难以保证，出现季节性干涸的现象；河道内水质较差，呈现黑臭，沿河排污现象普遍；沿河垃圾散布，并有多处集中垃圾堆放点，对河道环境影响明显；河流水生生物多为耐污种，河流自净能力不足，亟待恢复健康的水生态系统。

（三）工程内容

为解决以上问题，×× 河水环境治理及水生态修复工程的主要内容为：×× 河河道生态需水保障工程、人工湿地净化工程、河道垃圾处置工程及水生态修复与保护工程等，并提出初期雨水径流污染治理方案。

三、建设目标与任务

（一）建设目标

该工程建设的总体目标为恢复 ×× 河河道防洪能力和生态功能，其中水环境及水生态修复工程的建设目标为改善 ×× 河水环境和水生态现状，保障河道生态需水，改善河流水质，恢复河流水生态系统结构功能。

根据《山西省水污染防治方案》和《山西省地表水水环境功能区划》（DB14/67-2014），×× 河水环境功能为工业及景观娱乐用水保护，水质目标Ⅳ类。

根据前述规划对 ×× 河的定位和治理要求，要达到河道水质目标，需要采取 ×× 河截污改造、雨水调蓄、雨污分流、入河排污口整治、污水管网配套工程、污水处理厂新建工程等多项措施，共同实施方能保障 ×× 河的整体水质达到Ⅳ类。

该工程只是众多措施中的一项，该工程建设后，对 ×× 河实施一系列的河道整治工程，包括：补充河道水源、人工湿地净化工程、×× 河生态蓄水湿地工程、排洪渠及雨水干渠整治工程等，彻底改变污水横流、垃圾成堆的现象，对 ×× 河水环境起到明显的改善作用。

因此，本次 ×× 河水环境治理及水生态修复工程的建设目标为保障 ×× 河生态需水量，改善 ×× 河水质，修复 ×× 河健康水生态系统。

（二）建设任务

×× 河河道整治及生态修复工程任务主要是通过 ×× 河河道整治及生态修复，恢复 ×× 河河道防洪能力和生态功能，本次工程任务仅为河道内水环境治理和水生态修复，不包含沿河排污口整治、沿河截污工程以及沿线农村污染和农业面源污染的治理等。本次水环境及水生态修复工程的主要任务为：

（1）生态需水保障措施：根据《×× 市城市总体规划》，并与 ×× 市有关部门沟通协调后，×× 河外补水水源考虑恒安新区污水处理厂中水及口泉黄河水厂引黄水两处水源。恒安新区处理后尾水经由人工湿地再次净化后由泵站提升至泉辉西路处河道，经河道自流下放。口泉黄河水厂水源通过水厂加压泵站输水至泉辉西路处河道。

（2）人工湿地净化工程：人工湿地净化工程位于南郊区城区发煤站以南、北同蒲铁路下游 750m（河道桩号 H12+089 ~ H12+579），占地 11h ㎡，包括潜流湿地和表流湿地两部分。

（3）河道垃圾处置工程：对河道沿岸垃圾进行清理，运送至 ×× 联绿科技有限公司进行无害化处理，资源化再利用。该工程共处理垃圾总计约 30.4 万立方米。

（4）水生态修复与保护：水环境修复工程在整个 ×× 河河道、生态蓄水湿地、滞洪生态区内进行。采用生态护岸，重建水生植被，设置生态浮岛、放流鱼类等措施构建和维持良好的水生态环境和自然环境。

（5）初期雨水径流污染治理：由于 ×× 河两岸以及王家园排洪渠等 ×× 河主要支流两岸存在雨水排放口直排 ×× 河的现象，初期雨水成为 ×× 河重要污染源之一，但由于本次 ×× 河河道整治与生态修复工程的工程范围仅为河道堤防以内，因此本次对于堤防以外的雨水排放口仅提出了治理方案的建议，重点措施布置在堤防以内生态蓄水湿地区域内，不对堤防以外的区域采取具体措施。

四、建设内容与规模

针对 ×× 河现状水环境和水生态存在的问题，根据《×× 河流域 ×× 重点地区综合治理与开发战略规划（2016～2030年）》和《×河流域生态修复与保护规划（2016～2030年）》，本次××河水环境治理及水生态修复的建设内容为××河河道生态需水保障工程、人工湿地净化工程、河道垃圾处置工程、水生态修复与保护工程和初期雨水径流污染治理方案。

建设规模如下：

（1）人工湿地净化工程：人工湿地工程处理恒安污水处理厂尾水规模为一天20 000m^3，占地面积11hm^2，湿地处理面积4.2hm^2。

（2）河道垃圾处置工程：处理生活垃圾约30万立方米。

（3）水生态修复与保护：设置生态浮岛共3 000㎡；结合生态浮岛的布置，在漂浮型浮岛中布置太阳能曝气增氧机6台；放流鱼类30 000尾。

（4）初期雨水径流污染治理：结合生态蓄水湿地布置雨水净化生态塘，面积1 880㎡，塘深约3m，水深约2m。

五、人工湿地净化工程

（一）设计依据

（1）《国务院关于印发水污染防治行动计划的通知》（国发〔2015〕17号）。

（2）《人工湿地污水处理设计规范》（HJ2005-2010）。

（3）《人工湿地污水处理技术规程》（DG/TJ08-2100-2012）。

（4）《建筑给水排水设计规范》（GB50015-2003）。

（5）《室外排水设计规范》（GB50014-2006）。

（6）《给水排水工程构筑物结构设计规范》（GB50069-2002）。

（7）《地表水环境质量标准》（GB3838-2002）。

（8）《城镇污水处理厂污染物排放标准》（GB18918-2002）。

（9）《××市城市总体规划》（2006～2030）（2015修订）。

（10）《××市城市排水（雨水）防涝综合规划》。

（11）《×河流域生态修复与保护规划》（2016～2030年）。

（12）《山西省水污染防治工作领导小组办公室关于扎实推进人工湿地治理工程建设的函》（晋水防办发〔2017〕21号）。

（二）设计原则和目标

1. 设计原则

根据××河河道生态补水水源及沿岸汇入污染源的特点，采用人工湿地生态治理的思路，对××河补水水源进行治理，通过采用生物、物理等措施，削减水体中的污染物，改善河道水质和水生态环境，促进 ×× 河水体及河道生态系统向良性循环。

（1）可持续发展的原则

在保障 ×× 河河道现有的行洪排涝功能的基础上，从恢复主要水生态功能、建设绿色生态长廊的角度出发，通过生态技术、环境技术和水利工程措施的有机结合，削减 ×× 河入河污染物，保护河道水质。

（2）重点突出的原则

×× 河人工湿地工程，重点解决 ×× 市污水处理厂尾水，实现 ×× 河河道整治及生态修复工程的全面性和生态性。

（3）因地制宜、综合治理的原则

结合现有不同湿地工艺的特点，尽量利用现有荒地，充分利用现有地形条件。在保证水质处理效果的前提下，尽量减少工程占地，减少土方开挖的工程量。通过生态、环保和水利工程措施相结合，因地制宜制定可行的综合治理方案。

（4）循环经济与节能降耗原则

设计优先选用生态型、绿色环保型、节能型工艺，项目工艺技术方案、设施和设备的选择，既考虑先进性和可靠性，又要经济合理，并按照不同的环境、区域或时段灵活应用各项技术、统筹安排，科学设计，得到最佳的水环境治理效果。

（5）运行管理简单方便的原则

工程设计选用管理方便，运行费用较低的方案，注重该工程实际运行的灵活性和抗冲击性，提高其对水质水量变化的适应性，工程建设坚持环保、生态化。

2. **设计目标**

（1）环保考核目标

近年来，山西省出台了一系列水污染防治政策和方案，如《山西省水污染防治工作方案》《山西省重点流域水污染防治规划（2011 ~ 2015 年）》《 ×× 市水污染防治工作方案》《关于 ×× 市境内地表水跨界断面实行水质考核和生态补偿方案》等等，在各政策文件和方案计划中，对地表水考核断面及其水质控制目标均提出了要求。

根据《山西省水污染防治工作方案》，到 2020 年，全省水环境质量得到阶段性改善，污染严重的水体较大幅度减少。到 2030 年，力争全省水环境质量总体改善，水生态系统功能初步恢复。到本世纪中叶，水生态环境质量全面改善，水生态系统实现良性循环。在“方案”中，提出了 109 个山西省地表水环境质量控制断面及其水质目标，在这 109 个控制断面中没有直接提出 ×× 河的控制断面和水质要求目标，与 ×× 河有关的是 ×× 河的五一桥断面，水质要求目标为Ⅳ类。×× 河属 ×× 河一级支流，水质目标也应为Ⅳ类。

在《山西省重点流域水污染防治规划（2011 ~ 2015 年）》中，明确指出河流水质的总量控制指标为 COD 和氨氮两项。在 ×× 市人民政府 2016 年 7 月发布的《 ×× 市水环境整改方案》中，×× 市地表水考核断面共 12 个，×× 河裴家窑断面为其中之一，水质目标为Ⅳ类。该断面为 ×× 市境内地表水跨界断面，实行水质考核和生态补偿，市考核断面的主要指标为 COD 和氨氮。目前裴家窑断面水质为劣Ⅴ类，其超标因子为氨氮，且 ×× 河裴家窑断面一直因氨氮超标受罚。

因此，本次工程针对河流水质Ⅳ类标准（总氮不参评），以及重点解决 COD 和氨氮超标的问题，采取人工湿地的工艺进行处理。

（2）设计出水水质目标

具体设计目标：通过人工湿地的净化处理，提升污水处理厂出水水质，保障 ×× 河生态用水水质。

具体出水指标如下: SS: ≤5mg/L; CODCr: ≤30mg/l; BOD5: ≤6mg/l; NH3-N: ≤1.5mg/L; TP：≤0.3mg/l。

（三）污水及中水规划

根据恒安新区污水处理厂建设规划和可研报告，恒安新区污水处理厂处理后出水供同煤集团甲醇厂和烯烃项目回用，近期回用水规模为 3 万吨 / 日；矿区现状污水量约为 6.5 万吨 / 日，其中 2.5 万吨 / 日进入恒安新区污水处理厂；矿区近期预测污水量为 9.4 万吨 / 日，其中 5.4 万吨 / 日进入恒安新区污水处理厂，处理后出水扣除同煤集团甲醇厂和烯烃项目回用水量，剩余约 2 万吨 / 日排入 ×× 河河道，可作为人工湿地的供水。

（四）水量及水质特征调查

目前 ×× 河来水主要为降雨径流和河道两侧生活污水，水体泥沙含量大，水质较差。按照规划，将在 ×× 河两岸修建截污管网，将排入 ×× 河的生活污水等进行截流，并在 ×× 河下游新建恒安污水处理厂，将 ×× 河沿岸的污水排入恒安污水处理厂进行处理，污水处理厂出水水质执行《城镇污水处理厂污染物排放标准》（GB18918-2002）一级 A 标准。污水处理厂未能再次利用的尾水排入 ×× 河，本次工程将排入 ×× 河的尾水进行利用，作为 ×× 河的生态用水。污水处理厂的出水经湿地处理后，由管道输送至 ×× 河上游生态蓄水湿地处，作为河道的生态用水。

湿地处理的来水为恒安污水处理厂排放于河道的尾水，水量为 2 万立方米 /d，流量为 0.23m³/s，主要污染物为悬浮物、COD、BOD5、氨氮和总磷。水质情况见表 9-1-8。

表 9-1-8　污水处理厂出水水质

标准	悬浮物	COD	BOD5	氨氮	总磷
污水处理厂出水水质（一级A标准）	10	50	10	5（8）	0.5

（五）工艺设计

1. 工艺流程

根据 ×× 河水质特点，采用潜流湿地 + 表流湿地的处理工艺。

（1）潜流湿地

潜流湿地是指污水从湿地一端进入，在湿地填料床表面以近水平流方式流动到系统表面以下，或者从湿地表面垂直流过填料床或从底部垂直流向表面。潜流湿地的填料床是由水力传导性能及吸附性能良好的介质构成，填料床上部种植常绿水生植物，通过介质吸附和微生物的作用来强化系统处理效果。

潜流湿地处理单元采用平流式结构，处理单元由人工基质、水生植物和附着在基质及植物根区的微生物组成，是一种独特的“基质—植物—微生物”生态系统。该系统中，植物扎根于基质床的表层，植物根系和填料为微生物提供附着的载体，同时植物根系为微生物提供氧源，在靠近根区的填料层形成好氧区，而在远离根区的填料层形成厌氧或兼氧区，水体流经填料表层和底层时，经过好氧、厌氧以及硝化和反硝化的过程，从而实现对有机污染物和氮磷的高效去除。潜流湿地在相同面积条件下处理能力大幅度提高，能够克服天然湿地比较脆弱的缺点，具有负荷率高、占地面积小、效果可靠、耐冲击负荷等优点，而且水流在填料表层以下流动，不易滋生蚊蝇。

潜流湿地处理系统设在表流湿地的上游，其出水接入表流湿地。

（2）表流湿地

表流湿地是指污水在人工湿地的土壤等基质表层流动，依靠沉降等物理作用、植物根茎的拦截以及根茎等生成的生物膜的降解作用，使污水得到净化，该系统污水在土壤表层流动，水层较浅，污水与空气接触面积大，氧气传质效率高。

表流湿地对水体的净化机理包括：水生植物直接吸收水体中的氮、磷等营养元素，并同化为自身的结构组成物质，实现对水体的净化；通过呼吸输氧作用提高根区溶解氧含量，形成良好的根际微生态环境，与微生物协同作用，实现对污染物的去除；高等水生植物通过对水流的阻挡和对颗粒物的吸附与拦截，促进颗粒态污染物在水体中的沉降，同时，水生植物及其共生细菌构成的多级生态系统分泌物，可与水体中的悬浮颗粒及胶体凝聚后沉降，快速提高了水体透明度；水生植物还可以通过植物化感作用抑制藻类及细菌的生长，部分水生植物还对汞、铅、镉、铜、砷、铬、酚、苯等多种金属及有机污染物具有较强的富集、去除能力。

表流湿地处理系统承接潜流湿地的出水，其出水直接进入 ×× 河河道。

2. **水质指标**

（1）进水水质

针对此 ×× 河上游来水及污水处理厂出水的水质特征，工程进水水质指标采用悬浮物、COD、氨氮和总磷等指标进行控制，控制指标值参照现状水质监测结果确定，并适当考虑水质的波动情况，确定工程进水水质指标如下：

SS：≤10mg/L；CODCr：≤50mg/l；BOD5：≤10mg/l；

NH3-N：≤5mg/L；TP：≤0.5mg/L

（2）出水水质指标

SS：≤5mg/L；CODCr：≤30mg/l；BOD5：≤6mg/l

NH3-N：≤1.5mg/L；TP：≤0.3mg/l

3. 处理规模

根据河道生态需水量的要求，人工湿地日处理规模按 2 万立方米 /d 设计。

4. 潜流湿地设计参数

（1）污染物的处理效果要求

潜流湿地工程拟去除的污染物负荷（Lr）：

$$L_r = \frac{(C_0 - C_e) \times Q}{1000}$$

式中：L_r —拟去除的污染物负荷（kg/d）

C_0 —进水污染物浓度（mg/L）

C_e —出水污染物浓度（mg/L）

Q—人工湿地设计水量（m³/d）

根据人工湿地进水和出水水质，湿地系统将要求达到的处理效果见表 9-1-9。

表 9-1-9 湿地处理效率

序号	指标	处理效率 %
1	SS	50
2	化学需氧量（COD）	40
3	生化需氧量（BOD5）	40
4	氨氮（以N计）	70
5	总磷（以P计）	40

由于人工湿地中有植物和野生生物，重金属、有机氯化物等有可能产生积累的污染物质能够直接或间接地影响人工湿地的性能。因此，应对人工湿地接纳污水水质提出要求，根据设计规范及工程经验，潜流湿地对污染物的最高可接纳浓度指标和去除效率见表 9-1-10。

表 9-1-10 潜流湿地污染物最大进水浓度及去除效率

项目	去除负荷（g/d）	设计负荷（g/ ㎡ · d）	计算面积（㎡）
COD	40×10^4	30	13 333
BOD5	8×10^4	8	10 000
NH3-N	7×10^4	2	35 000

续 表

项目	去除负荷	设计负荷	计算面积
	（g/d）	（g/ ㎡·d）	（㎡）
TP	0.4×10^4	0.45	8 889

通过上表中主要污染物的去除率，可知该工程人工湿地对各类污染物的最大去除率均在可承受范围内，因此，在保证湿地处理面积的基础上，该项目出水水质是可以达到设计目标的。

（2）潜流湿地面积

潜流湿地对污染物的去除主要通过基质的吸附、转化、沉降以及植物和微生物的吸收、同化、异化等物理反应、化学反应和生物反应过程得以实现。对于湿地系体而言，在某一固定的进水浓度下，当处理流量较小时系统遵循一级动力学原理，即随着处理流量的增加其去除速率按相应比例增加，处理流量的变化对出水水质的影响并不明显；当流量增大到某一值时，系统开始进入零级动力学阶段，这时湿地去除速率达到最大，处理流量再增加，去除速率保持不变，结果只会导致出水浓度增加。在潜流湿地系统的设计中，按照处理规模的要求确定湿地的合理有效处理面积非常关键。

按照《人工湿地水处理工程技术规范》（HJ2005-2010），并参照上海市《人工湿地污水处理技术规程》（DG/TJ08-2100-2012）中的有机污染物的设计指标，兼顾考虑氨氮、总磷的面积负荷取值（经验值），分别按 COD、BOD5、氨氮、总磷的去除负荷进行计算，选择计算所得的最大面积作为该工程潜流湿地的处理面积。

①计算公式

按设计负荷计算，则需要湿地面积按下式计算：

$$A = L_r/L_E$$

式中：A—人工湿地面积（㎡），

L_r—拟去除污染物负荷（g/d），

L_E—有效去除负荷（g/ ㎡·d）

②参数选择

按 COD 负荷计算：参照上海市《人工湿地污水处理技术规程》（DG/TJ08-2100-2012）中的 CODCr 设计负荷 ≤40g/ ㎡·d，该工程取值 30g/ ㎡·d 进行计算。

按 BOD5 负荷计算：按照《人工湿地水处理工程技术规范》（HJ2005-2010）中的 BOD5 设计负荷 8 ~ 12g/ ㎡·d，该工程取值 8g/ ㎡·d 进行计算。

按 NH3-N 负荷计算：参照国内众多大型湿地工程实测值 2.0 ~ 3.0g/ ㎡·d，该工程取值 2.0g/ ㎡·d 进行计算。

按 TP 负荷计算：参照国内众多大型湿地工程实测值 0.45 ~ 5.0g/（㎡ .d），该工程取值 0.45g/ ㎡·d 进行计算。

③计算结果

表 9-1-11 潜流湿地处理面积计算表

项目	去除负荷	设计负荷	计算面积
	（g/d）	（g/ ㎡·d）	（㎡）
COD	40×104	30	13333
BOD5	8×104	8	10000
NH3-N	7×104	2	35000
TP	0.4×104	0.45	8889

从以上四种污染物负荷计算所得的土地面积中，最大值为 3 5000 ㎡，本次工程设计时考虑安全系数 1.2，该工程潜流湿地计算总面积确定为 42000 ㎡。

（3）湿地水力负荷校核

按总污水量和总占地面积来核算湿地水力负荷：

$$q_{hs} = Q/A$$

式中：q_{hs}—表面水力负荷率（m^3/ ㎡·d）

Q—人工湿地设计水量（m^3/d）

A—人工湿地总面积（㎡）

水力负荷计算为：q_{hs} = 20000/35000=0.57m^3/ ㎡·d

根据《人工湿地污水处理工程技术规范》（HJ2005-2010），垂直潜流湿地的水力负荷应＜ 1.0m^3/ ㎡·d，根据工程实际经验，国内潜流湿地的水力负荷一般为 0.3 ～ 1.0m^3/ ㎡·d，该工程水力负荷为 0.57m^3/ ㎡·d，符合取值要求。

（4）水力停留时间

根据规范，潜流湿地的水力停留时间采用以下计算公式：

$$T=V\times\varepsilon/Q$$

其中：

T—水力停留时间（d）；

V—池子的容积（m^3）；

E—湿地孔隙度，湿地中填料的空隙所占池子容积的比值，该工程按 55%；

Q—平均流量（m^3/d），流量为 20000m^3/d。

表 9-1-12 潜流湿地水力停留时间计算

潜流湿地	基质体积 V	孔隙率 ε	设计水量 Q	停留时间 T
级别	（m^3）	（%）	（m^3/d）	（d）
潜流湿地	42000	55%	20000	1.15

经计算，潜流湿地的水力停留时间 T 为 1.15d。根据《人工湿地污水处理工程技术规范》（HJ2005-2010）的要求，潜流湿地的水力停留时间应保证 1 ~ 3d，该工程的水力停留时间符合要求。

（5）潜流人工湿地几何尺寸设计

根据现场实际地形，在湿地选址处现有两个坑塘，面积分别为 1.6h ㎡和 3.2h ㎡，面积能够满足湿地工程的布置，因此本次湿地工程充分利用现有地形，依据坑塘的位置和形状进行布置，湿地系统共布置 3 组，湿地编号为 A、B、C 组，按照地形，A 组和 B 组湿地的总宽度均为 320m，C 组湿地的总宽度为 280m。

每组湿地系统长度计算公式：

$$L=A/W_z$$

式中：A—每组人工湿地总面积（㎡）

W_z—每组人工湿地总宽度（m）

经计算，A、B、C 组人工湿地的长度均为 50m。

按照规范要求，垂直潜流湿地单元的面积宜小于 1500 ㎡，长宽比一般不大于 3 ：1。工程经验表明，潜流人工湿地污水处理单元的长度通常取值范围为 20 ~ 50m；过长，易造成湿地床中的死区，且使水位难以调节，不利于植物的栽培。由此确定每组湿地系统中湿地单元的尺寸。

该工程每个单元面积确定为 1500 ㎡，单元长度为 50m，由此计算出人工湿地单元的宽度为 1500/50=30m。根据规范，湿地单元长宽比宜控制在 3 ：1 以下，该工程湿地单元长宽比为 50/30=1.67，小于 3 ：1，单元长宽比满足要求，单元尺寸合理。因此，本次设计湿地总面积为 42 000 ㎡，满足处理面积要求。每个湿地单元尺寸为 50 × 30m，A 组湿地系统面积 15 000 ㎡，共布置湿地单元 10 个；B 组湿地系统面积 15000 ㎡，共布置湿地单元 10 个；C 组湿地面积 12 000 ㎡，共布置湿地单元 8 个。

（6）人工湿地水深确定

根据规范，潜流人工湿地的水深宜为 0.4 ~ 1.6m。同时考虑芦苇、香蒲等典型湿地植物的生物学特性，其生长期水深最好控制水深 H1 在 50 ~ 120cm 的。而在冬季，植物收割后，水位的高低将不影响湿地植物的生物学特性，此时为了使湿地形成冰下运行的条件（冰盖）和保持适宜的停留时间，需在短期内提高单元水深。根据地区的气象条件，气温低于 0℃的时间约为 12 月中旬 ~ 2 月下旬约 90 天。冬季最大冰层厚度约 20 ~ 40cm，为了保持冬季运行，上冻前总水深 H2 需要控制在 90 ~ 120cm。

（7）潜流湿地水力学计算

该工程中湿地处理系统采用自流，需要进行详细的水力学计算分析，以便确保工程规模。

潜流人工湿地中水流主要为渗流形式，在水力学计算中采用达西定律，其渗流公式为：

$$Q=KA_i$$

式中：Q—处理流量，m³/d；

K—渗透系数，m/d；

A—渗流过水断面面积，㎡；

i—水力坡度。

K 值跟湿地中介质有关，参照美国国家环境保护局用清水测得的 K 值，根据本设计填料粒径和孔隙率综合确定 K 值。

表 9-1-13 清水实验条件下的 K 值表

介质类型	有效粒径（mm）	孔隙率（%）	K（m³/㎡ d）
粗砂	2	32	1000
砾砂	8	35	5000
细砾石	16	38	7500
中等砾石	32	40	10000
粗岩石	128	45	100000

注：污水处理设计时，建议取小于上述 K 值的 1/3 作为有效 K 值。

通过渗流计算，可确定潜流湿地处理单元的水头损失，计算结果见表 9-1-14。

表 9-1-14 潜流湿地设计参数计算表

湿地类型	渗径 m	渗透系数 m/s	每个单元流量 m³/s	单元宽度 m	单元长度 m	水力坡度 i	水头损失 m
潜流湿地	1.20	0.03	0.0083	30	50	0.00766	0.38

由表可知，潜流湿地水头损失计算值为 0.38m，湿地的底坡值为 0.77%，按照规范，潜流湿地底坡宜取 0.5% ~ 1.0%，该工程符合取值要求。

5. 表流强化处理塘设计参数

表流强化处理塘位于潜流湿地后端，属于表流式人工湿地，主要功能为进一步净化潜流湿地出水，形成低维护、生物多样性丰富的自然生态湿地系统。

（1）设计参数

设计水量：20 000m³/d。

由于考虑到季节变化导致气温较低、便于后续泵站稳定提水等因素，为保证整个系统的最终出水能稳定达标，该工程设置表流强化处理塘作为潜流湿地后续的补充单元，用以去除水中的有机污染物及氮磷等。

需处理负荷按进水的10%的负荷量进行考虑。设计负荷根据《人工湿地水处理工程技术规范》（HJ2005-2010），并参照上海市《人工湿地污水处理技术规程》（DG/TJ08-2100-2012）中的有机污染物的设计指标取值计算。

①计算公式

按设计负荷计算，则需要湿地面积按下式计算：

$$A = L_r / L_E$$

式中：A—人工湿地面积（㎡），

Lr—拟去除污染物负荷（g/d），

L_E—有效去除负荷（g/ ㎡·d）

②参数选择

按COD负荷计算：参照上海市《人工湿地污水处理技术规程》（DG/TJ08-2100-2012）中的CODCr设计负荷≤20g/ ㎡·d，该工程取值10g/ ㎡·d进行计算。

按BOD5负荷计算：按照《人工湿地水处理工程技术规范》（HJ2005 ~ 2010）中的BOD5设计负荷1.5 ~ 5g/ ㎡·d，该工程取值2g/ ㎡·d进行计算。

③计算结果

表9-1-15 表流湿地处理面积计算表

项目	去除负荷	设计负荷	计算面积
	（g/d）	（g/ ㎡·d）	（㎡）
COD	6×10^4	10	6000
BOD5	1.2×10^4	2	6000

由上表可见，该工程表流强化处理塘面积计算值为6000 ㎡，综合考虑实际地形，该工程表流强化处理塘面积布置占地面积约10000 ㎡，有效水深0.5 ~ 2.0m。同时，处理塘内配备水草收割机用于定期清除水草。

（2）表流强化处理塘水力停留时间

水力停留时间计算公式：

$$T = V / Q$$

式中：V——处理塘容积；

Q——进水设计流量，m^3/d；

T——水力停留时间，d。

处理塘进水流量为20000m^3/d，处理塘面积为10000 ㎡，平均水深取1.0m，容积为10 000m^3。经计算，水力停留时间为0.5d。

（六）人工湿地选址方案

根据工程总体布局，按照人工湿地的水源及主要补水对象，人工湿地选址初步选定两处：方案一布置在生态蓄水湿地上游，方案二布置在 ×× 河下游恒安污水处理厂附近，现对两处选址进行方案比选。

1. 方案一：人工湿地选址于生态蓄水湿地上游

方案一选址于生态蓄水湿地上游、×× 河出山口下游（铁路桥上游 1km 处）河道右岸，现状为农田，地势平缓，具有建设人工湿地的用地条件。

2. 方案二：人工湿地选址于 ×× 河下游恒安污水处理厂附近

由于污水处理厂出口紧邻北同蒲铁路，布置人工湿地没有用地条件，方案二选址于污水处理厂的下游，北同蒲铁路下游约 750m 处的 ×× 河左岸，现状为坑塘洼地。

3. 方案比选

（1）从线路长度考虑

方案一选址距离恒安污水处理厂较远，引水线路自污水处理厂输水至煤峪口支沟上游人工净化湿地，引水线路水平投影长度 10km，泵站净扬程 62.4m（1088.0 ~ 1025.6m）。

方案二选址位于污水处理厂下游，引水线路自人工湿地出口输水至泉辉西街下游，引水线路长度 10km，泵站净扬程 55m（1075 ~ 1020m）。

方案一和二引水距离相同，但方案一净扬程高于方案二 7.4m，增加水泵选型困难。

（2）从环境风险考虑

方案一将污水处理厂出水泵送至人工湿地，污水处理厂出水为一级 A 标准，仍为劣Ⅴ类水，将尾水长距离输送至上游，易造成水体中溶解氧含量降低，水质进一步恶化。同时，长距离输送污水如发生管道破裂、污水渗漏等情况，将会对周边环境及地下水造成污染，因此方案一的环境风险较大。

方案二人工湿地建设在污水处理厂下游，能够较近处理污水处理厂尾水，处理后水质提升，将水源泵送至人工湿地。环境风险较方案一降低。

（3）方案比选

综上，从环境影响和水泵选型考虑，推荐方案二。方案二由于距离污水处理厂较近，其占地也为废弃坑塘洼地，周边无居民区等敏感保护目标，地形条件较好，环境风险也较小，因此，该工程选址确定为方案二。

（七）净化工程设计

工程选址于污水处理厂的下游，北同蒲铁路下游约 750m 处的 ×× 河左岸，工程占地面积共 11h ㎡，包括潜流湿地、表流强化处理塘以及相应的输配水渠道。

1. 渠道工程

（1）配水渠

根据人工湿地平面布置，每组湿地布置 1 条配水渠，共设置 3 条配水渠，总长 866.5m。配水渠为矩形水渠，底宽 0.5m，渠深 1.35m，纵坡 1 ：10000，配水渠结构均采用 MU15 砖砌结构，基础为 C20 素混凝土基础，砖体及基础表面 M10 水泥砂浆找平，并刷水泥基渗透结晶材料。

（2）收水渠

湿地单元处理出水由收水渠收集后汇入下游的表流强化处理塘进一步处理。

收水渠按湿地组进行配置，每组 1 条收水渠，共 3 条，总长 866.5m。收水渠底宽 0.5m，渠深 1.0m，水深 0.5m；纵坡均为 1/10000，收水渠结构均采用 MU15 砖砌结构，基础为 C20 素混凝土基础，砖体及基础表面 M10 水泥砂浆找平，并刷水泥基渗透结晶材料。收水渠末端汇入出水管。

2. 潜流湿地结构设计

潜流湿地的典型设计单元长 50m，宽 30m。湿地边墙均采用 MU15 砖砌结构，基础为 C20 素混凝土基础，砖体及基础表面 M10 水泥砂浆找平，并刷水泥基渗透结晶材料。湿地单元进水由配水渠配水，来水经过湿地处理后，由湿地的另一端进入湿地集水管。湿地集水管管口设于湿地底部，管中心高程距离湿地底部 0.25m，穿收水渠的渠堤出湿地。

湿地在原状土上开挖，池深 1.5m，处理池底部素土压实后回填 0.2m 黏土层，在黏土层上铺设复合土工膜（700g/ ㎡）防渗，复合土工膜上回填 0.15m 粗砂层，然后再回填 0.85m 滤料层。湿地填料从湿地底部粗砂层往上开始依次填充，填料结构自下而上分层为：砾石层（粒径 80 ~ 120mm）厚 450mm，砾石层（粒径 10 ~ 30mm）厚 200mm，砾石层（粒径 5 ~ 8mm）厚 100mm，粗砂层厚 100mm。在湿地表层由于植物根系释氧和大气复氧形成好氧区，湿地底部由于微生物消耗形成缺氧区，使水流在流经湿地的过程中反复经过厌氧—好氧的过程，增强对污染物的去除。湿地表层铺设 200mm 厚种植土层，其上种植芦苇、美人蕉和香蒲等水生植物。

3. 工艺输水管线设计

（1）输水管材选择

工程中选择合适的管材对工程的质量、造价与环境效益有着很大的影响。管材的选择应根据工程实施的具体条件，选用技术成熟、安全可靠和适宜工程实际的管材，尽量降低工程造价。

目前最常用的输水管材为 HDPE 管、UPVC 管、PE 管、钢筋砼管、螺旋钢管、玻璃钢夹砂管等，各有优缺点。设计时，一般根据水质、水温、冰冻情况、断面尺寸、土壤性质、地下水位、地下水侵蚀性、管内外所受压力以及现场施工条件等因素进行选择，尽可能就地取材，降低建设成本。

通过上述各种管材特点的比较，并结合该项目的来水水质、管道受压、埋设地点、工程地质条件、经济成本和工程适用性等条件，经过综合技术经济分析，该项目工程设计选择主干管及配水支管采用较为通用的 UPVC 管和 PE 管。

（2）输水管线设计

污水处理厂出水的输水管道与湿地内部的配水管道通过中水闸阀井相连，并在每条配水渠前设置分水闸阀井（编号阀井 1、阀井 2 和阀井 3）。中水闸阀井与阀井 1 之间采用 DN800HDPE 管，阀井 1 至阀井 2 之间采用 DN800HDPE 管进水，阀井 2 至阀井 3 之间采用 DN800HDPE 管进水。从闸阀井到配水渠由 DN200UPVC 管连接。单元进水由配水渠直接进入湿地单元。

出水管道分为集水管和出水管，集水管收集每个湿地单元的出水，出水管收集 3 组湿地的出水。湿地处理区的末端布置 DN200PE 穿孔集水管，管上设两排集水孔，孔间距 200mm，孔径 20mm，用于收集湿地处理后的出水。收水渠与湿地外侧出水管通过检查井相连，共布置 3 个检查井（编号检 1、检 2 和检 3）。检 1 至检 2 之间采用 DN250UPVC 管，检 2 至检 3 之间采用 DN800HDPE 管，检 3 至表流处理塘之间采用 DN800HDPE 管。

湿地单元内部的集水管采用 DN200PE 管，其中填料层内部的穿孔管在接口部位的裸露管外裹岩棉，埋深 0.50m 以上，满足防冻要求。湿地底部设倒膜管，倒膜管采用 DN300PE 管。

潜流湿地单元内部布设的所有集水管和倒膜管均采用 PE 给水管管材，每根长度应与潜流湿地单元设计宽度相当。

集水管采用 0.4MPa 的 PE 管，管径为 DN200，支管上设 DN200UPVC 球阀，其垂直下方各 45 度角对称穿孔，孔径 φ15，间距为 250mm。

倒膜管采用 0.4MPa 的 PE 管，管径为 DN300，支管上设 DN300UPVC 球阀，其垂直下方各 45 度角对称穿孔，孔径 φ20，间距为 300mm 不等。

潜流湿地出水至表流湿地之间的输水管线，根据出水潜流湿地的面积和出水量，选择采用 DN800 的 HDPE 管。

表流湿地塘排水出口的出水管和溢流管均选择采用 DN800 的 HDPE 管。

管道沿途覆土应在冻土层以下。管道建设应根据《给水排水管道工程施工及验收规范》（GB50268-9008）的要求进行闭水试验及竣工验收。

3. 表流强化处理塘

表流强化处理塘位于潜流湿地的下游，按照现状地形进行局部开挖，处理塘深 3m，最大水深 2.0m，平均水深在 1.0m 左右。为减少处理塘的渗漏，保证湿地出水，在塘底部铺设复合土工膜，复合土工膜下部铺设 0.25m 黏土层，复合土工膜上回填 0.15m 厚的粗砂层，上铺 0.5m 厚的种植土。

4. 水生植物的选择与配置

水生植物是指生长环境为水体、沼泽地的植物，包括草本和木本植物。水生植物可分为以三类：

挺水植物：指茎叶挺出水面的水生植物，常见的有芦苇、香蒲、水葱、荷花、水生美人蕉等。

浮叶植物：指叶片浮在水面的水生植物，常见的有荇菜、丘角菱、芡实等。

沉水植物：指整个植株全部没入水中，或仅有少许叶尖或花露出水面的水生植物，常见的有金鱼藻、狐尾藻、菹草、眼子菜等。

水生植物是人工湿地的重要组成部分。植物的生长需要吸收大量污水中的营养物质，包括有机物、氮、磷元素、金属离子等。成熟之后的人工湿地植物具有密集的植物茎叶和强大的根区系统，可以截留、过滤污水中悬浮物以及大颗粒物质。湿地植物的光合作用产生氧气，植物将氧气输送到根区，经过根区的扩散作用，从而在根区形成好氧、缺氧和厌氧的交替环境，能够促进硝化、反硝化作用和微生物对磷的积累作用，能够提高人工湿地对氮、磷、有机物的去除效果。

植物在人工湿地系统去除有机物中主要作用有：植物直接吸收有机污染物；产生根际效应，形成氧化、厌氧和缺氧交替环境；不同植物对污染物的吸收、利用以及富集程度不同，对不同污染物不同植物之间也有差异性。

在湿地基质层中，植物可以形成强大根区系统，为微生物提供良好的好氧环境，微生物是有机物去除的主导者，另一方面植物的生长需要吸收大量营养物质，且自身能富集重金属物质。植物根部能够分泌氨基酸、酮酚等代谢产物，作用于周围土壤环境，产生根际效应，根区附近微生物数量和活性与其他区域大不相同。不同植物产生的根际效应不同，从而对湿地的净化效果影响也大不相同。据研究，表流湿地中，芦苇和香蒲对有机物都具有良好的去除效果，尤其在去除 TN、TP 方面，效果明显；芦苇、香蒲等都能够有效降低污水中 COD，BOD5 浓度。

鉴于此，结合该工程的立地条件，选取易成活且净化效果良好的植物种，潜流湿地水生植物选择种类为：芦苇、香蒲和美人蕉，栽植方式为分区片植。表流强化处理塘的植物选择：挺水植物为芦苇、香蒲、美人蕉、黄花鸢尾、千屈菜；浮叶植物为荷花、荇菜；沉水植物为狐尾藻、菹草、马来眼子菜和微齿眼子菜，栽植方式为混植。

表 9-1-16 人工湿地植物配置

序号	植物	拉丁学名	科	属	生长期（月）
1	芦苇	Phragmites communis	禾本科	芦苇属	7 ~ 11
2	香蒲	Typha orientalis	香蒲科	香蒲属	5 ~ 8
3	水生美人蕉	Canna generalis	美人蕉科	美人蕉属	4 ~ 10
4	千屈菜	Lythrum salicaria	千屈菜科	千屈菜属	6 ~ 10
5	黄花鸢尾	Iris pseudacorus	鸢尾科	鸢尾属	5 ~ 8
6	荷花	Nelumbo nucifera	睡莲科	莲属	4 ~ 10

续 表

序号	植物	拉丁学名	科	属	生长期（月）
7	荇菜	Nymphoides coreanum	龙胆科	莕菜属	5～10
8	穗状狐尾藻	Myriophyllum spicatum	小儿仙草科	狐尾藻属	4～9
9	菹草	Potamogeton crispus	眼子菜科	眼子菜	4～7
10	马来眼子菜	Potamogeton malaianus	眼子菜科	眼子菜属	6～10
11	微齿眼子菜	Potamogeton maackianus A.Benn	眼子菜科	眼子菜属	6～9

（1）潜流湿地植物布置

挺水植物按照多株丛式栽植，植物栽植密度以及单丛株数参照设计规范以及《人工湿地植物配置与管理》中的推荐数值，考虑到植物生长过程中由于自然生长其密度不断增加，初期种植不宜直接达到推荐密度，设计栽植密度取推荐密度的 1/3 左右，栽植方式为片植。同时，为保证植物成活率，单丛株数不宜过低，本设计选取推荐数值的下限。该区域植物配置详见表 9-1-17。

表 9-1-17 潜流湿地植物栽植设计表

植物种类	植物名称	栽植密度		单丛株数		综合密度
		推荐	设计	推荐	设计	
挺水植物	芦苇	10～12丛/m²	4丛/m²	3～5株/丛	3株/丛	12株/m²
	香蒲	7～10株/m²	3株/m²	—	—	3株/m²
	水生美人蕉	9～12株/m²	3株/m²	—	—	3株/m²

（2）表流强化处理塘植物布置

处理塘水深小于 0.5m 的岸边采用千屈菜、美人蕉、鸢尾、芦苇、香蒲等挺水植物进行搭配布置。处理塘内水深大于 0.5m 的种植浮叶植物和沉水植物，如菹草、眼子菜、狐尾藻、荷花、荇菜等，以进一步强化对水中污染物的去除，栽植方式为混植。考虑到植物生长过程中密度不断增加，初期布置不宜直接达到推荐密度，设计栽植密度取推荐密度的 1/3 左右。植物配置详见表 9-1-18。

表 9-1-18 表流处理塘湿地植物栽植设计表

植物种类	植物名称	栽植密度		单丛株数		综合密度
		推荐	设计	推荐	设计	
挺水植物	芦苇	10～12丛/㎡	4丛/㎡	3～5株/丛	3株/丛	12株/㎡
	香蒲	7～10株/㎡	3株/㎡	—	—	3株/㎡
	千屈菜	7～10株/㎡	3株/㎡	—	—	3株/㎡
	水生美人蕉	9～12株/㎡	3株/㎡	—	—	3株/㎡
	黄花鸢尾	16～25丛/㎡	7丛/㎡	2～3株/丛	2株/丛	14株/㎡
浮叶植物	荷花	1.0株/㎡	0.5株/㎡	—	—	0.5株/㎡
	荇菜	100～150株/㎡	40株/㎡	—	—	40株/㎡
沉水植物	菹草	10～12丛/㎡	4丛/㎡	4～6株/丛	4株/丛	16株/㎡
	穗状狐尾藻	9丛/㎡	3丛/㎡	5～6芽/丛	5芽/丛	15芽/㎡
	马来眼子菜	9丛/㎡	3丛/㎡	5～6芽/丛	5芽/丛	15芽/㎡
	微齿眼子菜	9丛/㎡	3丛/㎡	5～6芽/丛	5芽/丛	15芽/㎡

（八）人工湿地场区及管理设施

本次人工湿地的净化处理水源是恒安污水处理厂经中水管网输送至河道下游左岸的闸阀井，通过闸阀井连接人工湿地的配水渠。人工湿地管理用房等管理设施和泵房统一考虑，不在本节进行论述。本节主要包括管理道路、水质监测设备和植物收割设备的设计。

1. 场区平面设计

（1）平面设计原则

①功能分区明确，构筑物布置紧凑，减少占地面积。

②考虑湿地与泵站结合，使工程相对完整、集中，便于运转管理。

③力求流程简短、顺畅，避免迂回曲折。

④建筑物尽可能布置为南北朝向，厂前区位于主导风向的上风向。

⑤场区绿化率不低于40%，总面积布置满足消防的要求。

⑥交通顺畅，便于管理。

（2）场区平面设计

场区内布置有潜流人工湿地、表流湿地塘等。潜流湿地区的设置地面标高高于表流湿地区，建设区内尽量采取无动力布水，实现潜流人工湿地出水可自流进入表面流湿地区。

场区内保证优美的环境，力求在有限的场地内创造出赏心悦目的清心怡人的环境。

（3）场区道路

为便于湿地日常运行管理、水质监测和植物养护收割，在潜流湿地的四周及每组湿地之间设置混凝土管理道路，路面宽3m，结构为C25混凝土，路面厚20cm，路长1 610m。

2. 场区竖向设计

竖向设计原则：尽量避免二次提升，节省能耗。尽量减少场区填方量，节省投资。便于与周边道路及环境衔接。

竖向设计：在土方平衡的基础上，尽可能减少构建筑物的基础处理、挖填方量。主要构（建）物基础尽量放在原状土上，避免回填土层，减少人工基础，保证安全，节约投资。

3. 管理监测设备

（1）植物收割设备

根据工程实际需要，考虑植物生长的周期及水生植物收割，湿地配置6台芦苇收割机收割挺水植物。

（2）水质监测设备

为及时跟踪监测来水水质，以及系统进出水水质情况，需要配置相应的水质监测设备和监测手段对系统进出水中营养盐、有机污染物等进行监测。在潜流湿地的进水口、A组湿地和C组湿地的出水口、表流处理塘的出水口各设置一个监测断面，对处理水质进行定期监测，配套水质监测设备共4台。

六、河道垃圾处置工程

（一）垃圾处理方案简介

目前，城镇生活垃圾处理方法主要有：垃圾卫生填埋法、垃圾高温堆肥法、垃圾焚烧处置法。

1. 卫生填埋法

卫生填埋作为一种工程处理工艺，是将垃圾置于相对封闭的系统中，使之对周围环境的影响降低到最低程度。它有一套严格的操作程序相应的技术措施，因而能减少和防止垃圾对环境造成危害。卫生填埋不仅是主要的垃圾处理方法，而且也是其他处理方法二次废弃物的最终处置途径，是必不可少的。卫生填埋和其他处理方法相比，具有投资较少、消纳量大、处理彻底等优点。

2. 堆肥法

堆肥处理即利用自然界广泛分布的细菌、放线菌、真菌等微生物，有控制地促进可降解有机物向稳定的腐殖质转化的微生物学过程。垃圾堆肥工艺全过程分两个阶段完成，第一阶段（初级发酵）为高温发酵灭菌过程；第二阶段（次级发酵）为中温发酵腐熟过程。

从堆肥物料在反应系统内的状态来分，还可分为动态堆肥和静态堆肥。从机械化程度高低来分，又可分为机械化堆肥和简易堆肥。

从堆肥技术而言，堆肥法是可以实现的，但是由于一些客观因素的影响，发达国家利用堆肥法处理城市垃圾的比例一直不大。影响垃圾堆肥技术应用的原因主要有以下几个方面：

（1）臭气污染。堆肥的发酵过程中会产生大量的臭气，如果得不到有效的控制，常常造成严重的大气污染。

（2）堆肥质量差。由于垃圾中混有玻璃和金属等杂质，有时会导致堆肥成品中含有玻璃碎屑或重金属成分超标，导致质量不佳。

（3）产品销路。由于堆肥的质量以及用户接受能力等因素，常影响堆肥产品的销路，这也是许多堆肥厂失败的重要原因之一。

（4）运行费用较高。先进的机械化堆肥和动态堆肥技术能有效地缩短发酵周期，提高堆肥效率，但是同时也提高了运行费用。

因此，鉴于堆肥技术是一种对生态环境影响较小并具有显著的资源化功能的实用技术，在保证堆肥产品质量充分考虑销售市场和价格等因素的前提下，可以考虑采用该方法对垃圾进行预处理。

3. **焚烧法**

焚烧是目前世界上一些经济发达国家广泛采用的一种城市生活垃圾处理技术。垃圾焚烧可使垃圾中碳水化合物转换成 CO_2+H_2O，同时在高温下杀灭病毒、细菌。在焚烧过程中所产生的热能可以得到合理利用，因此焚烧是目前垃圾处理中无害化最彻底的方法之一。该处理技术特点如下：

（1）垃圾焚烧处理后，垃圾中的病原体被彻底消灭，燃烧过程中产生的有毒有害气体和烟尘经处理后达到排放要求，无害化程度高。

（2）经过焚烧，垃圾中的可燃成分被高温分解后，一般可减容 80% ~ 90%，减容效果好，可节约大量填埋场占地，经分选后的垃圾焚烧效果更好。

（3）垃圾被作为能源来利用，垃圾焚烧所产生的高温烟气，其热能被废热锅炉吸收转变为蒸汽，用来供热及发电，还可回收铁磁性金属等资源，可以充分实现垃圾处理的资源化。

（4）焚烧处理可全天候操作，不易受天气影响 .

当然，焚烧方法也有其局限性：首先，焚烧法投资大，占用资金周期长；其次，焚烧对垃圾的热值有一定要求，一般不能低于 5000KJ/Kg，限制了它的应用范围；另外，焚烧过程中产生的“二噁英”问题，必须有很大的资金投入才能进行有效处理。

4. **× × 市垃圾处理方式及处理规模**

根据 × × 市市政管理委员会提供信息，目前 × × 市城区所有垃圾都是收运至 × × 市富乔垃圾焚烧发电厂进行处理，市区无垃圾填埋场。

××富乔垃圾焚烧发电厂设计处理能力1 000t/d，2015年实际日处理量1011t/d，处理收费标准为122元/t。垃圾发电厂具体位置：南郊区西韩岭乡马辛庄村。××富乔垃圾焚烧发电厂近六年各区的生活垃圾清运量详见表9-1-19。

表9-1-19 ××富乔垃圾焚烧发电厂近五年生活垃圾清运量

单位：t

区域年份	2010年	2011年	2012年	2013年	2014年	2015年
城区	98 850.45	134 204.52	153 144.93	17 8002.86	224 170.13	220 335.21
矿区	11 347.13	44 837.57	16 728.04	18 819.82	23 768.04	26 279.37
南郊区	11 881.31	15 799.91	11 746.26	16 241.73	23 260.71	19 679.26
开发区	579.16	770.94	776.95	1274.22	1789.47	1691.38
同煤	37 099.89	43 119.71	54 904.06	64 625.46	83 654.64	97 672.71
御东区	0	0	0	11 218.59	6 034.3	3 936.18
合计	159 757.94	238 832.65	237 300.24	290 182.68	36 2695.29	369 594.11

（二）垃圾处理工艺的比选

由于该项目所在区域地质条件（××河洪积扇）较差，地下水位过高，因此不适宜卫生填埋。

堆肥处理即利用自然界广泛分布的细菌、放线菌、真菌等微生物，有控制地促进可降解有机物向稳定的腐殖质转化的微生物学过程。从堆肥技术而言，堆肥法是可以实现的，但是产生大量臭气、堆肥质量相对较差、产品销路差以及运行费用高等客观因素的影响，利用堆肥法处理城市垃圾的比例一直不大。

由于目前××河河道垃圾堆放量巨大，垃圾中可回收部分回收率较低；垃圾中可燃物比例相对较少，热值偏低，垃圾低位热值小于5 000kJ/kg，容量满足不了现状需求。

根据比选，由于该工程垃圾混杂，导致混合垃圾热值较低，影响焚烧处理效率；卫生填埋处理占地面积大，且地质条件不符合选址要求；由于项目区附近有居民区分布，而堆肥法会产生大量臭气、堆肥质量相对较差、产品销路差以及运行费用高等客观因素决定了该项目垃圾不适合采用堆肥处理；因此，工程主要采用外运至综合利用单位进行综合资源化利用。

（三）河道垃圾处理方案

该工程河道垃圾处理推荐××市××河河道垃圾进行资源化利用方案。根据垃圾组分的不同分不同的处置方式，一是建筑垃圾结合河道规划、景观要求就近填埋，封场绿化；二是对生活垃圾进行外运处置，交由××联绿科技有限公司进行统一资源化利用。该处

理方案符合 ×× 市的经济发展趋势，操作管理也较简便，可以把 ×× 河河道生活垃圾对环境的污染影响减小到最低程度，取得最佳的社会、环境和间接的经济效益。

在该项目施工过程中，施工单位集中收集的河道内垃圾由 ×× 联绿科技有限公司外运至 ×× 联绿科技有限公司厂址处，该公司具备垃圾暂存场和分拣能力，由该公司负责进行垃圾分拣及资源化利用，能够保证 ×× 河沿线垃圾实现资源化、无害化、减量化处置。

×× 河河道垃圾处置工艺过程为：收集 ×× 河河道垃圾运输至 ×× 联绿科技公司厂区内暂存—下料— 一次破碎— 一次输送— 一次分拣— 二次破碎— 二次输送— 二次分拣— 清洗— 浮选等。主要原辅材料包括废弃砖块、废弃混凝土、废弃钢筋、河道淤泥等，通过二次分拣后的不可利用垃圾，由 ×× 联绿公司负责运往 ×× 市富侨焚烧发电厂。

×× 联绿公司年处理建筑废弃物 200 万吨，垃圾暂存场容积为 32 000m³。该项目河道垃圾量为 41.7 万吨（平均密度按 1.37t/m³ 计算），清理河道垃圾工期为 14 个月。项目施工期，×× 联绿公司可处理垃圾量为 280 万吨，远远大于该项目垃圾处置量，其垃圾暂存场可以暂存该项目一个月的垃圾运输量，可以满足项目施工期间的垃圾转运和分拣时间要求。

分拣过程中的中间产品去向：

（1）再生粗骨料用于生产再生混凝土、再生沥青混凝土。

（2）再生细骨料用于生产再生混凝土、再生沥青混凝土、干混砂浆。

（3）再生低活性微粉（主要为砖粉和石粉）用于生产再生砖、高活性微粉、无机料、干混砂浆、陶粒、再生沥青混凝土、再生混凝土等。

（4）渣土用于生产无机料和陶粒。

（5）有机轻质物（生活垃圾等可燃物）暂存于 ×× 联绿科技有限公司厂区内，达到一定数量后运至 ×× 市焚烧发电厂焚烧发电。

（6）废旧金属产能 1.5 万吨 /a，打包后直接出售。

因此，该工程的垃圾交由 ×× 联绿科技有限公司进行资源化再利用是适用于该工程的垃圾处置方案。

七、水生态修复与保护

水生态修复与保护的目的是构建“多自然型生态河道”，即“多种动植物及微生物可以共存、繁殖的河道”。构建多自然型的生态河道主要通过河道环境条件的天然模拟和强化，在河道整治中创造条件，结合生态护岸建设，采用“生态修复转化技术”（包括生态浮岛技术和水生植物修复技术等），在再生河道生物群落的同时，实现岸边、水中、水底的生物多样性，创造良好的生态环境和自然环境。

天然河道是一个复杂的生态系统，由不同的生物群落所组成，包括：水体的河床部分（水生生物区）、河滩部分（水交换区、两栖区）和受水影响的河岸区。工程采用“生态修复转化技术”，从这三个层次上通过天然模拟和强化，营造适于各种生物栖息繁衍的环境条件，再生各种生物群落，在逐步修复水生态的基础上，通过河流生物链的作用，消化和吸收内外污染源，增强水体的自净能力，重建河道良好的生态系统。

（一）水生植物修复技术

在自然生态系统中，自然河流的河岸带水生植物对稳定河岸、提供野生动物栖息地、维持河流生态系统的完整性起着重要作用。针对 ×× 河河道季节性强，河滩地植物带破坏明显，在河滩以及河道浅水处种植水生植物，人工恢复河岸植物带是一种重要的恢复河流生态系统的措施。

该工程利用水生植物修复技术，在河道整治中创造条件，结合生态护岸建设，在河道浅滩以及浅水区栽植水生植物，模仿河道原有水陆边缘的生态、景观的连续性，重新构建河岸植物带，促进河岸生态系统的良性重建。

河岸带是河流水陆交界处重要的敏感区域，国内外多年的研究成果和实践表明，河岸带植被的恢复和数量的增加，对非点源污染过程具有强烈的过滤和缓冲作用，可有效净化入河水质，恢复河滩地动植物生态环境、增加生物多样性，增强河道及岸线稳定、防止河岸侵蚀，起到延缓或遏制水环境恶化的作用，也有利于河道生态环境的优化。

河岸植物带生态系统的构成，是以岸栖生物栖息环境为基础，通过岸边水生植物群落的恢复，形成各类植物群落和生态景观连续过渡，形成水陆交融的景观和健全生态功能的滨水地带。水生植物是河岸带生态系统结构和功能的基础，建成后经过长期的自然演化逐步发育稳定，属性逐步接近于自然湿地植被，功能上兼顾水质净化功能和生态景观功能，结构上追求与功能和环境的统一。

该工程河岸带修复主要结合生态蓄水湿地的建设进行，在生态蓄水湿地的周边进行合理的植物搭配，做到挺水植物、浮叶植物和沉水植物的立体配置，实现水生向陆生生态系统的过渡。

（二）生态浮岛

生态浮岛技术是利用生态工程学原理，在受污染河道，用木头、泡沫、海绵以及复合材质等轻质材料搭建浮岛，以浮岛作为载体，在水面上种植植物，构成微生物、昆虫、鱼类、鸟类、植物等自然生物栖息地，形成生物链来帮助水体恢复，降解水体的 COD、氮、磷的含量，主要适用于富营养化及有机污染的河流。除此之外，还具有为生物提供生息空间、改善景观以及消波护岸的功能。

生态浮岛技术的核心是将植物种植于水体水面上，利用植物的生长从污染水体中吸收大量污染物质（主要为氮、磷等营养物质），并通过收获植物体的方法将其搬离水体。还可以在植物根部放置软性填料，进一步促进植物生长，去除水中污染物质。浮岛植物与微生物之间形成互生协同效应：浮岛植物输送氧气至根区，在根区形成好氧、兼性和厌氧的不同小生境，为多种微生物的生存提供适宜的环境，同时微生物可以把一些植物不能直接吸收的有机物降解成植物能吸收的营养盐类。浮岛上的植物吸收了营养物质后会得到很好的生长，当植物在水面占据一定面积后，会减少阳光的摄入，从而有效的使得水体中弱藻类的光合作用减弱，很大程度上延缓了藻类的生长。

生态浮岛的优点：可就地处理河流，工程量小，投资省；避免重复污染，重复治理，实现一次投资长期受益；能够满足景观空间形态的需求，综合岸线景观、水面植物进行适当的景观组织；结构具有足够的稳定性，经久耐用；经济上载达到设计效果的同时减少投资成本；可扩展，便于运输易于拼接，可自由组合。

该工程设置生态浮岛共 3 000 ㎡，包括漂浮型生物浮岛 1 000 ㎡和悬浮型生物浮岛 2 000 ㎡。浮岛中植物的选择均采用当地适生物种，以耐污抗污、且具有较强的治污净化潜能的植物为主。漂浮型浮岛种植挺水植物，植物选择：芦苇、石菖蒲、千屈菜、黑三棱、灯芯草等；悬浮型浮岛种植沉水植物，植物选择：苦草、狐尾藻、金鱼藻、菹草、眼子菜等。生态浮岛布置于生态蓄水湿地中，在蓄水湖内水流较为缓慢的区域内设置。

（三）人工复氧等水体富营养化防治措施

为防止生态蓄水湿地中局部岛屿之间的水体流动过于缓慢而使得水体趋于富营养化，根据有关研究成果，静水条件是微囊藻形成的关键因素。在静水条件下，微囊藻可以形成团块，维持在水体的有效光合层，在适宜的光照和营养条件下，微囊藻可以大量暴发，借助形成伪空泡上升到湖面形成富营养化的水面，采用人工复氧技术进行景观湖的水质维护，避免水体富营养化。

1. 人工复氧净化水质的机理和适用范围

水体的溶解氧是反映水体受污染程度的一个重要指标，水中微生物依靠消耗溶解氧以好氧方式分解受污染水体中的有机物，而大气中的氧也能不断地溶解到水中以补充消耗掉的氧，若水体污染程度过于严重，水中有机物含量过高，溶解氧的消耗超过大气复氧速度，水体溶解氧将逐渐下降乃至耗尽，有机物的分解方式便转为厌氧分解，厌氧分解产生的二价硫（S^{2-}）和铁离子（Fe^{2+}）会形成硫化亚铁（FeS）沉淀而造成黑色沉积，并产生 H_2S 臭味。由此可知，溶解氧在河水自净过程中起着重要的作用。而单靠大气复氧，河水的自净过程将非常缓慢。一条水流湍急且带有许多急弯和跌水的河道依靠水流紊动的增加，可改进氧的传递和扩散，对污染负荷的去除率可达到水流滞缓河流的 10 ~ 15 倍。通过人工复氧，可提高水体中好氧微生物降解有机物的能力。对黑臭河流进行人工复氧，还能迅速氧化有机物厌氧降解时产生的 H_2S 及 FeS 等致黑、臭物质，有效地改善或缓解黑臭现象，能使河道的上层底泥中还原性物质得到氧化或被好氧生物降解。目前，如德国的鲁尔河、萨尔河，英国的泰晤士河、特伦特河，美国的圣克鲁斯港、密西西比河，重庆的桃花溪、上海的苏州河等为改善水体的缺氧状态均装设了曝气装置，人工复氧技术广泛地适用于各种规模体量的池塘、溪流、湖泊、河流、港口等受污染水体。

2. **人工复氧技术的方案选择**

生态蓄水湿地面积较大，在东西区各设一处生态蓄水水面，正常蓄水水深为 1 ~ 2m，东区蓄水面积约 10.1h ㎡，西区蓄水面积约 8.9h ㎡，总蓄水面积约 19h ㎡，静水区域湖面面积约 2.15h ㎡，水体体积约 4.3 万 m^3。人工复氧采用 SOLARPL 推流式太阳能曝气机，该系统是利用太阳能作为驱动力的多功能高效增氧曝气系统。曝气主机的帆页型旋转叶轮以微小的动力推动水流，在推动水流的同时将空气注入水中，增加底层以及远处水体的溶解氧，从而提高水体自净能力。

SOLARPL 推流式太阳能曝气机净水原理该系统采用太阳能作为设备运转的直接动力，设置独特的转盘式复氧叶轮，通过转盘叶轮旋转拨动水循环，将水横向推流输送至远端，底部缺氧水体向上补充，实现循环推流、混合和复氧等多重功效。

SOLARPL 推流式太阳能曝气机具有以下功能：

横向推流混合复氧：循环推流过程同时是一个混合、复氧过程，提高底层水体溶解氧含量，抑制磷释放。

激发水体自净能力：富氧水流改善水体底质，激发底泥生物活性，水体自净负荷大大提高。

强力推流制造活水：形成横向和纵向循环活水流，消除水体自然分层。

SOLARPL 推流式太阳能曝气机结构由太阳能供电系统、控制系统、直流变频马达、专用浮体、推流富氧叶轮、连接框架、防护罩等部分组成，通过连接框架有机连为一体。

SOLARPL 推流式太阳能曝气机采用直流变频马达，静音运转；推流、混合、复氧等多重作用；安装简单方便，无须专人值守；微动力层流大流量高效水循环；使用耐腐性材料，使用寿命长；漂浮安装，不受水位变化影响。由于采用太阳能，投资成本比纯氧增氧系统、叶轮吸气推流式曝气器和水下射流曝气设备等低，技术成熟，运行管理费用低，效率高，寿命长，适用于生态蓄水湿地静水区域使用。

3. **曝气系统的曝气量计算**

对于河流等流动水体需氧量的计算，上海市环境科学研究院曾在苏州河曝气复氧工程方案研究中建立了一种简便的组合式推流反应器模型。该模型是将河流近似地看作多个推流式反应器的串联组合，在充分利用河道现有水质、水力资料的基础上，对相关边界条件作了合理简化和假设后，综合考虑了还原物质耗氧、有机物耗氧、硝化耗氧、底泥耗氧等耗氧作用和大气复氧、藻类光合作用复氧等复氧作用而建立起来的。对外界输入污染负荷较小的情况，可以采用基于一级反应的箱式模型。生态蓄水湿地景观湖周边无污染源汇入，上游来水水质为Ⅳ类，符合箱式模型适用条件，为方便起见，只考虑有机物生化降解与大气复氧作用，则：

$$O=\left[1.4L_0\left(1-e^{-k_1t}\right)-\left(C_v-C\right)\left(1-e^{-k_2t}\right)+C_m\right]\bullet V$$

式中 O—水体的需氧量，g

V—水体的体积，m³

t—充氧时间，d

C—水体的溶氧量浓度，mg/L

L_0—水体初始的 BOD5 浓度，mg/L

K_1—BOD5 生化反应速率常数，d-1

C_v—水体的饱和溶氧量，mg/L

K_2—水体的复氧速率常数，d-1

C_m—维护水体好氧微生物生命活动的最低溶解氧浓度，一般取 2mg/L

充氧时间 t 根据下式确定：

$$L = L_0\left(1-e^{k_1 t}\right)$$

式中 L—水体改善后的 BOD5 浓度，mg/L

公式 $O=\left[1.4L_0\left(1-e^{-k_1 t}\right)-\left(C_v-C\right)\left(1-e^{-k_2 t}\right)+C_m\right]\bullet V$ 中，数据统一取为温度 25℃下的值，水体体积 V=43050m³，水体初始 BOD5 浓度 L0=6mg/L，BOD5 生化反应速率常数 $K_1 = 0.1\,d-1$，水体的复氧速率常数 $K_2 = 0.1\,d-1$，水体饱和溶氧量 $C_v = 8.38\,mg/L$；根据公式 $L = L_0\left(1-e^{k_1 t}\right)$ 计算出充氧时间 $t = 6d$。

将上述数据带入公式

$O=\left[1.4L_0\left(1-e^{-k_1 t}\right)-\left(C_v-C\right)\left(1-e^{-k_2 t}\right)+C_m\right]\bullet V$，计算得 $O = 144759g = 101$ m³。考虑充氧时间（$t = 6d = 144h$）、氧转移效率（取 15%）、空气含氧比例（约 21%）等因素，采用的曝气机功率在 550W，增氧能力在 0.41 ~ 0.53kgO_2/h，动力效率 0.74 ~ 0.96（KgO_2/kwh），循环通量在 780m³/h，计算出供气量 GS=0.4m³/min。同时，生态蓄水湿地的水体不存在黑臭问题，增氧曝气机主要是起到改善流场，水质维护的作用，因此，按此需求曝气机数量取计算值的 50%，安装推流式太阳能曝气机 18 台。本设计在生态蓄水湿地水体流动缓慢区域，人群亲水区域，结合生态浮岛的布置。

4. **鱼类种群放养**

水体生态修复工程依照标本兼治的原则，在采取曝气等措施的同时，通过生物、物理等措施，对河道生态系统内部的结构与功能进行调整，促进河道生态系统向良性循环恢复。

在水生植物修复技术使用的同时，应从整个河道生态系统的角度上，结合生物操纵技术，放养适量鱼类，提高水生生物多样性，促进生态系统的恢复与重建，恢复河流水体生态系统的自我维持和良性发展的能力。鱼类作为生态系统中的重要消费者和最活跃的生物因子，直接吞食浮游植物和浮游动物，可直接控制藻类的生长，在维持水体生态系统健康和水质管理中具有重要作用。食物链短的鱼类，可有效地利用生产者所固定的能量；碎屑食性的鱼类可，提高水体中死亡有机物质的利用率。以“四大家鱼”为例，鲴鱼摄食软体动物，活动于水底，草鱼牧食水草，活动水层常略高于鲴鱼，鲢、鳙都是专性浮游生物过滤收集者（鲢鱼主要滤食 15 ～ 50um 浮游生物，鳙鱼主要滤食 40 ～ 110um 的浮游生物，因而在食物性质上鳙鱼获得相对较多的浮游动物，而鲢鱼则以浮游藻类为主）。由于鱼类是淡水生态系统中的高级消费者，生产性养鱼活动势必影响淡水水域其他生物（尤其是饵料生物）的群落结构、水体营养物质的状态和水平乃至系统的结构和功能。

在生态蓄水湿地运行后，河道中水生植物的数量大量增加，为促进河道生态系统稳定且便于管理，可利用生物操纵的方法，即利用草食性鱼类吞噬生长过剩的菹草等水生植物。该方法不仅可消除水草，促进了鱼类生产，还可省去了人工打捞水草后处理问题。

鱼苗放流种类选择：草食性鱼类主要是草鱼，水生物修复放养的鱼苗可用草鱼、鲂鱼，为了保持水体水生物平衡，还应投放鲤、鲢、鳙等鱼种。鱼苗放流全年实行三季放流模式，效果更为显著。春季放流草鱼、鲂鱼、鲢鳙鱼，夏季放流优质夏花鱼种，秋季放流大规格鱼种，计划共放流 3 万尾鱼苗。第一阶段（春季）放流的鱼种有草鱼、鲂鱼、鲢鳙鱼，放流规格分别为 0.2 ～ 0.5 斤 / 尾、0.2 ～ 0.5 斤 / 尾、0.1 ～ 0.3 斤 / 尾。第二阶段（夏季）放流的鱼种有细鳞斜颌鲴、草鱼、鲂鱼、鲢鳙鱼，放流的规格为夏花。第三阶段（秋季）放流的鱼种有草鱼、鲂鱼、鲢鳙鱼，放流规格分别为 0.1 ～ 0.3 斤 / 尾、0.05 ～ 0.2 斤 / 尾、0.1 ～ 0.3 斤 / 尾。

鱼苗放养保护及渔业捕捞管理：采取多项措施保护放流鱼苗，规范周边居民捕捞行为，保护增殖放流行动成果。保护放流鱼苗。严格清理地笼网，杜绝非法捕捞。放流期间，设置专人沿河道进行巡逻检查，保护鱼苗安全度过适应期。加大生态环境保护宣传力度，深入周边小区宣传生态环境的保护知识，提高沿河小区居民爱护鱼类、保护水生态环境意识，努力营造人人保鱼护鱼的良好氛围。

该工程通过放养食浮游生物的滤食性鱼类来直接摄食藻类，放养草食性鱼类吞噬生长过剩的菹草等大型水生植物，各种鱼类对应的饵料资源见表 9-1-20。放养的鱼类品种采用：草鱼、鲂鱼、鲢鱼，以及引入细鳞斜颌鲴等以下碎屑为主要食物的鱼类，共放流鱼类 30000 尾。

表 9-1-20 鱼类品种对应的饵料资源表

序号	鱼类品种	饵料资源
1	鲢鱼	浮游植物
2	鳙鱼	浮游动物
3	编鱼、草鱼	水生高等植物
4	青鱼、鲤鱼	底栖动物

5. **工程量**

水生态修复与保护工程量见表 9-1-21。

表 9-1-21 水生态修复与保护工程量表

序号	项目	单位	工程量
1	生态浮岛	—	—
1.1	漂浮型生物浮岛	㎡	1000
1.2	悬浮性生物浮岛	㎡	2000
1.3	—	台	18
2	放养鱼苗	万尾	3

八、初期雨水径流污染治理方案

初期雨水，就是降雨初期时的雨水，一般是指地面 10 ~ 15mm 已形成地表径流的降水。由于降雨初期，雨水溶解了空气中的大量酸性气体、汽车尾气、工厂废气等污染性气体，降落地面后，又由于冲刷屋面、沥青混凝土道路等，使得前期雨水中含有大量的污染物质，前期雨水的污染程度较高，甚至超出普通城市污水的污染程度。经雨水管直排入河道，给水环境造成了一定程度的污染。

根据相关研究，污染物随降雨过程变化的趋势为初雨径流污染物浓度很高，随着降雨历时的延长，污染物浓度逐渐下降并趋于稳定。雨水径流中 SS 含量最高，且 SS 也是 COD 的主要贡献，溶解态的 COD 占总 COD 的比例较小；雨水径流中 NH3-N 的浓度在 1 ~ 3mg/L 之间，TP 的浓度一般在 0.5mg/L 以下。根据研究，前 30% 的径流中含有 52.2 ~ 72.1% 的 TSS、53 ~ 65.3% 的 COD、40.4 ~ 50.6% 的 TN、45.8 ~ 63.2% 的 TP，可见，初期径流控制十分关键，有效地控制一定量的初期雨水，就可以有效地控制径流带来的面源污染。

常见的初期雨水截留处置措施包括截污装置、雨水塘、雨水湿地、渗透 / 生物滞蓄设施、过滤设施、植被设施及透水铺装等。

表 9-1-22 初期雨水截留处置措施

截留处置措施	服务面积（h㎡）	建设成本	运行维护成本	维修
雨水塘	4 ~ 20	中	低	每年例行检查
雨水湿地	1 ~ 20	中 ~ 高	中	每年例行检查，植被收割

续　表

截留处置措施		服务面积（hm²）	建设成本	运行维护成本	维修
渗透/生物滞蓄	渗透沟渠	0.8～1.6	中～高	中	沉积物清除
	渗透池	0.8～8.0	中	中	割草
	生物滞蓄	0.4～20	中	低	植被修剪/替换
过滤设施	地下砂滤	0.8～2.0	高	高	每年进行介质清理
	地表砂滤	0.8～2.0	中	中	一年两次介质清理
	有机质砂滤	0.8～2.0	高	高	每年进行介质清理
植被措施	植被浅沟	0.8～1.6	低	低	割草
	植被过滤带	<2	低	低	割草

（一）初期雨水径流污染控制策略

初期雨水径流污染控制策略主要包含：

源头治理：包括源头初期雨水弃流，以及利用下凹式绿地、透水铺装、雨水花园等措施将初期雨水在源头和点位上进行削减和净化等措施。

过程控制：过程控制是在城市径流运动的过程中，通过各种措施对水量和污染物量进行控制。

末端治理：在雨水下河口的附近建设初期雨水调蓄池，储蓄和处理初期雨水。

对初期雨水的污染控制以“源头削减”为主，“末端治理”为辅。

“源头削减”以海绵城市建设为主，通过沿河径流区域范围内，建设透水铺装、绿色屋顶、植草沟、下凹式绿地、雨水花园等，增加区域雨水渗漏，缓解排水系统压力，减少建筑屋面径流总量和径流污染负荷，降低雨水流速，在区域的开发空间增加承接和贮存雨水的条件，减少径流外排，加强区域雨水收集与净化。

“末端治理”以雨水排放口为主，在雨水下河排放口修建雨水调蓄池，雨水就地处理或通过水泵提升进入污水管网排入就近的城市污水处理厂处理。

（二）××河初期雨水污染治理思路

该工程在××河河道及两岸设置了大面积生态蓄水湿地和下凹式绿地，对地表漫流的雨水径流起到了拦截、蓄滞、过滤、净化的效果。由于初期雨水径流污染治理工作涉及多行业多区域，需要海绵城市建设、沿河截污改造、农田面源控制等多项措施共同实施，本次工程范围仅为河道堤防以内的区域，因此，仅针对河道范围内采取有利于雨水污染净化的措施，对于河道范围以外的区域仅提出建议，具体内容由海绵城市建设、××河沿线截污等其他项目进行设计。

××河雨水径流入河途径主要为沿河排污口、雨水排放口、农田涝水排放口、雨水干渠等，在规划的××河截污工程实施后，雨水径流就成了××河及其支流的主要面源污染。针对不同的排放途径，建议采取不同的“末端治理”方案。

对于沿河排污口建议结合沿岸截污改造工程，同步进行初期雨水径流污染治理工作。

对于沿岸集中雨水排放口，采取“末端治理”思路，在雨水排放口旁设置雨水径流污染物分离装置和初期雨水调蓄设施，在初期降雨时，初步分离后的雨水进入雨水调蓄池，再进入污水处理厂进行处理；在后期降雨时，分离后的雨水可排入河道。

对于农村地区，沿河两岸布置生态拦截沟渠，将农田退水、初期雨水拦截后，就近接入附近的坑塘，并进行坑塘生态化改造，最后退水进入河道。

对于排洪渠及雨水干渠汇入××河处，利用生态蓄水湿地公园内的生态塘进行处理。

（三）初期雨水污染控制设施

该工程建议尽快在雨水排放口建设雨水拦截预处理设施、初期雨水调蓄池，在雨水干渠汇入××河处修建雨水净化生态塘。其中雨水排放口应由沿河截污工程或海绵城市建设实施，本专题仅给出方案建议，具体内容由相关工程设计完成；雨水净化生态塘可在××河生态蓄水湿地内结合蓄水湿地水面共同建设，本专题给出生态塘的设计内容，具体工程量及投资详见××河生态蓄水湿地专题。

1. 初期雨水拦截预处理

本方案建议在××河及其排洪渠和雨水干渠沿岸的雨水排放口处，采用高效水力涡流除砂设备对初期雨水进行污染拦截，该设备能够有效去除雨水径流的悬浮物，漂浮垃圾和油污，主要用于雨水径流预处理，在很广泛的流量范围内对沉积物，油污和悬浮物有很高的去除率。该设备拥有旁路设计应对未处理的高峰流量，以防止储存污染物被冲走，其适用流量范围广，去除效率高，水头损失小，结构紧凑使其占地面积小，适用于河道旁雨污分流排水口的雨水径流处理。

高效水力涡流分离是一个复杂的在低能量旋转力区域增加重力分离的水力学过程。在高速偏转时，设备的内部流量调节部件利用旋流的能量最大限度地增加分离时间。初期雨水由切向进入腔体形成旋流。中心柱和导流筒形成外部和内部螺旋形流动，从而保证在进出口之间污染物有最长的停留时间。装置拦截分离的浮渣、油脂及沉沙分别存储于外腔顶部及设备底部，开启顶部顶盖可向浮渣区及沉淀区分别送入吸污管，日常维护可通过市政吸污车轻松完成操作。

2. 初期雨水调蓄池

初期雨水调蓄池作为初期雨水收集处理的重要设施，是城市排水系统溢流污染控制的主要技术措施。常见的调蓄池以污染物输送处理线路分为分流制调蓄池及合流制调蓄池。初期雨水调蓄池一般与排水系统的雨水泵站结合布置。根据可利用建设用地的大小，可采用与泵站合建或分建的方式。分建方式为平面上将调蓄池及泵房分开布置，两座构筑物理深均较小，基坑开挖深度较小；合建方式是将调蓄池叠放在泵房下方，尤其是在用地受到限制时常采用此种模式。

3. **雨水净化生态塘**

在排洪渠和雨水干渠汇入 ×× 河处，结合生态蓄水湿地布置雨水净化生态塘，在 ×× 河堤防以内、生态蓄水湖外侧建设雨水净化生态塘，塘深约 3m，水深约 2m。生态塘内种植水生植物，对汇入的雨水进行净化，生态塘出口与蓄水湖相连，净化后的雨水进入蓄水湖。雨水净化生态塘的平面布置与植物配置均考虑与生态蓄水湿地相结合（投资列入生态蓄水湿地），除暴雨期间发挥调蓄净化功能，平时也可发挥正常的景观功能。

第二节　城市水景生态防护技术应用——南京市外秦淮河综合整治工程

笔者有幸参与了南京市外秦淮河综合整治工作，现把此研究工作涉及本论文研究课题的内容做一简单介绍。

一、工程概况

秦淮河是南京市的主要河流，全长约 110 km，流域面积 2631 km。秦淮河干流在江宁东山镇分为两支，一支为秦淮新河，另一支从东山镇往北由七桥瓮进入南京城区。进入城区的秦淮河干流在江宁象房村附近又分为两支：一支为内秦淮河，另一支称为外秦淮河。外秦淮河经武定门节制闸环古城墙外转西折北，至三汊河口入长江，全长约 15.6。通常分为闸上段和闸下段两部分，闸上段指七桥瓮至武定门节制闸段；闸下段指武定门节制闸至三汊河口段。该研究范围为外秦淮河。

该研究根据生态系统和生态工程学的基本原理，结合景观规划，在总结国内外城市河流退化水生态修复最新研究成果，及系统调查外秦淮河环境状况基础上，提出了外秦淮河河道纵向植物群落构建方案和垂向植物群落构建方案和局部污染区域生态防护方案。

在外秦淮河水环境及水生态现状调查中，河岸带原生植被种类较丰富，但原生植被群落分布范围较窄，河道水生生物种类也较少。因此，重建外秦淮河水生态系统植物群落和水生生物群落是外秦淮河退化水生态系统修复的重点内容。

植物群落在形成河流物理和生物特性的过程中起着重要作用，选择适合河段重建植物群落能够改变河流生境，使得水生生物群落经过自然选择、演化而自然修复，从而使水生态系统达到新的平衡。重建水生生物群落需要进行大量基础调查工作，如研究河流水生生物区系组成特点、数量、生物量及生产力等。该研究仅从植物群落角度提出生态防护总体方案。

1. 水动力状况

外秦淮河常水位为6.5m。非汛期水位为6.65 ~ 7.26m，超出常水位0.15 ~ 0.76m，边滩表层流速为0.001 ~ 0.124m³/s，底层流速为0.001 ~ O.100m³/s；汛期水位为7.21 ~ 12.06m，变幅大，超出常水位0.71 ~ 5.56m，边滩表层流速为0.619 ~ 1.463m³/s，底层流速为0.368 ~ 1.038m³/s。秦虹桥段由于河段右岸水面拓宽，存在低流速区；其余沿程各段的流场基本沿着河道，水流流态比较顺畅，无旋涡；各段水流流速横向变化不大，表层流速与底层流速的方向基本一致，横断面无明显环流。

2. 水体污染状况

秦淮河环境综合整治工程（一期工程）实施后，外素淮河水环境质量有了明显改善，但是仍然存在严重的局部水体污染及整个河道总氮严重超标现象。局部水体污染的成因主要是沿岸开发小区雨污水管混接，造成沿河的一些雨水泵站在旱天排泄污水下河。而每到雨季，沿外秦淮河老城区也有大量混合污水溢流而下，造成外秦淮河水体污染。

3. 河道生态系统受损情况

外秦淮河全长15.6km，河道已基本渠化，闸上段河道两岸大都为浆砌石护坡，闸下段河道两岸的护坡有土坡、浆砌石护坡和水工混凝框格护坡3种形式。根据现场调查和南京市水利规划设计院提供的资料，右岸约80%的岸坡已硬质化，左岸约60%的护坡已硬质化。

外秦淮河水生生物多样性欠缺，浮游生物和大型底栖无脊椎动物指标都很低。外秦淮河水体中生物优势种也多为耐污种。浮游植物以蓝藻门的颤藻和微囊藻为优势种；浮游动物以广布中剑水蚕、弯花臂尾轮虫和象鼻蚕为优势种，底栖动物以耐污的淡水单引蛆、羽摇蚊为优势种。

二、建设目标

通过应用生态防护总体方案，重建外秦淮河水生态系统的植物群落，有效控制沿岸带水土流失、污染物入河，使河水清澈，生物多样性中度，并且营造良好的水生态景观，形成健康、稳定的复合生态系统，进而达到美化外秦淮河，提升南京城市整体形象，改善人居环境之目的。

三、生态修复原则

1. 满足河道功能要求

（1）满足岸坡稳定要求。

（2）满足河道防洪排涝要求。

（3）满足河道景观要求。

（4）满足河道水环境功能要求。

2. **遵循生态系统修复原则**

（1）尽量保存和保护现有的生态系统。

（2）修复受损生态系统时尽量保持其完整性。

（3）尽量修复生态系统的自然结构和外貌环境。

（4）去除和减缓现存的容易引起生态系统退化的源头。

（5）设计成具有自我维持能力的生态系统。

（6）尽量利用当地物种，适当引进非当地物种，但要对引进物种进行监控栽种试验，以免引进物种压过当地物种成为优势种，影响当地物种生长。

3. **与城市生态景观和人文景观相协调**

（1）与外秦淮河水陆景观相协调一致。

（2）满足南京市旅游、休闲、娱乐等特点。

（3）符合南京本土的人文特征，不与当地文化习俗相冲突。

四、总体方案设计

生态防护总体方案是从重建外秦淮河退化水生态系统的植物群落角度提出的。按照河流空间尺度的不同，生态防护总体方案包括河道垂向植物群落构建方案和河道纵向植物群落构建方案。针对外秦淮河目前仍存在局部水体污染问题，总体方案可以考虑局部污染区域浮床布置方案。

1. **河道垂向植物群落构建方案**

河道垂向植物群落构建是指重建河道常水位以下区域、变化水位区域和洪水位以上区域（即水生带、湿生带及陆生带）的植物群落。针对各区域不同的高程范围，提出各区域的植物选择及配置方案，使外秦淮河河道垂向形成包括水生带、湿生带及陆生带的完整、健康、稳定，并具有一定自我调节能力的生态系统。

外秦淮河河底高程为 1.0m（其中三汊河口闸到入江口段 0.0m），常水位为 6.50m，设计洪水位为 10.60 ~ 11.60m。常水位以下区域的高程范围为 5.00 ~ 6.50m；变化水位区域高程范围为常水位 6.50m 至设计洪水位，洪水位以上区域高程范围为设计洪水位至岸坡坡顶。

（1）常水位以下区域

1）植物选择与配置原则

①选择耐污、净化能力强的水生植物；

②浅水处（水位 5.50 ~ 6.50m）选择多年生挺水植物，使其具有景观功能，营造亲水的自然风光；

③深水处（水位 5.00 ~ 5.50m）选择多年生景观型沉水植物与浮叶植物，在影响河道功能和安全的前提下，提高水质净化能力和丰富生物多样性。

2）植物选择

常水位以下区域可选择的挺水植物有水葱、芦苇、首蒲、荷花、水芹、千屈菜等；浮叶植物有芡实、睡莲、莕菜等；沉水植物有穗花狐尾藻、马来眼子菜、苦草、金鱼藻、黑藻、伊乐藻等。

3）常水位以下区域植物群落配置

常水位以下区域由高程 5.00 ~ 6.50m 依次种植沉水植物、浮叶植物、挺水植物。因浮叶植物需要有挺水植物提供生境，故浮叶植物应与挺水植物交错种植。依据各种植物的生物学特性，植物选型以苦草、芡实、莕菜、孤、葛蒲为主。景观河段种植金鱼藻、睡莲、水葱、荷花、千屈菜以美化环境，或种植芦苇群落形成特色景区。水葱、荷花睡莲等植物具有极高的观赏价值，可在沿岸带形成良好的水生植物景观。在局部水质较差的区域，种植较耐污的苦草、芡实、荇菜、孤、曹蒲等植物。

（2）变化水位区域

1）植物选择与配置原则

外秦淮河汛期一般在每年的 7 ~ 8 月间，为期 1 ~ 2 个月，变化水位区域选择的植物除耐淹外，还要满足护坡要求，因此该区域植物选择与配置必须遵循下列原则：

①选择适应本地气候及土壤条件的湿生植物。

②栽种密集、根系发达、抗逆性强、耐淹能力强的草坪植物。

③选择耐淹能力强且具有良好观赏价值的乔灌木。

2）植物选择

变化水位区域可选择的草本植物有高羊茅、大花聋草等；灌木有迎春、桂花、栀子花、夹竹桃等；乔木有紫薇、垂柳、池杉、香樟等。

3）植物群落配置

在变化水位区域主要选择既能适应陆生环境生存，又具备一定耐淹能力的植物。同时，变化水位区域为生态系统脆弱区，必须注意其生物多样性，为水生、两栖动物创造栖息、繁衍环境。此区域高程 6.50m 至设计洪水位应依次种植草本植物和乔灌木。

植物选型应以垂柳、高羊茅、夹竹桃、栀子花为主，这 4 种植物中栀子花 3 ~ 6 月开花，夹竹桃 4 ~ 12 月开花，有一定的美化环境功能，垂柳耐水湿，适合种植在水边，高羊茅耐一定的水淹，也适合种植在该区域。在景观要求较高的河段，种植大花首草、迎春、桂花、夹竹桃、栀子花和山茶。在局部水质较差的区域，种植耐污性较好的夹竹桃和高羊茅，它们能对水质起到一定的净化作用。

（3）洪水位以上区域

1）植物选择与配置原则

一般情况下，洪水位以上区域常年不会被淹没，但坡面疏松的土壤层容易被暴雨径流冲刷而导致水土流失，这对景观很不利。这一区域的植物选型应特别突出美观和生态效应，与南京市的整体规划相一致，与周边环境相协调。因此，洪水位以上坡面植物选择与配置必须遵循下列原则：

①选择适应本地气候及土壤条件的陆生植被。

②栽种密集、根系发达、抗逆性强并四季常青的草坪植被。

③观赏型乔木、灌木、藤本植物、草本类花卉与草坪相结合，且四季花卉相衔接，构建植物景观类彩色风光带。

2）植物选择

洪水位以上区域可选择的草本植物有高羊茅、野牛草、白三叶、石蒜、葱兰、吉祥草、狗牙根、芍药、菊花脑、蝴蝶花、首草和射干莺尾；藤本植物有紫藤和木香；灌木有珊瑚树、孝顺竹、茶梅、毛杜鹃、金叶女贞、云南黄馨、木模、珍珠梅、雪柳、蜡梅、金钟、含笑、南天竹、木瓜海棠、贴梗海棠等；乔木有雪松、棕搁、广玉兰、银杏、鹅掌楸、樱花、鸡爪械、日本柳杉、深山含笑、栾树、池杉、薄壳山核桃、朴树、样树、玉兰、侧柏、龙爪柳、蜀桧、白皮松、鸡爪械、细叶鸡爪械、梅花、紫叶李、小叶女贞、紫穗槐、水松、桑树、侧柏、榔榆、墨西哥落羽杉、湿地松等。

在景观地带，选择樱花、玉兰和梅花等树种，这几种乔木观赏价值极高，且各具特色，可配合各种景观功能要求形成以某一品种为主的群落，形成良好的陆生带景观。梅花、樱花、玉兰春季开花，广玉兰 5 ~ 8 月开花，可形成四季更替的植物景观。

灌木以常绿雪柳、含笑、茶梅、毛杜鹃等为主。在风景区可适当种植观赏性较好的南天竹、珍珠梅、蜡梅，珍珠梅花期 4 ~ 5 月，含笑春夏之交开花，南天竹花期 5 ~ 7 月，蜡梅冬季开花，合理搭配以上几种植物，可形成四季交替的良好景观。

根据各种草本植物的生物学特性，洪水位以上区域草本植物应以四季常绿的观赏草坪植被高羊茅为主。野牛草为暖季型草坪，白三叶为冷季型草坪，可与高羊茅混播以丰富景观与生物多样性。在景观区域，还可点缀以草本花卉大花首草等，使之形成群落，美化环境，形成丰富的花卉景观。

2. 河道纵向植物群落构建方案

根据秦淮河环境特点、功能定位和景观要求，研究范围内的外秦淮河景观工程包括 5 个风貌段，即三汊河滨江风貌段（三汊河入江口至定淮门段，已建）、石头城历史风貌段（定淮门至汉中门段，已建）、西水关公园风貌段（汉中门至凤台桥段，已建）、中华门城堡风貌段（凤台桥至秦虹桥段，已建）、运粮河生态风貌段（秦虹桥至运粮河口段，未建）。

河道纵向植物群落构建指结合外秦淮河各景观风貌段特点及河段实际情况，提出与各河段相适应的植物群落重建方案。

（1）三汊河滨江风貌段（三汊河入江口至定淮门段）

1）风貌段特点

三汊河口为外秦淮河与长江交汇处，有着丰富的生态与景观资源，视野开阔，在此处可远眺江心洲、江北地区及长江大桥。风貌段以三汊河滨江公园为重点，着重体现南京作为现代滨江城市的风貌，强调江河交流的景观特色，注重与长江、江心洲及长江大桥的景观联系，为周边居民提供休闲活动的场所。三汊河滨江公园是集观江、市民休闲、人文展示、生态景观等功能为一体的综合性、开放性的城市公园，展现以“江”为主体的空间景观特色。

2）绿化现状

本段在入江口处保存着自然风貌及 100m 左右长的芦苇带，三汊河口闸至新三汊河桥段变化水位区域，种有黄杨、麦冬、棕榈、紫荆、红花继木等植物；新老三汊河桥段岸边绿化带栽有柳树，夏季有野生植物红蓼。

3）植物群落构建方案

在景观上，此段要考虑恢复自然景观，再现入江口自然湿地的风貌。常水位以下区域，护坡形式有浆砌石护坡和水工建框格护坡。水工硅框格有 6 边形和 4 边形两种，6 边形水工硅框格内径有两种：分别为 300 ㎜和 600 ㎜；4 边形水工硅框格长宽分别为 1000 ㎜和 800 ㎜。内径 300 ㎜的水工硅框格厚度为 300 ㎜，内径 600mm 和 4 边形水工框硅格厚度为 400 ㎜。在水工硅框格护坡上可以种植水生植物，而在浆砌石护坡上种植水生植物存在困难，可暂时保留浆砌石护坡，今后结合维修在部分区域用植被型生态混凝土护坡或水工框硅格替代浆砌石护坡，之后再种植水生植物。

在此区域种植水生植物时，可在深水处（水位 5.50m 以下）种植沉水植物，如苦草、马来眼子菜、穗花狐尾藻等；浅水处（水位 5.50 ~ 6.50m）种挺水植物和浮叶植物，挺水植物如芦苇、葛蒲等，同时交错种植芡实、荇菜等浮叶植物，形成与江景协调的自然景观。

保留浆砌石护坡阶段，可在其上利用漂浮式网箱种植黑藻、金鱼藻、伊乐藻等沉水植物。漂浮式网箱可根据需要做成长方形、方形或圆形，大小也可根据需要而定。网箱由 3 部分组成，分别为上部浮框、中部网衣和底部沉框。上部浮框可由硬聚乙烯圆管做成，管径 10cm；中部网衣用聚乙烯网布缝制而成，网衣高 50 ~ 60cm，网目直径 1 ~ 1.5mm；底部沉框可由直径 10mm 的钢筋焊接而成，能使聚乙烯网衣完全展开，为沉水植物提供生长的空间。种植黑藻和范草时，先在底部沉框上横向固定若干线，然后将黑藻和范草的顶枝或茎叶用线系在固定好的线上，种植时注意均匀；种植伊乐藻和金鱼藻时，可将伊乐藻和金鱼藻直接投入网箱，每平方米投放约 500g。最后将种好的网箱用绳索系在混凝土重块上固定在水中。沉水植物夏秋以黑藻和金鱼藻为主，冬春以伊乐藻和范草为主。

变化水位区域护坡形式为土坡，入江口处土坡上可种植芦苇，其他段土坡上可种植高羊茅草坪，并交错种植紫薇、红继木等乔灌木，形成四季更替的景观带。

洪水位以上坡面是土坡，其上也种植高羊茅，可混播野牛草、白三叶，另外还可种植珊瑚树、孝顺竹、茶梅、毛杜鹃、金叶女贞等灌木，以及雪松、棕榈、广玉兰、银杏、鹅掌楸、日本樱花、鸡爪槭等乔木，沿道路可种植 3 排行道树，形成绿化带与防护带。

（2）石头城历史风貌段（定淮门至汉中门段）

1）风貌段

石头城历史风貌段具有优良历史文化（三国吴文化）的景观资源，周边景观较为丰富，有国防园、清凉山公园的青山秀色，有鬼脸城（石头城公园）的古朴沧桑，还有南京城市的地标—紫金塔，既具有众多的现代人文景点，又具有深厚的历史文化内涵，是体现历史风貌与现代景观交融的区段。该段景点建设充分利用现有景观资源（自然岩貌—鬼脸）营造特色鲜明的亲水空间，形成富有活力和极具历史文化内涵的城市滨水地区，建立良好的山水空间关系。

2）绿化现状

本段护坡形式比较单一，岸边绿化带内载有柳树和草皮，夏季自然生长有一年蓬、狗尾草等植物，水中零星分布有挺水植物水寥和湿生草本植物红寥等。本风貌段两岸绿化带内所栽植物季节衔接不好，且花木类植物比较少。

3）植物群落构建方案

常水位以下区域护坡有浆砌石护坡。在浆砌石护坡上种植水生植物较困难，可暂时保留浆砌石护坡，今后结合维修在部分区域用植被型生态混凝土护坡或水工使硅框格替代浆砌石护坡，之后再恢复种植水生植物。

在此区域种植水生植物时，可在深水处（水位 5.50m 以下）种植沉水植物，如金鱼藻、苦草和马来眼子菜等；浅水处（水位 5.50-6.50m）种植挺水植物和浮叶植物，挺水植物如葛蒲、荷花、千屈菜等，同时交错种植睡莲、蒋菜等浮叶植物，形成与本段历史风貌和现代景观相协调的景观。

保留浆砌石护坡的阶段，可在其上利用漂浮式网箱种植金鱼藻和伊乐藻等沉水植物。漂浮式网箱种植沉水植物方法已在前一部分中叙述。变化水位区域和洪水位以上区域有上坡，且变化水位区域土坡多靠近设计洪水位。变化水位区域草坪植被以高羊茅为主，点缀以大花首草，并交错种植迎春、山茶、栀子花和香樟。洪水位以上区域草坪植被可选择石蒜、葱兰、吉祥草和狗牙根，灌木可选择黄馨、木模、珍珠梅、雪柳、映山红、蜡梅、金钟等，乔木可选择日本柳杉、深山含笑、樱花、黄山架树、梅花、池杉、薄壳山核桃等，从而形成丰富多彩的陆生带景观。

（3）西水关公园风貌段（汉中门至丰台桥段）

1）风貌段特点

本段两岸周边景观资源（特别是水景资源）丰富，有莫愁湖、水西门广场、南湖等，且右岸城墙保存完好。岸边建有滨河绿化带，已成为观赏古城墙及城墙倒影的最佳驻足点和两岸居民休闲的亲水场所。

2）绿化现状

本段护坡形式也比较单一，岸边绿化带内载有柳树和草皮，夏季水西门广场处有一酸膜（湿生草本）群落，面积有 30 ~ 40m^2，伴生种有水寥、庆门桥附近有人工种植的芦苇带，高度约70cm，长势不好。

3）植物群落构建方案

常水位以下区域护坡形式有浆砌石护坡和水工框硅格护坡红寥、一年蓬等；集水工框规格同三汊河滨江风貌段。在水工硅框格护坡上可以种植水生植物，而在浆砌石护坡上种植水生植物存在困难，可暂时保留浆砌石护坡，今后结合维修在部分区域用植被型生态混凝土护坡或水工硅框格替代浆砌石护坡，之后再恢复种植水生植物。在此区域种植水生植物时，可在深水处（水位5.50m以下）种植沉水植物，如黑藻等；浅水处（水位5.50～6.50m）种植挺水植物和浮叶植物，挺水植物如葛蒲、水葱、千屈菜等，同时交错种植睡莲、蒋菜等浮叶植物，形成与古城墙相协调的景观。

保留浆砌石护坡阶段，可在其上利用漂浮式网箱种植黑藻和金鱼藻等沉水植物。

变化水位区和洪水位以上区域是土坡。变化水位区域草坪植被以高羊茅为主，交错种植迎春和垂柳等乔灌木。洪水位以上区域草坪植被选择狗牙根、蝴蝶花等草本植物，木香等藤本植物，交错种植云南黄馨、木模、蜡梅、含笑、贴梗海棠、孝顺竹等灌木：日本柳杉、樱花、奕树、朴树、银杏、白玉兰、侧柏、龙爪柳、白皮松、细叶鸡爪械、梅花、紫叶李、雪柳等乔木，形成丰富多彩的陆生带景观。

（4）中华门城堡风貌段（凤台桥至秦虹桥段）

1）风貌段特点

本段是南京城市的发源地，有丰富的历史文化遗存，城市主轴穿越中华门城堡，收端于雨花台。中华门城堡是南京城墙中最具特色的城堡，是南京重要的旅游景点。周边还有愚园、报恩寺遗址、凤凰台遗址、金陵机器制造局等文化景观资源。

2）绿化现状

本区段左岸除在武定门公园处保留有自然的土坡外，其余区域为浆砌石护坡，右岸除在扫帚巷至奏虹桥段保留有自然的土坡外，其余区域为水工框硅格护坡。武定门公园岸坡上植物结构较完整，岸坡上层有法国梧桐、广玉兰、桃树、美人蕉、垂柳等，中层有枫杨、株树等；下层有喜旱莲子草群落。扫帚巷至素虹桥段左岸岸边长有枫杨垂柳、盐肤木等乔灌木，还有一些野生草本植物，如益母草、葎草、狗尾草，比较杂乱。其他河段左岸护坡上长有野生植物，也比较杂乱，右岸岸边绿化带内种有夹竹桃、垂柳等，景观效果较好。

3）植物群落构建方案

常水位以下区域有土坡、水工框硅格护坡和浆砌石护坡。水工硅框格规格同三汊河滨江风貌段。在上坡和水工框硅格护坡上可以种植水生植物，而在浆砌石护坡上种植水生植物存在困难，可暂时保留浆砌石护坡，今后结合维修在部分区域用植被型生态混凝土护坡或水工框硅格替代浆砌石护坡，之后再恢复种植水生植物。

在此区域种植水生植物时，可在深水处（水位5.50m以下）种植沉水植物，如穗花狐尾藻、金鱼藻、范草等；浅水处（水位5.50～6.50m）种植挺水植物和浮叶植物，挺水植物如葛蒲、荷花、千屈菜等，同时交错种植芡实、睡莲等浮叶植物，形成与古城墙、古城堡相协调的景观。

保留浆砌石护坡阶段，可在其上利用漂浮式网箱种植金鱼藻和范草等沉水植物。

变化水位区域护坡形式有土坡和水工框硅格护坡。因水工硅框格内径较小，故只在其上种植高羊茅草坪。土坡上可种植高羊茅草坪，并交错种植桂花、山茶、夹竹桃、垂柳等，形成绿色景观带。洪水位以上区域为土坡，其上草坪植被可选择芍药、菊花脑、蝴蝶花、大花首草等草本植物和紫藤、木香等藤本植物，点缀以含笑、南天竹、木瓜海棠、木兰、贴梗海棠、孝顺竹等灌木，乔木可选择朴树、样树、银杏、白玉兰、侧柏、龙爪柳、蜀桧、白皮松、鸡爪槭、细叶鸡爪槭、梅花、紫叶李、雪柳等，形成景观丰富的彩色绿化带。

（5）运粮河生态风貌段（秦虹桥至运粮河口段）

1）风貌段特点

本区段属城市边缘区，水网密集，呈现为自然清新的景观特征，且地势较低，河面宽阔，河水较浅，景观资源主要有运粮河野生芦苇荡、开阔的水面等自然风光以及七桥瓮、运兵桥文物古迹。本风貌段建设以运粮河生态湿地公园为重点，生态湿地公园将突出“林”的整体生态氛围，成为南京市区内重要的生态调节器，并体现“生态、环保、休闲、示范、教育”的湿地公园功能。

2）绿化现状

本段秦虹桥至武定门节制闸段和武定门节制闸上游 300m 左右岸均为浆砌石护坡；再往上游左岸至响水河段，右岸至中和桥段，坡岸已实施护坡工程，即常水位以下为水工硅框格护坡，高程 8.00m 为亲水平台，之上为已种植植被的土坡：再往上游至运粮河口段左右岸均为浆砌石护坡，护坡顶、护坡下部和浅水区自然生长有茂密的植物，运粮河口至七桥瓮段两岸为自然状态的土坡，也长有野生植物，此段夏季形成的植物群落有芦苇群落、水寥群落、喜旱莲子草群落、喜旱莲子草 + 凤眼莲 + 浮萍群落、大狗尾草群落、酸模群落、一年蓬群落和葎草群落等。

3）植物群落构建方案

为保证武定门节制闸正常工作，不宜在秦虹桥至武定门节制闸段和武定门节制间上游 300m 段河道中种植任何水生植物，但可在变化水位区域和洪水位以上域的土坡上或绿化带内种植紫薇、小叶女贞、紫穗槐、水杉等乔木。

对于建有亲水平台河段，为了净化河水和美观作用，可以在平台水位以下水工框硅格护坡上栽种水生植物，即在深水处（水位 5.50m 以下）种植沉水植物，如金鱼藻、范草等；浅水处（水位 5.50 ~ 6.50m）种植挺水植物和浮叶植物，挺水植物如芦苇、营蒲、慈姑和水芹等，同时交错种植芡实、睡莲等浮叶植物。变化水位区域土坡上可栽种一些耐淹植物，如草坪植被高羊茅，灌木有桂花、红花继木、夹竹桃，乔木有香樟、池杉、水杉等。洪水位以上区域土坡上同样可栽种高羊茅，混播丰富的彩色绿化带。

3. 局部污染区域生态防护方案

秦淮河环境综合整治工程（一期工程）实施后，外秦淮河水环境质量有了明显的改善，但是仍然存在严重的局部水体污染现象。局部水体污染的成因主要是沿岸开发小区雨污水管混接，造成沿河的一些雨水泵站在旱天排泄污水下河。而每到雨季，沿外秦淮河老城区的截流式合流制管道也有大量混合污水溢流下河，造成外秦淮河水体污染。因此，有必要对局部水体污染采取强化净化措施。本方案提出采用浮床植物净化技术来净化局部污染水体。

浮床植物净化技术采用特制的浮床载体，将耐水、耐污性强的陆生或湿生花卉植物、草本植物无土栽培在载体上，通过浮床的遮光作用抑制藻类的大量繁殖，同时利用植物根系的去污作用来有效净化水质。该技术应用设施简单，操作方便，尤其是便于收获和更换植物，是一种可以充分利用水面资源，营造水上园林景观和净化富营养化等污染水体的新技术，具有良好的应用前景。

（1）浮床设计遵循以下原则：

①材质比重小，绿色环保，防腐蚀，耐老化，可反复多次使用；

②浮床床体具有较好的强度，能抵抗较大风浪冲击；

③采用柔性连接，使浮床整体能随水体上下浮动；

④浮床植物栽种孔穴，应满足植物生长期种植密度要求。

（2）选择浮床植物时，应考虑：

①根系发达，根茎叶繁殖快，净化能力强；

②具有一定的抗逆性，即具有一定的抗冻抗热能力和抗病虫害能力，还要对南京的气候条件和周围动植物环境有很好的适应性；

③具有一定的综合利用价值，否则所选植物会成为当地环境的又一污染源，其再生污染物量往往超过原生污染物量；

④植株优美，具有一定的经济和景观价值。

第三节　中小河流修复工程案例

一、研究区自然概况

1. 区域自然概况

这里所涉及的河流位于中国东北地区，吉林省长春市二道区，石头口门水库上游（43°　53′　N，125°　45′　E），该区域地处中温带，属大陆性季风气候，春季多风，夏季多雨，秋季天高气爽，冬季寒冷漫长。降雨期主要集中在6月～9月，全年平均气温为零上4.8℃，其最高气温和最低气温分别为39.5℃和-39.8℃；年口照时间2 688h；年平均降水量为522～615mm，夏季降水量占全年降水量的60%以上，无霜期约为150天左右。

2. **长春市水系概况**

（1）长春市地处东北平原东部低山丘陵向西部台地平原的过渡地带，平原面积较大，台地略有起伏，地势平坦，长春境内有大小河流222条，分属第二松花江、饮马河、拉林河三个水系。流域面积在20平方公里以上的江河有206条，其中流域面积在100平方公里以上的江河有10条，即：松花江、拉林河、饮马河、伊通河、新凯河、卡岔河、沐石河、雾开河、双阳河、小南河。长春市有重点江河有6条，即：松花江、拉林河、卡岔河、饮马河、伊通河、新凯河，流经市区的河流堤防长度为1094km，穿堤涵洞349座。堤防保护耕地44.8千公顷，乡（镇）84个，村屯1542个，人口84.58万。由于受东高西低地形大势的影响，境内的沐石河、饮马河、伊通河、双阳河、雾开河新凯河等，均由东向西排列，流向东北，先后注入第二松花江，构成了长春特有的南源北流的水系格局。

（2）饮马河是第二松花江下游左岸一支流，发源于磐石市骚马乡呼兰岭，流经磐石、双阳、永吉、九台、德惠、农安六县（市），至农安县靠山屯以北约15km汇入第二松花江，全长386.8km，流域面积为18247平方千米，整个流域略成一斜三角形。东部为山地和松辽平原的过渡带，南部为连绵的低山丘陵，西北部为松辽平原，中部为平原，地势呈东南高西北低，河流多为南北流向。主要支流有伊通河、雾开河、双阳河等，饮马河流经长春腹地，水质好，水量丰富，仅次于第二松花江和拉林河。

3. **石头口门水库**

石头口门水库位于吉林省中部，第二松花江支流饮马河中游，水库坝址在九台市西营城子乡石头口门村西南500m处，距离长春市30km。于1958年兴建，1959年开始蓄水，1965年主体工程竣工，是一座以防洪除涝、城市供水、农田灌溉为主，结合发电、养鱼、旅游等综合利用的大型水利枢纽工程。水库控制流域面积4944平方千米，总库容12.77亿立方米，每年向长春市供水2.64亿立方米，向九台市供水1000万立方米，向长春国际机场供水300万立方米，是引松工程的重要中转站，也是长春、九台等市的重要水源地。石头口门水库上游产流区域有7个雨量站：骚马、亚吉、黄河水库、烟筒山雨量站在产流区域上游，长岭雨量站在中游，新安、石头口门雨量站在下游。

4. **降雨、水文条件的相似性**

河流修复工程对比的前提是两条河有相似的降雨、流量、流速和洪峰流量等水文条件。实地进行河流生态工程的对比研究在世界范围内都不常见，通常只有在水工大厅内才能获得等同水量、流速的模拟实验，这是因为野外原位实验涉及对比河流构建需要相似地貌的实验地、水文及降雨情况。此外，一个地区的降雨和水文环境与另一地区相比在通常情况下是存在差异性的，这种差异直接影响河流上游汇水区的水量，进而对河流工程的影响也不尽相同，这就增加了比较两条河流工程的难度。很幸运，该研究中两条河流的地理纬度接近（直线距离约2200m）、小流域范围、施工方法类似的两条河流。河流南侧均为大片玉米地、北侧临近公路和居民区；两条河均是进入石头口门水库的上游入库小河流，且河床比降分别为5% 0和6% 0，修复后的河岸坡度约为1 ∶ 4.5。

根据上述分析，以及水文站监测数据显示，两条河所处地区的降雨几乎没有差异（石头口门雨量站），故在实际分析河流水量，尤其是洪水的形成快慢和大小时，起决定作用的是两条河的流域大小、流域形状系数、坡面地面积和土地利用类型。

经课题组调查分析，两个修复工程除设计方不同，导致河流设计理念、施工材料的选择和工法的差异外，在流域面积、流域形状系数、坡面地面积以及土地利用类型几方面具有的相似性使得该研究的开展拥有得天独厚的优势，下列参数变量对降水期河流内的水量和流速有决定作用。

流域面积，经调查计算，河流 A 所处流域面积为 3.94 平方公里；河流 B 所处流域面积是 4.38 平方公里，这说明两条河流域内的降雨汇水量接近。

流域形状系数（Ke）流域平均宽度与长度之比是流域的形状系数。经计算，KeA=0.4439，KeB=0.1382.

影响地表径流量和径流速度的因素主要是坡面地面积和土地利用类型，经调查获知这二者的数据比较也较为接近。

河流水源：又称河流补给。河流中的水归根到底来自大气降水，但因降水的形式不同（固态或液态）以及在地球上暂时存在的形式不同（冰川、积雪、地下水等），补给河流的方式也就不同，从而河川径流也相应地具有不同特征。中国的河流补给一般可分为雨水补给、地下水补给、季节性冰雪融水补给和永久性冰雪融水补给等 4 种类型。一条较大的河流往往同时得到两种或两种以上的补给，称为综合型补给。

流域：河流的干流和支流所流过的整个区域。即由分水线所包围的河流集水区。每条河流都有自己的流域，一个大流域可以按照水系等级分成数个小流域，小流域又可以分成更小的流域等。另外，也可以截取河道的一段，单独划分为一个流域。

流域面积：流域地面分水线和出口断面所包围的面积，在水文上又称集水面积，单位是 k ㎡。这是河流的重要特征之一，其大小直接影响河流和水量大小及径流的形成过程。

分水岭：流域之间的分水地带称为分水岭，分水岭上最高点的连线为分水线，即集水区的边界线。处于分水岭最高处的大气降水，以分水线为界分别流向相令仔的河系或水系。

耕地坡度分级：耕地坡度分为≤2°、2° ~ 6°、6° ~ 15°、15° ~ 25°、>25° 五个坡度级。坡度 <2° 的视为平地，其他坡度级分为梯田和坡地两种类型。坡度级代码并按照上述坡度进行如下标定：Ⅰ、Ⅱ、Ⅲ、Ⅳ、Ⅴ。

地表径流量：降水或融雪强度一旦超过下渗强度，超过的水量可能暂时留于地表，当地表储留量达到一定限度时，即向低处流动，成为地表水而汇入溪流，这一过程称为地表径流，而此过程的水量称为地表径流量。

二、修复河流概况

1. 修复河流简介

莲花山北侧河流（河流 A）的修复段位置是 43°　53′　22.76"N，125°　44′　52.24"E 到 43°　53′　36.61"N，125°　45′　19.86"E。该工程是本课题组根据该河自然环境和社会环境设计并现场施工指导的，基于我国国情的北方季节性河流生态修复示范工程。具体位置位于长春市二道区四家乡十间村公路的南侧，河流的上游起源于“长春市教育基地户外营地”（国家级中小学生户外活动营地），下游汇入长春市石头口门水库，河流总长度 3.20km，修复河段长为 1km，修复段终于十间村村末，河流比降为 5‰，修复前河岸坡度大于 1 ：2，修复后基本达到 1 ：4。该河流为季节性乡村小型河流，故径流随季节变化较大，平水期径流量很小，降雨期径流量很大，河流的水源补给主要是自然降雨和上游净水厂的废水以及教育基地内的生活污水。该工程的施工期为 2008 年 4 月 28 日 ~ 10 月 30 日，本对比研究开展时，该河流已经修复 2 年。工程施工期间得到了草业学家、环境学家、上级水利管理单位、地区水利部门、施工单位及当地政府联的大力支持。

钱家沟河流（河流 B）修复段是 43°　52′　56.17"N，125°　42′　26.93"E 到 43°　53′　28.09"N，125°　43′　01.23"E，是地区水利部门（二道区农业水利局）单独设计并委托河流 A 施工方进行的河流生态修复工程（《关于报批二道区钱家沟防洪工程初步设计报告的请示》），河流 B 位于长春市二道区劝农山镇上钱家屯公路的南侧，在邵家屯东北汇入石头口门水库，工程施工于 2009 年 6 月，同年 11 月完工，总河长 2.75km，修复河段长为 1.3km，河流比降为 6‰，修复前河岸坡度大于 1 ：2，修复后达到 1 ：3.5。

2. 工程安全设计标准

河流 A 的工程设计部分考虑到防洪安全，故其设计标准采用 10 年一遇洪水设计，该小流域内的 10 年一遇洪水流量为 23.3m³/s，相应洪水位为 116.07m。工程安全设计标准和施工规范如下：

《水利水电工程等级划分及洪水标准》（SL252-2000）

《堤防工程设计规范》（GB50286-98）

《河流水电规划编制规范》（DL/T5042-2010）

《水质河水的水形态学特征评定的指导标准》（NFT90-359-2005）

《中小河流水能开发规划编制规程》（SL221-2009）

《江河流域面雨量等级》（GB/T20486-2006）

《江河流域规划环境影响评价规范》（SL45-2006）

《河流流量测验规范》（GB50179-93）

河流 B 工程的设计标准根据：

《水利水电工程等级划分及洪水标准》（SL252-2000）

《堤防工程设计规范》（GB50286-98）

三、工程概况及设计理念

两个修复工程均主要由四部分构成，即：河岸修复区的木桩护岸工程、河岸带修复工程、河床上的溢流堰工程、人工湿地构建工程。

1. 河流 A 工程概况及设计理念

（1）河流 A 工程概况

河流 A 的施工期为 2008 年 4 月 28 日 ~ 10 月 30 日，修复河段长为 1km。从整体结构组成上看，河流 A 的修复工程自上游到下游主要由以下几部分组成：单排木桩区（100m），湿地区（沿河长 100m）、双排木桩区（200m）、小湿地区（50m）、三排木桩区（230m）、抛石区（320m）以及 10 个溢流堰共同组成，并根据土地实际征用情况（南侧农地、北公路）尽量最大化保留更多的河岸带，在河床上随机安放抛石，增加水流活力，并布置 10 个溢流堰形成深水域，以保持枯水期河流的水体连续性，同时增加河流的弯曲度以延长水流在河道内的滞留时间。

（2）河流 A 工程的设计理念

1）木桩护岸设计理念

河流 A 在历史降雨数据和河道形态前期调查和评估的基础上，选择性的借鉴国内外河流修复案例以及台湾地区的修复方法，如 03 年竣工的北京转河修复中就在护岸设计中用了大量直径为 10 ~ 30 cm混凝土仿木桩，台湾林镇洋在《生态工法技術参考手册》一书中详细介绍的河流的土质岸坡木桩固岸法，用以固定不稳定的土质河岸，改善坡度，防止水土流失，创造利于植物生长的环境。书中介绍说：在河流的土质岸坡采用萌芽或不萌芽的木桩，以 30 ~ 50cm 间距并排打入土中，用来固定不稳定的土质河岸，改善坡度，防止水土流失，创造利于植物生长的环境。其中木桩排距 1 ~ 3m，每根木桩直径 5 ~ 8cm，长 90 ~ 120 cm，地上保留 2/3，间距 10cm。该工法主要应用在凸出的河岸和非水流直接作用的直线段，静水或溪流流速较低（即低于 3m/s）的情况。若水流最高值是 4m/s，则考虑再添加抛石稳固木桩，为植物提供稳定的生长基盘，也为昆虫、鱼类、两栖提供生存和繁殖的环境，并强调类似的变化护岸形式应根据具体河段而有所变化。

日本的修复案例对各种木桩、柳条和块石用于河岸的工法做了大量举例。各种工法较为接近，但在施工河段的水文条件上有所差异，与河流 A 水文情况较为接近的工法是“杭打岛水制工”，此法适用于夏季河床以沙为主，且水深不超过 0.5m，流速低于 3m/s 的河段。具体工法为将直径 10 ~ 20 cm，长 1.3 ~ 2.0m 的未加工去皮的针叶树木依次并接沿河岸打入 2/3 深即可。其特点是对河岸保护效果好，不用后期管理。另外，“拾石工”的应用条件是水深 0.3m 以上，流速 0.75m/s 以上的河段，用直径在 20 ~ 60cm 的块石对河岸进行加固。其特点是铺设简单、孔隙度大、直接发挥功效。而“丸太栅工”则是选取直径 5 ~ 10cm、长 1.2 ~ 1.5m 的针叶树木桩间隔 0.5m 打入 2/3 入土，并在木桩间用 8 ~ 12m

长的长木连接。经联合专家组决定，河流 A 工程最终采用木桩、抛石和本地柳条作为修复材料，根据生态工法确定流程修建透水柔性生态木桩护岸和其他生态设施，构建真正意义的生态护岸。

选取木桩和抛石作为修复材料主要是基于如下考虑：

①修复前的河岸边坡陡峭（修复前的坡降约是 1 ：1），需要对河岸进行加固，防止水土流失。

②木桩与石头的混合使用再扦插上柳条，这种工程材料加以适当的修复护岸方法不但使整个护岸的抗冲刷能力大大提高，也有助于充分实现护岸的防洪功能。对于兼顾刚性和生态性两方面的生态河岸来说，把具有多种不同性能的材料结合起来应用也能充分发挥不同材料的长处，以达到对护岸的改造。同时，木桩和石块间的多孔隙结构不仅为水生植物留下了生长的空间，也为鱼、虾等水生动物栖息提供了场所。

③考虑修复材料的价格和运输上的方便性，尽量采用本地及其附近地区的木材和石料。

④木桩的胸径大小、长度、石块大小等尺寸的确定则借鉴口本北上川河流修复工程制定（河道的主体设计选取相对较耐腐蚀的松木，设想木桩在经历若干年彻底腐烂后，虽然结束其护岸功能，但腐烂掉的木桩可为河流提供大量有机质），而此时扦插在河岸上的柳条业已发育成灌木丛，其根系与抛石藕合成彻底近自然的生态护岸结构。

2）木桩间插柳的设计理念

河岸的稳定除了依靠木桩和抛石的设计结构外，植被的恢复效果也是河岸稳定性指标中的一个重要参数，若干年后发育起来的柳树丛位于河流水域和陆域的交界位置，将是河岸带的重要组成部分。故在较低的木桩生态护岸工程上扦插柳枝，这种设计是基于下述考虑素：

①河流 A 工程的河岸属于低河岸（桩头露出地面 0.5m）故可扦插柳枝。这是因为在河岸较低时，植物的根系可以垂直深入河岸内部，进而加强河岸的稳定性；当河岸较高时，植物根系不能深入到河岸岸脚，植树则反而会增加河岸的不稳定性，特别是当河岸易遭受河水侵蚀和底蚀时；该工程中，河流 A 的木桩护岸属于低护岸种类，故选择能演替成灌木丛的柳作为护岸材料。

②选择柳作为护岸扦插材料的原因

插柳在我国历史悠久，在古中国的春秋时期，管子就在《管子·度地》中提出在堤防上“树以荆棘，以固基地，杂之以柏杨，以备决水”。

柳是杨柳科柳属植物的通称。全属有 500 多种，主要分布在北半球温带地区。中国有 257 种 120 个变种和 33 个变形，以西南高山地区和东北 3 省种类最多，其次是华北和西北，纬度越低种类越少。造林树种就有旱柳、垂柳和白柳等，并常用于防护林及绿化树种，亦可作用材树种。最主要的是柳还可以进行无性繁殖，并以须柳根生长为主。

该工程中选用的柳条是旱柳丛生，根系发达、分蘖力强。该品种扦插第 2 年，根茎可分蘖出 7 ~ 8 个枝条，第 3 年可分蘖出枝条 10 个以上，形成较大的灌木墩。生长很快，当年生枝条高达1.5m以上，2年生枝条高达3m，地茎0.7cm左右。其地下部分的根系生物量是地上部分一倍以上，防风、护岸、固坡的作用效果明显，根系庞大，对环境的适应性非常强，抗旱、抗涝、抗逆性强。

柳条的地上生物量高，一般2年生枝条亩产鲜枝条3000斤左右，3年生枝条可产5000斤左右，易于演替成大片丛林。柳条地上部分可以快速构建出有效的廊道，实现生境的快速恢复。

柳树丛与护岸材料（木桩、石头）的耦合结构一方面可以稳固河岸工程结构，另一方面还可构建多空隙的湿润生境，避免河流生态系统和河岸生态系统的隔离。

物候期长，在我国北方1年的12个月中，除10月中旬到次年4月外，其余月份柳树均可正常代谢生长，这意味着河岸生物可更长久的利用柳树所形成的生境。

此外柳还能在土壤—植物系统中保留大量的养分，防止土壤贫瘠。短周期柳树丛可以通过吸收大量的福等重金属来清理被污染的土地，对周边农地带来的农药和化肥有一定的去除能力，减少重金属和有毒物质对河流水体的污染。如短周期柳树丛整治系统成功地清除瑞典各种废弃物中含有的有害化合物。大规模营造这样的护岸系统可以提供有利于生态而又廉价的废物处理措施，同时又促进了生物能源的生产。

最后，柳条价格便宜，且扦插施工方便，不需太多人工后期管理。

3）河岸带的设计理念

植被是生态系统生产者，是生境提供者，担任能量流动和物质循环的基础。因此，河流生态修复的一个重要部分就是河岸带植被的恢复，通过对河岸带植被的恢复以实现河岸带多样的生态功能。

基于该研究对河岸带的划分，河岸带 = 木桩护岸区 + 草地区，故其修复也分为两部分。

草地区域的恢复包括两方面，一方面是对原有河岸带边界的界定，划清河岸带与南侧农地及北侧公路之间的用地范围，这需要当地政府出面配合与当地居民进行协商，将河岸带用地上的玉米篓子、茅厕、柴堆等转移到其他地方，并保证河岸带的宽度不受农地和居民堆积物的二次侵占；另一方面则是在河岸带其余土地上铺种紫花苜蓿，作为草本先锋种以实现早期的河岸防护，不仅稳固河岸土壤，防止降雨对土质河岸的侵蚀，还可为河岸生物提供多样的生境，紫花苜蓿特性如下：

①紫花苜蓿是多年生豆科牧草，蝶形花亚科，扎根深，单株分枝多，茎细而密，叶片小而厚，叶色浓绿，花深紫色。由于其适应性强、产量高、品质好，素有“牧草之王”之美称。苜蓿的寿命一般是5 ~ 10年，在年降雨量250 ~ 800mm，无霜期100天以上的地区均可种植，喜中性土壤，pH酸碱度6 ~ 7.5为宜，6.7 ~ 7.0最好，成株高达1 ~ 1.5m。

②肥地利于其他物种生长。紫花苜蓿发达的根系能为土壤提供大量的有机物质，并能从土壤深层吸取钙，分解磷酸盐及遗留在耕作层中经腐解形成的有机胶体，可使土壤形成稳定的团粒，进而改善土壤理化性状；根瘤能固定大气中的氮，提高土壤肥力。2 ~ 4龄的苜蓿草地，每亩根量鲜重可达1335 ~ 2670kg，每亩根茬中约含氮15kg，全磷2.3kg，

全钾6kg。每亩每年可从空气中固定氮18kg，相当于55kgNH4N03。苜蓿茬地可使后作三年不施肥而稳产高产，增产幅度通常为30%～50%，高者可达1倍以上。农谚说："一亩苜蓿三亩田，连种三年劲不散"。

③保持水土。紫花苜蓿枝叶繁茂，对地面覆盖度大，二龄苜蓿返青后生长40天，其覆盖度可达95%。紫花苜蓿又是多年生深根型，在改良土壤理化性、增加透水性、拦阻径流、防止冲刷、保持坡面减少水土流失方面的作用十分显著。据测定，在坡地上，种植普通农作物与种植紫花苜蓿相比，每年每亩流失水量大16倍，土量流失大9倍。

④蜜源植物。紫花苜蓿是严格的自花授粉植物，常靠外部机械力量和昆虫采蜜弹开紧包的龙骨瓣而受粉，花期长达40～60天，花期进行田间放蜂，可使蜂蜜产量大幅度提高，同时也提高苜蓿种子产量。

4）河床设计理念

①河床材料的比较

河流A工程是基于近自然的修复理念，采用人工堆放自然抛石，借助水流自然冲刷的方式来恢复浅滩—深潭结构，为不同水生生物提供多样性的栖息环境，同时也有利于河岸植被的演替。

②溢流堰是基于北方季节性河流的特殊需求而设置的。在受季节性降水影响的中小河流内，溢流堰的设置能实现下述功能：

功能一：其透性结构能够实现对水流的部分拦截，形成具有一定水深的水体，增加降水在河流内的停留时间，减缓雨季降水的快速入库，从而实现自然降水向生态用水和景观用水的转换。此外，考虑到河流的连续性，这样的结构也避免了河流内出现明显断流，保障了河流的连续性，同时形成的高低落差水面，还营造了水流活力，这有利于生物多样性的提高。

功能二：形成较宽的水迹线和一定深度的水体也为两栖类和鱼类提供了适宜的生境。

功能三：中国河流的国情是—河流内经常有大量垃圾，这就要求河流内溢流堰工程的设计应满足既能增加河流的水流活力实现上述两个功能的同时，还要使河流垃圾顺利通过，不堵塞河流。同时，修复河段最上游和最下游的两个溢流堰还要将垃圾进行有效的截留，以便提高后期河流管理工作效率。

5）河流A的工程布置

在前期实地考察的基础上，根据地质结构和水文数据（10年一遇洪水流量为23.3m³/s）沿河合理布设三排木桩护岸、双排木桩护岸和单排木桩护岸工程，以实现近自然护岸的稳定性。

①由于流域上游雨季水量及水流流速不是很大（1.5m/s），所以在最上游修建了100m长的单排木桩护岸。

②河流A在单排木桩护岸区下游修建一个人工湿地，该湿地主要是起到为水生生物提供水生生境的作用，同时也可对上游洪水起到减缓洪水流速、削弱其对河流冲蚀的影响。

鉴于此，故在湿地出口下游修建了200m长的双排木桩护岸即可（水流在湿地处减缓后由于其出水量压力对下游工程结构强度需要提高），而并未全部采用结构较为稳定的三排木桩，以节省成本和施工时间。但在桥头位置，出于安全的考虑，在这230m长的河段采用了三排木桩的修复方案。

③在河流A工程修建较宽的河岸带，于河岸带大量种植乡土树种和草本；为了降低水能，减少溪流纵横向侵蚀，保护河流及两岸岸基岸脚稳定，需要增加上游水域深度，同时营造多样的水域栖息环境，为水生生物提供栖息及避难的场所。

④河流A工程还在河床上布设了10个溢流堰增加水流活力，具体设计尺寸在参考他人案例的基础上做了本地化的改动。而类似河流A溢流堰的结构在上文中《生態工法技術参考手册》一书中则被称作“砌石跌水工”。

⑤基于北方河流的特点—夏季水量大，春秋水量小。采用低落差透水堰设计将降雨径流分段拦截在河道内，通过慢慢渗流的形式维持河道水流的连续性，以防其断流。将季节性的短时且少量的降雨转换成持久性的生态用水（有水环境）和景观用水（水面）。

⑥溢流堰的设计也充分考虑了中国国情，在河道垃圾的流通上，不采用传统的铁丝石笼设计（因铁丝容易挂留垃圾），而采用木桩加抛石的设计结构，并使顶部平滑以便垃圾顺利通过修复区。

2. 河流B工程概况及设计理念

（1）河流B工程概况

河流B工程施工于2009年6月，同年11月完工，修复河段长为1.3km。河流B工程结构组成也包括蛇形蜿蜒的河道设计、木桩生态护岸、河床上的溢流堰、湿地，鉴于是同一施工方施工（长春龙华水利水电有限公司），河流B工程在设计上不得不说是对河流A工程的复制,其修复河长为1.3km,自上游到下游分别为:单排木桩区(360m),湿地(130m)、双排木桩区（440m）、三排木桩区（370m）。同时，河流B在河底平铺抛石，水质清透，提高了亲水性，但平坦密实的固化河床生境却不利于底栖生物的生存。

河流B工程还采用石笼网捆绑抛石加固河床的方法对局部岸脚进行加固，固化的河岸增强了泄洪和调蓄能力，但是隔断了水生生态系统和陆地生态系统的联系，减少了鱼类等水生生物的栖息地类型。同时水—土—植物—生物之间形成的物质和能量循环系统被破坏，改变了自然河岸的生态功能和结构，破坏了河流的生态过程，从而导致河流自身净化能力和恢复能力的降低，加剧了水污染的程度。

河流B工程还效仿河流A沿河床共设计溢流堰6个，但由于没考虑到对垃圾的处理，石笼的大量使用导致其成了钩挂垃圾的场所，整条河到处都是挂满垃圾的溢流堰。

（2）河流B工程与河流A工程设计不同之处

河流B工程与河流A工程设计不同之处体现在以下两方面：河流B的湿地护岸所用的材料是生态袋；河流B未对河岸带进行修复，而采取了土质河岸带植被自我演替的方法；

（3）生态袋定义及标准施工法

某课题组曾参与的《国家重大科技专项“水体污染控制与治理”子课题——松花江重污染支流（长春伊通河）水污染治理与河道生态修复关键技术及工程示范课题》，在长春市伊通河岸曾用生态袋对部分河岸进行保护，生态袋施工应该遵循以下步骤和方法：

1)生态袋：是柔性生态边坡工程系统重要的组成部分，生态袋是采用100%聚丙烯（PP）长丝无纺土工织物制成，具有强度高，抗紫外线、抗老化性能好，使用寿命长，不降解、无毒、无害、无污染、透水性能好、可回收等特性；既能防止填充物（土壤和营养成分混合物）流失，又能实现水分在土壤中的正常交流，植物生长所需的水分得到了有效的保持和及时的补充，对植物非常友善，可使植物穿过袋体自由生长。根系进入工程基础土壤中，如无数根锚杆完成了袋体与主体间的再次稳固作用，时间越长，越加牢固，进而实现了建造稳定性永久边坡的目的，大大降低了维护费用。外径规格为 810mm×430mm，装土后的大约规格是长度 65cm，宽度 3℃ m，高度 18cm。目前我国对于生态袋尚无国家和行业标准，仅国标 GB/T17639-2008（土工合成材料长丝纺粘针刺非织造土工布）可供参考。

2）标准施工方法

清理场地，挖掘平整建筑场地，使整个建筑场地可以展现在结构设计图上面，不要破坏掉其他基石的原材料；夯实基础，使基础足够的严密，减少墙体沉降。挖掘区域必须足够宽，以容纳生态袋填埋和要求的加筋网长度。如果需要，可以按照在工程文件中指定的那样建造一个填埋沟渠。注意把挖掘出的土料堆放在指定地方，这些材料可用于填充袋子。

合适的基底平面：基底无须是平面，只要有一个大体基底平面即可。注意在外墙面后面的排水区并不是必要的，因为外墙面是可渗透性的。外墙面的渗透性通过对根部区域的水合作用减少了静水压力，帮助维持了植被生长和稳定。

装封袋子：在施工现场装填袋子，把运输和处理费用减少到最小，必须确保生态袋是完全地被填满了。

根据实际需要，合适的袋内填充物（最少含巧%的土壤）包括：场地土壤、表土、碎石的混合物。

底部安装：移去表土并整平地面后，就可以埋入放置已填满砾石的（级配 2 ～ 4cm）生态袋去创建底层，埋深为 1/8 坡高。从前面到后面拉平袋子，使得生态袋一个接一个排列。底层单元安置好后，压实生态袋及其后面和前面的回填以防止移动。

底层和上叠加层：把“标准扣”放在生态袋上面两个袋子之间且靠近内边缘 1/3 的位置，以便每个标准扣横跨两个生态袋。摇晃生态袋上的叠加层以便确认每个标准扣可以穿透生态袋的中部。通过在生态袋上行走或压实来达到袋体的互锁，以确保标准扣和生态袋之间良好的接触。

中上部上叠程序：上叠层将被放在先前的层上，把表层砂土袋放置于下层两个砂土袋之间的标准扣上。继续放置生态袋，夯实回填土。来自上面层的重量将驱使标准扣进生态袋，在生态袋之间形成一个强有力的连接。

夯实工程性挡土墙的回填土；封顶、验收施工质量：生态袋护坡和挡土工程分为墙体和回填土两部分。墙体标准是生态袋装满，压实度 70%，每平方米投影面积为 5.5 个大生态袋，10 个中生态袋，11 个小生态袋。回填土和加筋土的夯实度为 95%。

墙面植被选择原则：生态袋可容纳任何植被，其根部组织可以无害地穿过生态袋。一旦建立根部组织，植被就形成了墙体力度的一部分。

植被选择：草本、灌丛，如药材、河边植物、野花、藤蔓植物。

植物播种方法：可用喷播、涂抹刷层、移植或种子和土壤混合装入袋。

第四节　巢湖湖滨缓冲带生态景观构建与功能修复模式

一、巢湖湖滨缓冲带的概念

湖滨缓冲带定义为水体系统与陆地系统的一个交接地带，也可以理解为陆水过渡带，该区域受周期性的潮汐活动及水陆系统相邻的空间环境影响较大，主要特征是区域内生物因子和而不同（各物种在生存环境共融的情况下保证自身独有的特性）。湖滨缓冲带在净化水源、防洪排涝、改善气候、保持物种多样性方面发挥着极大的能动作用。

文章结合湖滨缓冲带分类方法及环巢湖区域湖滨缓冲带，依据巢湖全湖湖滨缓冲带相关数据，将巢湖湖滨缓冲带划分为三个相互独立的区域：城镇经济区湖滨缓冲带、圩垸农业区湖滨缓冲带和丘陵山区湖滨缓冲带。城镇经济区湖滨缓冲带主要分布于派河至南肥河、双桥河至西柳村、忠庙镇黑石村至荆塘村。圩垸农业区湖滨缓冲带主要分布于派河至槐林镇朱袁村、南肥河至黑石村、荆塘村至小柘皋河。丘陵山区湖滨缓冲带主要分布于朱袁村至西柳村、小柘皋河至双桥河。

二、巢湖湖滨缓冲带的现状及存在的问题

巢湖位于安徽版图中部，处于长江和淮河两大河流之间，水域面积约为 780 平方公里，为内陆五大淡水湖之一。随着环巢湖区域城市的快速扩张、人口膨胀，湖滨缓冲带受到岸线崩塌、来水变化、水位抬高、围湖造田、堤防建设等影响，自 20 世纪 50 年代以来环巢湖区域城镇经济区湖滨缓冲带大幅减少，其在涵养水源、净化水质、消浪防浪、改善环境和营造景观等多种生态系统功能基本消失，成为巢湖生态退化的重要标志。例如，历史上巢湖及支流水系自然过水湿地面积愈 500km^2，随着建国初期的大规模围湖造田、河道治理和环湖堤防建设，湿地面积逐步萎缩至不足 100km^2，其中一半以上淹没在巢湖正常蓄水位以下。20 世纪 60 年代为发展灌溉、供水、航运兴建的巢湖闸抬高了巢湖枯水季

蓄水位，残留的环湖湿地长期在水下难以出露和晒滩，湖泊水动力条件明显减弱，出现了湖泊环境容量缩小、自净能力下降、环湖湿地消失等突出问题。巢湖沿岸属严重崩岸达 44.4km，轻微崩岸 20km，沿线五县两市区每年湖岸崩塌致损失农田约 20km^2，岸线退后 10 ~ 600m。

通过对巢湖湖滨缓冲调研发现，产生上述问题的缘由可以归纳为三点：其一，巢湖城镇经济区湖滨缓冲带区域内没有植物覆盖，土壤在露天暴晒，逐渐成为细小的沙土，从而对水浪及河水径流起不到任何缓冲作用。一些湿地景观区域内植物品种过于单一，植物与土壤对污染物的吸附能力也受到较大限制，外来物种侵占本地物种生存空间，逐渐形成恶性循环；其二，丘陵山区湖滨缓冲带沿岸植物根系不够发达及较多的垒石结构的驳岸，使得驳岸物理性能极其不稳定，在缺少缓冲区的区域，驳岸由于长期受到水波的侵袭，结构受到严重破坏，容易发生破坏性的塌方事件；其三，人为因素的干预使得圩垸农业区湖滨缓冲带受到严重破坏。例如人们为了灌溉农田，肆意抽取湿地周围地下水资源，使得缓冲带地下补给水资源逐步枯萎，最终形成无水的湖滨区域。周边工厂及村落向湖体排放大量的有机污染物，破坏了水体生态平衡，蓝藻暴发，侵吞了缓冲带仅有的绿植及微生物系统。通过权威机构的分析得出结论，巢湖区域湖滨缓冲带的破坏是一系列因素共同作用下形成的（例如当地气温变化、植被季节性演替、外来生物、有机物的沉积作用、水体质量恶化、地下水资源滥用及湖滨滩地无政府开发等因素都可能引起整个湖滨缓冲带自然系统的退化），最终引起缓冲带内生态及功能的削弱或生态系统的改变。

三、巢湖湖滨带景观构建及功能修复模式

环巢湖流域最具有代表性的是陂塘系统，具有 1200 多年历史。陂塘系统是巢湖流域人民在深刻理解地区自然气候特征基础上，传承和试验的生态系统工程。该系统工程联接巢湖湖滨缓冲带，能够保证缓冲带旱能补水、涝能蓄洪、改善小环境，具有巢湖流域典型的历史文化特征，是宝贵的人类非物质文化遗产。然而，联接传统陂塘系统的湖滨缓冲带的屡遭破坏，造成陂塘系统堵塞，其生态系统极其脆弱，且形势日趋恶化。为扭转陂塘系统遭受破坏下的不利生态局面、恢复巢湖沿线生态体系、保护湖滨缓冲带、增强湿地涵养水源和净化水质功能，必须通过改善生态环境，形成巢湖自组织系统等一系列手段来完成。依据生态学相关理论，巢湖湖滨缓冲带景观物理修复方法可以归纳为湖滨缓冲带景观栖息地恢复、湖滨缓冲带域内种族结构恢复、湖滨缓冲带域内景观系统功能整合性恢复三个方面，修复方法包括底栖生态修复技术、生态护岸技术、生物浮岛技术、人工湿地技术等。下面结合巢湖湖滨缓冲区景观实际情况，提出相对应的理论与方法。

（一）湖滨缓冲带景观栖息地恢复

湖滨缓冲带景观栖息地恢复目标在于巩固缓冲区的生态物理特性及系统的稳定性，主要内容涵盖巢湖及岸线缓冲带水体底质修复、巢湖水体质量的改善、巢湖区域水体质量等相关内容，在实际的修复实施过程当中，各环节之间都是相互关联、彼此间相互渗透与影响。在巢湖湖滨缓冲区生态景观恢复的工作中，应该结合湖滨缓冲区及周边环境的实际情况，并分别采取相应的措施。

1. 湖滨缓冲带域内水体底质修复

巢湖湖滨缓冲带水体底质是巢湖自然生态系统的比较重要的部分，也是区域内能量传递的中心环节。在对巢湖湖滨湿地水体底质的取样分析，数据显示底泥中含有较多合成污染有机物，TN 含量占总污染量的 20%，TP 含量占总污染量的 31.2%，其中表层 0 ~ 30 厘米厚底泥中含有大量的矿物盐及其他聚合物。有机化合物质长期存在于底泥当中，底质逐渐生成带有含酸腐蚀性的腐泥，严重影响植物的根系发展，从而进一步影响水生植物的成活率及生长状态。湖滨缓冲带底质修复主要是清除或通过生态手段降解底泥中的有毒的污染物、清除已经死亡或者已经成为絮状的生物遗骸。在湖滨缓冲带水体底质的修复过程中可以进行适度的人工干预，采用浮水植物——生物填料——曝气增氧系统对该河段进行修复。因为植物修复过程中，依靠植物直接吸收去除的污染物质效果不甚理想，在这个过程中植物与微生物的联合起到了很大的作用。植物能够从增加根际氧浓度，分泌微生物营养物质或者活性物质以及为微生物提供载体等方面影响微水体底质生物的密度和分布。

2. 湖滨缓冲带域内水体质量改善

水体是湖滨缓冲区生态环境最为关键的生态基因，也是水生植物修复的主要对象。水生植物对水体及水质的变化极其敏感，在植物的选择要符合湖泊的实际条件，选择本地区的适应性较强的沉水植被。巢湖作为大型浅水湖泊，水土界面物质交换剧烈，氮磷积聚释放频繁。研究表明，当氮磷比一般在 10 ~ 15 之间，夏季水温为 25℃ ~ 30℃，极适宜蓝藻生长繁殖，如遭遇持续高温天气和入湖水量稀少，静止水体中的蓝藻易迅速爆发。对于湖滨缓冲区藻类及富营养物的处理方面，可以通过引水冲刷缓冲区受破坏的区域，使有机物中进一步溶解态有机物的浓度降低。引水冲刷可以通过引江（长江）济巢工程、通过地表径流从支流引进纯度较高的水资源等手段，通过上述引水冲洗提高湖滨缓冲区水体的纯度，有利于巢湖湖滨带景观生态系统的修复。引水冲刷还可以抑制遍布缓冲区的藻类的蔓延，使得水体中 pH 也相应降低，从而缓解底部污泥中磷的释放量，进一步提高水体质量。水体质量的改善还可以提高阳光照射湖体深处能力，进一步提升沉水植物的过滤、渗透、吸收能力，从而有效控制了水体中过量的有机物，实现了对污染物的稀释、降解作用。湖滨缓冲带生态系统水质改善是一个繁杂的自然生态、生化历程，是湖滨带的理化、生物感化的阐发效应，包含了积淀、吸附、离子交换、络合效应、硝化、反硝化、养分元素的生物转化及微生物分解过程。湖滨缓冲带作为集水区的汇点可接受来自四面周边的过量营养物，使湿地的植被及其生态零碎从中收益，从而保持整个流域的生态均衡和水质的洁净。

3. 湖滨缓冲带域内水体风浪控制

巢湖地区位于季风气候区，冬季以偏北风为主，夏季以偏南风为主，春秋两季南风与偏东风相互切换，汛期主导风向东南偏南风。多年平均风速为3m/s，历年最大风速为24m/s。6 ~ 9月份多年平均最大风速为13.33m/s。不同的风速对缓冲区的植被有着不同的影响，因为不同风浪作用下水位的高低直接决定了沉水植物的生长条件。湖滨区水体深度成梯形状上升形态，其水体中水生植物种类不同，生物群落结构也有较大差异。较强的波浪能够引起湖体底部的扰动，很多沉积于底部的富氧化物质随着水体的搅动再度漂浮在水面上，成为连续的水面附着物，从而使水质进一步恶化，造成水生植物出现机械性损伤。由此可见，在进行湖滨缓冲带底泥的修复中，要考虑湖滨带的风浪对驳岸的影响因素，设置局部硬质驳岸、防浪墙、湿地景观泡等手段来调节和控制水浪对缓冲区植被系统的破坏。

（二）湖滨缓冲带域内景观种群结构的恢复

湖滨缓冲带的生态系统修复不能一蹴而就，修复过程是一个漫长的过程。通过湖体水体的增收节支措施，目标在于减少巢湖缓冲带内的源污染物。采用底泥堆岛方法，依靠堆岛上面的植物群落稀释水体内O、N、P等富营养物质，可以在湖中投放一些藻类，以提高湖体生物的多样性。对湖体生物群落进行修复，可以通过长期反复深入研究水体的有机物含量、水体深度、底泥的情况、沉水植物的生长状况对环境的影响程度，才能进一步掌握与修复该区域内生物群落的种类及群落结构自组织系统。系统功能的修复主要依赖于生态组织系统的自身循环，可以通过对湖滨带的局部开挖围堰，形成生态湿地泡，结合湿、水生植物形成鸟类、鱼虾、藻类等一些生物群落。

1. 湖滨缓冲带域内植物种群物种的选配。

植物系统的前期修复主要通过人为干预来实现，待系统能够自我维持的条件具备后减少人工干预活动。然而，过分的干预则会破坏了巢湖湖滨带生态系统，尤其是水生植被。2011 ~ 2014年的调查表明，巢湖水生植被分布面积不到3%，群落类型单一、物种多样性较低。20世纪50年代巢湖水生植被生长茂盛，盖度在25%以上；到80年代初期，水生植被分布面积已大幅萎缩，主要分布在湖滨浅水区域，盖度约为2.5%。依据相关理论，只有若干植被形成可以覆盖某区域的能力时，植被部落才有可能形成，在形成过程中植被根系的稳定性进一步加强，抗风浪、抗破坏的能力也得到提升。因此，在对群落植被进行选种的时候，尽量选择适应环境能力强、容易形成群落系统的水生植物，同样还要考虑气候及人为干预的因素，还要对植物的季节性演替做进一步的研究。通过选择适当的物种进行配置，然后扩大其生长区域，形成植物种群抱团生长。环巢湖区域湖滨缓冲带内水生植物有芦苇、水菖蒲、梭鱼草、再力花、菱角、荇菜、刺苦草、眼子菜、轮叶黑藻等，这些植物对河水具有很强的修复作用，利用网床式生态修复技术和沉水植物种植技术，大规模地增加河道中植物的数量，从而形成强大的生物修复群体，同时也为微生物提供了丰富的碳源和生存载体，十分有利于河道水体的处理。食藻虫是一种低等咸淡水甲壳浮游动物，生存周期为45天。经驯化后，这种食藻虫不仅喜欢吃蓝藻，而且还能转化蓝藻毒素。利用放养这种生物可以很好地预防藻类暴发，并引导沉水植物生长，促进良好的生态环境循环系统的形成。

2. 湖滨缓冲带域内植物种群物种的利用

植物群落的修复要依据湖滨缓冲带地形特征及水温条件，考虑可以移植的水生植物品种，进一步提升植物群落的稳定性。

（1）水生植物群落主要作用包括：

①阻止底泥再悬浮，减少湖底水动力交换系数，从而使水体透明度保持稳定。

②水草光合作用产生的次生氧对藻类生长有抑制作用，从而使水体变清。

③沉水植被从水体和底泥中大量吸取营养盐，净化水体，使内源污染下降，水体变清。

④沉水植被的存在可吸附有机碎屑于植物根部，减缓底泥磷的释放。

⑤沉水植被还为有利于有机物矿化分解的微生物群落提供了栖息环境，附着于沉水植物体上的微生物具有很强的水质净化能力。

（2）在群落植物的选择方面考虑生存能力较强的水生植物，必须满足以下三个条件：一是净水能力强，二是景观效果好，三是能够有效控制、不会恣意泛滥生长，容易控制蔓延的种类。湖滨缓冲带域内植物修复可以采用食藻虫控藻引导土著沉水植物的立体生态修复技术。以食藻虫为先导进行控藻，并引导水域自然生态恢复技术，可应用于水源地生态治理、重污染底质恢复、河道生态修复、湖滨带生态修复及敞水带蓝藻生态治理等各个领域。食藻虫控藻引导土著沉水植物的立体生态修复同时利用生态学基本原理，采取适当的技术对策，调整和改善水体生态结构和功能，实现该系统顺向生态演替的目标，使其最大限度接近受损前的水平。

（三）巢湖湖滨缓冲带域内景观系统功能整合性恢复

1. 湖滨缓冲区生态系统恢复能力提升

生态景观学家提出湖滨缓冲地带生态景观系统健康状况的三个因素，包括系统活力、组织多样化和生态恢复力。其中最关键的因素则是维持生态系统的恢复能力，提升其应对危险的处置能力。巢湖属于典型的雨源型季节河流，全年有大半时段河道断流，河床裸露、水质恶化、河流萎缩，既影响了河流自身环境维护，也不利入湖污染物质的拦截净化。由于外部因素的影响，包括气候、地形、物种差异等影响因素，在对待环巢湖区域湖滨缓冲带生态景观修复过程当中，应该采取不同的策略与手段。例如，巢湖南岸正在开展河道生态修复，主要是通过河道清淤、污水拦截，岸线整治、生态补水等方式，使水质达到国家景观环境用水标准逐步修复河道的生态功能。为进一步改善巢湖水环境，也可以构建纵向低堰跌水、环湖，生态湿地湖滨带将以生态循环的方式，帮助减缓巢湖富营养化，也可以开辟引江济巢工程菜子湖线路，由长江经枞阳枢纽引入菜子湖调蓄后入巢湖，可以逐步恢复环巢湖区域草型湖泊的生态特征。在环巢湖区域湖滨缓冲带规划中还可以使用“工”字坝生态工程系统，这个系统工程在太湖水体修复过程中起到了积极的作用，它利用自然的物理作用实现对湖域内源污染的优化过程，其把底泥清淤、湿地晒滩、景观构建多种复合功能集于一身。

2. **湖滨缓冲区生态系统的人为干预**

湖滨缓冲带在保护岸基不受波浪侵袭的情况下，更要注意缓冲带区域内生态系统多样性的构建。具体内容有，其一：在波浪较大区域建造防浪台，对局部岸基进行混凝土硬化，形成稳固的护坡，从而减少水浪对缓冲区内植物的冲刷与破坏，保护区域内生态系统。其二：通过植物系统群落结构特征，充分发挥植物物种多样化的优势，引导生态系统自滤、自净，形成一个良性的循环过程。其三自然岸线应给予充分保护，并适当改善基底、优化植被结构，提升区域内系统对生态功能的保护作用。为了减少人类活动与风浪队巢湖缓冲带的直接破坏，可以在环巢湖缓冲带海拔为10m以下沿岸区域、岸线向陆地延伸1000m范围内、岸线向陆地延伸4000m范围内，设立三个层次的缓冲区域，分别列为禁止开发区域、限制开发区域、引导开发区域，并严格按照规划进行监督实施。为了减缓巢湖湖滨缓冲带水体富营养化，滨水湿地还可以由远及近依次人工栽植湿生植物、挺水植物、浮叶植物和漂浮植物，植物通过扎根生长进一步巩固了湖水对驳岸与缓冲带地表的冲刷，最终形成了巢湖区域较为稳定的生态系统过程。同时可以利用生物膜——生态复合强化处理技术处理重污染河段，可以通过人工强化复氧和植物分泌和外加附着载体多方面刺激微生物的生长，提高微生物的处理效应，同时载体的吸附和植物稀释作用大大提高系统对水中污染物的去除效率。

总之，巢湖湖滨缓冲区生态景观的构建及自然系统的修复对于已经破坏的湖滨缓冲带起到了积极的作用，实现了湖滨缓冲带内水体、植物、微生物的良性循环，同时对于整个巢湖湖泊的生态结构及气候环境产生了深远积极的影响。

结束语

面对日益恶化的水生态环境以及人们对于绿色健康品质生活的追求，在未来的发展中，水生态修复应用前景广阔，有很大的提高，并可以在未来发挥良好的作用效果。值得进一步研究，在国家政策的导向下，可以取得可观的进步。